Java Web编程技术

（第4版・基于IntelliJ IDEA・题库・微课视频版）

沈泽刚 ◎ 编著

清華大學出版社
北京

内 容 简 介

本书介绍 Java Web 编程技术，内容涵盖 Java Web 核心技术基础和 SSM 框架(Spring＋Spring MVC＋MyBatis)，具体包括 Java Web 起步入门、Java Servlet 技术、JSP 技术基础、EL 与 JSTL、Web 数据库编程、会话跟踪技术、过滤器与监听器、Web 安全性入门、Spring 快速入门、Spring MVC 入门、数据绑定与表单标签库、Spring MVC 核心应用、文件的上传与下载、MyBatis 快速入门、配置文件和映射文件、映射器注解，最后介绍了 SSM 框架的整合与应用实例，附录 A 简单介绍了 JUnit 框架的使用。

本书基于 IntelliJ IDEA 开发工具，通过大量案例介绍重要知识点，注重理论学习和应用实践的充分结合。本书的每一章都提供了练习与实践题目，供读者复习参考。本书可作为高等学校计算机及相关专业的"Java Web 编程技术""JSP 程序设计""Java 企业开发"等课程的教材，也可供从事 Java Web 全栈开发的技术人员学习参考。

图书在版编目(CIP)数据

Java Web 编程技术：基于 IntelliJ IDEA：题库·微课视频版/沈泽刚编著. —4 版. —北京：清华大学出版社，2024.8

(清华科技大讲堂丛书)

ISBN 978-7-302-66342-3

Ⅰ. ①J…　Ⅱ. ①沈…　Ⅲ. ①JAVA 语言－程序设计　Ⅳ. ①TP312

中国版本图书馆 CIP 数据核字(2024)第 105967 号

策划编辑：魏江江
责任编辑：王冰飞
封面设计：刘　键
责任校对：王勤勤
责任印制：沈　露

出版发行：清华大学出版社

网　　址：https://www.tup.com.cn，https://www.wqxuetang.com
地　　址：北京清华大学学研大厦 A 座　　**邮　　编**：100084
社 总 机：010-83470000　　**邮　　购**：010-62786544
投稿与读者服务：010-62776969，c-service@tup.tsinghua.edu.cn
质量反馈：010-62772015，zhiliang@tup.tsinghua.edu.cn
课件下载：https://www.tup.com.cn，010-83470236

印 装 者：三河市铭诚印务有限公司
经　　销：全国新华书店
开　　本：185mm×260mm　**印　张**：24　**字　　数**：616 千字
版　　次：2010 年 3 月第 1 版　2024 年 8 月第 4 版　**印　　次**：2024 年 8 月第 1 次印刷
印　　数：50001～51500
定　　价：69.80 元

产品编号：098829-01

前言

党的二十大报告指出：教育、科技、人才是全面建设社会主义现代化国家的基础性、战略性支撑。必须坚持科技是第一生产力、人才是第一资源、创新是第一动力，深入实施科教兴国战略、人才强国战略、创新驱动发展战略，开辟发展新领域新赛道，不断塑造发展新动能新优势。高等教育与经济社会发展紧密相连，对促进就业创业、助力经济社会发展、增进人民福祉具有重要意义。

Java 技术为 Web 领域的发展注入了强劲的动力。Java Web 应用开发基于 Jakarta EE 技术平台，Jakarta EE 是企业级应用的解决方案。Java Web 是使用 Java 技术解决 Web 相关领域开发问题的技术栈，包括 Web 服务器端和 Web 客户端两部分。Java 在服务器端的应用非常丰富，如 Servlet、JSP 和第三方框架等，这些技术属于 Jakarta EE 技术的一部分。

基于 Java 的 Web 应用开发技术目前已成为 Web 开发的主流技术。本书以 Servlet 6.0 和 JSP 4.0 规范为基础，详细介绍 Java Web 应用的相关技术及 SSM 框架技术。

本书内容

本书分为两部分：第一部分是 Java Web 核心技术基础，内容包括第 1～8 章；第二部分介绍 Java Web 框架技术，即目前流行的 SSM(Spring＋Spring MVC＋MyBatis)框架的基础知识和三大框架的整合开发，内容包括第 9～17 章。

第一部分：Java Web 核心技术基础

第 1 章介绍 Java Web 应用开发的基础知识，包括 HTTP 和 HTML、Tomcat 服务器、IntelliJ IDEA 的下载和安装、Servlet 和 JSP 简介。

第 2 章介绍 Servlet 核心技术，包括常用的 Servlet API、Servlet 生命周期、处理请求、发送响应、Web 应用部署描述文件、ServletConfig 对象与 ServletContext 对象等。

第 3 章介绍 JSP 技术基础，包括 JSP 页面的各种语法元素、JSP 页面的生命周期、JSP 指令、JSP 隐含变量、作用域对象、JavaBean 及 MVC 设计模式等。

第 4 章介绍表达式语言(EL)和标准标签库(JSTL)的使用。

第 5 章介绍 Web 数据库编程，包括数据库的访问步骤、使用数据源、DAO 设计模式等。

第 6 章介绍会话跟踪技术，包括 HttpSession、Cookie、URL 重写与隐藏表单域。

第 7 章介绍 Web 过滤器和 Web 监听器。

第 8 章介绍 Java Web 应用开发中的安全性问题和安全验证方法等。

第二部分：SSM 框架技术

第 9 章介绍 Spring 的入门知识，包括容器的概念、依赖注入、bean 的配置与实例化等。

第 10 章介绍 Spring MVC 应用的开发步骤、控制器与请求处理方法，以及请求参数的接收方法和常用注解的使用。

第 11 章介绍 Spring MVC 的数据绑定和常用表单标签库的使用。

第 12 章介绍 Spring MVC 的几个核心应用，包括类型转换与格式化、数据验证、拦截器和国际化处理。

第 13 章介绍文件的上传与下载,这是 Java Web 开发常见的应用。

第 14 章介绍 MyBatis 的工作原理、简单的 MyBatis 应用、核心对象和日志管理。

第 15 章介绍 MyBatis 配置文件和映射文件,重点介绍映射文件的元素和关联映射,最后介绍动态 SQL 的构建。

第 16 章介绍映射器注解的使用和动态构建 SQL 语句,这是构建 SQL 的首选方法。

第 17 章介绍 SSM 框架的整合与应用实例,首先介绍整合环境的搭建,然后通过简单案例介绍基于 SSM 的项目的开发过程。

附录 A 简要介绍 JUnit 5,这是一款非常流行的单元测试框架。

学习本书,读者能够掌握 Java Web 开发的基础知识和基于 SSM 框架开发的基本技能,从而具备独立开发中小型 Web 应用的能力。

本书特点

本书采用新版的 Tomcat 11 服务器和流行的 IntelliJ IDEA 开发工具;讲授内容涵盖 Jakarta EE 核心技术和 SSM 框架的整合;通过大量精选示例和案例讲解知识点和开发方法。

软件版本

- Java 开发工具使用 JDK 21。
- Web 服务器使用 Tomcat 11.0.0。
- 集成开发环境使用 IntelliJ IDEA 2023.1。
- 数据库使用 MySQL 8.0.32。
- 浏览器使用 64 位的 Microsoft Edge。

教学资源

为便于教学,本书提供了丰富的配套资源,包括教学大纲、教学课件、电子教案、程序源码、教学进度表、在线作业、习题答案和 500 分钟的微课视频。

资源下载提示

课件等资源:扫描封底的"图书资源"二维码,在公众号"书圈"下载。

素材(源码)等资源:扫描目录上方的二维码下载。

在线作业:扫描封底的作业系统二维码,再扫描自测题二维码在线做题及查看答案。

视频等资源:扫描封底的文泉云盘防盗码,再扫描书中相应章节中的视频讲解二维码,可以在线学习。

致谢

本书由沈泽刚编著,参加本书编写的老师还有张野、董研、侯宝明、胡斌、任敏贤和王晓轩等,沈泽刚和张野录制了微课教学视频。

本书的出版得到多方面的支持,在这里特别感谢清华大学出版社魏江江分社长和编辑老师的辛勤工作,感谢使用本书的老师提出的宝贵的修改建议。由于编者水平有限,书中难免存在不妥和疏漏之处,恳请广大读者和同行批评指正。

编 者

2024 年 8 月

扫一扫

源码下载

第一部分　Java Web 核心技术基础

第 1 章　Java Web 起步入门 …… 2

1.1　Internet 与万维网 …… 2

1.1.1　主机和 IP 地址 …… 2

1.1.2　万维网 …… 3

1.1.3　浏览器和服务器 …… 3

1.1.4　HTTP …… 4

1.1.5　URL 与 URI …… 5

1.2　Web 前端技术 …… 5

1.2.1　HTML …… 5

1.2.2　CSS …… 7

1.2.3　JavaScript …… 9

1.3　Web 后端技术 …… 11

1.3.1　服务器端编程技术 …… 11

1.3.2　静态与动态 Web 资源 …… 12

1.3.3　后端数据库技术 …… 12

1.3.4　全栈与全栈开发员 …… 12

1.4　Tomcat 服务器 …… 13

1.4.1　Tomcat 的下载与安装 …… 13

1.4.2　Tomcat 的目录结构 …… 14

1.4.3　Tomcat 的启动和停止 …… 14

1.4.4　Web 应用程序的目录结构 …… 15

1.4.5　Tomcat 的配置文件 …… 16

1.5　IntelliJ IDEA 开发环境 …… 17

1.5.1　下载和安装 IntelliJ IDEA …… 17

1.5.2　在 IDEA 中创建 Web 项目 …… 18

1.5.3　配置 Tomcat 服务器 …… 20

1.5.4 在 Tomcat 中部署项目 …… 20
1.5.5 启动 Tomcat 并访问应用 …… 21
1.6 Maven 入门 …… 22
1.6.1 Maven 的项目结构 …… 22
1.6.2 Maven 的依赖管理 …… 23
1.6.3 在 IntelliJ IDEA 中使用 Maven …… 25
1.7 Servlet 和 JSP 简介 …… 26
1.7.1 Java Servlet …… 26
1.7.2 JSP 页面 …… 28
本章小结 …… 28
练习与实践 …… 28

第 2 章 Java Servlet 技术 …… 29

2.1 Servlet 概述 …… 29
2.1.1 Servlet API …… 29
2.1.2 Servlet 接口 …… 30
2.1.3 HttpServlet 类 …… 31
2.1.4 HttpServletRequest 接口和 HttpServletResponse 接口 …… 31
2.2 Servlet 生命周期 …… 32
2.2.1 加载和实例化 Servlet …… 32
2.2.2 初始化 Servlet …… 32
2.2.3 为客户提供服务 …… 32
2.2.4 销毁和卸载 Servlet …… 33
2.3 处理请求 …… 33
2.3.1 HTTP 请求的结构 …… 33
2.3.2 发送 HTTP 请求 …… 34
2.3.3 处理 HTTP 请求 …… 35
2.3.4 请求参数的传递与获取 …… 35
2.3.5 请求的转发 …… 38
2.3.6 用请求对象存储数据 …… 38
2.3.7 检索客户端信息 …… 40
2.3.8 检索请求头信息 …… 41
2.4 发送响应 …… 43
2.4.1 HTTP 响应的结构 …… 43
2.4.2 输出流与内容类型 …… 44
2.4.3 响应的重定向 …… 46
2.4.4 设置响应头 …… 48
2.4.5 发送状态码 …… 49
2.5 案例学习：表单数据处理 …… 51
2.5.1 常用表单控件元素 …… 51

2.5.2　表单数据处理 …… 53
2.6　部署描述文件 …… 55
2.6.1　<servlet>元素 …… 56
2.6.2　<servlet-mapping>元素 …… 57
2.6.3　<welcome-file-list>元素 …… 59
2.7　@WebServlet 注解 …… 60
2.8　ServletConfig 对象 …… 61
2.9　HttpSession 对象 …… 63
2.10　ServletContext 对象 …… 63
2.10.1　得到 ServletContext 引用 …… 63
2.10.2　获取应用程序的初始化参数 …… 64
2.10.3　用 ServletContext 存储数据 …… 64
2.10.4　用 ServletContext 获取 RequestDispatcher …… 65
2.10.5　用 ServletContext 对象获取资源 …… 65
2.10.6　记录日志 …… 66
本章小结 …… 66
练习与实践 …… 66

第 3 章　JSP 技术基础 …… 67

3.1　JSP 页面元素 …… 67
3.1.1　JSP 指令简介 …… 68
3.1.2　表达式语言 …… 69
3.1.3　JSP 动作 …… 69
3.1.4　JSP 脚本元素 …… 69
3.1.5　JSP 注释 …… 70
3.2　JSP 生命周期 …… 70
3.2.1　JSP 页面的实现类 …… 71
3.2.2　JSP 执行过程 …… 71
3.3　JSP 指令 …… 73
3.3.1　page 指令 …… 73
3.3.2　include 指令 …… 75
3.3.3　taglib 指令 …… 76
3.4　JSP 隐含变量 …… 77
3.4.1　request 与 response 变量 …… 77
3.4.2　out 变量 …… 77
3.4.3　application 变量 …… 78
3.4.4　session 变量 …… 78
3.4.5　exception 变量 …… 78
3.4.6　config 变量 …… 79
3.4.7　pageContext 变量 …… 79

3.5 JSP 动作 …… 80
3.5.1 <jsp:include>动作 …… 80
3.5.2 <jsp:forward>动作 …… 82
3.6 案例学习：使用包含设计页面布局 …… 82
3.7 错误处理 …… 86
3.7.1 声明式错误处理 …… 86
3.7.2 使用 Servlet 和 JSP 页面处理错误 …… 86
3.8 作用域对象 …… 88
3.8.1 应用作用域 …… 88
3.8.2 会话作用域 …… 88
3.8.3 请求作用域 …… 89
3.8.4 页面作用域 …… 89
3.9 JavaBean …… 90
3.9.1 JavaBean 规范 …… 90
3.9.2 使用 Lombok 库 …… 91
3.9.3 <jsp:useBean>动作 …… 92
3.9.4 <jsp:setProperty>动作 …… 92
3.9.5 <jsp:getProperty>动作 …… 93
3.10 MVC 设计模式 …… 94
3.10.1 模型 1 介绍 …… 94
3.10.2 模型 2 介绍 …… 95
3.10.3 实现 MVC 设计模式的一般步骤 …… 95
本章小结 …… 96
练习与实践 …… 96

第 4 章 EL 与 JSTL …… 97

4.1 理解表达式语言 …… 97
4.1.1 表达式语言的语法 …… 97
4.1.2 表达式语言的功能 …… 98
4.1.3 属性访问运算符和集合元素访问运算符 …… 98
4.2 使用 EL 访问数据 …… 99
4.2.1 访问作用域变量 …… 99
4.2.2 访问 JavaBean 属性 …… 100
4.2.3 访问集合元素 …… 102
4.2.4 访问静态方法和静态字段 …… 104
4.3 EL 隐含变量 …… 104
4.3.1 pageContext 变量 …… 105
4.3.2 pageScope、requestScope、sessionScope 和 applicationScope 变量 …… 106
4.3.3 initParam 变量 …… 106
4.3.4 param 和 paramValues 变量 …… 106

4.3.5 header 和 headerValues 变量 …… 107
4.3.6 cookie 变量 …… 107
4.4 EL 运算符 …… 108
4.4.1 算术运算符 …… 109
4.4.2 关系运算符与逻辑运算符 …… 109
4.4.3 条件运算符 …… 110
4.4.4 empty 运算符 …… 110
4.5 JSTL …… 111
4.5.1 JSTL 概述 …… 111
4.5.2 通用目的标签 …… 112
4.5.3 条件控制标签 …… 115
4.5.4 循环控制标签 …… 116
4.5.5 与 URL 相关的标签 …… 121
本章小结 …… 123
练习与实践 …… 123

第 5 章 Web 数据库编程 …… 124

5.1 MySQL 数据库 …… 124
5.1.1 MySQL 的下载与安装 …… 124
5.1.2 使用 MySQL 命令行工具 …… 125
5.1.3 MySQL Workbench …… 126
5.2 数据库的访问步骤 …… 127
5.2.1 加载驱动程序 …… 127
5.2.2 建立连接对象 …… 127
5.2.3 创建语句对象 …… 127
5.2.4 执行 SQL 语句并处理结果 …… 127
5.2.5 关闭有关对象 …… 128
5.3 案例学习：使用 Servlet 访问数据库 …… 128
5.4 使用数据源 …… 132
5.4.1 数据源概述 …… 132
5.4.2 配置 JNDI 数据源 …… 133
5.4.3 案例学习：使用 JNDI 数据源 …… 133
5.5 DAO 设计模式 …… 134
5.5.1 设计实体类 …… 135
5.5.2 设计 DAO 接口 …… 136
5.5.3 使用 DAO 对象 …… 138
本章小结 …… 139
练习与实践 …… 140

第 6 章 会话跟踪技术 …… 141

6.1 会话管理 …… 141

6.1.1 理解状态与会话 …… 141
6.1.2 会话管理机制 …… 142
6.1.3 HttpSession API …… 143
6.1.4 使用 HttpSession 对象 …… 143
6.1.5 会话超时与失效 …… 145
6.2 案例学习：用会话存储购物车 …… 147
6.2.1 购物车设计 …… 147
6.2.2 显示购物车 …… 150
6.3 Cookie 及其应用 …… 151
6.3.1 Cookie API …… 152
6.3.2 向客户端发送 Cookie …… 152
6.3.3 从客户端读取 Cookie …… 153
6.3.4 Cookie 的安全问题 …… 154
6.4 案例学习：用 Cookie 实现自动登录 …… 154
6.5 URL 重写与隐藏表单域 …… 156
6.5.1 URL 重写 …… 156
6.5.2 隐藏表单域 …… 158
本章小结 …… 158
练习与实践 …… 158

第 7 章 过滤器与监听器 …… 159

7.1 Web 过滤器 …… 159
7.1.1 什么是过滤器 …… 159
7.1.2 过滤器 API …… 160
7.1.3 案例学习：简单的编码过滤器 …… 162
7.1.4 @WebFilter 注解 …… 163
7.1.5 在 web.xml 中配置过滤器 …… 163
7.2 Web 监听器 …… 165
7.2.1 监听 ServletContext 事件 …… 166
7.2.2 监听请求事件 …… 168
7.2.3 监听会话事件 …… 170
7.2.4 事件监听器的注册 …… 173
7.3 Servlet 的多线程问题 …… 174
本章小结 …… 177
练习与实践 …… 177

第 8 章 Web 安全性入门 …… 178

8.1 Web 安全性概述 …… 178
8.1.1 Web 安全性措施 …… 178
8.1.2 验证的类型 …… 179

8.1.3　基本验证的过程 …… 180
8.1.4　声明式安全与编程式安全 …… 180
8.2　安全域模型 …… 181
8.2.1　Tomcat 安全域 …… 181
8.2.2　定义角色与用户 …… 181
8.3　定义安全约束 …… 182
8.3.1　安全约束的配置 …… 182
8.3.2　案例学习：基本安全验证 …… 184
8.4　编程式安全的实现 …… 188
8.4.1　Servlet 的安全 API …… 188
8.4.2　安全注解类型 …… 191
本章小结 …… 192
练习与实践 …… 192

第二部分　SSM 框架技术

第 9 章　Spring 快速入门 …… 194

9.1　Spring 框架简介 …… 194
9.1.1　Spring 框架模块 …… 194
9.1.2　添加 Spring 依赖模块 …… 195
9.2　Spring 容器和依赖注入 …… 196
9.2.1　Spring 容器 …… 196
9.2.2　依赖注入 …… 197
9.2.3　Spring 配置文件 …… 198
9.2.4　一个简单的 Spring 程序 …… 199
9.2.5　依赖注入的实现方式 …… 200
9.3　bean 的配置与实例化 …… 202
9.3.1　构造方法实例化 …… 202
9.3.2　向构造方法传递参数 …… 203
9.3.3　静态工厂实例化 …… 203
9.3.4　实例工厂实例化 …… 203
9.3.5　销毁方法的使用 …… 204
9.4　bean 的装配方式 …… 204
9.4.1　基于 XML 的装配 …… 204
9.4.2　基于 Java 注解的装配 …… 205
本章小结 …… 205
练习与实践 …… 205

第 10 章　Spring MVC 入门 …… 206

10.1　Spring MVC 体系结构 …… 206

10.1.1 Spring MVC 处理流程 …… 206
10.1.2 DispatcherServlet 类 …… 207
10.2 案例学习：简单的 Spring MVC 应用程序 …… 208
10.2.1 创建 Jakarta EE 项目 …… 208
10.2.2 在 web.xml 中配置 DispatcherServlet …… 208
10.2.3 创建 Spring MVC 配置文件 …… 209
10.2.4 创建控制器 …… 210
10.2.5 创建视图 …… 210
10.2.6 运行应用程序 …… 211
10.3 控制器与请求处理方法 …… 211
10.3.1 控制器类和@Controller 注解 …… 211
10.3.2 @RequestMapping 注解类型 …… 212
10.3.3 编写请求处理方法 …… 214
10.3.4 模型 …… 215
10.3.5 视图解析器 …… 216
10.4 请求参数的接收方法 …… 217
10.4.1 用 HttpServletRequest 接收请求参数 …… 217
10.4.2 用简单数据类型接收请求参数 …… 217
10.4.3 用 POJO 对象接收请求参数 …… 218
10.4.4 用@PathVariable 接收 URL 中的请求参数 …… 218
10.5 转发、重定向与 Flash 属性 …… 219
10.6 用@Autowired 和@Service 进行依赖注入 …… 220
10.7 @ModelAttribute 注解 …… 222
本章小结 …… 223
练习与实践 …… 223

第 11 章 数据绑定与表单标签库 …… 224

11.1 数据绑定 …… 224
11.2 表单标签库 …… 224
11.2.1 <form>标签 …… 225
11.2.2 <input>标签 …… 226
11.2.3 <label>标签 …… 227
11.2.4 <hidden>标签 …… 227
11.2.5 <password>标签 …… 227
11.2.6 <textarea>标签 …… 227
11.2.7 <checkbox>标签 …… 227
11.2.8 <checkboxes>标签 …… 227
11.2.9 <radiobutton>标签 …… 228
11.2.10 <radiobuttons>标签 …… 228
11.2.11 <select>标签 …… 228

11.2.12 <option>标签 …… 229
11.2.13 <options>标签 …… 229
11.2.14 <errors>标签 …… 229
11.3 案例学习：表单标签的应用 …… 229
11.3.1 设计领域类 …… 230
11.3.2 控制器类 …… 230
11.3.3 视图 …… 232
11.3.4 测试应用程序 …… 234
本章小结 …… 234
练习与实践 …… 234

第 12 章 Spring MVC 核心应用 …… 235

12.1 类型转换与格式化 …… 235
12.1.1 类型转换的意义 …… 235
12.1.2 转换器 Converter …… 236
12.1.3 格式化器 Formatter …… 241
12.2 数据验证 …… 242
12.2.1 数据验证概述 …… 243
12.2.2 JSR 380 验证 …… 243
12.2.3 案例学习：使用 JSR 380 的验证 …… 245
12.2.4 Spring 验证框架 …… 248
12.2.5 ValidationUtils 类 …… 249
12.2.6 案例学习：使用 Spring Validator 的验证 …… 249
12.3 Spring MVC 拦截器 …… 253
12.3.1 拦截器介绍 …… 253
12.3.2 拦截器的配置 …… 254
12.3.3 单个拦截器的执行流程 …… 254
12.3.4 多个拦截器的执行流程 …… 256
12.3.5 案例学习：使用拦截器实现用户登录验证 …… 257
12.4 国际化 …… 260
12.4.1 国际化概述 …… 260
12.4.2 资源文件 …… 260
12.4.3 加载资源文件 …… 261
12.4.4 设置 Spring MVC 的语言区域 …… 261
12.4.5 使用<message>标签 …… 262
12.4.6 案例学习：JSP 页面的国际化 …… 262
本章小结 …… 265
练习与实践 …… 265

第 13 章 文件的上传与下载 ………… 266

13.1 用 Servlet API 上传文件 ………… 266
13.1.1 客户端编程 ………… 266
13.1.2 使用 Part 对象实现文件的上传 ………… 266
13.2 用 Commons FileUpload 上传文件 ………… 269
13.2.1 MultipartFile 接口 ………… 270
13.2.2 定义领域类 ………… 270
13.2.3 控制器 ………… 271
13.2.4 配置文件 ………… 272
13.2.5 JSP 页面 ………… 272
13.2.6 应用程序的测试 ………… 274
13.3 文件的下载 ………… 274
13.3.1 通过链接下载文件 ………… 274
13.3.2 通过编程方式下载文件 ………… 275
本章小结 ………… 278
练习与实践 ………… 278

第 14 章 MyBatis 快速入门 ………… 279

14.1 MyBatis 概述 ………… 279
14.1.1 MyBatis 的使用 ………… 279
14.1.2 MyBatis 的工作原理 ………… 280
14.2 案例学习：简单的 MyBatis 应用 ………… 281
14.2.1 创建项目与环境 ………… 281
14.2.2 创建配置文件 ………… 282
14.2.3 定义 POJO 类 ………… 283
14.2.4 定义映射文件 ………… 284
14.2.5 Mapper 代理接口 ………… 284
14.2.6 编写测试类 ………… 285
14.2.7 MyBatisUtil 工具类 ………… 286
14.3 MyBatis 核心对象 ………… 287
14.3.1 SqlSessionFactory ………… 287
14.3.2 SqlSession ………… 288
14.4 日志管理 ………… 290
本章小结 ………… 291
练习与实践 ………… 291

第 15 章 配置文件和映射文件 ………… 292

15.1 配置文件 ………… 292
15.1.1 <environments>元素 ………… 293

15.1.2　<properties>元素 …… 295
15.1.3　<settings>元素 …… 296
15.1.4　<typeAliases>元素 …… 296
15.1.5　<typeHandlers>元素 …… 297
15.1.6　<objectFactory>元素 …… 298
15.1.7　<databaseIdProvider>元素 …… 299
15.1.8　<mappers>元素 …… 299
15.2　映射文件 …… 300
15.2.1　<select>元素 …… 300
15.2.2　参数的传递 …… 303
15.2.3　<insert>元素 …… 303
15.2.4　<update>元素 …… 305
15.2.5　<delete>元素 …… 306
15.2.6　<resultMap>元素 …… 307
15.2.7　<sql>元素 …… 311
15.2.8　<cache>元素 …… 312
15.3　MyBatis 关联映射 …… 313
15.3.1　一对一关联映射 …… 313
15.3.2　一对多关联映射 …… 318
15.4　动态 SQL …… 321
15.4.1　<if>元素 …… 322
15.4.2　<choose>、<when>和<otherwise>元素 …… 324
15.4.3　<where>和<trim>元素 …… 325
15.4.4　<set>元素 …… 326
15.4.5　<foreach>元素 …… 327
15.4.6　<bind>元素 …… 328
本章小结 …… 329
练习与实践 …… 329

第 16 章　映射器注解 …… 330

16.1　在 Mapper 接口上使用注解 …… 330
16.1.1　@Insert 插入语句 …… 331
16.1.2　@Update 更新语句 …… 332
16.1.3　@Delete 删除语句 …… 332
16.1.4　@Select 查询语句 …… 332
16.2　结果与关联映射 …… 332
16.2.1　@ResultMap 结果映射 …… 333
16.2.2　@One 一对一映射 …… 334
16.2.3　@Many 一对多映射 …… 335
16.3　动态构建 SQL …… 336

16.3.1 @SelectProvider 动态查询 …… 337
16.3.2 @InsertProvider 动态插入 …… 339
16.3.3 @DeleteProvider 动态删除 …… 340
16.3.4 @UpdateProvider 动态更新 …… 340
本章小结 …… 341
练习与实践 …… 341

第 17 章 SSM 框架的整合与应用实例 …… 342

17.1 SSM 框架的分层结构 …… 342
17.2 整合环境的搭建 …… 343
17.2.1 在 pom.xml 中添加依赖项 …… 343
17.2.2 基于 MapperScannerConfigurer 的整合 …… 345
17.2.3 编写配置文件 …… 345
17.2.4 开发测试应用程序 …… 349
17.3 基于 SSM 的会员管理 …… 352
17.3.1 数据库与数据表 …… 352
17.3.2 POJO 类的设计 …… 352
17.3.3 数据访问层的设计 …… 353
17.3.4 业务逻辑层的设计 …… 353
17.3.5 控制器的开发 …… 355
17.3.6 视图的实现 …… 357
本章小结 …… 361
练习与实践 …… 361

附录 A JUnit 框架 …… 362

A.1 测试类型概述 …… 362
A.2 在项目中添加 JUnit 框架 …… 363
A.3 一个简单的例子 …… 363
A.4 测试 JDBC 应用程序 …… 365

参考文献 …… 367

第一部分

Java Web核心技术基础

第1章

Java Web起步入门

目前,Internet 已经在整个社会普及,其中 Web 应用成为 Internet 上最受欢迎的应用,正是由于它的出现,Internet 的普及速度大大提高。Web 技术已经成为 Internet 上最重要的技术之一,Web 应用越来越广泛,Web 开发也是软件开发的重要组成部分。

本章首先介绍 Internet 与 Web 的基本概念、HTTP 及相关技术,然后介绍 Tomcat 服务器和 IntelliJ IDEA 开发工具的安装,Maven 入门,最后介绍 Servlet 和 JSP 的开发。

本章内容要点

- Internet 与万维网。
- Web 前端技术和 Web 后端技术。
- Tomcat 服务器。
- IntelliJ IDEA 开发工具。
- Maven 入门。
- 简单的 Servlet 与 JSP。

扫一扫

视频讲解

1.1 Internet 与万维网

Internet 的正式中文译名为"因特网",也被人们称为"国际互联网"。Internet 是由成千上万台计算机互相连接、基于 TCP/IP 协议进行通信的全球网络。它覆盖了全球绝大多数的国家和地区,存储了丰富的信息资源,是世界上最大的计算机网络。

1.1.1 主机和 IP 地址

连接到 Internet 上的所有计算机,从大型机到微型机都以独立的身份出现,通常称之为**主机**(host)。为实现各主机间的通信,每台主机都必须有一个唯一的网络地址,称为 IP(Internet Protocol)地址。目前常用的 IP 地址是用 4 字节 32 位二进制数表示的,如某计算机的 IP 地址可表示为 10101100 00010000 11111110 00000001。为便于记忆,将它们分为 4 组,每组 8 位一字节,由小数点分开,且将每字节的二进制用十进制数表示,上述地址可以表示为 172.16.254.1,这种书写方法称为点分十进制表示法。用点分开的每字节的十进制数的范围是 0～255。IP 地址分为 IPv4 和 IPv6 两个版本。IPv6 采用 128 位地址长度,这种 IP 地址有效地解决了地址短缺问题。

有一个特殊的主机名和 IP 地址，localhost 主机名表示本地主机，它对应的 IP 地址是"127.0.0.1"，这个地址主要用于本地测试。IPv6 有与 IPv4 类似的回环地址，由节点自己使用，回环地址表示为"0:0:0:0:0:0:0:1"或压缩格式"::1"。

不管用哪种方法表示 IP 地址，这些数字都很难记住，为了方便人们记忆，在 Internet 上经常使用域名表示主机。**域名**(domain name)是由一串用点分隔的名字组成的某台主机或一组主机的名称，用于在数据传输时标识主机的位置。域名系统采用分层结构，每个域名由多个域组成，域和域之间用"."分开，最末的域称为顶级域，其他的域称为子域，每个域都有一个意义明确的名字，分别称为顶级域名和子域名。

1.1.2 万维网

WWW(World Wide Web)称为**万维网**，是一个大规模的、在线的信息资源库，也简称为 **Web**。万维网用链接的方法能够非常方便地从网络上的一个站点访问另一个站点，从而主动地按需获取丰富的信息。

万维网最初是由欧洲粒子物理实验室的 Tim Berners-Lee 于 1989 年 3 月提出的。其目的是让全世界的科学家能利用因特网交换文档。同年，他编写了第一个浏览器(Mosaic)与服务器软件。万维网的出现使更多人开始了解计算机网络，通过 Web 使用网络，享受网络带来的好处。Web 对用户和用户的计算机要求很低，用户的计算机只要安装了浏览器软件就可以访问 Web，而用户只要了解浏览器的简单操作就可以在 Web 上查找信息、购物、发送电子邮件、聊天、玩游戏等。现在，Web 提供了大量的信息和服务，涉及人们工作、学习和日常生活的各方面，很多人已经越来越离不开 Web。

Web 是基于浏览器/服务器(B/S)的一种体系结构，客户使用浏览器向 Web 服务器发出请求，服务器响应客户的请求，向客户返回所请求的网页，在浏览器窗口上显示网页的内容。

Web 体系结构主要由以下三部分构成。

(1) Web 服务器：用户要访问 Web 页面或其他资源，必须事先有一个服务器来提供 Web 页面和这些资源，这种服务器就是 Web 服务器。

(2) Web 客户端：用户一般是通过浏览器访问 Web 资源的，它是运行在客户端的一种软件。

(3) 通信协议：客户端和服务器之间采用 HTTP 进行通信。HTTP 是浏览器和 Web 服务器通信的基础，是应用层协议。

1.1.3 浏览器和服务器

当两台计算机经由网络进行通信时，很多情况是一台计算机作为客户机，另一台计算机作为服务器。客户机启动通信，一般是请求服务器中存储的信息，然后服务器将该信息发送给客户机。万维网也是基于客户机/服务器的配置运行的。

在万维网上，如果一台连接到 Internet 的计算机希望给 Internet 上的其他系统提供信息，则它必须运行服务器软件，这种软件称为 Web 服务器。如果一个系统希望访问服务器提供的信息，则它必须运行客户软件。对 Web 系统来说，客户软件通常是 Web 浏览器。

1. Web 浏览器

浏览器(browser)是 Web 应用的客户端程序，可以向 Web 服务器发送各种请求，并对从服务器返回的文档和各种多媒体数据格式进行解析、显示和播放。浏览器的主要功能是解析网页文件内容并正确显示，网页一般是HTML格式。

浏览器除了请求服务器的静态资源，还可以请求动态资源。例如，服务器可能会提供一个文档，要求用户通过浏览器输入信息。在用户完成输入后，浏览器将输入的信息传递给服务器，服务器利用输入的信息进行计算，然后向浏览器返回一个新的文档，将结果通知给浏览器。有时候浏览器可能还会直接请求执行服务器中存储的某个程序，程序的执行结果返回给浏览器。

常见的浏览器有Microsoft Edge、Google Chrome、Firefox和Opera等，浏览器是最常使用的客户端程序。

2. Web服务器

Web服务器(server)是向浏览器提供服务的程序，主要的功能是提供网上信息的浏览服务。服务器是一种被动程序，只有当Internet上运行的其他计算机中的浏览器向它发出请求时，服务器才会响应。Web服务器的应用层使用HTTP，信息内容采用HTML文档格式，信息定位使用URL。

Apache HTTP服务器是最常用的Web服务器，它是Apache软件基金会提供的开放源代码的软件，是一个非常优秀的、专业的Web服务器，可以运行在Linux和Windows平台上。IIS服务器是Microsoft公司开发的专门运行在Windows平台上的Web服务器。Nginx服务器是俄罗斯开发的一种轻量级的Web服务器，不仅非常小巧，而且支持反向代理。Nginx的模块非常丰富，能够满足不同的需求。

本书使用的Tomcat也是一种常用的Web服务器，它具有Web服务器的功能，同时也是Web容器，可以运行Servlet和JSP。

1.1.4 HTTP

计算机之间通过网络进行通信需要使用某种协议。Internet的基本协议是TCP/IP(传输控制协议和网际协议)。Web应用使用的HTTP是建立在TCP/IP之上的应用层协议。HTTP(HyperText Transfer Protocol)称为**超文本传输协议**。该协议详细规定了Web浏览器与服务器之间如何通信。HTTP是一个基于**请求-响应**(request-response)的协议，这种请求-响应的过程如图1-1所示。

图1-1 HTTP请求-响应示意图

基于HTTP的客户端/服务器请求响应机制的信息交换过程包含下面几个步骤。

(1) 建立连接：Web浏览器与服务器端建立TCP连接。

(2) 发送请求：成功建立连接后，浏览器开始向Web服务器发送请求，这个请求一般是GET或POST命令。

(3) 发送响应：服务器处理客户请求，可能需要搜索文件或执行程序。之后向Web浏览器发送响应消息。

(4) 关闭连接：当响应结束后，Web浏览器与Web服务器必须断开，以保证其他Web浏览器能够与Web服务器建立连接。

例如，在浏览器的地址栏中输入https://www.baidu.com/，按回车键。浏览器首先使用DNS获得www.baidu.com主机的IP地址，然后创建一条TCP连接，通过这条TCP连接将

HTTP 请求消息发送给服务器，并从服务器接收回一条消息，该条消息中包含将显示在浏览器客户区中的消息。最后，客户端和服务器端都将连接关闭。

1.1.5　URL 与 URI

Web 上的资源使用 URL 标识。**URL**(Uniform Resource Locator)称为**统一资源定位器**，指 Internet 上位于某个主机上的资源。资源包括 HTML 文件、图像文件和程序等。例如，下面是一些合法的 URL。

```
https://www.baidu.com/index.html
http://www.mydomain.com/files/sales/report.html
http://localhost:8080/helloweb/hello.jsp
```

URL 通常由协议名称、所在主机的 DNS 名或 IP 地址、可选的端口号和资源的名称四部分组成。端口号和资源的名称可以省略。

(1) 最常使用的协议是 HTTP，其他常用协议有 FTP、TELNET 协议、MAIL 协议和 FILE 协议等。

(2) DNS 为服务器的域名，如 www.tsinghua.edu.cn。

(3) 端口号标明该服务是在哪个端口上提供的。一些常见的服务都有固定的端口号，如 HTTP 服务的默认端口号为 80，如果访问在默认端口号上提供的服务，端口号可以省略。

(4) URL 的最后一部分为资源在服务器上的相对路径和名称，如/index.html，它表示服务器上根目录下的 index.html 文件。

除 URL 外，在 Web 应用中还经常使用另一个术语——URI。**URI**(Uniform Resource Identifier)称为**统一资源标识符**，是以特定语法标识一个资源的字符串。URI 由模式和模式特有的部分组成，它们之间用冒号隔开，一般格式如下：

```
schema:schema-specific-part
```

URI 的常见模式有 file(表示本地磁盘文件)、ftp(FTP 服务器)、http(使用 HTTP 的 Web 服务器)、mailto(电子邮件地址)等。

URI 有绝对和相对之分，绝对 URI 指以 schema(后面跟冒号)开头的 URI。前面给出的几个 URL 都是绝对 URI 的例子。

与绝对 URI 不同，相对 URI 不是以 schema(后面跟冒号)开始的 URI。例如，articles/articles.html 是一个相对 URI。相对 URI 类似于从当前目录开始的文件路径。通常有两种类型的 URI，即 URL 和 URN，URI 是 URL 与 URN 的超集。

1.2　Web 前端技术

扫一扫

视频讲解

Web 应用涉及的技术很多，大致可以分为前端技术和后端技术。Web 前端也称为 Web 客户端，Web 后端也称为服务器端。客户端技术通常包括 HTML、CSS、JavaScript 及各种框架。

1.2.1　HTML

HTML(HyperText Markup Language)称为**超文本标记语言**，是一种用来创建超文本文档的标记语言。所谓超文本，指用 HTML 编写的文档中可以包含指向其他文档或资源的链接，该链接也称为**超链接**(hyperlink)。通过超链接，用户可以很容易地访问所链接的资源。

HTML文档一般包含两类信息：一类是标记信息，它们包含在标签中，由一对尖括号(<和>)作为定界符，其中是元素名和属性；另一类是文档的字符数据，它们位于标签的外部，一般是需要浏览器显示的信息。下面是一个简单的超链接标签。

```
<a href = "https://www.baidu.com/index.html">百度</a>
```

标签一般有开始标签和结束标签，开始标签内的单词名称为元素名称。每个HTML文档有一个根元素<html>，其中包含<head>元素，<head>元素中又包含<title>元素，这称为元素的嵌套。有些元素还可以有属性，属性通过属性名和值来表示。目前HTML的最新版本是HTML5。在HTML标准中定义了大量的元素，表1-1列出了其中最常用的元素。关于这些元素的详细使用方法，请读者参考有关文献。

表1-1 最常用的HTML元素

标签名	说明	标签名	说明
<html>	HTML文档的开始	 	换行
<head>	文档的头部	<hr>	水平线
<title>	文档的标题	<a>	锚
<meta>	HTML文档的元信息	<img>	图像
<link>	文档与外部资源的关系	<table>	表格
<script>	客户端脚本	<tr>	表格中的行
<style>	样式信息	<td>	表格中的单元
<body>	文档的主体	<form>	表单
<h1>～<h6>	标题	<input>	输入控件
<p>	段落	<li>	列表的项目
<b>	粗体字	<div>	文档中的节、块或区域

清单1.1是一个包含表格的HTML文档。

清单1.1 table-demo.html

```
<!DOCTYPE html>
<html>
<head>
    <meta charset = "UTF-8">
    <title>表格示例</title>
</head>
<body>
<table border = "1" align = "center">
    <caption>图书信息表</caption>
    <tr><th>书号</th><th>书名</th><th>作者</th><th>价格</th>
    </tr>
    <tr><td>9787507842081</td><td>英语词汇的奥秘</td>
            <td>蒋争</td><td>38.00</td>
    </tr>
    <tr><td>9787040406641</td><td>数据库系统概论</td>
            <td>王珊</td><td>36.80</td>
    </tr>
    <tr><td>9787508660752</td><td>人类简史</td>
          <td>尤瓦尔·赫拉利</td><td>67.30</td>
    </tr>
</table>
</body>
</html>
```

HTML 文档的第一行是文档类型声明，这里使用<!DOCTYPE html>来说明该文档是一个 HTML 文档，当浏览器解析时就能够按照 HTML 的语法规则来解析这个页面，从而使文档以 HTML 的形式呈现出来。页面中的< meta >标签用来描述文档的元数据，如作者、版权、关键字、日期及页面使用的字符编码等。该标签的 charset 属性指定页面中的字符编码，推荐使用 UTF-8，语法为< meta charset="UTF-8">。UTF-8 是一种对 Unicode（统一码）字符进行编码的方案，它使用 1～4 字节为字符编码，用在网页上可以在同一个页面中显示中文、英文及其他国家的文字。

页面使用< table >标签定义了一个表格，表格通常用来显示数据，< tr >标签定义一行，< td >标签定义一个单元格。该页面的运行结果如图 1-2 所示。

书号	书名	作者	价格
9787507842081	英语词汇的奥秘	蒋争	38.00
9787040406641	数据库系统概论	王珊	36.80
9787508660752	人类简史	尤瓦尔•赫拉利	67.30

图 1-2 使用表格的 HTML 页面

1.2.2 CSS

浏览器对 HTML 页面的各种元素都有一种默认的呈现样式（如颜色和字体等），也可以使用 CSS 重新设置元素的样式。CSS（Cascading Style Sheets）是**层叠样式表**的简称，它是一种用来表现 HTML 或 XML 等文件样式的语言。CSS 是能够真正做到网页表现与内容分离的一种样式设计语言。相对于传统 HTML 的表现而言，CSS 能够对网页中对象的位置进行像素级的精确控制，支持几乎所有的字体、字号样式，拥有对网页对象和模型样式编辑的能力，并能够进行初步交互设计。

样式表有 3 个层次，按照从底层到高层的顺序分别为内联样式表、文档样式表和外部样式表。

1. 内联样式表

内联样式表只能作用于单个 HTML 元素的内容。内联样式表是在元素标记内使用 style 属性指定样式，style 属性可以包含任何 CSS 样式声明。例如，下面的代码使用 color 属性设置段落的字体颜色。

```
<p style = "color:#0000ff">该段落以蓝色显示.</p>
```

2. 文档样式表

文档样式表能够对文档的整个主体起作用。文档样式表是在单个页面中使用< style >标记在文档的头部定义样式表，这种样式只能被定义它的页面使用。例如，下面的代码定义了< h1 >和< body >标记的样式。

```
<style type = "text/css">
 h1 {
      font - size:24px;
      background - color:#c0c0c0
   }
 body{
      background - image:url(images/bg.gif)
   }
</style>
```

3. 外部样式表

外部样式表是把声明的样式保存在样式文件中，外部样式表以.css 作为文件扩展名，如

styles.css。使用外部样式表有两种方法：一种方法是通过< link >元素将外部样式表链接到网页中；另一种方法是在< style >标签内使用@import 导入外部样式表。例如，下面的代码使用< link >元素将外部样式表文件 form-style.css 链接到当前页面中。

```
<link rel="stylesheet" type="text/css"
      href="css/form-style.css">
```

上述3种样式表有优先级问题，内联样式表优先于文档样式表，文档样式表优先于外部样式表。也就是说，如果某个属性由一组样式表共同指定，在发生冲突的情况下，内联样式表最优先。

清单1.2的文档通过< link >元素链接到样式表文件 css/form-style.css。

清单 1.2　form-style.html

```
<!DOCTYPE html>
<html>
<head>
    <meta charset="UTF-8">
    <title>表单样式</title>
    <link rel="stylesheet" href="css/form-style.css">
</head>
<body>
    <form action="" method="post">
      <h1>联系我们<span>请用该表单给我们发送消息</span></h1>
      <label><span>用户名:</span>
      <input id="name" type="text" name="name"
            placeholder="用户名"/>
      </label>
      <label><span>邮箱地址:</span>
      <input id="email" type="email" name="email"
             placeholder="邮箱地址" required="required"/>
     </label>
     <label><span>评论:</span>
     <textarea id="message" name="message"
           placeholder="输入评论"></textarea>
     </label>
     <label><span> </span>
       <input type="submit" value="提交"/>
       </label>
     </form>
</body>
</html>
```

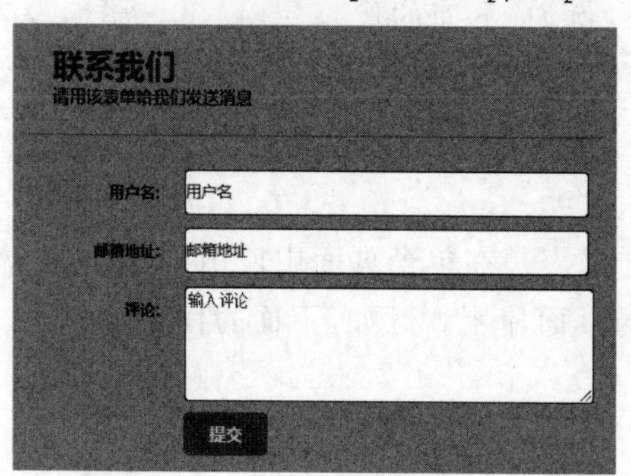

图 1-3　应用了样式的表单

页面使用< link >元素将外部样式表链接到网页中，运行结果如图 1-3 所示。

若在< style >标签内使用@import 导入外部样式表，应该在< head >标签内用如下代码。

```
<style type="text/css">
   @import url("css\form-style.css")
</style>
```

上述页面使用的样式表文件 css/form-style.css 见清单 1.3。

清单 1.3　form-style.css

```
@charset "UTF-8";
form {
    margin-left:auto;
    margin-right:auto;
    max-width:450px;
```

```
        background:aqua;
        padding:25px 15px 25px 10px;
        border:1px solid #dedede;
        font:12px Arial;
    }
    h1 {
        padding:20px;
        display:block;
        border-bottom:1px solid grey;
        margin:-20px 0px 20px 0px;
        color:black;
    }
    h1 > span {
        display:block;
        font-size:13px;
    }
    label {
        display:block;
    }
    label > span {
        float:left;
        width:20%;
        text-align:right;
        margin:12px;
        color:mediumpurple;
        font-weight:bold;
    }
    input[type="text"], input[type="email"], textarea {
        border:1px solid #0000ff;
        height:30px;
        width:70%;
        font-size:12px;
        border-radius:3px;
        margin:5px;
    }
    textarea {
        height:80px;
    }
    input[type="submit"] {
        background:#ff00ff;
        font-weight:bold;
        border:none;
        padding:8px 20px 8px 20px;
        color:black;
        border-radius:5px;
        cursor:pointer;
        margin-left:4px;
    }
    input[type="submit"]:hover {
        background:red;
        color:yellow;
    }
```

1.2.3 JavaScript

JavaScript 是一种广泛用于客户端 Web 开发的脚本语言，常用来给 HTML 网页添加动态功能，如响应用户的各种操作。JavaScript 是一种基于对象和事件驱动并具有相对安全性的客户端脚本语言，使用 JavaScript 能够对页面中的所有元素进行控制，所以它非常适合用来设计交互式页面。在 HTML 页面中通过< script >标签定义 JavaScript 脚本。在< script >标签内既可以包含脚本语句，也可以通过 src 属性指向外部脚本文件。例如：

```
<script type="text/javascript" src="js/validate.js"></script>
```

清单 1.4 的 HTML 页面嵌入 JavaScript 脚本代码，实现对用户输入的日期数据的校验。

清单 1.4　flight-query.html

```
<!DOCTYPE html>
<html>
<head>
  <meta charset="UTF-8">
  <title>航班查询</title>
  <script type="text/javascript">
    function validate(){
      var startdate=new Date(document.getElementById("start").value);
      var enddate=new Date(document.getElementById("end").value);
      if(startdate>enddate){
        alert("出发日期不能晚于到达日期!");
        return false;
      }
    }
  </script>
  <style type="text/css">
      *,input {font-size:11pt;color:black}
  </style>
</head>
<body>
<form action="/helloweb/flight-query"
      method="post" onsubmit="return validate()">
<fieldset>
   <legend>请输入航班查询信息:</legend>
   <p>出发日期:<input type="date" name="start" id="start"></p>
   <p>到达日期:<input type="date" name="end" id="end"></p>
   <p><input type="submit" value="确定">
    <input type="reset" value="重置"></p>
</fieldset>
</form>
</body>
</html>
```

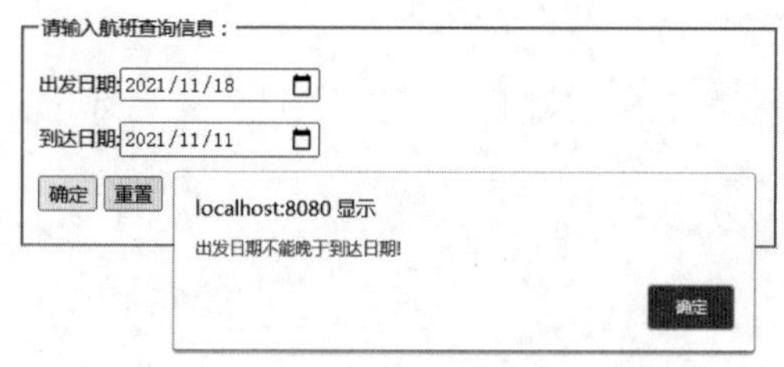

图 1-4　flight-query.html 页面的执行

该页面通过< script >和</script >嵌入了 JavaScript 代码。这里定义了一个名为 validate 的函数。在页面的表单中，通过表单元素的 onsubmit 属性指定当用户单击提交按钮时触发事件调用该函数，函数检查用户输入的日期数据，如果出发日期晚于到达日期，则弹出警告框。图 1-4 是该页面的运行结果及日期输入不合法时弹出的警告框。

这里要注意，客户端动态文档的技术与服务器端动态文档的技术是完全不同的。对于采用服务器端动态文档技术的页面，代码是在服务器端执行的；对于采用客户端动态文档技术的页面，代码是在客户端执行的。

若使用 HTML5 创建表单，有些输入域可以通过指定有关属性实现输入验证。例如，下面的代码表示该输入框必须提供值。

```
<input type="text" name="username" required/>
```

Web 前端技术除了包含上面提到的 HTML、CSS 和 JavaScript 技术，还包含很多前端框架技术，如 BootStrap 技术、Vue.js 技术、jQuery 技术、Angular 技术和 React 技术等。由于前端框架技术已经超出本书范围，这里不再讨论。

1.3 Web 后端技术

Web 后端也称为 Web 服务器端，Web 应用程序运行在 Web 服务器上，是可以通过浏览器访问的各种 Web 组件的集合。在实际应用中，Web 应用程序由多个 Servlet 程序、JSP 页面、HTML 文件及图像文件等资源组成。这些组件相互协调，为用户提供一组完整的服务。

1.3.1 服务器端编程技术

在服务器端要实现 Web 应用的动态功能，需要使用服务器端编程技术。目前，在服务器端有多种技术，如 CGI 技术、Servlet 技术和动态 Web 页面技术。

1. CGI 技术——传统技术标准

公共网关接口(Common Gateway Interface,CGI)技术是在服务器端生成动态 Web 文档的传统方法。CGI 是一种标准化的接口，允许 Web 服务器与后台程序和脚本通信，这些后台程序和脚本能够接受输入信息(如来自表单)，访问数据库，最后生成 HTML 页面作为响应。服务器进程(httpd)在接收到一个对 CGI 程序的请求时并不返回该文件，而是执行该文件，然后将执行结果发送给服务器。从 CGI 程序到服务器的连接是通过标准输出实现的，所以 CGI 程序发送给标准输出的任何内容都可以发送给服务器，服务器再将其发送给客户浏览器。

CGI 编程的主要优点体现在其灵活性上，可以用任何语言编写 CGI 程序。在实际应用中，通常用 Perl 脚本语言来编写 CGI 程序。尽管 CGI 提供了一种模块化的设计方法，但它也有一些缺点。使用 CGI 方法的主要缺点是效率低。对 CGI 程序的每次调用都创建一个操作系统进程，当多个用户同时访问 CGI 程序时将加重处理器的负载。尤其是对于繁忙的 Web 站点，并且当脚本需要执行连接数据库时效率非常低。此外，脚本使用文件输入/输出(I/O)与服务器通信，这大大增加了响应的时间。

2. Servlet 技术——Java 解决方案

一个更好的方法是使服务器支持独立的可执行模块，当服务器启动时该模块就装入内存并只初始化一次，然后就可以通过已经驻留在内存中的、准备提供服务的模块副本为每个请求提供服务。目前，大多数产品级的服务器已经支持这种模块，这些独立的可执行模块称为服务器扩展。在非 Java 平台上，服务器扩展是使用服务器销售商提供的本地语言 API 编写的；在 Java 平台上，服务器扩展是使用 Servlet API 编写的。服务器扩展模块叫作 **Servlet 容器**(container)，或称为 **Web 容器**。Tomcat 就是一个 Web 容器，它在整个 Web 应用系统中处于中间层的地位，如图 1-5 所示。

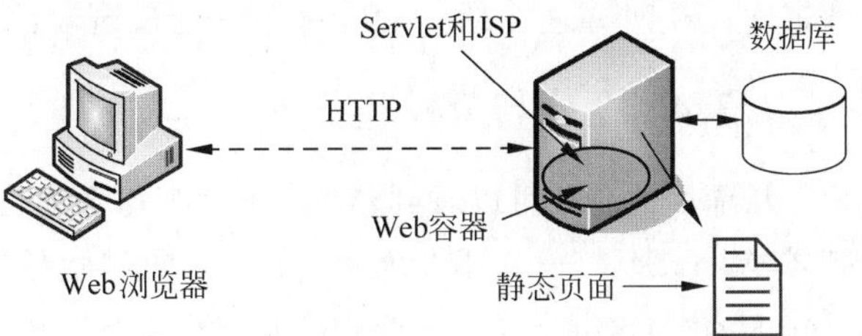

图 1-5 基于 Servlet 技术的 Web 应用的结构

图 1-5 给出了 Web 应用系统中各种不同的组件构成，其中，HTML 文件存储在文件系统中，Servlet 和 JSP 运行在 Web 容器中，业务数据存储在数据库中。

浏览器向 Web 服务器发送请求。如果请求的目标是 HTML 文件，Web 服务器可以直接处理；如果请求的目标是 Servlet 或 JSP 页面，Web 服务器将请求转发给 Web 容器，Web 容器将查找并执行该 Servlet 或 JSP 页面，Servlet 和 JSP 页面都可以产生动态输出。

3. 动态 Web 页面技术

在服务器端动态生成 Web 文档有多种方法，一种常见的方法是使用动态 Web 页面技术，在 Web 页面中嵌入某种语言的脚本，然后让服务器来执行这些脚本，以便生成最终发送给客户的页面。目前比较流行的动态 Web 页面技术有 PHP 技术、ASP. NET 技术和 JSP 技术。

JSP(JavaServer Pages)页面是在 HTML 页面中嵌入 JSP 元素的页面，页面中的动态部分是用 Java 语言编写的。JSP 页面主要用来实现表示逻辑。

1.3.2 静态与动态 Web 资源

Web 资源可以分为静态资源和动态资源。如果资源本身没有任何处理功能，那么它就是静态资源；如果资源有自己的处理功能，那么它就是动态资源。Web 应用程序通常是静态资源和动态资源的混合。

例如，当浏览器向 http://www. myserver. com/myfile. html 发送一个请求，Web 服务器就在 myserver. com 上查找 myfile. html 文件，找到后把该文件的内容发送给浏览器，它是**静态资源**。

当浏览器向 http://www. myserver. com/product-report 发送一个请求，Web 服务器就将请求转发给 product-report 程序，该程序将执行，生成 HTML 文档，并把它发送给浏览器，该程序就是一个**动态资源**。

Web 文档是一种重要的 Web 资源，又分为静态文档和动态文档。Web 文档只是一种以文件的形式存放在服务器端的文档。**静态文档**(static document)创建后存放在 Web 服务器中，在被用户访问的过程中，其内容不会改变，因此用户每次对静态文档的访问所得的结果都是相同的。静态文档的最大优点是简单；缺点是不够灵活，当信息变化时需要由文档的作者手动对文档进行修改。显然变化频繁的文档不适合使用静态文档。

动态文档(dynamic document)是指文档的内容可以根据需要动态生成。动态文档技术又分为服务器端动态文档技术和客户端动态文档技术。正是由于动态资源才使 Web 应用程序具有与一般应用程序几乎同样的交互性。

1.3.3 后端数据库技术

几乎所有的 Java Web 应用程序都涉及数据管理与存储，数据存储最好的方法是使用数据库。目前有多种数据库可以使用，如关系数据库、文本数据库和图数据库等，最常用的是关系数据库。典型的关系数据库有 Oracle 数据库、SQL Server 数据库、MySQL 数据库和 PostgreSQL 数据库等。本书使用 MySQL 数据库；本书第 5 章将介绍如何使用 Servlet 访问数据库；第 14 章将介绍 MyBatis，它用于实现对象和关系的映射。

1.3.4 全栈与全栈开发员

从前面的介绍可以看到，Web 开发涉及前端和后端多种技术，这些技术的组合通常称为**技术栈**(stack)。一名开发人员，如果能同时胜任前端和后端的开发，一般称为**全栈开发员**(full stack developer)。一些中小企业更喜欢聘用全栈开发员，因为他们可以处理前端和后端开发任务，从而减少开发时间和成本。多年来，一些技术栈在应用程序项目中获得了前所未有的普及，具有强大的吸引力，每种技术都有自己的优势。

在 Web 领域中常见的技术栈有 LAMP、MEVN、MEAN 和 MERN 等，限于篇幅，本书对它们不做详细介绍。本书讨论的内容是基于 Java 的一种全栈 Web 开发，并且主要讨论后端开发技术。这里 Web 服务器使用 Tomcat 服务器，数据库服务器使用 MySQL，前端使用 JSP 实现（当然包括 HTML、CSS 和 JavaScript 等），持久层使用 MyBatis，后端业务使用 Servlet 和 Spring MVC 实现。

1.4 Tomcat 服务器

Tomcat 是 Apache 软件基金会的开源产品，是 Servlet 和 JSP 技术的实现，是 Web 容器，它具有作为 Web 服务器运行的能力，因此不需要一个单独的 Web 服务器。本书中的所有程序都在 Tomcat 服务器中运行。Web 容器还有 Eclipse Jetty、Caucho 公司的 Resin、GlassFish、Oracle 公司的 WebLogic 和 IBM 公司的 WebSphere 等。其中，有些 Web 容器还提供了对 EJB、JMS 和其他 Jakarta EE 技术的支持。

1.4.1 Tomcat 的下载与安装

用户可以到 http://tomcat.apache.org/网站下载 Tomcat 服务器。Tomcat 服务器的最新版本是 Tomcat 11.0.0，它实现了 Servlet 6.0 和 JSP 4.0 的规范。用户可以下载 Tomcat 的安装版或解压版。解压版是一个 ZIP 文件，下载后解压到某个目录即完成安装。安装版是一个可执行文件，本书下载的是 Windows 平台上 64 位的安装版，文件名为 apache-tomcat-11.0.0.exe。下面介绍 Tomcat 的安装、配置方法。

提示：如果用户下载的是压缩文件，将压缩文件解压到一个目录中，运行 bin 中的 startup.bat 文件或双击 tomcat11w.exe 即可启动 Tomcat 服务器。

假设已经安装 JDK 21，这里假设已经在 C:\Program Files\Java\jdk-21 目录下安装了 JDK。下面说明 Tomcat 的安装过程。

双击下载的可执行文件，在出现的界面中选择安装类型。这里选择完全安装，在 Select the type of install 下拉列表框中选择 Full，然后单击 Next 按钮，出现如图 1-6 所示的界面。

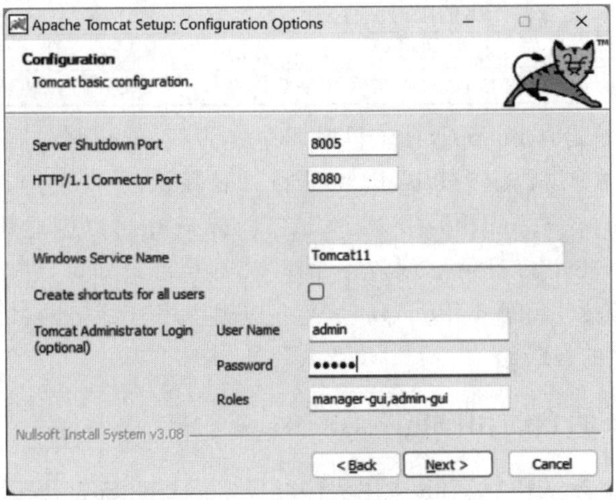

图 1-6 指定端口号、用户名和密码

这里要求用户输入服务器的端口号、管理员的用户名和密码。Tomcat 默认的端口号为 8080,管理员的用户名为 admin,密码为 123456。

单击 Next 按钮,出现如图 1-7 所示的对话框,这里需要指定 Java 运行时环境的路径。

接下来出现如图 1-8 所示的对话框,这里要求用户指定 Tomcat 的安装路径,默认路径是 C:\Program Files\Apache Software Foundation\Tomcat 11.0。该路径为 Tomcat 的安装路径。

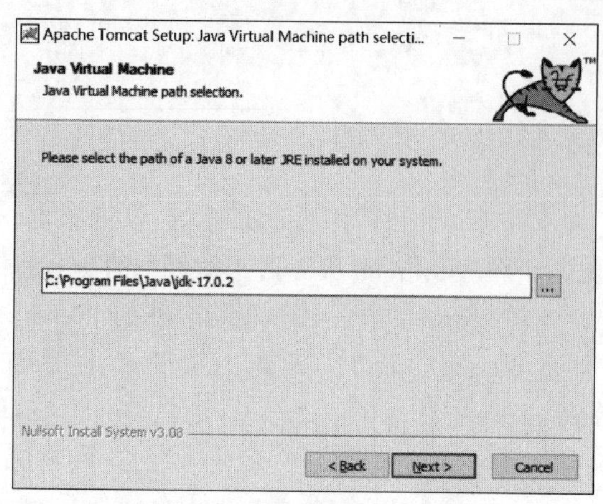

图 1-7 指定 Java 运行时环境的路径

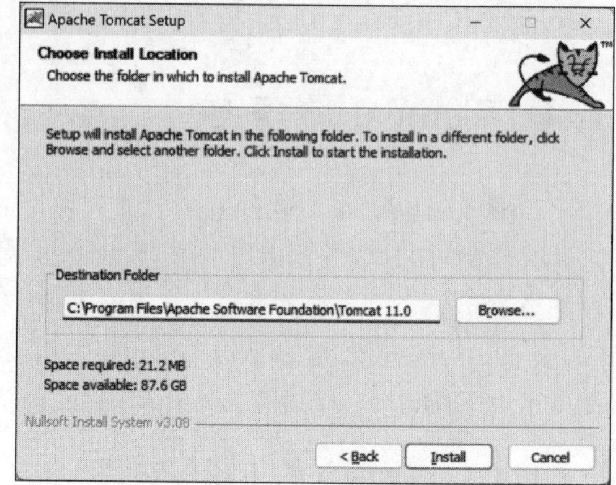

图 1-8 设置 Tomcat 的安装路径

单击 Install 按钮,系统开始安装。在最后出现的对话框中单击 Finish 按钮结束安装。

1.4.2 Tomcat 的目录结构

在安装结束后,打开资源管理器查看 Tomcat 的目录结构,在 Tomcat 安装目录中包含如表 1-2 所示的子目录。

表 1-2 Tomcat 的目录结构及说明

目　录	说　　明
/bin	存放启动和关闭 Tomcat 的脚本文件
/conf	存放 Tomcat 服务器的各种配置文件,包括 servlet. xml、tomcat-users. xml 和 web. xml 等文件
/lib	存放 Tomcat 服务器及所有 Web 应用程序都可以访问的库文件
/logs	存放 Tomcat 的日志文件
/temp	存放 Tomcat 运行时产生的临时文件
/webapps	存放所有的 Web 应用程序的目录
/work	存放 JSP 页面生成的 Servlet 源文件和字节码文件

这里最重要的目录是/webapps,在该目录下存放了 Tomcat 服务器中所有的 Web 应用程序目录,如 examples、ROOT 等。其中,ROOT 目录是默认的 Web 应用程序,访问默认应用程序使用的 URL 为 http://localhost:8080/。在 Tomcat 中可以创建其他 Web 应用程序,如 helloweb,只需要在/webapps 目录下创建一个 helloweb 目录即可,访问该 Web 应用程序的 URL 为 http://localhost:8080/helloweb/。Web 应用程序有严格的目录结构,1.4.4 节将详细介绍 Web 应用程序的目录结构。

1.4.3 Tomcat 的启动和停止

在使用 Tomcat 服务器开发 Web 应用程序时经常需要重新启动服务器,可以通过 bin 中的 tomcat11w.exe 工具实现。双击该文件,打开 Apache Tomcat 属性对话框。该对话框主要用来设置 Tomcat 的各种属性，也可以用来方便地停止和重新启动 Tomcat。单击 General 页面中的 Stop 按钮可以停止服务器，单击 Start 按钮可以重新启动服务器。

Tomcat 安装程序在操作系统中安装一个服务。用户可以打开控制面板，单击“管理工具”，然后双击“服务”，打开服务管理工具查看服务的启动情况，在这里也可以启动或停止 Tomcat 服务器。

提示：如果服务器启动失败，选择 Log on 标签，选中 Local System account 复选框，然后再启动服务。

打开浏览器，在地址栏中输入 http://localhost:8080/，如果能打开如图 1-9 所示的页面，说明 Tomcat 服务器已经启动并工作正常。注意，Tomcat 默认的端口号为 8080，若在安装时指定了其他端口，应使用指定的端口号。

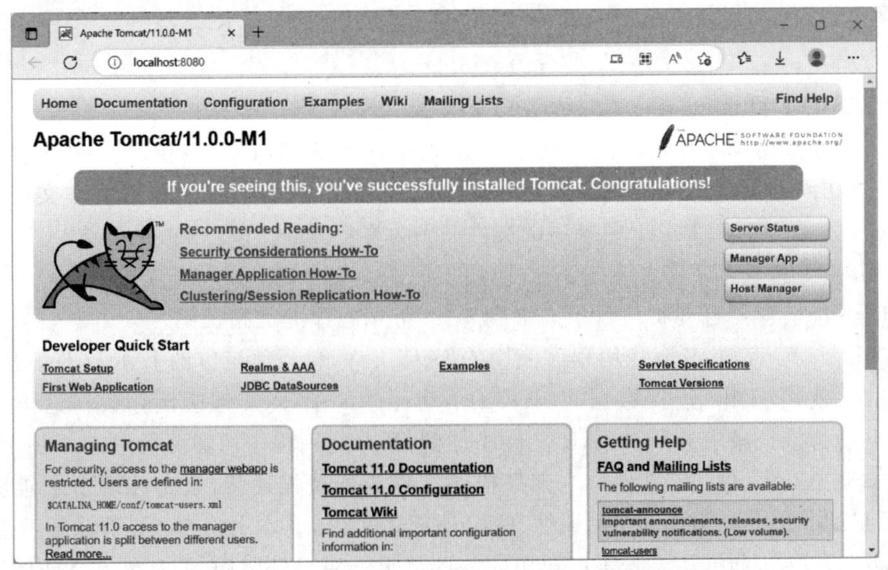

图 1-9　Tomcat 的欢迎页面

在该页面中提供了一些链接，可以访问有关资源。例如，通过 Servlets Examples 和 JSP Examples 链接可以查看 Servlet 和 JSP 实例程序的运行，通过 Manager App 链接可以进入 Tomcat 管理程序等。

1.4.4　Web 应用程序的目录结构

Web 应用程序是一种存放在 Web 服务器上可以通过浏览器访问的应用程序。Web 应用程序的一个最大好处是用户很容易访问，用户只要有浏览器即可，不需要再安装其他软件。Web 应用程序的所有资源被保存在一个结构化的目录中，目录结构是按照资源和文件的位置严格定义的。

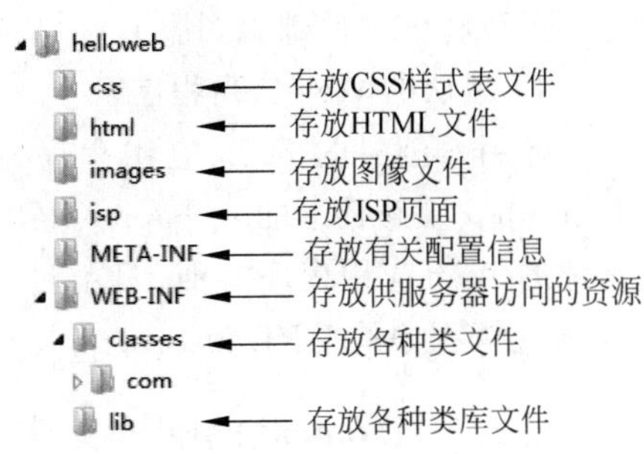

图 1-10　Web 应用程序的目录结构

Tomcat 安装路径中的 webapps 目录是所有 Web 应用程序的根目录。假如有一个名为 helloweb 的 Web 应用程序，部署到 Tomcat 中就建立了一个 helloweb 目录。图 1-10 所示为 helloweb 应用程序的一个可能的目录结构。

1. 文档根目录

每个 Web 应用程序都有一个**文档根目录**(document root),它是应用程序所在的目录。在图 1-10 中 helloweb 目录就是应用程序的文档根目录。应用程序的所有可以被公开访问的文件(如 HTML 文件、JSP 文件)都应该放在该目录或其子目录中。通常把该目录中的文件组织在多个子目录中。例如,HTML 文件存放在 html 目录中,JSP 页面存放在 jsp 目录中,而图像文件存放在 images 目录中,这样方便对文件进行管理。

如果要访问 Web 应用程序中的资源,需要给出文档所在的路径。假设服务器的主机名为 www.myserver.com,如果要访问 helloweb 应用程序根目录下的 index.html 文件,应该使用下面的 URL。

```
http://www.myserver.com/helloweb/index.html
```

如果要访问 jsp 目录中的 hello.jsp 文件,应该使用下面的 URL。

```
http://www.myserver.com/helloweb/jsp/hello.jsp
```

2. WEB-INF 目录

每个 Web 应用程序在它的根目录中都必须有一个 WEB-INF 目录。在该目录中主要存放供服务器访问的资源。尽管该目录物理上位于文档根目录中,但不将它看作文档根目录的一部分,也就是说,在 WEB-INF 目录中的文件并不为客户服务。该目录主要包含以下 3 个内容。

(1) classes 目录:存放支持该 Web 应用程序的类文件,如 Servlet 类文件、JavaBean 类文件等。在运行时,容器自动将该目录添加到 Web 应用程序的类路径中。

(2) lib 目录:存放 Web 应用程序使用的 JAR 文件,包括第三方的 JAR 文件。例如,如果一个 Servlet 使用 JDBC 连接数据库,JDBC 驱动程序的 JAR 文件应该存放在这里。在运行时,容器自动将该目录中的所有 JAR 文件添加到 Web 应用程序的类路径中。

(3) web.xml 文件:该文件称为**部署描述文件**或**部署描述符**,该文件用于配置应用程序的有关信息,如 Servlet 声明、映射、属性、授权及安全限制等。本书将在 2.6 节详细讨论该文件。

在应用程序中,如果需要阻止用户访问一些特定资源,可以将它们存储在 WEB-INF 目录中。该目录中的资源对容器是可见的,但不能为客户提供服务。

3. Web 归档文件

Web 应用程序包含许多文件,可以将这些文件打包成 WAR 文件(扩展名为.war),即 Web 归档文件。创建 WAR 文件主要是为了方便 Web 应用程序在不同系统之间移植。用户可以直接把一个 WAR 文件放到 Tomcat 的 webapps 目录中,Tomcat 会自动把该文件释放到 webapps 目录中,并创建一个与 WAR 文件同名的应用程序。

创建 WAR 文件很简单。在 IntelliJ IDEA 中可以直接将项目导出到一个 WAR 文件中,之后可以将该文件部署到服务器中。

4. 默认的 Web 应用程序

除用户创建的 Web 应用程序外,Tomcat 服务器还维护一个默认的 Web 应用程序。Tomcat 安装路径下的 webapps\ROOT 被设置为默认的 Web 应用程序的文档根目录。它与其他的 Web 应用程序类似,只不过访问它的资源不需要指定上下文路径。例如,访问默认 Web 应用程序的 URL 为 http://localhost:8080/。

1.4.5 Tomcat 的配置文件

在 Tomcat 安装路径的 conf 目录中包含了配置文件,包括 server.xml 和 tomcat-users.

xml。在 server.xml 文件中可以定义 Web 应用的上下文(Context)及修改端口号等。例如,在安装 Tomcat 时如果没有修改端口号,则默认的端口号为 8080。这样,在访问服务器资源时需要在 URL 中给出端口号。为了方便,可以将端口号修改为 80,这样就不用给出端口号了。如果要修改端口号,需要编辑 server.xml 文件,将 Connector 元素的 port 属性从 8080 改为 80,并重新启动服务器。在 server.xml 文件中,Connector 元素最初的内容如下。

```
<Connector connectionTimeout = "20000" port = "8080"
           protocol = "HTTP/1.1" redirectPort = "8443"/>
```

将 port 属性的值改为 80 即可。将连接器的端口号修改为 80 以后,再次访问 Web 应用时就不用指定端口号了。

1.5 IntelliJ IDEA 开发环境

使用**集成开发环境**(Integrated Development Enviroment,IDE)可以加快 Java Web 应用的开发,有多种 IDE 可用,常用的有 IntelliJ IDEA、Eclipse 和 NetBeans。本书介绍 IntelliJ IDEA 的使用,有关其他开发环境的使用请读者参考其他文献。

IntelliJ IDEA 是 JetBrains 公司的软件产品,被认为是当前 Java 开发效率最高的 IDE 工具,目前很多大型互联网公司都使用它作为开发工具。IntelliJ IDEA 有社区版(Community Edition)和旗舰版(Ultimate Edition)两个版本。其中,前者是免费开源的,功能较少,可以用来开发 Java SE 程序;后者是商业版,功能强大,用户使用需要付费,也可以免费试用 30 天。开发 Java Web 项目应该使用旗舰版。

1.5.1 下载和安装 IntelliJ IDEA

用户可以从 JetBrains 公司的官方网站(http://www.jetbrains.com/idea)下载最新的 IntelliJ IDEA,下载完成后将得到一个可执行文件。运行安装程序,在安装过程中首先需要指定安装路径,在接下来的页面中指定是否创建桌面快捷方式、是否更新环境变量及指定 IDEA 所关联的文件类型等,如图 1-11 所示。

图 1-11 IDEA 安装选项页面

最后，在结束安装页面中选中 Run IntelliJ IDEA 复选框，单击 Finish 按钮，启动运行 IntelliJ IDEA。

1.5.2 在 IDEA 中创建 Web 项目

使用 IntelliJ IDEA 可以创建多种类型的项目，如 Java 项目、JavaFX 项目、Maven 项目及 Jakarta EE 项目等。本书介绍 Jakarta EE 项目的创建。

首先在磁盘上创建一个目录用于存放 IntelliJ IDEA 项目，如 D:\IdeaProjects 目录，然后按下面的步骤创建 Jakarta EE 项目。

提示：2017 年，Oracle 公司决定将 Java EE 移交给 Eclipse 基金会，但要求被移交后的 Java EE 不能使用与 Java 相关的商标，因此 Eclipse 基金会于 2018 年 3 月将 Java EE 更改为 Jakarta EE，同时将 javax 命名空间改为 jakarta。

(1) 打开 IntelliJ IDEA，单击 New Project，打开 New Project(新建项目)对话框，如图 1-12 所示。在左侧的项目类型列表中选择 Jakarta EE，在右侧的面板中输入或选择新建项目的有关信息，包括：

- 在 Name 文本框中输入项目名称，这里输入 helloweb。
- 在 Location 框中指定项目的存放路径，这里是 D:\IdeaProjects。
- 在 Template 下拉列表框中选择创建项目的类型，这里选择 Web application 创建 Web 应用。
- 在 Application server 下拉列表框中指定应用服务器，单击右侧的 New 按钮可以新建服务器。
- 在 Language 中选择使用的语言，这里选择 Java。
- 在 Build system 中选择 Maven，Maven 是最常用的项目管理工具。

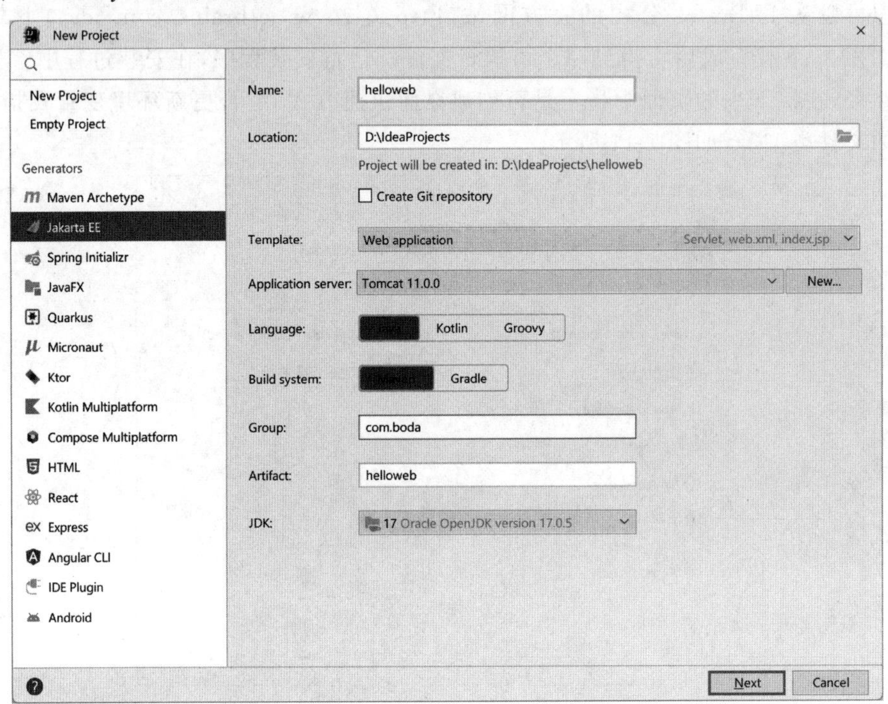

图 1-12 New Project 对话框

- 在 Group 文本框中指定项目组 ID，这里输入 com.boda。
- 在 Artifact 中指定项目工件的名称，这里与项目同名。
- 在 JDK 下拉列表框中选择项目使用的 JDK，可以选择系统安装的 JDK 或单独下载。

(2) 单击 Next 按钮，打开如图 1-13 所示的对话框，这里需要指定项目版本和依赖项。在 Version(版本)下拉列表框中选择 Jakarta EE 10，这是最新的 Java 企业版，将使用 Servlet 6.0 API 规范，Tomcat 11 支持这个版本。如果服务器使用 Tomcat 9.x 版，应该选择 Java EE 8。

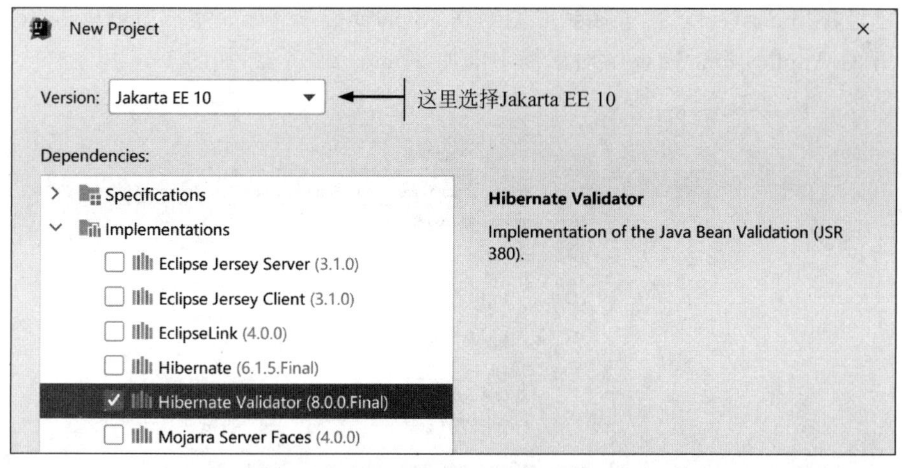

图 1-13　选择项目使用的版本和依赖

在 Dependencies 列表框中可以选择项目依赖的模块。这里主要分为两类——规范(Specifications)和实现(Implementations)，每类都包含若干模块，如果项目需要某个模块，只需要将其选中即可，IDEA 将在 pom.xml 文件中添加模块的依赖。例如，如果需要使用 Hibernate 的校验框架，可以选中 Hibernate Validator。

(3) 单击 Create 按钮，IDEA 将生成项目结构和必要的文件。在新建的 Jakarta EE 项目中还默认创建一个名为 HelloServlet 的 Servlet 程序和一个 index.jsp 页面，并将其在编辑窗口中打开，如图 1-14 所示。

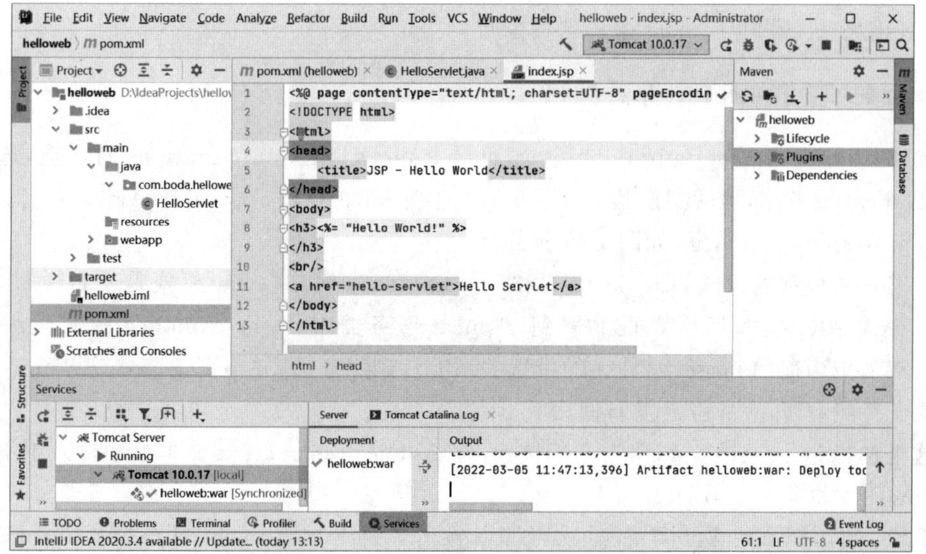

图 1-14　IDEA 生成的项目结构

IDEA 的主工作窗口与其他 IDE 类似，主要包括菜单栏、工具栏、项目工具窗口、工具窗口栏、编辑窗口、输出窗口等。

1.5.3 配置 Tomcat 服务器

选择 Run→Edit Configurations 命令，在打开的 Run/Debug Configurations 对话框中单击"+"号，然后选择 Tomcat Server→Local，在打开的页面右侧的 Name 文本框中输入服务器名(假设已经将 Tomcat 11.0.0 安装到 C 盘)，在 Application server 文本框右侧单击 Configure 按钮，在打开的 Application Servers 对话框中添加 Tomcat 服务器，如图 1-15 所示。

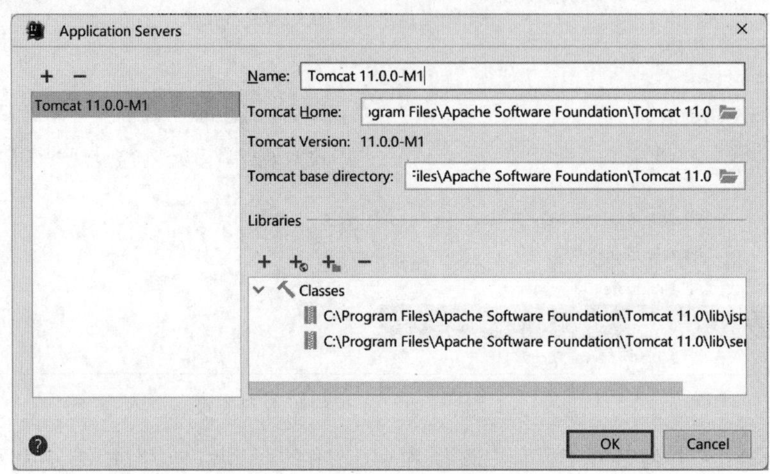

图 1-15 添加应用服务器的对话框

在 Run/Debug Configurations 对话框的 Server 选项卡中也可以选择或更改服务器。用户还可以设置使用的浏览器，如果选中 After launch 复选框，则在每次服务器启动后自动打开浏览器并访问默认首页面(index.jsp 或 index.html)。在这里还可以设置多种浏览器。下面的区域设置 HTTP port 和 JMX port(默认值即可)，如图 1-16 所示。在 Deployment 选项卡中可以指定部署的打包文件名(如 helloweb.war)和访问应用程序的上下文路径(如/helloweb)。最后单击 OK 按钮，完成 Tomcat 服务器的配置。

1.5.4 在 Tomcat 中部署项目

选择 Run→Edit Configurations 命令，打开 Run/Debug Configurations 对话框，选择刚配置的 Tomcat 服务器，然后切换到 Deployment 选项卡，单击"+"号，选择 Artifact，打开 Select Artifacts to Deploy 对话框，如图 1-17 所示。

这里有两种部署模式，即 war 模式和 war exploded 模式。war 模式是发布模式，是将项目打包成 WAR 文件，然后真正部署到 Tomcat 服务器中。war exploded 模式只编译生成 target，然后把当前的 target 文件夹的位置关系上传到服务器，并不真正部署到 Tomcat 中，这种模式支持热部署，一般在开发时使用。

这里选择 helloweb:war，单击 OK 按钮，在 Application context 文本框中输入上下文路径(/helloweb)，如图 1-18 所示。

提示：在按照上述方法部署项目后，项目被真正部署到 Tomcat 服务器的 webapps 目录中，读者可以自行查看该目录。

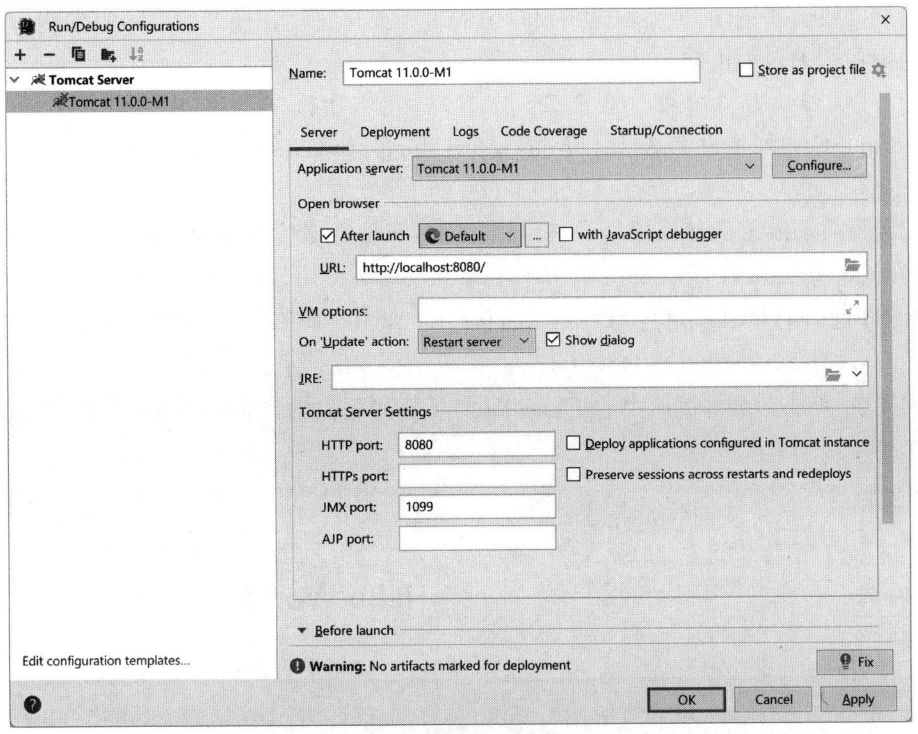

图 1-16　应用服务器配置界面

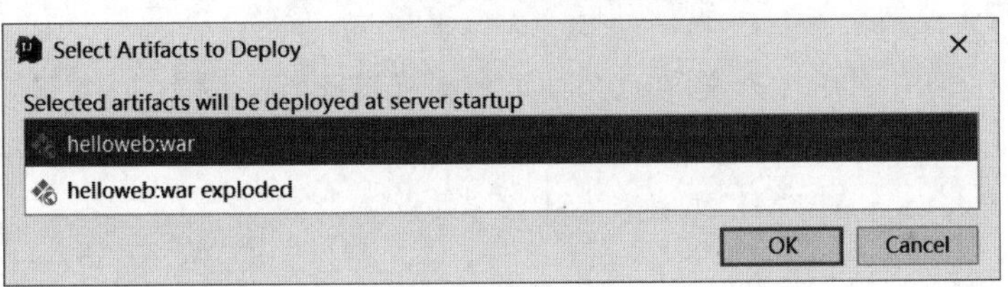

图 1-17　Select Artifacts to Deploy 对话框

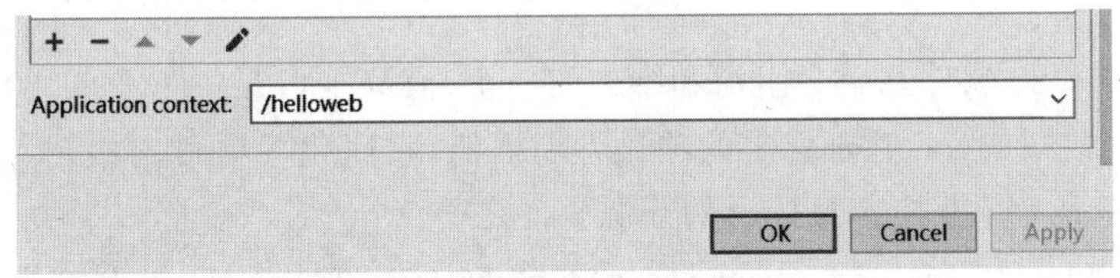

图 1-18　指定应用的上下文路径

1.5.5　启动 Tomcat 并访问应用

在 IDEA 窗口的右上角有一个服务器工具栏，使用其中的工具可以启动和停止 Tomcat 服务器、部署应用程序等，如图 1-19 所示。

在该工具栏中，单击 ▶ 按钮可以启动 Tomcat 服务器，当该按钮变成 ↻ 时可以重新部署项目。单击 ■ 按钮可以停止 Tomcat 服务器。

图 1-19　Tomcat 服务器工具栏

在服务器启动或重新部署项目，或执行 Maven 命令时都将在输出窗口中输出有关信息。

如果发生启动或部署错误，也将在输出窗口中输出有关信息。程序员可以根据输出窗口中的信息判断操作结果是否正常。

提示： 如果输出窗口中输出的中文出现乱码，可以修改 Tomcat 安装路径的 conf 下的 logging. properties 文件中的参数，将 java. util. logging. ConsoleHandler. encoding 的值改成 GBK。

在服务器启动或重新部署项目后，打开浏览器，在地址栏中输入要访问的资源的 URL 地址即可访问 Web 应用程序。在使用 IDEA 新建 Jakarta EE 项目时将自动创建一个名为 HelloServlet 的 Servlet 程序和一个 index. jsp 页面，使用下面的 URL 访问 index. jsp 页面。

```
http://localhost:8080/helloweb/index.jsp
```

结果如图 1-20 所示。单击页面中的 Hello Servlet 链接可以访问该 Servlet 程序，运行结果如图 1-21 所示。

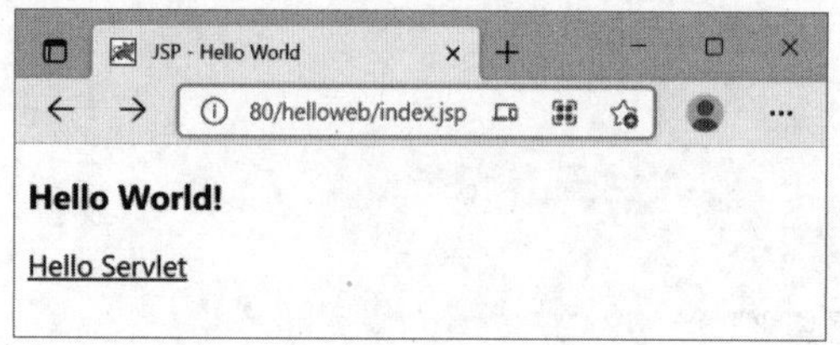

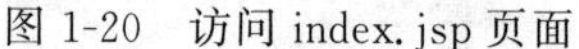
图 1-20 访问 index. jsp 页面

图 1-21 请求该 Servlet 程序的结果

多学一招

用户可以从 IntelliJ IDEA 开发界面直接启动浏览器访问当前打开的 HTML 文档或 JSP 页面。IDEA 默认在 HTML 或 JSP 编辑窗口中显示已设置的浏览器的图标，单击图标即可使用选中的浏览器直接打开 HTML 文档或 JSP 页面。

1.6 Maven 入门

Maven 是 Apache 软件基金会组织和维护的一个开源项目，是一种源代码构建环境，也是一个项目管理工具。Maven 基于标准的项目管理框架，它简化了项目的构建、测试、报告和打包。目前，它已经成为企业应用最广泛的开源软件之一。

用户可以从 https://maven. apache. org 下载 Maven，它以压缩包形式提供。将 Maven 解压到一个目录中，设置有关环境变量，然后在命令行界面下通过命令使用。为了简化 Maven 的使用，很多集成开发环境(包括 IntelliJ IDEA 和 Eclipse)都集成了 Maven，在 IDE 中可以直接使用 Maven。下面介绍如何在 IntelliJ IDEA 中使用 Maven。

1.6.1 Maven 的项目结构

通常，在开发一个新项目时，大部分时间花在确定项目布局、存储代码和配置文件所需的文件夹结构上。这些决策在不同的项目和团队之间可能会有很大的差异，这使得新的开发人员很难理解和采用其他团队的项目。这也会让现有的开发人员很难在项目之间切换，找到他们想要的东西。

Maven 通过标准化项目的文件夹结构来解决上述问题。Maven 提供了关于项目的不同部分(如源代码、测试代码和配置文件)应该存放在何处的建议。**约定优于配置**(Convention over Configuration,CoC)是 Maven 的一个重要原则。

在 1.5.2 节创建的 Jakarta EE 项目,由于使用了 Maven 作为构建工具,所以项目结构符合 Maven 的约定,其结构如图 1-22 所示。

这里,Maven 建议所有的 Java 源代码都放在 src/main/java 文件夹中,项目的静态资源的内容存入 src/main/resources 文件夹中,webapp 目录是 Web 应用程序的内容目录,Web 应用程序的各种文件(HTML、CSS、JSP 和图像等)存放在该目录中。用 Java 编写的测试将放在 src/test/java 文件夹中,仅用于测试的资源将存入 src/test/resources 文件夹中。target 目录用于存放目标文件,如 Java 的类文件、项目的打包文件等。pom.xml 文件是 Maven 项目中最重要的文件,该文件包含 Maven 所需的配置信息。

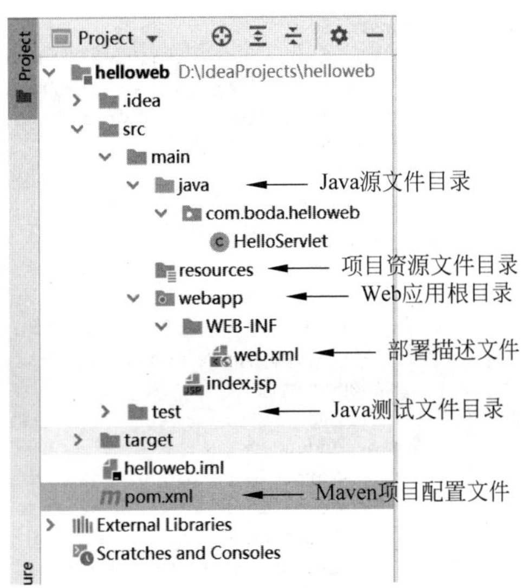

图 1-22 Maven 项目的约定结构

1.6.2 Maven 的依赖管理

在开发 Java 项目时经常要用到很多类库(也就是依赖),对这些类库的管理通常是烦琐的,包括不同的版本、类库之间的依赖关系等。Maven 提供了声明性依赖项管理,即 Maven 通过在 pom.xml 文件中声明依赖的方式管理项目的依赖关系。Maven 会自动下载这些依赖项,存放到存储库中,以便用于构建、测试或打包应用程序,从而不需要将依赖项与项目捆绑在一起。

当首次运行 Maven 项目时需要连接到网络,并从远程存储库下载依赖项和相关元数据。默认的远程存储库称为 **Maven 中央存储库**(Maven Central Repository)。Maven 将这些依赖项下载到**本地存储库**(Local Repository)中。在之后的项目开发和运行中,Maven 在本地存储库中查找依赖项,如果没有找到,Maven 将尝试从中央存储库下载。

提示: 在 IDEA 中,Maven 默认本地存储库是 C:\Users\Administrator\.m2\repository,用户可以修改本地存储库的位置。如果用户单独下载、安装 Maven,也可以指定本地存储库的位置。

在 1.5.2 节创建的项目中,就是在 pom.xml 文件中声明项目的依赖项,文件的内容见清单 1.5。

清单 1.5 pom.xml

```
<?xml version="1.0" encoding="UTF-8"?>
<project xmlns="http://maven.apache.org/POM/4.0.0"
        xmlns:xsi="http://www.w3.org/2001/XMLSchema-instance"
        xsi:schemaLocation="http://maven.apache.org/POM/4.0.0
        http://maven.apache.org/xsd/maven-4.0.0.xsd">
    <modelVersion>4.0.0</modelVersion>

    <groupId>com.boda</groupId>
    <artifactId>helloweb</artifactId>
    <version>1.0-SNAPSHOT</version>
```

```
    <name>helloweb</name>
    <packaging>war</packaging>

    <properties>
        <maven.compiler.target>17</maven.compiler.target>
        <maven.compiler.source>17</maven.compiler.source>
        <junit.version>5.7.0</junit.version>
    </properties>

    <dependencies>
        <dependency>
            <groupId>jakarta.servlet</groupId>
            <artifactId>jakarta.servlet-api</artifactId>
            <version>5.0.0</version>
            <scope>provided</scope>
        </dependency>

        <dependency>
            <groupId>org.junit.jupiter</groupId>
            <artifactId>junit-jupiter-api</artifactId>
            <version>${junit.version}</version>
            <scope>test</scope>
        </dependency>

        <dependency>
            <groupId>org.junit.jupiter</groupId>
            <artifactId>junit-jupiter-engine</artifactId>
            <version>${junit.version}</version>
            <scope>test</scope>
        </dependency>
    </dependencies>

  <build>
        <plugins>
            <plugin>
                <groupId>org.apache.maven.plugins</groupId>
                <artifactId>maven-war-plugin</artifactId>
                <version>3.3.0</version>
            </plugin>
        </plugins>
    </build>
</project>
```

在该文件中，<packaging>元素值指定为war，表示该Web应用将被打包成一个WAR文件，也可以将该值指定为jar，那么将打包成JAR文件。<properties>元素用于定义属性，这些属性可以在后面使用。例如，这里使用<junit.version>元素定义了JUnit版本号，之后在pom.xml文件中使用${junit.version}表示法引用。当pom.xml有很多依赖项且需要知道或更改特定依赖项的某个版本时，这特别有用。当项目使用的依赖的版本更改时，只需要更改这些属性值即可。

<dependencies>元素的子元素<dependency>用于声明依赖项，这里声明了项目所使用Servlet API的依赖、测试框架JUnit 5的依赖，最后用<plugin>元素声明一个插件。每个依赖项都使用<groupId>、<artifactId>、<version>和<scope>等进行唯一标识，这些元素的含义如下。

- groupId：负责此项目的组织或团体的标识符。例如，org.springframework、org.hibernate和log4j等。

- artifactId：项目生成的工件的标识符。这在使用相同 groupId 的项目中必须是唯一的。例如，hibernate-tools、log4j 和 spring-core 等。
- version：项目的版本号。例如，1.0.0、2.3.1-SNAPSHOT 和 5.4.2.Final 等。对于仍在开发中的工件，在其版本中使用 SNAPSHOT 进行标记。例如，1.0-SNAPSHOT。
- type：指定生成的工件的打包类型。例如，JAR、WAR 和 EAR 等。
- scope：用于指定依赖的作用范围，可以使用如下值。
  - compile：编译依赖，默认的依赖方式，在编译(编译项目和编译测试用例)、运行测试用例、运行(项目实际运行)3 个阶段都有效，典型的有 spring-core 等。
  - test：测试依赖，只在编译测试用例和运行测试用例时有效，JUnit 就是典型的例子。
  - provided：对于编译和测试有效，不会打包进发布包中，典型的例子为 servlet-api，一般的 Web 工程在运行时都使用容器的 servlet-api。
  - runtime：只在运行测试用例和实际运行时有效，典型的是 JDBC 驱动程序的 JAR 包。
  - system：不从 Maven 仓库获取该 JAR，而是通过 systemPath 指定该 JAR 的路径。
  - import：用于一个 dependencyManagement 对另一个 dependencyManagement 的继承。

如果项目需要使用第三方类库，就需要在 pom.xml 文件中声明<dependency>元素下载到本地存储库中。例如，假设项目要使用 JSTL 标签库，则应该添加下面的依赖。

```
<dependency>
    <groupId>org.glassfish.web</groupId>
    <artifactId>jakarta.servlet.jsp.jstl</artifactId>
    <version>2.0.0</version>
</dependency>
```

多学一招

用户可以通过 Maven 官网查询相关依赖的版本。进入 https://search.maven.org/网址对应的网站，在打开的页面中输入依赖的 groupId 名，将列出查询结果，选择某个项目版本，列出依赖项的书写样式，可以直接将其复制到项目的 pom.xml 文件中。另外，也可以下载依赖库。

1.6.3　在 IntelliJ IDEA 中使用 Maven

用户可以在命令提示符下通过 Maven 命令管理项目，也可以在 IDE 中执行 Maven 命令。在 IntelliJ IDEA 中提供了一个 Maven 操作窗口，如图 1-23 所示。

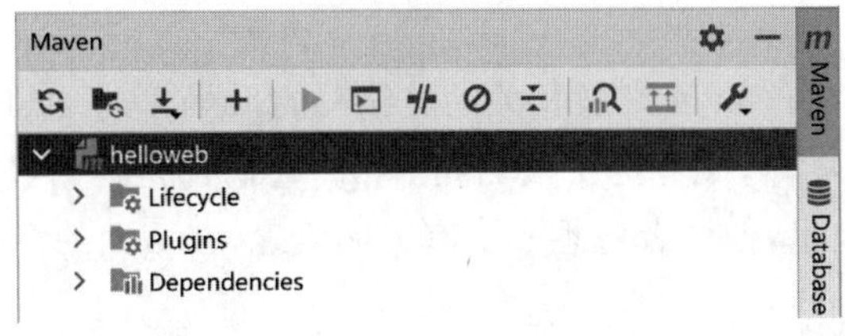

图 1-23　IntelliJ IDEA 中的 Maven 操作窗口

在该窗口中可以方便地执行 Maven 命令。例如，展开 Lifecycle 可以看到 Maven 中的生命周期命令，可以根据需要选择要执行的命令；或者单击 ▣ 按钮打开一个命令列表(见图 1-24)，从中选择要执行的 Maven 命令。

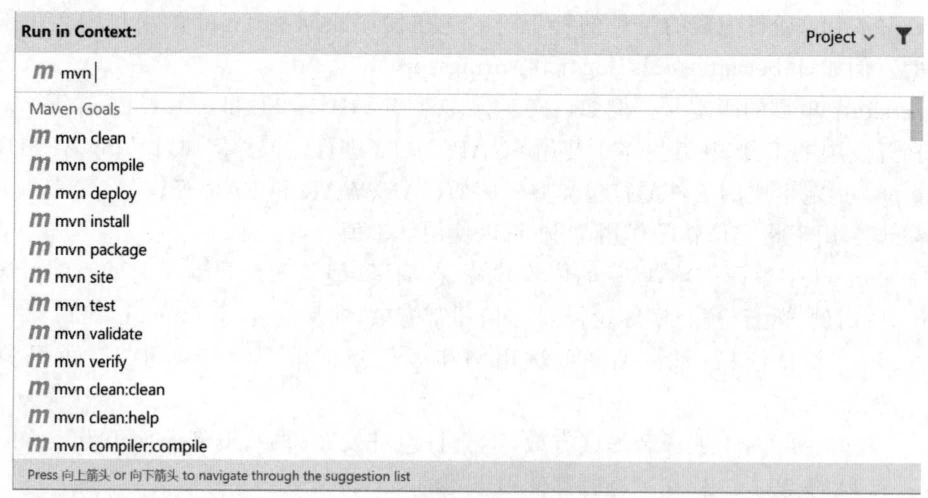

图 1-24 Maven 命令列表

表 1-3 给出了 Maven 的常用命令及含义。对于其他 Maven 命令，限于篇幅，本书不再讨论，感兴趣的读者可以参考其他文献。

表 1-3 Maven 的常用命令及含义

命令	含义
mvn clean	清理命令，执行 mvn clean 命令将删除 target 目录及内容
mvn validate	确认项目是正确的，并且必要的信息都是可用的
mvn compile	编译命令，作用是将 src/main/java 下的文件编译为 class 文件输出到 target 目录中
mvn test	测试命令，会执行 src/test/java 下的单元测试类
mvn package	打包命令，对于 Java 工程打包成 JAR 文件，对于 Web 工程打包成 WAR 文件
mvn verify	可进行任何检查来验证包是有效的并且满足质量标准
mvn install	安装命令，执行 mvn install 命令会将项目打成 JAR 包或 WAR 包发布到本地仓库
mvn site	用于生成项目文档
mvn deploy	部署命令，执行该命令将进行项目编译、单元测试、打包功能，同时把打好的可执行 JAR 包（WAR 包或其他形式的包）部署到本地 Maven 仓库和远程 Maven 私服仓库

注意：使用 Maven 构建项目，输出目标将存放到 target 目录中。例如，类文件和项目的 WAR 文件等都保存在该目录中。当然，用户也可以重新设置输出目标的路径。

1.7 Servlet 和 JSP 简介

Java Servlet 是使用 Servlet API 及相关的类编写的 Java 程序，JSP(Java Server Pages)是嵌入了 Java 代码的动态页面，文件的扩展名是.jsp。它们都是运行在服务器上的组件技术。本节将简单介绍这两种技术，使读者熟悉一下有关的概念，在后面的章节还会详细介绍。

1.7.1 Java Servlet

Java Servlet 也叫服务器端小程序，这种程序运行在 Web 容器中，可以处理用户的请求，主要用来实现动态 Web 项目。在 IntelliJ IDEA 中新建一个 Jakarta EE 项目时，IDEA 将在项目中默认创建一个名为 HelloServlet 的 Servlet 程序和一个 index.jsp 页面。

下面来看这个 Servlet 程序，HelloServlet. java 文件的内容见清单 1.6。

清单 1.6　HelloServlet. java

```
package com.boda.helloweb;

import java.io.*;
import jakarta.servlet.http.*;
import jakarta.servlet.annotation.*;

@WebServlet(name = "helloServlet", value = "/hello-servlet")
public class HelloServlet extends HttpServlet {
    private String message;

    public void init() {              ←初始化方法
        message = "Hello World!";
    }

    public void doGet(HttpServletRequest request,
            HttpServletResponse response) throws IOException {

        response.setContentType("text/html");
        //向客户浏览器发送消息
        PrintWriter out = response.getWriter();
        out.println("<html><body>");
        out.println("<h1>" + message + "</h1>");
        out.println("</body></html>");

    }

    public void destroy() {           ←销毁方法
    }
}
```

HelloServlet 类继承了 HttpServlet 类，它是针对 HTTP 的 Servlet。在该类中首先覆盖了 init()方法，它是 Servlet 生命周期的初始化方法，在该方法中初始化了 message 成员变量；然后覆盖了 doGet()方法，该方法用来处理 HTTP 的 GET 请求，在该方法中设置响应内容类型，获得输出流对象，并向浏览器输出信息；最后覆盖了 destroy()方法，它是 Servlet 生命周期的销毁方法。

Servlet 作为 Web 应用程序的组件需要部署到容器中才能运行。在 Servlet 3.0 之前需要在部署描述文件(web.xml)中部署，在支持 Servlet 3.0 以上规范的 Web 容器中可以使用注解部署 Servlet，代码如下。

```
@WebServlet(name = "helloServlet", value = {"/hello-servlet"})
```

这里使用@WebServlet 注解通过 name 属性为该 Servlet 指定一个名称(helloServlet)，通过 value 属性为它指定一个 URL 映射模式(/hello-servlet)，客户浏览器需要使用这个模式访问该 Servlet 程序。

由于 HelloServlet 仅处理 GET 请求，所以也可以在 Web 页面中使用超链接访问它，代码如下。

```
<a href = "hello-servlet">Hello Servlet</a>
```

部署 Web 应用程序，单击页面中的链接，即可请求该 Servlet。另外，用户也可以在浏览器中直接使用下面的 URL 访问该 Servlet。

```
http://localhost:8080/chapter01/hello-servlet
```

1.7.2 JSP 页面

使用 Servlet 可以实现 Web 应用程序的所有功能,但它业务逻辑和表示逻辑不分,这对涉及大量 HTML 内容的应用编写 Servlet 非常复杂,程序的修改较困难,代码的可重用性也较差。因此,要实现表示逻辑,应该使用 JSP 页面技术,可以把 JSP 看成含有 Java 代码的 HTML 页面。JSP 页面本质上也是 Servlet,它可以完成 Servlet 能够完成的所有任务。

JSP(Java Server Pages)页面是在 HTML 页面中嵌入 JSP 元素的页面,这些元素称为 JSP 标签。在 IDEA 中新建 Jakarta EE 项目时默认创建了一个 index. jsp 页面,它是应用的首页,代码见清单 1.7。

清单 1.7 index. jsp

```
<%@ page contentType = "text/html; charset = UTF - 8" pageEncoding = "UTF - 8" %>
<! DOCTYPE html >
< html >
< head >
    < title > JSP - Hello World </title >
</head >
< body >
  < h1 ><% = "Hello World!" %></h1 >
  < br/>
  < a href = "hello - servlet"> Hello Servlet </a >
</body >
</html >
```

页面的第 1 行是 JSP 的 page 指令,之后是标准的 HTML 页面标记,包括< html >、< head >、< body >及超链接< a >等标记。另外,页面中还包含一个 JSP 表达式(以<%=开头,以%>结束),该 JSP 表达式输出一个字符串。如果要运行 JSP 页面,在 JSP 页面的编辑窗口中单击浏览器图标,直接打开浏览器运行页面。用户也可以打开浏览器,在地址栏中输入下面的 URL 运行 JSP 页面。

```
http://localhost:8080/chapter01/index.jsp
```

在创建项目后,用户可以根据需要创建自己的 Servlet 程序和 JSP 页面。注意,Servlet 程序要保存在 src/main/java 目录中,并且要存放到某个包中;JSP 页面通常要保存在 src/main/webapp 目录或其子目录中。

本章小结

本章概述了 Web 应用开发的主要技术和基本原理,包括 Web 技术的基本概念、浏览器和服务器的概念、HTTP、动态 Web 文档技术等,这些内容是学习 Web 应用开发的基础。本章还介绍了 Tomcat 服务器和 IntelliJ IDEA 开发工具的安装与配置。最后介绍了 Servlet 程序和 JSP 页面的开发和运行。

练习与实践

扫一扫

习题

扫一扫

自测题

第2章

Java Servlet技术

Java Servlet(Java 服务器端程序)是 Java Web 技术的核心基础,它实际上是 CGI 技术的一种替代,这种程序运行在 Web 容器中,主要用来实现动态 Web 项目,它是 Java 企业应用开发的关键组件。

本章首先介绍 Servlet 常用的 API,然后重点介绍 HTTP 请求的处理和响应的处理,并且介绍 Servlet 生命周期、部署描述文件、@WebServlet 注解、ServletConfig 对象和 ServletContext 对象。

本章内容要点

- Servlet API 及 Servlet 生命周期。
- 处理请求和发送响应。
- 表单数据处理。
- 部署描述文件。
- @WebServlet 注解。
- ServletConfig 对象。
- HttpSession 对象和 ServletContext 对象。

2.1 Servlet 概述

Java Servlet 自 1997 年出现以来,由于所具有的平台无关性、可扩展性及能够提供比 CGI 脚本更优越的性能等特征,使它的应用得到了快速增长。Servlet 是 Java 程序,可以向客户发送 HTML 文档。**JSP**(Java Server Pages)页面是在 HTML 页面中嵌入 JSP 元素的页面,这些元素称为 **JSP 标签**。JSP 页面本质上也是 Servlet,它可以完成 Servlet 能够完成的所有任务。

2.1.1 Servlet API

Servlet 是使用 Servlet API 及相关的类编写的 Java 程序,Servlet API 是 Java Web 应用开发的基础,Servlet API 定义了若干接口和类。目前,Servlet API 的最新版本是 Servlet 6.0,它由下面 4 个包组成。

- jakarta.servlet 包:定义了开发与协议无关的 Servlet 的接口和类。
- jakarta.servlet.http 包:定义了开发采用 HTTP 通信的 Servlet 的接口和类。

- jakarta. servlet. annotation 包：定义了 9 个注解类型和两个枚举类型。
- jakarta. servlet. descriptor 包：定义了以编程方式访问 Web 应用程序配置信息的类型。

脚下留神

从 Tomcat 10 开始支持 Jakarta EE 9 规范，它的命名空间使用 jakarta 而不再是 javax，并且与之前版本的 API 不兼容，因此用之前 Servlet API 开发的程序不能运行在 Tomcat 10 及以后的版本中。Servlet API 目前的最新版本是 Servlet 6.0。

这 4 个包中的接口和类是开发 Servlet 需要了解的全部内容。这里重点介绍 jakarta. servlet 包和 jakarta. servlet. http 包中一些常用的接口和类。下面是几个重要的接口和类。

- Servlet 接口：所有 Servlet 的根接口。
- ServletConfig 接口：Servlet 配置对象。
- GenericServlet 抽象类：实现了 Servlet 接口。
- HttpServlet 抽象类：用于创建支持 HTTP 的 Servlet。
- HttpServletRequest 接口：基于 HTTP 的请求对象，它继承了 ServletRequest 接口。
- HttpServletResponse 接口：基于 HTTP 的响应对象，它继承了 ServletResponse 接口。

其中，HttpServlet 是最重要的抽象类，开发 Java Servlet 就是要继承这个类，它与其他接口和类的层次关系如图 2-1 所示。

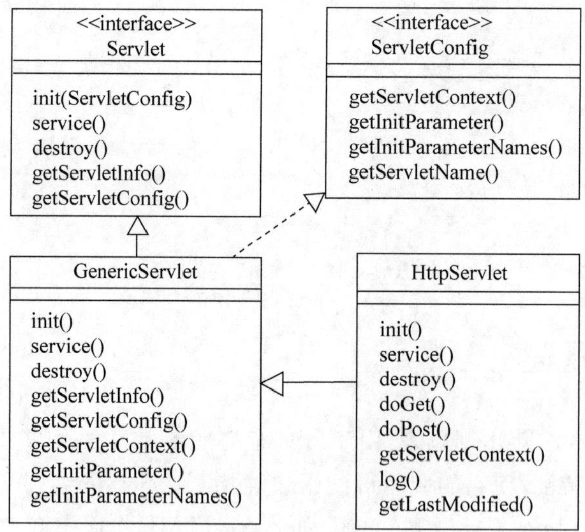

图 2-1　HttpServlet 抽象类与其他接口和类的层次关系

在 Tomcat 中，这些 API 存放在安装路径的 lib\servlet-api. jar 文件中。对于这些 API 的详细信息，读者可以访问在线 API 文档，地址为：

```
http://tomcat.apache.org/tomcat-11.0-doc/servletapi/index.html
```

2.1.2　Servlet 接口

jakarta. servlet. Servlet 接口是 Servlet API 中的基本接口，每个 Servlet 必须直接或间接地实现该接口。该接口定义了以下 5 个方法。

- public void init(ServletConfig config)：该方法由容器调用，完成 Servlet 初始化并准备提供服务。容器传递给该方法一个 ServletConfig 类型的参数。
- public void service(ServletRequest request,ServletResponse response)：对每个客户请求容器调用一次该方法，它允许 Servlet 为请求提供响应。
- public void destroy()：该方法由容器调用，指示 Servlet 清除本身、释放请求的资源并准备结束服务。
- public ServletConfig getServletConfig()：返回关于 Servlet 的配置信息，如传递给 init()的参数。
- public String getServletInfo()：返回关于 Servlet 的信息，如作者、版本及版权信息。在默认情况下，这个方法返回空串。开发人员可以通过覆盖这个方法返回有意义的信息。

上述的 init()、service()和 destroy()方法是 Servlet 的生命周期方法，它们由 Web 容器自动调用。例如，当服务器关闭时，就会自动调用 destroy()方法。如果开发与协议无关的 Servlet，可以实现 Servlet 接口，也就是要实现该接口中定义的所有方法。

ServletConfig 对象是 Servlet 配置对象，其中定义了 getServletContext()、getInitParameter()、getInitParameterNames()和 getServletName()方法。在 2.8 节中将详细介绍该对象的使用。

GenericServlet 抽象类实现了 Servlet 接口和 ServletConfig 接口，它提供了 Servlet 接口中除 service()外的所有方法的实现，同时增加了几个支持日志的方法。开发人员可以通过扩展 GenericServlet 类并实现 service()方法来创建任何类型的 Servlet。

2.1.3　HttpServlet 类

在 jakarta.servlet.http 包中定义了使用 HTTP 创建的 Servlet 所需要的接口和类，其中，HttpServlet 抽象类用来实现针对 HTTP 的 Servlet，在 HttpServlet 中针对不同的 HTTP 请求方法定义了不同的处理方法，如处理 GET 请求的 doGet()方法的格式如下。

```
protected void doGet(HttpServletRequest request,
                     HttpServletResponse response)
        throws ServletException,IOException
```

通常，Servlet 需要继承 HttpServlet 类并覆盖 doGet()或 doPost()方法。这些方法都带两个参数，HttpServletRequest 类型的参数 request 表示请求对象，HttpServletResponse 类型的参数 response 表示响应对象，它们用来处理请求和响应。

2.1.4　HttpServletRequest 接口和 HttpServletResponse 接口

在 HttpServlet 类的 doGet()方法和其他请求处理方法中都带两个参数，一个参数是请求对象，它是 HttpServletRequest 的实例，另一个参数是响应对象，它是 HttpServletResponse 的实例。它们用来处理请求和响应。

HttpServletRequest 接口提供了针对 HTTP 请求的操作方法，如定义了从请求对象中获取 HTTP 请求头、Cookie 等信息的方法。HttpServletResponse 接口提供了针对 HTTP 的发送响应的方法，如定义了为响应设置 HTTP 头、Cookie 信息的方法。

对于这两个接口的更详细的用法将在后面的章节中介绍。

2.2 Servlet 生命周期

Servlet 作为在容器中运行的组件，它有一个从创建到销毁的过程，这个过程被称为**Servlet 生命周期**。Servlet 生命周期包括几个阶段：首先是 Servlet 类的加载和实例化；然后调用 init()方法初始化 Servlet 实例，一旦初始化完成，容器从客户接收到请求时将调用它的 service()方法；最后容器在 Servlet 实例上调用 destroy()方法使它进入销毁状态。图 2-2 给出了 Servlet 生命周期的各阶段及状态的转换。

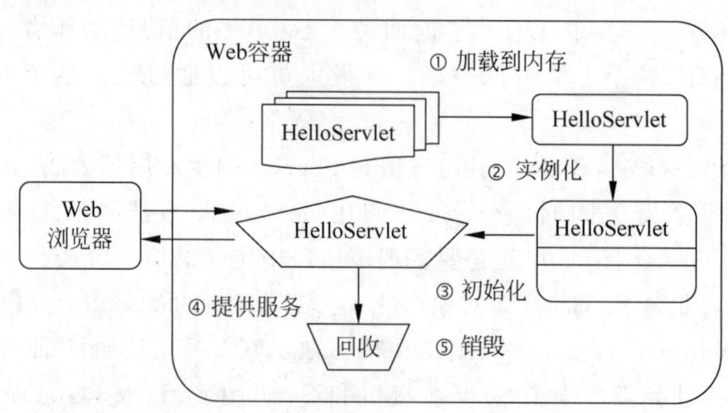

图 2-2 Servlet 生命周期的各阶段及状态的转换

2.2.1 加载和实例化 Servlet

当客户请求 Servlet 时，Web 容器使用 Class. forName()方法将其加载到内存并实例化，因此 Servlet 类应该有一个不带参数的构造方法。若没有为 Servlet 类定义构造方法，Java 编译器将添加默认构造方法。在 Web 容器创建了 Servlet 实例后就进入生命周期阶段，Servlet 生命周期方法包括 init()、service()和 destroy()等方法。

2.2.2 初始化 Servlet

在 Web 容器创建 Servlet 实例后，调用 init(ServletConfig)方法初始化 Servlet，Web 容器为该方法传递一个 ServletConfig 参数，包含 Servlet 初始化参数。之后，Web 容器调用无参数的 init()方法，完成初始化。init()在 Servlet 生命周期中仅被调用一次。

在 Web 容器启动时可以将 Servlet 加载到容器中并初始化，这称为预初始化，可以使用@WebServlet 注解的 loadOnStartup 属性或 web. xml 文件的<load-on-startup>元素指定当 Web 容器启动时加载并初始化 Servlet。

有时不在 Web 容器启动时对 Servlet 初始化，而是当 Web 容器接收到对该 Servlet 的第一次请求时才对它初始化，这称为**延迟加载**(lazy loading)。这种初始化的优点是可以大大加快 Web 容器的启动速度，缺点是如果在 Servlet 初始化时要完成很多任务(如从数据库中读取数据)，则发送第一个请求的客户等待的时间会很长。

2.2.3 为客户提供服务

在 Servlet 实例正常初始化后，它就准备为客户提供服务。Web 容器首先创建两个对象，一个是 HttpServletRequest 请求对象，另一个是 HttpServletResponse 响应对象。然后创建一个新的线程，在该线程中调用 service()方法，同时将请求对象和响应对象作为参数传递给该方法。接下来 service()将检查 HTTP 请求的类型（GET、POST 等）来决定调用 Servlet 的 doGet()或 doPost()方法。显然，有多少个请求，Web 容器将创建多少个线程。

Servlet 使用响应对象获得输出流对象，调用有关方法将响应发送给客户浏览器，或者将请求转发或重定向到其他资源。之后，线程将被销毁或者返回到容器管理的线程池。此时请求和响应对象已经离开其作用域，也将被销毁。最后客户得到响应。

2.2.4 销毁和卸载 Servlet

当容器决定不再需要 Servlet 实例时，它将在 Servlet 实例上调用 destroy()方法，在该方法中释放资源，如释放在 init()中获得的数据库连接对象。一旦调用了该方法，Servlet 实例将不能再提供服务。Servlet 实例将从该状态仅能进入卸载状态。在调用 destroy()之前，容器会等待其他执行 Servlet 的 service()的线程结束。

一旦 Servlet 实例被销毁，它将作为垃圾被回收。如果 Web 容器关闭，Servlet 也将被销毁和卸载。

2.3 处理请求

HTTP 是基于请求和响应的协议。请求和响应是 HTTP 最重要的内容。本节讨论如何处理请求，下一节学习如何发送响应。

HTTP 消息是客户向服务器的请求或者服务器给客户的响应。请求消息和响应消息的格式类似。

2.3.1 HTTP 请求的结构

由客户向服务器发出的消息称为 **HTTP 请求**（HTTP request），一个 HTTP 请求通常包括请求行、请求头和请求数据。图 2-3 所示为一个典型的 POST 请求。

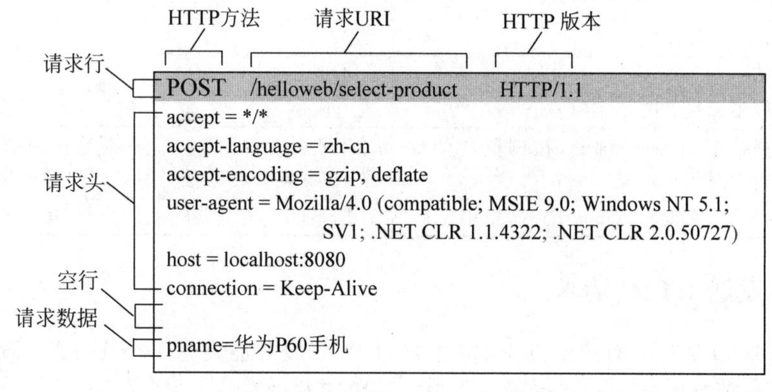

图 2-3 一个典型的 POST 请求

1. 请求行

HTTP 的请求行由 HTTP 方法名、请求资源的 URI 和 HTTP 版本三部分组成，这三部分以空格分隔。在图 2-3 中，请求行使用的是 POST 方法，资源的 URI 为/helloweb/select-product，使用的 HTTP 版本为 HTTP/1.1。

2. 请求头

请求行之后的内容称为**请求头**(request header)，它可以指定请求使用的浏览器信息、字符编码信息及客户能处理的页面类型等。接下来是一个空行。空行的后面是请求数据。如果是 GET 请求，将不包含请求数据。

3. HTTP 的请求方法

请求行中的方法名指定了客户请求服务器完成的动作。HTTP 1.1 版本共定义了 8 个方法，如表 2-1 所示。

表 2-1 HTTP 的请求方法

方　法	说　明	方　法	说　明
GET	请求读取一个 Web 页面	DELETE	移除 Web 页面
POST	请求向服务器发送数据	TRACE	返回收到的请求
PUT	请求存储一个 Web 页面	OPTIONS	查询特定选项
HEAD	请求读取一个 Web 页面的头部	CONNECT	保留，供将来使用

4. GET 方法和 POST 方法

在所有的 HTTP 请求方法中，GET 方法和 POST 方法是两种最常用的方法，用户必须清楚在什么情况下使用哪种请求方法。

GET 方法用来检索服务器上的资源，它的含义是"获得(get)由该 URI 标识的资源"。GET 方法请求的资源通常是静态资源。使用 GET 方法也可以请求动态资源，但一般要提供少量的请求参数。

POST 方法用来向服务器发送需要处理的数据，它的含义是"将数据发送(post)到由该 URI 标识的动态资源"。

注意：*在 POST 请求中，请求参数是在消息体中发送，而在 GET 请求中，请求参数是请求 URI 的一部分。表 2-2 列出了 GET 方法和 POST 方法的不同。*

表 2-2 GET 方法和 POST 方法的不同

特　征	GET 方法	POST 方法
资源类型	静态的或动态的	动态的
数据类型	文本	文本或二进制数据
数据量	一般不超过 255 个字符	没有限制
可见性	数据是 URL 的一部分，在浏览器的地址栏中对用户可见	数据不是 URL 的一部分，而是作为请求的消息体发送，在浏览器的地址栏中对用户不可见
数据缓存	数据可以在浏览器的 URL 历史中缓存	数据不能在浏览器的 URL 历史中缓存

2.3.2 发送 HTTP 请求

如果在客户端发生下面的事件，浏览器将向 Web 服务器发送一个 HTTP 请求。

(1) 用户在浏览器的地址栏中输入 URL 并按回车键。

(2) 用户单击了 HTML 页面中的超链接。

(3) 用户在 HTML 页面中填写一个表单并提交。

在上面的 3 种方法中，前两种方法向 Web 服务器发送的都是 GET 请求。如果使用页面表单发送请求，可以通过 method 属性指定使用 GET 请求或 POST 请求。

在默认情况下，使用表单发送的请求也是 GET 请求，如果发送 POST 请求，需要将

method 属性值指定为“post”。

```
<form action = "user-login" method = "post">
   用户名:<input type = "text" name = "username"/><br>
   密码:<input type = "password" name = "password"/><br>
     <input type = "submit" value = "登录">
</form>
```

另外，还有其他的触发浏览器向 Web 服务器发送请求的事件。例如，可以使用 JavaScript 在当前文档上调用 reload()函数，也可以使用 Ajax 发送异步请求。然而，所有这些方法都可以归为上述 3 种方法之一，因为这些方法只不过是通过编程的方式模拟用户的动作。

多学一招

如果读者使用 Chrome 浏览器，按 F12 键，然后单击 Network 标签页，再刷新页面，可以看到浏览器请求消息(包括请求 URL、请求方法及请求头等)和服务器响应消息(包括响应头和响应消息等)。

2.3.3　处理 HTTP 请求

在 HttpServlet 类中，针对每个 HTTP 方法定义了相应的请求处理方法。例如，要处理 GET 请求，应该覆盖下面的 doGet()方法，格式如下。

```
protected void doGet(HttpServletRequest request,
                     HttpServletResponse response)
        throws ServletException, IOException;
```

所有的请求处理方法都有 HttpServletRequest 对象和 HttpServletResponse 对象两个参数。处理不同的 HTTP 请求应该使用不同的方法，它们的对应关系如表 2-3 所示。

表 2-3　HTTP 请求及相应的处理方法

HTTP 请求	HttpServlet 方法	HTTP 请求	HttpServlet 方法
GET	doGet()	DELETE	doDelete()
POST	doPost()	OPTIONS	doOptions()
HEAD	doHead()	TRACE	doTrace()
PUT	doPut()		

HttpServlet 类为每个请求处理方法提供的是空实现。为了实现业务逻辑，应该覆盖这些请求处理方法。

提示：大多数 Servlet API 都是接口，如 HttpServletRequest 是接口，Web 容器提供了这些接口的实现类。因此，大家通常所说的“一个 HttpServletRequest 对象”，其含义是“实现了 HttpServletRequest 接口的类对象”。

2.3.4　请求参数的传递与获取

请求参数(request parameter)是随请求一起发送到服务器的数据，它们以“名-值”对的形式发送。从客户端向服务器端传递请求参数一般有两种方法。

1. 通过查询串传递请求参数

查询串(query string)是附加在请求 URL 后面的数据，使用一个问号(?)分隔，问号后面为请求参数名-参数值对，参数名和参数值之间用等号(=)分隔。

例如，下面的代码在超链接中通过查询串向请求的资源传递请求参数。

```
<a href = "generate - document?doctype = word">生成 Word 文档</a><br>
<a href = "generate - document?doctype = excel">生成 Excel 文档</a><br>
```

在这里，“doctype=word”就是一个查询串，“doctype”为请求参数名，“word”为请求参数值。如果有多个请求参数，中间需要用“&”符号分隔。在Servlet中可以使用请求对象的getQueryString()返回查询串的内容。

用户也可以在浏览器的地址栏直接使用下面的URL访问generate-document资源，这里仍然使用查询串(?doctype=excel)提供请求参数。

```
http://localhost:8080/chapter02/generate - document?doctype = excel
```

注意：使用查询串提供请求参数的方法只能用在GET请求中，不能用在POST请求中，并且请求参数将显示在浏览器的地址栏中。因此，对于用户名和密码这类敏感数据不应该使用GET请求，而应该使用POST请求。

这里需要指出的是请求参数名不能以jsp为前缀。例如，下面的用法会产生意想不到的结果，因此不推荐使用。

```
http://localhost:8080/helloweb/user - login?jspTest = myTest
```

2. 通过表单域传递请求参数

通过表单域指定请求参数，每个表单域可以传递一个请求参数，这种方法适用于GET请求和POST请求。

清单2.1实现一个登录页面，通过表单提供用户名(username)和密码(password)两个请求参数，然后在Servlet中检索参数并验证，最后向用户发送验证消息。

清单 2.1 login.html

```
<!DOCTYPE html>
<html>
<head>
    <meta charset = "UTF - 8">
    <title>登录页面</title>
</head>
<body>
 <form action = "user - login" method = "post">
    <fieldset>
      <legend>用户登录</legend>
      <p>
      <label>用户名: <input type = "text" name = "username"/></label>
      </p>
      <p>
      <label>密   码:<input type = "password" name = "password"/>
      </label>
      </p>
      <p>
      <label><input type = "submit" value = "登录"/>
         <input type = "reset" value = "取消"/>
      </label>
    </p>
   </fieldset>
  </form>
</body>
</html>
```

这里，将表单的action属性值设置为“user-login”，它是一个要执行的动作名的相对路径。如果该路径不以“/”开头，则是相对于当前Web应用程序的根目录；如果以“/”开头，则相对于 Web 服务器的根目录。method 属性值设置为“post”，因此向服务器发送的是 POST 请求。使用表单域传递请求参数，必须指定表单域的 name 属性。

客户发送给服务器的请求信息被封装在 HttpServletRequest 对象中，其中包含了由浏览器发送给服务器的数据，这些数据包括请求参数、客户端有关信息等。

可以使用 ServletRequest 接口中定义的方法检索这些参数，下面是与检索请求参数有关的方法。

- public String getParameter(String name)：返回由 name 指定的请求参数值，如果指定的参数不存在，则返回 null 值；如果指定的参数存在，用户没有提供值，则返回空字符串。使用该方法必须保证指定的参数值只有一个。
- public String[] getParameterValues(String name)：返回指定参数 name 包含的所有值，返回值是一个 String 数组。如果指定的参数不存在，则返回 null 值。该方法适用于参数有多个值的情况。如果参数只有一个值，则返回的数组的长度为 1。

除上述两个方法外，ServletRequest 接口还定义了 getParameterNames()方法，它返回一个包含所有请求参数名的 Enumeration 枚举对象；另外还定义了 getParameterMap()方法，它返回一个包含所有请求参数的 Map 对象。

清单 2.2 中的 LoginServlet 检索表单提交的数据（请求参数），验证数据并向用户返回响应消息。

清单 2.2 LoginServlet.java

```
package com.boda.xy;

import java.io.*;
import jakarta.servlet.*;
import jakarta.servlet.http.*;
import jakarta.servlet.annotation.WebServlet;

@WebServlet(name = "loginServlet",value = {"/user-login"})
public class LoginServlet extends HttpServlet {
   public void doPost(HttpServletRequest request,
                   HttpServletResponse response)
                   throws ServletException, IOException {

       String username = request.getParameter("username");
       String password = request.getParameter("password");
       response.setContentType("text/html;charset = UTF-8");
       PrintWriter out = response.getWriter();

       out.println("<!DOCTYPE html>");
       out.println("<html><head><title>用户登录</title>");
       out.println("</head><body>");
       if("admin".equals(username)&& "123456".equals(password)){
           out.println("登录成功!欢迎您, " + username);
       }else{
           out.println("对不起!您的用户名或密码不正确.");
       }
       out.println("</body></html>");
   }
}
```

程序首先通过请求对象 request 的 getParameter()方法获取用户输入的用户名(username)和密码(password)。为了方便，假设用户输入用户名为“admin”、密码为“123456”时验证成功，

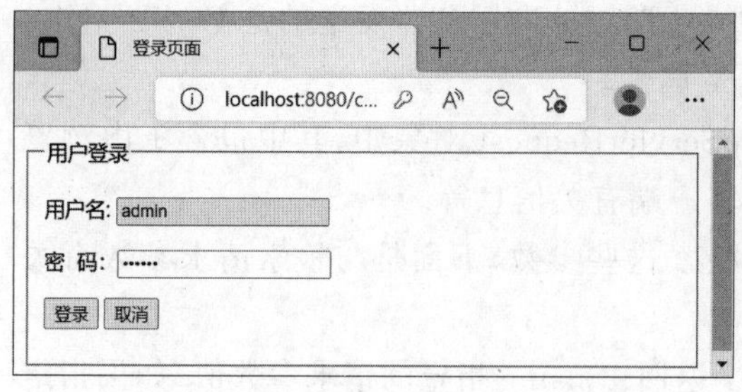

图 2-4 login. html 页面的运行结果

显示登录成功的消息。在实际应用中,用户名和密码通常需要从数据库中读取。

访问 login. html 页面,显示结果如图 2-4 所示。输入用户名和密码,提交表单,请求将由 LoginServlet 处理,它从请求对象(request)中读取两个参数值,并显示有关结果。

在 LoginServlet 类中仅覆盖了 doPost()方法,这样该 Servlet 只能处理 POST 请求,不能处理 GET 请求。如果将 login. html 中 form 元素的 method 属性修改为"get",该程序不能正常运行。如果希望该 Servlet 既能处理 POST 请求,又能处理 GET 请求,可以添加下面的 doGet()方法,并在其中调用 doPost()方法。

```
public void doGet(HttpServletRequest request,
                  HttpServletResponse response)
                  throws ServletException, IOException {
    doPost(request, response);
}
```

扫一扫

视频讲解

2.3.5 请求的转发

在实际应用中,Servlet 对请求处理后可能不直接向客户返回响应,而是根据需要将控制转到其他资源(Servlet 或 JSP/HTML 页面)。例如,对于一个登录系统,如果用户输入了正确的用户名和密码,LoginServlet 应该将请求转发到欢迎页面,否则应该将请求转发到登录页面或错误页面,这就是**请求转发**(request forward)。

为了实现请求转发,需要用请求对象的 getRequestDispatcher()得到 RequestDispatcher 对象,该对象称为请求转发器对象,该方法的格式如下。

```
RequestDispatcher getRequestDispatcher(String path)
```

参数 path 用来指定要转发到的资源路径。它可以是绝对路径,即以"/"开头,被解释为相对于当前应用程序的文档根目录;也可以是相对路径,即不以"/"开头,被解释为相对于当前资源所在的目录。

RequestDispatcher 接口定义了下面两个方法。

- public void forward(ServletRequest request, ServletResponse response):将请求转发到服务器上的另一个动态资源或静态资源(如 Servlet、JSP 页面或 HTML 页面)。该方法只能在响应没有被提交的情况下调用,否则将抛出 IllegalStateException 异常。
- public void include(ServletRequest request, ServletResponse response):将控制转发到指定的资源,并将其输出包含到当前输出中。这种控制的转移是"暂时"的,在目标资源执行完后,控制再转回当前资源接着处理请求完成服务。

下面的代码创建转发器对象 RequestDispatcher,并将控制转发到 welcome. jsp 页面。

```
RequestDispatcher rd = request.getRequestDispatcher("/welcome.jsp");
rd.forward(request, response);
```

2.3.6 用请求对象存储数据

用户可以使用请求对象存储数据。请求对象是一个**作用域**(scope)对象,可以在其上存储属性实现数据共享。**属性**(attribute)包括属性名和属性值。属性名是一个字符串,属性值是一个对象。有关属性存储的方法有 4 个,它们定义在 ServletRequest 接口中。

- public void setAttribute(String name,Object obj):将指定名称 name 的对象 obj 作为属性值存储到请求对象中。
- public Object getAttribute(String name):返回请求对象中存储的指定名称的属性值,如果指定名称的属性不存在,返回 null。使用该方法在必要时需要进行类型转换。
- public Enumeration getAttributeNames():返回一个 Enumeration 对象,它是请求对象中包含的所有属性名的枚举。
- public void removeAttribute(String name):从请求对象中删除指定名称的属性。

脚下留神

属性名不能以 java.、javax.、sun. 和 com. sun. 开头,它们是系统保留的名称,建议属性名用域的反转名称标识,如 com. boda. xy. mydata。

修改清单 2.2,实现当用户登录成功时将请求转发到 welcome. jsp,当登录失败时将请求转发到 error. jsp。该例还实现了使用请求对象共享数据。

清单 2.3 修改后的 LoginServlet. java

```
package com.boda.xy;

import java.io.*;
import jakarta.servlet.*;
import jakarta.servlet.http.*;
import jakarta.servlet.annotation.WebServlet;

@WebServlet(name = "loginServlet",value = {"/user-login"})
public class LoginServlet extends HttpServlet {
   public void doPost(HttpServletRequest request,
                      HttpServletResponse response)
                     throws ServletException, IOException {
      String username = request.getParameter("username");
      String password = request.getParameter("password");
      //用户名和密码正确,登录成功
      RequestDispatcher rd = null;
      if(username.equals("admin") && password.equals("123456")) {
         request.setAttribute("username", username);
         rd = request.getRequestDispatcher("/welcome.jsp");
       }else {
         rd = request.getRequestDispatcher("/error.jsp");
      }
      rd.forward(request, response);
   }
}
```

该程序仍然使用清单 2.1 实现的 login. html 页面输入用户名和密码,单击"登录"按钮,将请求发送到 LoginServlet,如果输入的用户名和密码正确,则将用户名存储到请求对象 request 中,然后指定将请求转发到 welcome. jsp 页面;如果用户名或密码不正确,则将请求转发到 error. jsp 页面。

清单 2.4 是 welcome. jsp 页面的代码。

清单 2.4 welcome. jsp

```
<%@ page contentType="text/html;charset=UTF-8" language="java" %>
```

```
<html>
    <head><title>登录成功</title></head>
<body>
   <h4>登录成功!欢迎您, ${username}!</h4>
</body>
</html>
```

该页面使用了表达式语言(${username})检索请求对象中存储的属性(username)。对于表达式语言将在第4章讨论。清单2.5是error.jsp页面的代码。

清单2.5 error.jsp

```
<%@ page contentType="text/html;charset=UTF-8" language="java" %>
<html>
<head>
    <title>错误页面</title>
</head>
<body>
    <img alt="" src="images\error.png">
    <p>对不起,您的用户名或密码错误!</p>
    <a href="login.html">返回登录页面</a>
</body>
</html>
```

2.3.7 检索客户端信息

在HttpServletRequest接口中还定义了以下方法检索客户端的有关信息。

- public String getMethod()：返回请求使用的HTTP方法名，如GET、POST等。
- public String getRemoteHost()：返回客户端的主机名。如果容器不能解析主机名，将返回点分十进制形式的IP地址。
- public String getRemoteAddr()：返回客户端的IP地址。
- public int getRemotePort()：返回客户端IP地址的端口号。
- public String getProtocol()：返回客户使用的请求协议名和版本，如HTTP/1.1。
- public String getRequestURI()：返回请求行中URL的查询串前面的部分。
- public String getContentPath()：返回请求的上下文路径。
- public String getQueryString()：返回请求行中URL的查询串的内容。
- public String getContentType()：返回请求体的MIME类型。
- public String getCharacterEncoding()：返回客户请求的编码方式。

清单2.6创建的Servlet程序返回客户端的有关信息。

清单2.6 ClientInfoServlet.java

```
package com.boda.xy;

import java.io.*;
import jakarta.servlet.*;
import jakarta.servlet.http.*;
import jakarta.servlet.annotation.WebServlet;

@WebServlet(name = "/clientInfoServlet", value = "/client-info")
public class ClientInfoServlet extends HttpServlet {
   public void doGet(HttpServletRequest request,
                     HttpServletResponse response)
                   throwsServletException, IOException {
```

```
        response.setContentType("text/html;charset = UTF - 8");
        PrintWriter out = response.getWriter();

        out.println("<html><head>");
        out.println("<title>客户端信息</title></head>");
        out.println("<body>");
        out.println("<table border = 1 align = 'center'>");
        out.println("<tr><td>" + "请求方法" + "</td>");
        out.println("<td>" + request.getMethod() + "</td></tr>");
        out.println("<tr><td>" + "请求 URI" + "</td>");
        out.println("<td>" + request.getRequestURI() + "</td></tr>");
        out.println("<tr><td>" + "协议" + "</td>");
        out.println("<td>" + request.getProtocol() + "</td></tr>");
        out.println("<tr><td>上下文路径</td>");
        out.println("<td>" + request.getContextPath() + "</td></tr>");
        out.println("<tr><td>客户主机名</td>");
        out.println("<td>" + request.getRemoteHost() + "</td></tr>");
        out.println("<tr><td>客户 IP 地址</td>");
        out.println("<td>" + request.getRemoteAddr() + "</td></tr>");
        out.println("<tr><td>端口号:</td>");
        out.println("<td>" + request.getRemotePort() + "</td></tr>");
        out.println("</table>");
        out.println("</body></html>");
    }
}
```

访问该 Servlet 程序，输出结果如图 2-5 所示。

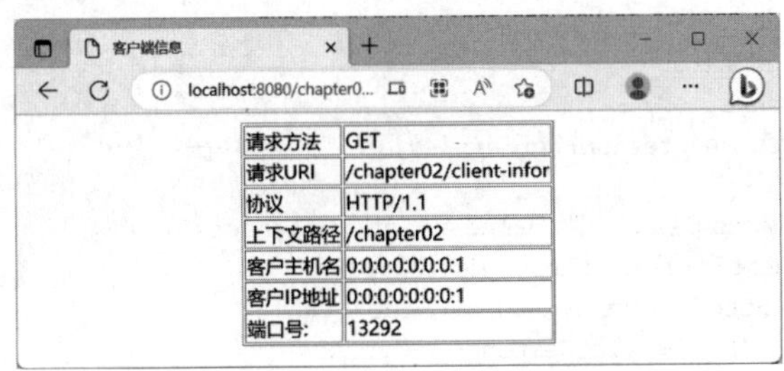

图 2-5 ClientInfoServlet.java 的运行结果

2.3.8 检索请求头信息

HTTP 请求头是随请求一起发送到服务器的信息，它以“名-值”对的形式发送。例如，关于浏览器的信息就是通过 User-Agent 请求头发送的。在服务器端可以调用请求对象的 getHeader("User-Agent")得到浏览器的信息。表 2-4 中列出了常用的 HTTP 请求头。

表 2-4 常用的 HTTP 请求头

请 求 头	内 容
User-Agent	关于浏览器和它的平台的信息
Accept	客户能接受并处理的 MIME 类型
Accept-Charset	客户可以接受的字符集
Accept-Encoding	客户能处理的页面编码的方法
Accept-Language	客户能处理的语言
Host	服务器的 DNS 名字
Authorization	在访问密码保护的 Web 页面时，客户用这个请求头来标识自己的身份

续表

请 求 头	内 容
Cookie	将一个以前设置的 Cookie 送回服务器
Date	消息被发送的日期和时间
Connection	指示连接是否支持持续连接，值为 Keep-Alive 表示支持持续连接

请求头是针对 HTTP 的，因此处理请求头的方法属于 HttpServletRequest 接口。下面是该接口中用于处理请求头的方法。

- public String getHeader(String name)：返回指定名称的请求头的值。
- public Enumeration getHeaders(String name)：返回指定名称的请求头的 Enumeration 对象。
- public Enumeration getHeaderNames()：返回一个 Enumeration 对象，它包含所有的请求头名。
- public int getIntHeader(String name)：返回指定名称的请求头的整数值。
- public long getDateHeader(String name)：返回指定名称的请求头的日期值。

清单 2.7 创建的 Servlet 程序将检索出所有的请求头信息。

清单 2.7 ShowHeadersServlet.java

```
package com.boda.xy;

import java.io.*;
import jakarta.servlet.*;
import jakarta.servlet.http.*;
import java.util.Enumeration;
import jakarta.servlet.annotation.WebServlet;

@WebServlet(name = "/showHeaders", value = "/show-headers")
public class ShowHeadersServlet extends HttpServlet{
    public void doGet(HttpServletRequest request,
                         HttpServletResponse response)
                    throws ServletException, IOException{
        response.setContentType("text/html;charset = UTF-8");
        PrintWriter out = response.getWriter();

        out.println("<html>");
        out.println("<head><title>请求头信息</title></head>");
        out.println("<body><p>服务器收到的请求头信息</p>");

        Enumeration<String> headers = request.getHeaderNames();
        while(headers.hasMoreElements()){
            String header = (String) headers.nextElement();
            String value = request.getHeader(header);
            out.println(header + " = " + value + "<br>");
        }
        out.println("</body></html>");
    }
}
```

在该程序中调用请求对象的 getHeaderNames()返回一个 Enumeration 对象，它包含所有的请求头名，然后在 Enumeration 对象上迭代，得到每个请求头名，最后调用 getHeader()得到每个请求头的值。访问该 Servlet 程序的结果如图 2-6 所示。

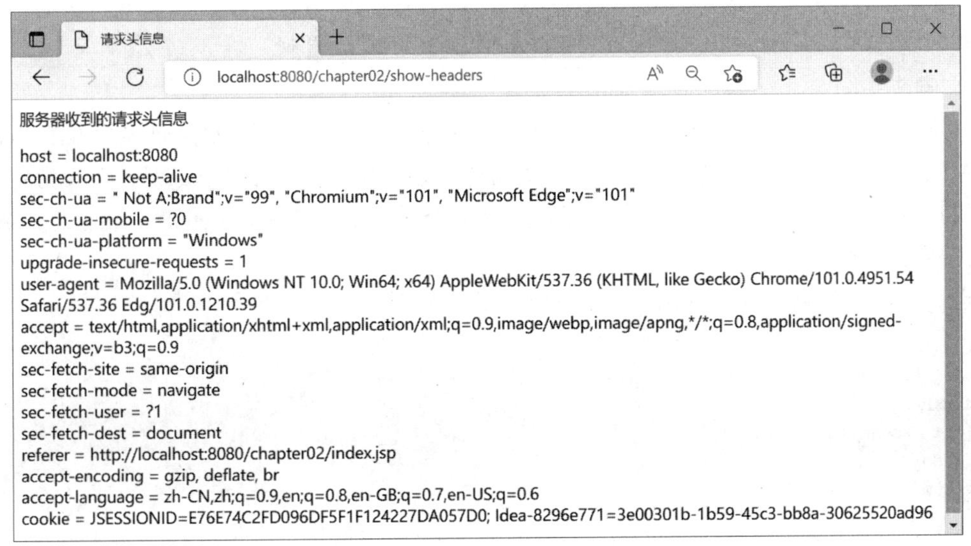

图 2-6　ShowHeadersServlet.java 的运行结果

2.4　发送响应

在服务器端,Servlet 对请求处理完后,通常需要向客户发送响应。如果需要直接向客户发送响应,需要使用输出流对象。另外,也可以将响应重定向到其他资源。

2.4.1　HTTP 响应的结构

由服务器向客户发送的 HTTP 消息称为 **HTTP 响应**(HTTP response),图 2-7 所示为一个典型的 HTTP 响应。从该图中可以看到,HTTP 响应也由三部分组成,分别是状态行、响应头和响应数据。

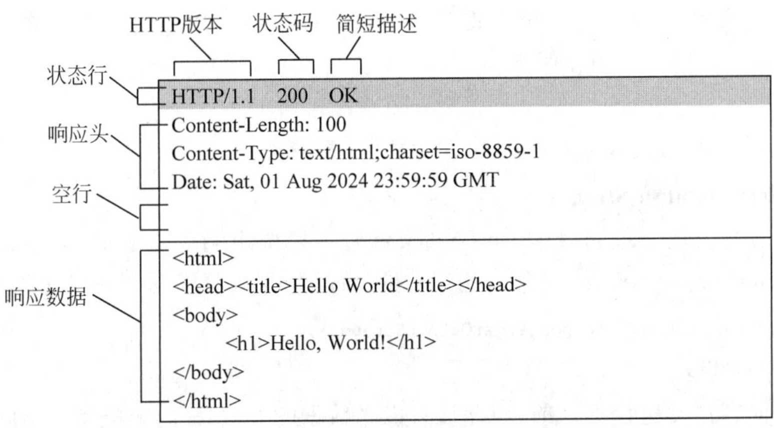

图 2-7　一个典型的 HTTP 响应

1. 状态行与状态码

HTTP 响应的状态行由三部分组成,各部分以空格分隔,这三部分分别是 HTTP 版本、说明请求结果的响应状态码及描述状态码的短语。HTTP 定义了许多状态码,常见的状态码是 200,它表示请求被正常处理。下面是两个可能的状态行。

```
HTTP/1.1 404 Not Found          //表示没有找到与给定的 URI 匹配的资源
HTTP/1.1 500 Internal Error     //表示服务器检测到一个内部错误
```

2. 响应头

状态行之后的内容称为**响应头**(response header)。响应头是服务器向客户端发送的消息。在图 2-7 所示的响应消息中包含了 3 个响应头。其中,Content-Length 响应头指定响应内容的长度,Content-Type 响应头指定响应的内容类型,Date 响应头表示消息发送的日期。

3. 响应数据

空行的后面是响应数据。图 2-7 中的响应数据如下。

```
<html>
<head><title>Hello World</title></head>
<body>
  <h1>Hello, World!</h1>
</body>
</html>
```

在客户端浏览器接收到响应数据后,由浏览器解释执行,显示有关信息。

2.4.2 输出流与内容类型

Servlet 使用输出流向客户发送响应,通常有两种输出流,即文本输出流和二进制输出流。调用响应对象的有关方法得到输出流,并且在发送响应数据之前还需要通过响应对象的 setContentType()设置响应的内容类型。

- public PrintWriter getWriter():返回一个 PrintWriter 对象,用于向客户发送文本数据。
- public ServletOutputStream getOutputStream() throws IOException:返回一个输出流对象,它用来向客户发送二进制数据。
- public void setContentType(String type):设置发送到客户端响应的 MIME 内容类型。

1. 使用 PrintWriter

调用响应对象的 getWriter()可以得到 PrintWriter 对象,使用它可以向客户发送文本数据。PrintWriter 对象被 Servlet 用来动态产生页面。调用它的 println()方法可以向客户发送文本数据。

```
PrintWriter out = response.getWriter();
```

2. 使用 ServletOutputStream

如果要向客户发送二进制数据(如 JAR 文件),需要调用响应对象的 getOutputStream()方法得到 ServletOutputStream 对象。调用它的 write()方法可以向客户发送二进制数据。

```
ServletOutputStream sos = response.getOutputStream();
```

3. 设置内容类型

服务器在向客户发送数据之前,应该设置发送数据的 MIME 内容类型。MIME 是描述消息内容类型的因特网标准。MIME 消息包含文本、图像、音频、视频及其他应用程序专用的数据。在客户端,浏览器根据响应消息的类型决定如何处理数据。默认的响应类型是 text/html,对于这种类型的数据,浏览器解释执行其中的标签,然后在浏览器中显示结果。如果指定了其他 MIME 类型,浏览器可能打开文件下载对话框或选择应用程序打开文件。

设置响应内容类型应该使用响应对象的 setContentType(),如果没有调用该方法,内容类型将使用默认值 text/html，即 HTML 文档。给定的内容类型可能包括所使用的字符集，例如：

```
response.setContentType("text/html;charset = UTF - 8");
```

用户可以调用响应对象 response 的 setCharacterEncoding()设置响应的字符编码（如 UTF-8）。如果没有指定响应的字符编码，PrintWriter 将使用 ISO-8859-1 编码。

如果不使用默认的响应内容类型和字符编码，应该先调用响应的 setContentType()，然后再调用 getWriter()或 getOutputStream()获得输出流对象。

表 2-5 给出了常用的 MIME 内容类型的含义。

表 2-5　常用的 MIME 内容类型的含义

类　型　名	含　　义
application/msword	Microsoft Word 文档
application/pdf	Acrobat 的 PDF 文件
application/vnd.ms-excel	Excel 电子表格
application/vnd.ms-powerpoint	PowerPoint 演示文稿
application/jar	JAR 文件
application/zip	ZIP 压缩文件
audio/midi	MIDI 音频文件
image/gif	GIF 图像
image/jpeg	JPEG 图像
text/html	HTML 文档
text/plain	纯文本
video/mpeg	MPEG 视频片段

通过将响应内容类型设置为“application/vnd.ms-excel”可以将输出以 Excel 电子表格的形式发送给客户浏览器，这样客户可以将结果保存到电子表格中。输出内容可以使用以制表符分隔的数据或 HTML 表格数据等，并且还可以使用 Excel 内建的公式。清单 2.8 创建的 Servlet 程序将根据请求参数“doctype”的内容决定响应内容类型，如果其值是“word”，则将响应内容类型设置为“application/msword”，否则设置为“application/vnd.ms-excel”。

清单 2.8　DocumentServlet.java

```
package com.boda.xy;

import java.io.*;
import jakarta.servlet.*;
import jakarta.servlet.http.*;
import jakarta.servlet.annotation.WebServlet;

@WebServlet(name = "documentServlet",value = {"/generate - document"})
public class DocumentServlet extends HttpServlet{
   public void doGet(HttpServletRequest request,
                     HttpServletResponse response)
                  throws ServletException, IOException{
      String doctype = request.getParameter("doctype");

      if(doctype.equals("word")){
         doctype = "application/msword;charset = gb2312";
         response.setContentType(doctype);
         response.setHeader("Content - Disposition",
                     "attachment;filename = student.doc");
```

```
        }else{
          doctype = "application/vnd.ms-excel;charset = gb2312";
          response.setContentType(doctype);
          response.setHeader("Content-Disposition",
                        "attachment;filename = student.xls");
        }
          //设置完响应内容类型,再返回输出流对象
        PrintWriter out = response.getWriter();
        out.println("学号\t 姓名\t 性别\t 年龄\t 所在系");
        out.println("95001\t 李勇\t 男\t20\t 信息");
        out.println("95002\t 刘晨\t 女\t19\t 数学");
    }
}
```

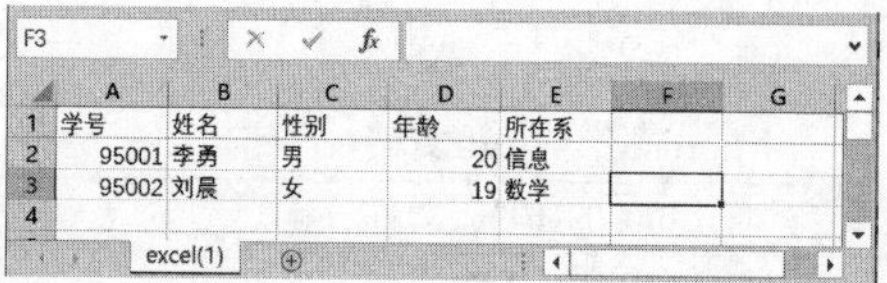

图 2-8 用 Excel 输出电子表格数据

请求该 Servlet，在安装有 Microsoft Office 的客户机的浏览器中打开文件下载对话框，单击“保存”按钮可以将输出内容保存到文件中，单击“打开”按钮则将在新窗口中打开文档。图 2-8 显示了用 Excel 输出电子表格数据。

说明：“doctype”请求参数可以通过查询串传递。

2.4.3 响应的重定向

Servlet 在对请求进行分析后，可能不直接向浏览器发送响应，而是向浏览器发送一个 Location 响应头，告诉浏览器访问其他资源，这称为**响应的重定向**。响应的重定向通过响应对象的 sendRedirect()实现，格式如下。

```
public void sendRedirect(String location)
```

该方法向客户发送一个重定向的响应，参数 location 为新资源的 URL，该 URL 可以是绝对 URL（如 http://www.microsoft.com），也可以是相对 URL。若相对 URL 以“/”开头，则相对于服务器根目录（如/helloweb/login.html）；若不以“/”开头，则相对于 Web 应用程序的文档根目录（如 login.jsp）。

清单 2.9 是一个使用 sendRedirect()重定向请求的例子。

清单 2.9 RedirectServlet.java

```
package com.boda.xy;

import java.io.*;
import jakarta.servlet.*;
import jakarta.servlet.http.*;
import jakarta.servlet.annotation.*;

@WebServlet(name = "sendRedirect",value = {"/send-redirect"})
public class RedirectServlet extends HttpServlet{
   public void doGet(HttpServletRequest request,
                     HttpServletResponse response)
                  throws IOException,ServletException{
      String userAgent = request.getHeader("user-agent");
      //在请求对象上存储一个属性
      request.setAttribute("param1", "请求作用域属性");
      //在会话对象上存储一个属性
      HttpSession session = request.getSession();
      session.setAttribute("param2", "会话作用域属性");
      if((userAgent!= null)&&(userAgent.indexOf("Chrome")!= -1)){
```

```
            response.sendRedirect("welcome.jsp");
        }else{
            response.sendRedirect("https://www.baidu.com/");
        }
    }
}
```

在该 Servlet 程序中，首先获取“user-agent”请求头的值，然后根据请求头的值将浏览器重定向到不同的 URL。如果“user-agent”请求头的值包含“Chrome”字符串，将响应重定向到 welcome.jsp 页面，否则将响应重定向到 https://www.baidu.com 地址。

对于 sendRedirect()，应该注意如果响应被提交，即响应头已经发送到浏览器，就不能调用该方法，否则将抛出 java.lang.IllegalStateException 异常。例如：

```
PrintWriter out = response.getWriter();
out.println("<html><body>Hello World!</body></html>");
out.flush();           //响应在这一点被提交
response.sendRedirect("https://www.baidu.com");
```

在这段代码中，调用 out.flush()要求容器立即向浏览器发送头信息和产生的文本，该响应在这一点被提交。响应被提交后再调用 sendRedirect()就会导致容器抛出一个 IllegalStateException 异常。

前面讨论了如何使用 RequestDispatcher 的 forward()方法转发请求，响应重定向与请求转发不同，区别如下。

(1) 请求转发的过程如图 2-9 所示。浏览器向服务器请求某资源(图 2-9①)，服务器做部分处理后不直接向浏览器返回响应，把请求转发到其他资源(图 2-9②)，这时它要创建转发器对象 RequestDispatcher，指定目标资源，目标资源可以是 JSP 页面，也可以是 Servlet 程序。最后由目标资源向浏览器返回响应(图 2-9③)。可见请求转发是服务器端控制权的转移。使用请求转发，在客户浏览器的地址栏中不会显示转发后的资源地址。

(2) 响应重定向的过程如图 2-10 所示。浏览器向服务器请求某资源(图 2-10①)，服务器不能处理，但服务器可以告诉浏览器目标资源的地址，它向浏览器发送一个 Location 响应头(图 2-10②)(状态码是 302，包含目标资源的地址)。浏览器收到 Location 响应头后连接到目标资源(图 2-10③)，最后由目标资源向浏览器返回响应(图 2-10④)。可见重定向是浏览器向新资源发送的一个请求，因此所有请求作用域的参数在重定向到下一个页面时都会失效。使用响应重定向新资源的 URL 在浏览器的地址栏中可见。

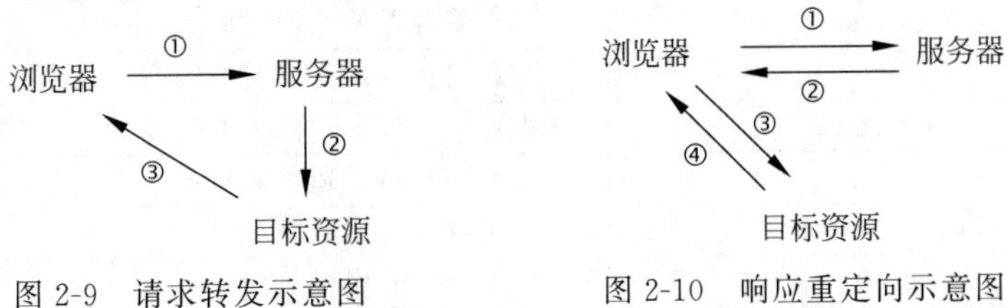

图 2-9 请求转发示意图　　图 2-10 响应重定向示意图

(3) 使用请求转发，可以将前一个资源中的数据、状态等信息传递到转发的页面，可以共享请求作用域中的数据。在 Servlet 中使用 request.setAttribute()方法存储在请求作用域中的数据可以在目标资源中使用。使用响应重定向不能共享请求中的数据，即在目标资源中不能使用存储在请求作用域中的数据。但是使用响应重定向可以共享会话作用域中的数据，即服务器使用 session.setAttribute()方法存储在会话作用域中的数据可以在目标资源中使用。对于会话的概念将在第 6 章讨论。

(4) 请求转发只能转发到当前应用程序中的资源。响应重定向可以重定向到当前应用程序或 Web 上的任何资源。

注意：使用 sendRedirect()方法不能将响应重定向到 WEB-INF 目录中的资源，因为该目录中的资源仅供服务器访问。

2.4.4 设置响应头

响应头是随响应数据一起发送到浏览器的附加信息。每个响应头通过“名-值”对的形式发送到客户端。例如，可以使用一个响应头告诉浏览器每隔一定的时间重新装载一次页面，或者指定浏览器对页面缓存多长时间。在 HttpServletResponse 接口中定义了以下有关响应头管理的方法。

- public void setHeader(String name,String value)：将指定名称的响应头设置为指定的值。
- public void setIntHeader(String name,int value)：用给定的名称和整数值设置响应头。
- public void setDateHeader(String name,long date)：用给定的名称和日期值设置响应头。
- public void addHeader(String name,String value)：用给定的名称和值添加响应头。
- public void addIntHeader(String name,int value)：用给定的名称和整数值添加响应头。
- public void addDateHeader(String name,long date)：用给定的名称和日期值添加响应头。
- public boolean containsHeader(String name)：返回是否已经设置指定的响应头。

从上述方法可以看到，HttpServletResponse 接口除提供通用的 setHeader()外，还提供了 setIntHeader()和 setDateHeader()方法，它们用来设置值为整数和日期值的响应头。另外，HTTP 还允许同名的响应头多次出现，这时可以使用 addHeader()或 addIntHeader()添加一个响应头。

表 2-6 列出了几个重要的响应头，关于响应头的详细信息请参考 HTTP 规范。

表 2-6 几个重要的响应头名及其用途

响 应 头	说 明
Date	指定服务器的当前时间
Expires	指定内容被认为过时的时间
Last-Modified	指定文档被最后修改的时间
Refresh	告诉浏览器重新装载页面
Content-Type	指定响应的内容类型
Content-Length	指定响应的内容长度
Content-Disposition	为客户指定将响应的内容保存到磁盘上的名称
Content-Encoding	指定页面在传输过程中使用的编码方式

清单 2.10 创建的 Servlet 程序通过设置 Refresh 响应头实现每 5 秒钟刷新一次页面。

清单 2.10 ShowTimeServlet.java

```
package com.boda.xy;
import java.io.*;
import java.time.LocalTime;
```

```
import java.time.format.DateTimeFormatter;
import jakarta.servlet.*;
import jakarta.servlet.http.*;
import jakarta.servlet.annotation.WebServlet;

@WebServlet(name = "showTime",value = {"/show-time"})
public class ShowTimeServlet extends HttpServlet{
   public void doGet(HttpServletRequest request,
                    HttpServletResponse response)
                    throws ServletException, IOException{
      response.setContentType("text/html;charset = UTF-8");
      response.setHeader("Refresh","5");
      PrintWriter out = response.getWriter();

      LocalTime now = LocalTime.now();
      //将本地时间格式化成字符串
      DateTimeFormatter format = DateTimeFormatter.ofPattern("hh:mm:ss");
      String t = now.format(format);

      out.println("<!DOCTYPE html><html>");
      out.println("<head><title>当前时间</title></head>");
      out.println("<body>");
      out.println("<p>每 5 秒钟刷新一次页面<p>");
      out.println("<p>现在的时间是:" + t + "<p>");
      out.println("</body>");
      out.println("</html>");
   }
}
```

访问该 Servlet 程序,运行结果如图 2-11 所示。

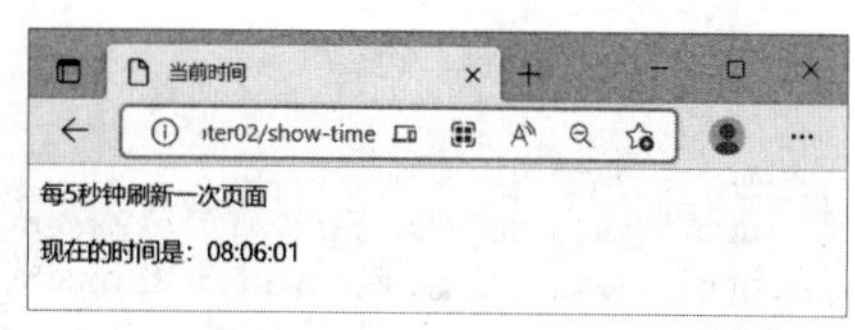

图 2-11 ShowTimeServlet.java 的运行结果

除了让浏览器重新载入当前页面,使用 setHeader()方法还可以载入指定的页面,通过在刷新时间之后添加一个分号和一个 URL 就可以实现这个功能。例如,要告诉浏览器在 5 秒钟后跳转到 https://www.baidu.com 首页面,可以使用下面的语句。

```
response.setHeader("Refresh","5;URL = https://www.baidu.com");
```

实际上,在 HTML 页面中通过在<head>标签内添加下面的代码也可以实现这个功能。

```
<meta http-equiv = "Refresh" content = "5;URL = https://www.baidu.com">
```

2.4.5 发送状态码

服务器向客户发送的响应的第一行是状态行,它由 HTTP 版本、状态码和状态码的描述信息三部分组成,下面是一个典型的状态行。

```
HTTP/1.1 200 OK
```

由于 HTTP 的版本是由服务器决定的,而状态的消息与状态码有关,所以在 Servlet 中一般只需要设置状态码。状态码 200 是系统自动设置的,Servlet 一般不需要指定该状态码。对于其他状态码,可以由系统自动设置,也可以使用响应对象的 setStatus()设置,该方法的格式如下。

```
public void setStatus(int sc)
```

使用该方法可以设置任意的状态码。其中,参数 sc 表示要设置的状态码,它可以用整数表示,但为了避免输入错误和增强代码的可读性,在 HttpServletResponse 接口中定义了近 40

个表示状态码的常量，推荐使用这些常量指定状态码。

这些常量名与状态码对应的消息名有关。例如，对于 404 状态码，其消息为 Not Found，所以在 HttpServletResponse 接口中为该状态码定义的常量名为 SC_NOT_FOUND。

在 HTTP 的 1.1 版本中定义了若干状态码，这些状态码由 3 位整数表示，一般分为 5 类，如表 2-7 所示。

表 2-7 状态码的分类

状态码的范围	含　义	示　例
100～199	表示信息	100 表示服务器同意处理客户的请求
200～299	表示请求成功	200 表示请求成功，204 表示内容不存在
300～399	表示重定向	301 表示页面移走了，304 表示缓存的页面仍然有效
400～499	表示客户的错误	403 表示禁止的页面，404 表示页面没有找到
500～599	表示服务器的错误	500 表示服务器内部错误，503 表示以后再试

对于其他状态码，读者可以参考有关文献或直接到 http://www.w3.org/Protocols 上查阅相关文档。

HTTP 为常见的错误状态定义了状态码，这些错误状态包括资源没有找到、资源被永久移动及非授权访问等。所有这些代码都在 HttpServletResponse 接口中作为常量定义。

例如，如果 Servlet 发现客户不应该访问其结果，它将调用 sendError(HttpServletResponse.SC_UNAUTHORIZED)。清单 2.11 演示了状态码和错误码的设置。

清单 2.11 StatusServlet.java

```
package com.boda.xy;

import java.io.IOException;
import jakarta.servlet.ServletException;
import jakarta.servlet.annotation.WebServlet;
import jakarta.servlet.http.*;
import java.io.PrintWriter;

@WebServlet(name = "StatusServlet",value = "/status-servlet")
public class StatusServlet extends HttpServlet {
    protected void doGet(HttpServletRequest request,
                         HttpServletResponse response)
                throws ServletException, IOException {
        response.setContentType("text/html;charset = UTF-8");
        PrintWriter out = response.getWriter();

        String qq = request.getParameter("q");
        if(qq == null){
            out.println("没有提供请求参数。");
        }else if(qq.equals("0")){
            out.println(response.getStatus() + "<br>");
            out.println("Hello,Guys!");
        }else if(qq.equals("1")){
            response.setStatus(HttpServletResponse.SC_FORBIDDEN);
        }else if(qq.equals("2")){
            response.setStatus(HttpServletResponse.SC_UNAUTHORIZED);
        }else{
            response.sendError(404,"resource cannot founddd!");
        }
    }
}
```

直接访问该Servlet将向客户响应“没有提供请求参数”信息。用户可以通过查询串指定参数qq的值，参数值不同，响应的信息不同。该例说明了响应对象的getStatus()、setStatus()和sendError()等方法的使用。

2.5 案例学习：表单数据处理

HTML表单用于在Web页面内创建各种用户界面控件，收集用户的输入。一般每个控件都有名称和值，名称在HTML中指定，值来自用户的输入，或者来自Web页面指定的默认值。表单通常与某个程序(可以是Servlet或JSP)的URL相关联，这个程序将会处理表单提交的数据，当用户提交表单时(一般通过单击提交按钮)，控件的名称和值将以下面形式的**字符串**发送到指定的URL。

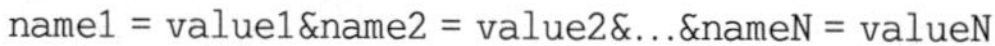

```
name1 = value1&name2 = value2&...&nameN = valueN
```

这个字符串可以通过GET和POST两种方式发送到指定的程序。GET请求是将表单数据附加在指定的URL末尾，中间以问号分隔。POST请求是在请求头和空行之后发送这些数据。在使用表单向服务器发送数据时，通常使用POST请求，即在<form>元素中将method属性指定为“post”。

下面首先介绍HTML的<form>元素和主要控件元素，然后通过实例演示如何使用这些控件。

2.5.1 常用表单控件元素

表单使用<form>元素创建，一般格式如下。

```
< form action = "user - register" method = "post">...</form >
```

action属性指定处理表单数据的服务器端程序。如果Servlet或JSP页面和HTML表单位于同一个服务器，那么在action属性中应该使用相对URL。

method属性指定数据如何传输到服务器，它的取值可以为“post”或“get”。在使用“get”时发送GET请求，在使用“post”时发送POST请求。

1. 文本控件

HTML支持多种类型的文本输入元素，如文本字段、密码域、隐含字段和文本区域。每种类型的控件都有一个给定的名字，这个名字对应的值来自控件的内容。在提交表单时，名字和值一起发送到服务器。

文本字段创建单行的输入字段，用户可以在其中输入文本。name属性指定该控件的名字，可选的value属性指定文本字段的初始内容，size属性指定文本字段的平均字符宽度。如果输入的文本超出这个值，文本字段会自动滚动，以容纳这些文本。

密码域的创建和使用与文本字段相同，只不过用户输入文本时输入并不回显，而是显示掩码字符，一般为黑点号。掩码输入对于收集信用卡号码、密码等数据比较有用。为了保护用户的隐私，在创建含有密码域的表单时一定要使用POST请求。

下面的代码创建一个文本域和一个密码域。

```
用户名:< input type = "text" name = "username" size = "15">
密码:< input type = "password" name = "password" size = "16">
```

隐含字段也用于向服务器传输数据，隐含字段不在浏览器中显示，它通常用于传输动态产生的数据。

下面的代码创建一个隐含字段。

```
<input type = "hidden" name = "id" value = "${customer.id">
```

文本区域用来输入多行文本。下面的代码创建一个文本区域。

```
简历：<textarea name = "resume" rows = "5" cols = "30"></textarea>
```

这里，rows属性指定文本区域的行数，如果输入的文本内容超过指定的行数，浏览器会为文本区域添加垂直滚动条；cols属性指定文本区域的平均字符宽度，如果输入的文本超出指定的宽度，文本会自动换到下一行显示。

上述几种文本控件的输入值在服务器端的Servlet中使用request.getParameter(name)方法取得，如果值为空将返回空字符串。

2. 按钮控件

HTML的按钮控件包括提交按钮和重置按钮及普通的按钮控件。下面的代码创建一个提交按钮和一个重置按钮。

```
<input type = "submit" name = "submit" value = "提交">
<input type = "reset" name = "reset" value = "重置">
```

单击提交按钮后，将表单数据发送到服务器程序，即由form元素的action属性指定的程序。重置按钮的作用是清除表单域中已经输入的数据。这两个控件都有value属性指定在浏览器中显示的按钮上的文本内容，省略该属性将显示默认值。

在HTML中还可以创建普通的按钮控件，如<input type="button" name="..." value="...">，这种类型的按钮需要使用JavaScript脚本触发按钮提交动作。

3. 单选按钮和复选框

单选按钮在给定的一组值中只能选择一个，下面的代码创建两个单选按钮。

```
<input type = "radio" name = "gender" value = "male">男
<input type = "radio" name = "gender" value = "female">女
```

对于单选按钮，只有在name属性值相同的情况下它们才属于一组，在一组中只能有一个按钮被选中。在表单提交时，只有被选中按钮的value属性值被发送到服务器。value属性值不显示在浏览器中，该标签后面的文本显示在浏览器中。如果提供了checked属性，那么在相关的Web页面载入时，单选按钮的初始状态为选定，否则初始状态为未选定。

复选框通常用于多选的情况，下面的代码创建两个复选框。

```
<input type = "checkbox" name = "hobby" value = "read" checked>文学
<input type = "checkbox" name = "hobby" value = "sport">体育
```

如果是多个复选框组成一组，也需要name属性值相同。在复选框组中可以选中0个或多个选项。在服务器端，获取单选按钮被选中的值使用request.getParameter(name)方法，获取复选框被选中的值通常使用request.getParameterValues(name)方法，它返回一个字符串数组，元素是被选中复选框的value属性值，通过对数组的迭代可知用户选中了哪些选项。

4. 组合框和列表框

组合框和列表框可以为用户提供一系列选项，它们通过下拉列表框列出各个选项供用户选择。下面的代码创建一个列表框。

```
<select name = "education">
    <option value = "bachelor">学士</option>
    <option value = "master">硕士</option>
```

```
    <option value = "doctor">博士</option>
</select>
```

若指定 multiple 属性，则控件为列表框且允许用户选择多项，在 Servlet 中用 request.getParameterValues(name)返回选中值的数组；若省略 multiple 属性，则控件为组合框且只允许用户选择一项，在 Servlet 中使用 request.getParameter(name)返回选中值。

提示：对于多选列表框，request.getParameterValues(name)返回选中值的数组中值的顺序可能与列表中值的显示顺序不对应。

5. HTML5 新增的字段

如果使用 HTML5 页面，用户还可以使用新增的表单字段，如数字字段、日期时间字段、邮箱地址的字段及颜色选择器字段等。

```
<input type = "number" name = "age" min = "20" max = "60"/>
<input type = "date" name = "startDate"/></label>
<input type = "time" name = "startTime"/></label>
<input type = "email" name = "email"/>
<input type = "color" id = "color" name = "color" onchange = "change()"/>
```

对于这些字段，都是将用户指定的值或默认值以字符串的形式发送到服务器。在 Servlet 中使用请求对象的 getParameter()方法返回指定的值。

2.5.2 表单数据处理

清单 2.12 创建一个名为 register.html 的页面，其中包含多种表单控件，该页面的运行结果如图 2-12 所示。

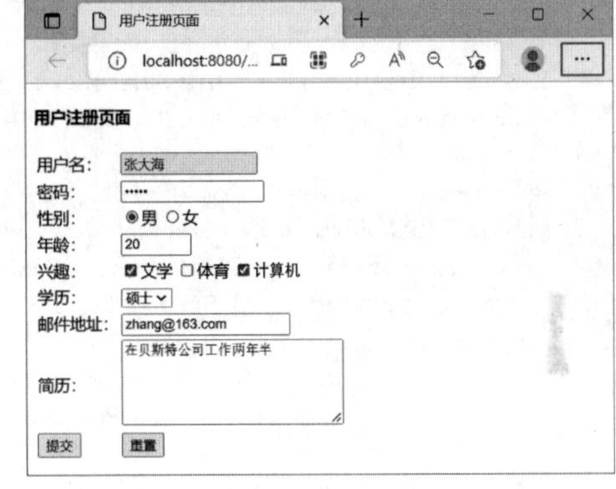

图 2-12 register.html 页面的运行结果

清单 2.12 register.html

```
<!DOCTYPE html>
<html>
<head>
    <meta charset = "UTF - 8">
    <title>用户注册页面</title>
</head>
<body>
<h4>用户注册页面</h4>
<form action = "user - register" method = "post">
  <table>
   <tr><td>用户名:</td>
   <td><input type = "text" name = "username" size = "15"></td></tr>
   <tr><td>密码:</td>
   <td><input type = "password" name = "password" size = "16"></td></tr>
   <tr><td>性别:</td>
   <td><input type = "radio" name = "sex" value = "male">男
     <input type = "radio" name = "sex" value = "female">女</td></tr>
   <tr><td>年龄:</td><td><input type = "number"
              name = "age" size = "5"></td></tr>
   <tr><td>兴趣:</td>
   <td><input type = "checkbox" name = "hobby" value = "read">文学
     <input type = "checkbox" name = "hobby" value = "sport">体育
     <input type = "checkbox" name = "hobby" value = "computer">计算机</td></tr>
   <tr><td>学历:</td>
   <td><select name = "education">
     <option value = "bachelor">学士</option>
     <option value = "master">硕士</option>
```

```
            <option value = "doctor">博士</option>
            </select>
          </td></tr>
       <tr><td>邮件地址:</td><td><input type = "email" name = "email"
                                          size = "20"></td></tr>
        <tr><td>简历:</td><td><textarea name = "resume" rows = "5"
                            cols = "30"></textarea></td></tr>
        <tr><td><input type = "submit" name = "submit" value = "提交"></td>
        <td><input type = "reset" name = "reset" value = "重置"></td></tr>
    </table>
    </form>
    </body>
    </html>
```

表单数据作为请求参数传递到服务器端，在服务器端的 Servlet 中通常使用请求对象的 getParameter()方法和 getParameterValues()方法获取表单数据。当控件只有一个值时使用 getParameter()方法；当控件有多个值时使用 getParameterValues()方法。清单 2.13 创建的 Servlet 程序读取 register.html 页面传递的请求参数并显示用户输入的信息。

清单 2.13 FormServlet.java

```
package com.boda.xy;

import java.io.IOException;
import java.io.PrintWriter;
import jakarta.servlet.ServletException;
import jakarta.servlet.annotation.WebServlet;
import jakarta.servlet.http.HttpServlet;
import jakarta.servlet.http.HttpServletRequest;
import jakarta.servlet.http.HttpServletResponse;

@WebServlet(name = "formServlet", value = {"/user-register"})
public class FormServlet extends HttpServlet {
   private static final long serialVersionUID = 54L;
   private static final String TITLE = "用户信息";
   @Override
   public void doPost(HttpServletRequest request,
                 HttpServletResponse response)
               throws ServletException, IOException {
      response.setContentType("text/html;charset = UTF-8");
      PrintWriter out = response.getWriter();
      out.println("<!DOCTYPE html>");
      out.println("<html><head>");
      out.println("<meta charset = \"UTF-8\">");
      out.println("<title>" + TITLE + "</title></head>");
      out.println("</head>");
      out.println("<body><h4>" + TITLE + "</h4>");
      out.println("<table>");
      out.println("<tr><td>用户名:</td>");
      String username = request.getParameter("username");
      out.println("<td>" + username + "</td></tr>");
      out.println("<tr><td>密码:</td>");
      out.println("<td>" + request.getParameter("password")
               + "</td></tr>");
      out.println("<tr><td>性别:</td>");
      out.println("<td>" + request.getParameter("sex") + "</td></tr>");
      out.println("<tr><td>年龄:</td>");
      out.println("<td>" + request.getParameter("age") + "</td></tr>");
      out.println("<tr><td>爱好:</td>");
```

```
        out.println("<td>");
        String[] hobbys = request.getParameterValues("hobby");
        if(hobbys!= null){
          for(String hobby:hobbys){
              out.println(hobby + "<br/>");
          }
        }
        out.println("</td></tr>");
        out.println("<tr><td>学历:</td>");
        out.println("<td>" + request.getParameter("education")
                  + "</td></tr>");
        out.println("<tr><td>邮件地址:</td>");
        out.println("<td>" + request.getParameter("email") + "</td></tr>");
        out.println("<tr><td>简历:</td>");
        out.println("<td>" + request.getParameter("resume") + "</td></tr>");
        out.println("</table>");
        out.println("</body>");
        out.println("</html>");
    }
}
```

该 Servlet 程序的运行结果如图 2-13 所示。

图 2-13　FormServlet.java 的运行结果

使用请求对象的 getParameterNames()方法可以得到提交表单中的所有参数名，在这些参数上调用 getParameter()方法可以得到所有参数值。例如：

```
Enumeration<String> parameterNames = request.getParameterNames();
while (parameterNames.hasMoreElements()) {
    String paramName = parameterNames.nextElement();
    out.println(paramName + ": ");
    String[] paramValues = request.getParameterValues(paramName);
    for (String paramValue:paramValues) {
        out.println(paramValue + "<br/>");
    }
}
```

通常不使用 Servlet 直接输出用户数据，而是将用户数据存储到某个作用域中(请求作用域或会话作用域)，然后将请求转发到(重定向到)JSP 页面，最后在 JSP 页面中显示数据。

2.6　部署描述文件

在 Web 应用程序中包含多种组件，有些组件可以使用注解配置，有些组件需要使用部署描述文件配置。**部署描述文件**(Deployment Descriptor，DD)可以用来初始化 Web 应用程序

的组件。Web应用在启动时读取该文件，对应用程序进行配置，所以有时也将该文件称为配置文件。清单2.14是一个简单的部署描述文件。

清单2.14 web.xml

```
<?xml version = "1.0" encoding = "UTF - 8"?>
< web - app xmlns = "https://jakarta.ee/xml/ns/jakartaee"
        xmlns:xsi = "http://www.w3.org/2001/XMLSchema - instance"
        xsi:schemaLocation = "https://jakarta.ee/xml/ns/jakartaee
                https://jakarta.ee/xml/ns/jakartaee/web - app_6_0.xsd"
        version = "6.0">
  ...
</web - app >
```

部署描述文件是一个XML文件。与所有的XML文件一样，该文件的第一行是声明，通过version属性和encoding属性指定XML的版本及所使用的字符集。

下面的所有内容都包含在< web-app >和</web-app >元素中，该元素是部署描述文件的根元素。在< web-app >元素中指定了4个属性。其中，xmlns属性声明了web.xml文件的命名空间的XML方案文档的位置；xmlns:xsi属性指定命名空间的实例；xsi:schemaLocation属性指定方案的位置；version指定方案的版本。

< web-app >是web.xml的根元素，表2-8给出了一些在部署描述文件中常用的元素。

表2-8 一些在部署描述文件中常用的元素

元素名	说明
description	应用程序的简短描述
display-name	定义应用程序的显示名称
context-param	定义应用程序的初始化参数
servlet	定义Servlet
servlet-mapping	定义Servlet映射
welcome-file-list	定义应用程序的欢迎文件
session-config	定义会话的存活时间
listener	定义监听器
filter	定义过滤器
filter-mapping	定义过滤器映射
error-page	定义错误处理页面
security-constraint	定义Web应用程序的安全约束
mime-mapping	定义常用文件扩展名的MIME类型

本节重点介绍< servlet >、< servlet-mapping >和< welcome-file-list >元素，其他元素将在后面的章节介绍。

2.6.1 <servlet>元素

除了可以使用@WebServlet注解为Web应用程序定义Servlet，还可以在web.xml文件中使用< servlet >元素定义一个Servlet，该元素的常用子元素如表2-9所示。

表2-9 <servlet>元素的常用子元素

子元素	说明
description	指定针对Servlet的描述信息
display-name	开发工具用于显示的一个简短名称
servlet-name	指定Servlet的名称

续表

子 元 素	说 明
servlet-class	Servlet 类的完全限定名称
jsp-file	指定 JSP 文件名
init-param	为 Servlet 指定初始化参数，可以指定多个参数，其子元素包括< param-name >和< param-value >
load-on-startup	指定在应用程序启动时加载该 Servlet
security-role-ref	指定安全角色的引用

下面的代码展示了< servlet >元素的一个典型的使用。

```
<servlet>
    <servlet-name>helloServlet</servlet-name>
    <servlet-class>com.boda.xy.HelloServlet</servlet-class>
    <load-on-startup>2</load-on-startup>
</servlet>
```

上面的 Servlet 定义告诉容器为 com. boda. xy. HelloServlet 类创建一个名为 helloServlet 的 Servlet。

1. < servlet-name >元素

该元素用来定义 Servlet 名称，该元素是必选项，定义的名称在 DD 文件中应该唯一。用户可以通过 ServletConfig 的 getServletName()方法检索 Servlet 名称。

2. < servlet-class >元素

该元素指定 Servlet 类的完全限定名称，即需要带包的名称，如 com. boda. xy. HelloServlet。容器将使用该类创建 Servlet 实例。Servlet 类及它依赖的所有类都应该在 Web 应用程序的类路径中。WEB-INF 目录中的 classes 和 lib 目录中的 JAR 文件被自动添加到容器的类路径中，因此如果把类放到这两个地方就不需要设置类路径。在这里也可以使用< jsp-file >元素指定一个 JSP 文件代替< servlet-class >元素。

注意：可以使用相同的 Servlet 类定义多个 Servlet，如上面的例子，可以使用 HelloServlet 类再定义一个名为 welcomeServlet 的 Servlet。这样容器将使用一个 Servlet 类创建多个实例，每个实例有一个名字。

3. < init-param >元素

该元素定义向 Servlet 传递的初始化参数。在一个< servlet >元素中可以定义任意多个< init-param >元素。每个< init-param >元素必须有且只有一组< param-name >和< param-value >子元素。其中，< param-name >定义参数名，< param-value >定义参数值。Servlet 可以通过 ServletConfig 接口的 getInitParameter()检索初始化参数。

4. < load-on-startup >元素

一般情况下，Servlet 是在被请求时由容器装入内存的，也可以使 Servlet 在容器启动时就装入内存。< load-on-startup >元素指定是否在 Web 应用程序启动时装入该 Servlet。该元素的值是一个整数。如果没有指定该元素或其内容为一个负数，容器将根据需要决定何时装入 Servlet；如果其内容为一个正数，则在 Web 应用程序启动时装入该 Servlet。对于不同的 Servlet，可以指定不同的值，这样可以控制容器装入 Servlet 的顺序，值小的先装入。

2.6.2 < servlet-mapping >元素

< servlet-mapping >元素定义一个映射，它指定哪个 URL 模式被该 Servlet 处理。容器使

用这些映射根据实际的 URL 访问合适的 Servlet。该元素包括< servlet-name >和< url-pattern >两个子元素。

< servlet-name >元素应该是使用< servlet >元素定义的 Servlet 名，而< url-pattern >可以包含要与该 Servlet 关联的模式字符串。例如：

```
<servlet-mapping>
    <servlet-name>helloServlet</servlet-name>
    <url-pattern>/helloServlet/hello/*</url-pattern>
</servlet-mapping>
```

对于上面的映射定义，如果一个请求 URL 串与"/helloServlet/hello/*"匹配，容器将使用名为"helloServlet"的 Servlet 为用户提供服务。例如，下面的 URL 就与上面的 URL 模式匹配：

```
http://www.myserver.com/helloweb/helloServlet/hello/abc.do
```

1. URL 的组成

请求 URL 可以由三部分组成，如图 2-14 所示。URL 的第一部分包括协议、主机名和可选的端口号；第二部分是请求 URI，它是以斜杠"/"开头，到查询串结束；第三部分是查询串。

图 2-14 一个典型的 URL 的组成

请求 URI 的内容可以使用 HttpServletRequest 的 getRequestURI()得到，查询串的内容可以使用 getQueryString()得到。

一个请求 URI 又由上下文路径（context path）、Servlet 路径（servlet path）和路径信息（path info）三部分组成。

- 上下文路径：对于上面的 URI，/helloweb 为上下文路径（假设在 Tomcat 容器中存在一个名为 helloweb 的 Web 应用程序）。
- Servlet 路径：对于上面的 URI，/helloServlet/hello 为 Servlet 路径（假设< url-pattern >元素的值为/helloServlet/hello/*）。
- 路径信息：它实际上是额外的路径信息，对于上面的 URI，路径信息为/abc.do。

如果要获取上述 3 种路径信息，可以使用请求对象的 getContextPath()、getServletPath()和 getPathInfo()。

2. < url-pattern >的 3 种形式

了解了 URL 的组成，下面看一下在< url-pattern >中如何指定 URL 映射。在< url-pattern >中指定 URL 映射有以下 3 种形式。

目录匹配：以斜杠"/"开头，以"/*"结尾的形式。例如，下面的映射将把所有在 Servlet 路径中以/helloServlet/hello/字符串开头的请求发送到 helloServlet。

```
<servlet-mapping>
    <servlet-name>helloServlet</servlet-name>
    <url-pattern>/helloServlet/hello/*</url-pattern>
</servlet-mapping>
```

扩展名匹配：以星号"*"开始，后接一个扩展名(如*.do或*.pdf等)。例如，下面的映射将把所有以.pdf结尾的请求发送到pdfGeneratorServlet。

```
<servlet-mapping>
    <servlet-name>pdfGeneratorServlet</servlet-name>
    <url-pattern>*.pdf</url-pattern>
</servlet-mapping>
```

精确匹配：所有其他字符串都作为精确匹配。例如，下面的映射需要精确匹配。

```
<servlet-mapping>
    <servlet-name>reportServlet</servlet-name>
    <url-pattern>/report</url-pattern>
</servlet-mapping>
```

容器将把 http://www.myserver.com/helloweb/report 请求发送给reportServlet，然而并不把 http://www.myserver.com/helloweb/report/sales 请求发送给reportServlet。

3. 容器如何解析URL

当容器接收到一个请求URL时，它要解析该URL，找到与该URL匹配的资源为用户提供服务。假设一个请求URL如下。

```
http://www.myserver.com/helloweb/helloServlet/hello/abc.jsp
```

下面说明容器如何解析该URL，并将请求发送到匹配的Servlet。

- 当容器接收到该请求URL后，它首先解析出URI，然后从中取出第一部分作为上下文路径，这里是/helloweb，接下来在容器中查找是否有名为helloweb的Web应用程序。
- 如果没有名为helloweb的Web应用程序，则上下文路径为空，请求将发送到默认的Web应用程序(路径名为ROOT)。
- 如果有名为helloweb的应用程序，则继续解析下一部分。容器尝试将Servlet路径与Servlet映射匹配，如果找到一个匹配，则完整的请求URI(上下文路径部分除外)就是Servlet路径，在这种情况下路径信息为null。
- 容器沿着请求URI路径树向下，每次一层目录，使用"/"作为路径分隔符，反复尝试最长的路径，看是否与一个Servlet匹配。如果有一个匹配，请求URI的匹配部分就是Servlet路径，剩余的部分是路径信息。
- 如果找不到匹配的资源，容器将向客户发送一个404错误消息。

注意：如果一个Servlet使用@WebServlet注解进行了配置，又使用<servlet>元素定义Servlet，那么用<servlet>元素定义的映射名称优先，也就是不能再使用注解指定的名称访问该Servlet。

2.6.3　<welcome-file-list>元素

在访问一个Web网站时，用户看到的第一个页面就是欢迎页面。通常，欢迎页面在web.xml文件中指定。在指定了欢迎页面以后，访问网站首页就只需要指定一个路径名称，而不需要指定页面名称。

在Tomcat中，如果访问的URL是目录，并且没有特定的Servlet与这个URL模式匹配，那么它将在该目录中首先查找index.html文件，如果找不到将查找index.jsp文件，如果找到上述文件，将该文件返回给客户。如果找不到(包括目录也找不到)，将向客户发送404错误信息。

假设有一个 Web 应用程序，它的默认欢迎页面是 index.html，还有一些目录，它们都有自己的欢迎页面，如 default.jsp。可以在 DD 文件的<web-app>元素中使用<welcome-file-list>元素指定欢迎页面的查找列表，例如：

```
<welcome-file-list>
    <welcome-file>index.html</welcome-file>
    <welcome-file>index.jsp</welcome-file>
    <welcome-file>default.jsp</welcome-file>
</welcome-file-list>
```

经过上述配置，如果客户使用目录访问该应用程序，Tomcat 将在指定的目录中按<welcome-file>指定的文件的顺序查找文件，如果找到，则把该文件发送给客户。

2.7 @WebServlet 注解

从 Servlet 3.0 开始就可以使用@WebServlet 注解而不需要在 web.xml 文件中定义 Servlet。该注解属于 jakarta.servlet.annotation 包，如果要使用该注解应该使用下列语句导入。

```
import jakarta.servlet.annotation.WebServlet;
```

下面一行是为 HelloServlet 添加的注解。

```
@WebServlet(name = "helloServlet", value = {"/hello-servlet"})
```

@WebServlet 注解的 name 属性指定 Servlet 名称，value 属性指定访问该 Servlet 的 URL。对于使用了该注解的类，当 Web 应用程序启动时，容器自动在类路径中查找，并将其部署到应用程序中。这样，当用户请求该 Servlet 时，容器就能找到该 Servlet 执行。为 Servlet 指定了注解，就无须在 web.xml 文件中定义该 Servlet，但需要将 web.xml 文件中根元素<web-app>的 metadata-complete 属性值设置为 false 或不包含该属性。

@WebServlet 注解包含多个属性，它们与 web.xml 中的对应元素等价，如表 2-10 所示。

表 2-10 @WebServlet 注解的常用属性

属性名	类型	说明
name	String	指定 Servlet 名称，等价于 web.xml 中的<servlet-name>元素。如果没有显式指定，则使用 Servlet 的完全限定名作为名称
value	String[]	指定一组 Servlet 的 URL 映射模式，该元素等价于 web.xml 文件中的<url-pattern>元素
urlPatterns	String[]	该属性等价于 value 元素。两个元素不能同时使用
loadOnStartup	int	指定该 Servlet 的加载顺序，等价于 web.xml 文件中的<load-on-startup>元素
initParams	WebInitParam[]	指定 Servlet 的一组初始化参数，等价于<init-param>元素
asyncSupported	boolean	声明 Servlet 是否支持异步操作模式，等价于 web.xml 文件中的<async-supported>元素
description	String	指定该 Servlet 的描述信息，等价于<description>元素
displayName	String	指定该 Servlet 的显示名称，等价于<display-name>元素

@WebInitParam 注解通常不单独使用，而是配合@WebServlet 和@WebFilter 使用，它的主要作用是为 Servlet 或 Filter 指定初始化参数，等价于 web.xml 文件中<servlet>和<filter>元素的<init-param>子元素。@WebInitParam 注解的常用属性如表 2-11 所示。

表 2-11 @WebInitParam 注解的常用属性

属性名	类型	说明
name	String	指定初始化参数名，等价于<param-name>元素
value	String	指定初始化参数值，等价于<param-value>元素
description	String	关于初始化参数的描述，等价于<description>元素

在 Servlet 3.0 中定义的注解类型还有很多，对于它们，将在本书后面的章节介绍。

2.8 ServletConfig 对象

在 Servlet 初始化时，容器调用 init()方法并为其传递一个 ServletConfig 对象，该对象称为 Servlet **配置对象**，使用该对象可以获得 Servlet 初始化参数、Servlet 名称、ServletContext 对象等。如果要得到 ServletConfig 对象，通常有两种方法：一种方法是覆盖 Servlet 的 init()方法，把容器创建的 ServletConfig 对象保存到一个成员变量中。例如：

```
ServletConfig config = null;
public void init(ServletConfig config){
    super.init(config);          //必须调用超类的 init()
    this.config = config;
}
```

另一种方法是在 Servlet 中直接使用 getServletConfig()获得 ServletConfig 对象，例如：

```
ServletConfig config = getServletConfig();
```

ServletConfig 接口定义了下面 4 个方法。

- String getInitParameter(String name)：返回指定名称的 Servlet 初始化参数。若该参数不存在，则返回 null。初始化参数在 Servlet 初始化时容器从 DD 文件中取出，然后把它封装到 ServletConfig 对象中。
- Enumeration getInitParameterNames()：返回一个包含所有初始化参数名的枚举对象。若 Servlet 没有初始化参数，则返回一个空的 Enumeration 对象。
- String getServletName()：返回 DD 文件中<servlet-name>元素指定的 Servlet 名称。
- ServletContext getServletContext()：返回该 Servlet 所在的上下文对象。

提示：由于 HttpServlet 类实现了 ServletConfig 接口，所以可以在 Servlet 中直接调用上述方法获得初始化参数和其他信息。

清单 2.15 创建的 Servlet 程序在 init()中通过 ServletConfig 对象的 getInitParamter()得到使用@WebInitParam 注解指定的两个参数值。

清单 2.15 ConfigDemoServlet.java

```
package com.boda.xy;

import java.io.*;
import jakarta.servlet.*;
import jakarta.servlet.annotation.*;
import jakarta.servlet.http.*;

@WebServlet(name = "configDemoServlet", value = {"/config-demo"},
        initParams = {
            @WebInitParam(name = "email", value = "hacker@163.com"),
            @WebInitParam(name = "telephone", value = "8899123")
```

```
})
public class ConfigDemoServlet extends HttpServlet{
    String servletName = null;
    ServletConfig config = null;
    String email = null;
    String telephone = null;
    public void init(ServletConfig config) throws ServletException{
        super.init(config);
        this.config = config;
        servletName = config.getServletName();
        email = config.getInitParameter("email");
        telephone = config.getInitParameter("telephone");
    }
    public void doGet(HttpServletRequest request,
                HttpServletResponse response)
            throws ServletException, IOException{
        response.setContentType("text/html;charset = UTF - 8");
        PrintWriter out = response.getWriter();
        out.println("<html><body>");
        out.println("<head><title>配置对象</title></head>");
        out.println("Servlet 名称:" + servletName + "<br>");
        out.println("Email 地址:" + email + "<br>");
        out.println("电话:" + telephone);
        out.println("</body></html>");
    }
}
```

访问该 Servlet 程序,运行结果如图 2-15 所示。

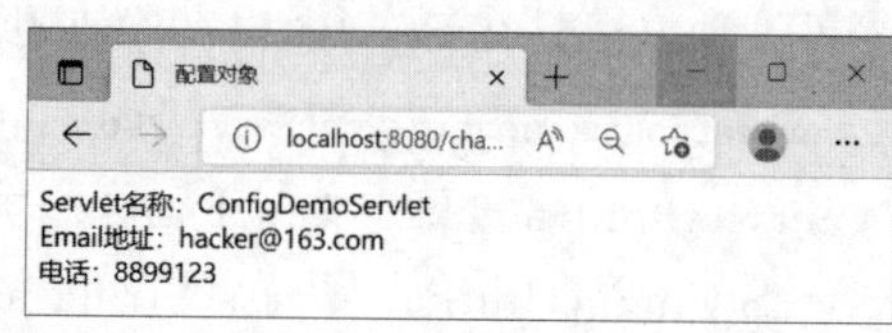

图 2-15 ConfigDemoServlet.java 的运行结果

用户也可以在 web.xml 文件中用<servlet>的子元素<init-param>为 Servlet 指定初始化参数,例如:

```
<servlet>
    <servlet-name>configDemoServlet</servlet-name>
    <servlet-class>com.boda.xy.ConfigDemoServlet</servlet-class>
    <init-param>
        <param-name>email</param-name>
        <param-value>hacker@163.com</param-value>
    </init-param>
    <init-param>
        <param-name>telephone</param-name>
        <param-value>8899123</param-value>
    </init-param>
    <load-on-startup>1</load-on-startup>
</servlet>
<servlet-mapping>
    <servlet-name>configDemoServlet</servlet-name>
    <url-pattern>/config-demo</url-pattern>
</servlet-mapping>
```

在上面的代码中,<servlet>元素定义了名为 configDemoServlet 的 Servlet,其中定义了两个参数 email 和 telephone,它是使用<init-param>元素实现的;<load-on-startup>元素保证容器在启动时装载并实例化该 Servlet。

使用 ServletConfig 对象获取初始化参数初始化一个 Servlet 的过程是很重要的,因为它能实现 Servlet 的重用性。例如,想在 Servlet 中创建数据库连接又不想把用户名、密码及数据库 URL 硬编码到 Servlet 中,此时就可以在 web.xml 文件中指定数据库连接参数信息,然后在 Servlet 的 init()中通过 ServletConfig 对象获取这些参数。这样,当数据库连接参数改变时,只需要修改 web.xml 文件而不需要修改 Servlet 代码。

2.9 HttpSession 对象

Web 通信使用 HTTP,HTTP 是无状态的(或者是无连接的)协议。也就是说,每当浏览器向服务器发出一个请求,浏览器都需要连接到服务器,请求某些信息,在服务器处理请求后,客户从服务器断开连接。有些应用需要维护浏览器多次请求服务器的状态(如购物车应用),因此 Web 容器需要提供某种机制实现客户状态管理。有多种维护客户状态的方法,使用 HttpSession 就是其中之一。HttpSession 表示会话对象。该接口由容器实现并提供了简单的管理用户会话的方法。创建或返回 HttpSession 对象需要使用请求对象的 getSession(),例如:

```
HttpSession session = request.getSession();
```

HttpSession 对象是一种作用域对象,称为**会话作用域**,用户可以在会话对象上存储属性,这些属性以"名-值"对的形式存储在内存中。

- public void setAttribute(String name,Object value):将一个指定名称和值的属性存储到会话对象上。
- public Object getAttribute(String name):返回存储到会话对象上的指定名称的属性值,如果没有指定名称的属性,则返回 null。

存放到 HttpSession 上的对象不仅可以是 String 类型,还可以是任意实现 java.io.Serializable 接口的 Java 对象。因为 Web 容器认为必要时会将这些对象存入文件或数据库中,尤其是在内存不够用的时候,当然,也可以将不支持序列化的对象存入 HttpSession,只是如果这样,当 Web 容器试图序列化的时候会失败并报错。在本书的 6.1 节将详细介绍 HttpSession 的使用。

扫一扫

视频讲解

2.10 ServletContext 对象

Web 容器在启动时会加载每个 Web 应用程序,并为每个 Web 应用程序创建一个唯一的 ServletContext 对象,该对象称为 **Servlet 上下文对象**。

ServletContext 对象是一个作用域对象,在其上存储对象可以实现数据的共享,在 Servlet 中也可以使用它获取 Web 应用程序的初始化参数或容器的版本等信息。

2.10.1 得到 ServletContext 引用

在 Servlet 中得到 ServletContext 引用有两种方法。由于 HttpServlet 类中定义了 getServletContext()方法,所以可以直接调用该方法,例如:

```
ServletContext context = getServletContext();
```

另外,还可以先得到 ServletConfig 引用,再调用它的 getServletContext(),例如:

```
ServletContext context = getServletConfig().getServletContext();
```

在得到 ServletContext 引用后,就可以使用 ServletContext 接口定义的方法检索 Web 应用程序的初始化参数、检索 Servlet 容器的版本信息、通过属性共享数据及登录日志等。

2.10.2 获取应用程序的初始化参数

ServletContext 对象是在 Web 应用程序装载时初始化的。和 Servlet 具有初始化参数一样，ServletContext 也有初始化参数。Servlet 上下文初始化参数指定应用程序范围内的信息，如开发人员的联系信息及数据库连接信息等。

用户可以使用下面两个方法检索 Servlet 上下文初始化参数。

- public String getInitParameter(String name)：返回指定参数名的字符串参数值，如果参数不存在，则返回 null。
- public Enumeration getInitParameterNames()：返回一个包含所有初始化参数名的 Enumeration 对象。

应用程序的初始化参数应该在 web.xml 文件中使用< context-param >元素定义，不能通过注解定义。下面的代码定义了 4 个参数，它们用来连接到 MySQL 数据库。

```
<context-param>
    <param-name>driverClassName</param-name>
    <param-value>com.mysql.cj.jdbc.Driver</param-value>
</context-param>

<context-param>
    <param-name>dburl</param-name>
    <param-value>
      jdbc:mysql://127.0.0.1:3306/webstore?useSSL=false</param-value>
</context-param>

<context-param>
    <param-name>username</param-name>
    <param-value>root</param-value>
</context-param>

<context-param>
    <param-name>password</param-name>
    <param-value>123456</param-value>
</context-param>
```

注意：< context-param >元素是< web-app >元素的直接子元素，它是针对整个应用的，所以并不嵌套在某个< servlet >元素中。

在 Servlet 中可以使用下面的代码检索 driverClassName 参数值。

```
ServletContext context = getServletContext();
String driverClassName = context.getInitParameter("driverClassName");
```

脚下留神

Servlet 上下文初始化参数和 Servlet 初始化参数是不同的。Servlet 上下文初始化参数是属于 Web 应用程序的，可以被 Web 应用程序的所有 Servlet 和 JSP 页面访问；Servlet 初始化参数是属于定义它们的 Servlet 的，不能被 Web 应用程序的其他组件访问。

2.10.3 用 ServletContext 存储数据

前面讨论了使用请求对象和会话对象存储数据的方法。使用 ServletContext 对象也可以存储数据，该对象也是一个作用域对象，它的作用域是整个应用程序。在 ServletContext 对象中定义了 4 个处理属性的方法。

- public void setAttribute(String name,Object object)：将给定名称的属性值对象绑定到上下文对象上。
- public Object getAttribute(String name)：返回绑定到上下文对象上的给定名称的属性值，如果没有该属性，则返回 null。
- public Enumeration getAttributeNames()：返回绑定到上下文对象上的所有属性名的 Enumeration 对象。
- public void removeAttribute(String name)：从上下文对象中删除指定名称的属性。

用户可以在请求对象、会话对象和上下文对象上存储数据，但在这些对象上存储的数据具有不同的作用域（范围）。简单地说，使用 HttpServletRequest 存储的对象只可以在请求的生命周期内被访问，使用 HttpSession 对象存储的数据可以在会话的生命周期内被访问，而使用 ServletContext 对象存储的数据可以在 Web 应用程序的生命周期内被访问。

2.10.4 用 ServletContext 获取 RequestDispatcher

使用 ServletContext 对象的以下两个方法也可以获取 RequestDispatcher 对象，实现请求转发。

- RequestDispatcher getRequestDispatcher(String path)：参数 path 表示资源路径，它**必须以“/”开头**，表示相对于 Web 应用的文档根目录。如果不能返回一个 RequestDispatcher 对象，该方法将返回 null。
- RequestDispatcher getNamedDispatcher(String name)：参数 name 为一个命名的 Servlet 对象。Servlet 和 JSP 页面都可以通过 Web 应用程序的 DD 文件指定名称。

ServletContext 和 HttpServletRequest 的 getRequestDispatcher()的区别是：ServletContext 的 getRequestDispatcher()只能传递以“/”开头的路径，它相对于 Web 应用的文档根目录；而 ServletRequest 的 getRequestDispatcher()可以传递一个相对路径。

例如，request. getRequestDispatcher("…/html/copyright. html")是合法的，该方法相对于请求的路径计算路径。

2.10.5 用 ServletContext 对象获取资源

下面介绍 getResource()和 getResourceAsStream()，Servlet 使用这些方法可以访问任何资源而不必关心资源所处的位置。

- public URL getResource(String path)：返回由给定路径指定的资源的 URL 对象。其中，路径必须以“/”开头，它相对于该 Web 应用的文档根目录。
- public InputStream getResourceAsStream(String path)：如果想从资源上获取一个 InputStream 对象，这是一个简洁的方法，它等价于 getResource(path). openStream()。
- public String getRealPath(String path)：返回给定的相对路径的绝对路径。

下面的代码打开一个服务器上的文件，并使用二进制输出流将它写到客户端，这相当于文件的下载。文件可以存放在 Web 应用程序的外部。注意，这里资源的路径使用的是相对路径。

```
OutputStream os = response.getOutputStream();
```

```
ServletContext context = getServletContext();
//返回输入流对象
InputStream is = context.getResourceAsStream("/images/coffee.gif");
byte[] bytearray = new byte[1024];
int bytesread = 0;
//从输入流中读取 1KB 数据，然后写到输出流中
while((bytesread = is.read(bytearray))!= - 1 ){
    os.write(bytearray,0,bytesread);         //将数据发送到客户端
}
```

当然，Servlet 可以通过使用 ServletContext 的 getRealPath(String path)把相对路径转换为绝对路径访问一个资源。

2.10.6 记录日志

HttpServlet 类和 ServletContext 对象都定义了 log()方法，可以将指定的消息写到服务器的日志文件中，该方法有下面两种格式。

- public void log(String msg)：参数 msg 为写到日志文件中的消息。日志将被写入 <tomcat-install>\logs\localhost.YYYY-MM-DD.log 文件。
- public void log(String msg, Throwable throwable)：将 msg 指定的消息和异常的栈跟踪信息写入日志文件。

提示：在 Java Web 开发中记录日志最好的方法是使用日志框架。Apache 的开源项目 Log4j2 和 Apache Commons Logging(JCL)是两种最常用的日志框架，它们已经成为 Java 日志的标准工具。

本章小结

本章介绍了 Servlet 的执行过程和生命周期，重点介绍了请求和响应模型，包括如何获取请求参数、如何检索请求头及如何发送响应。部署描述文件 web.xml 用来定义 Web 应用程序的各种组件，在应用程序启动时由 Web 容器读取。在 Servlet 3.0 中，Servlet、过滤器及监听器等组件可以使用注解声明，本章重点介绍了@WebServlet 和@WebInitParam 注解。

通过 ServletConfig 对象可以获取 Servlet 的初始化参数。容器在启动时会为每个 Web 应用创建唯一的 ServletContext 对象，使用该对象可以获取 Web 应用程序的初始化参数、共享数据、获取资源输入流、实现请求转发与登录日志等。

练习与实践

扫一扫

习题

扫一扫

自测题

第3章

JSP技术基础

JSP(Java Server Pages)是一种动态页面技术,它的主要目的是将表示逻辑从Servlet中分离出来,实现表示逻辑。在MVC模式中,JSP页面实现视图功能。

本章首先介绍JSP语法和生命周期、脚本元素、隐含变量、JSP动作,然后介绍错误处理、作用域对象和JavaBean的使用,最后介绍MVC设计模式。

本章内容要点

- JSP页面元素。
- JSP生命周期。
- JSP指令和动作。
- JSP隐含变量。
- 错误处理。
- 作用域对象与JavaBean。
- MVC设计模式。

3.1 JSP页面元素

在JSP页面中可以包含多种JSP元素,如声明变量和方法、JSP表达式、指令和动作等,这些元素具有严格定义的语法。当JSP页面被访问时,Web容器将JSP页面转换成Servlet类执行后将结果发送给客户。与其他的Web页面一样,JSP页面也有一个唯一的URL,客户可以通过它访问页面。一般来说,在JSP页面中可以包含的元素如表3-1所示。

表3-1 在JSP页面中可以包含的元素

JSP页面元素		简要说明	标签语法
指令		指定转换时向容器发出的指令	<%@ 指令 %>
动作		向容器提供请求时的指令	<jsp:动作名/>
EL表达式		JSP页面使用的数据访问语言	${EL表达式}
脚本元素	JSP声明	声明变量与定义方法	<%! Java声明 %>
	JSP小脚本	执行业务逻辑的Java代码	<% Java代码 %>
	JSP表达式	用于在JSP页面中输出表达式的值	<%= 表达式 %>
注释		用于文档注释	<%-- 任何文本 --%>

在一个 JSP 页面中，除 JSP 元素外，其他内容称为**模板文本**（template text），也就是 HTML 标记和文本。清单 3.1 是一个简单的 JSP 页面，其中包含了多种 JSP 元素。

清单 3.1 todayDate.jsp

```
<%@ page contentType="text/html;charset=UTF-8" %>
<%@ page import="java.time.LocalDate" %>
<%! LocalDate date=null; %>
<html>
<head><title>当前日期</title>
</head>
<body>
  <%
    date=LocalDate.now();
  %>
  今天的日期是:<%=date.toString()%>
</body>
</html>
```

该页面中包含 JSP 指令、JSP 声明、JSP 小脚本、JSP 表达式和模板文本。当 JSP 页面被客户访问时，页面首先在服务器端被转换成一个 Java 源程序文件，然后该程序在服务器端编译和执行，最后向客户发送执行结果，通常是文本数据。这些数据由 HTML 标签包围起来，然后发送到客户端。由于嵌入在 JSP 页面中的 Java 代码是在服务器端处理的，客户并不了解这些代码。

3.1.1 JSP 指令简介

JSP 指令（directive）向容器提供关于 JSP 页面的总体信息。在 JSP 页面中，指令是以"<%@"开头，以"%>"结束的标签。指令有 page 指令、include 指令和 taglib 指令 3 种类型。这 3 种指令的语法格式如下。

```
<%@ page attribute-list %>
<%@ include attribute-list %>
<%@ taglib attribute-list %>
```

在上面的指令标签中，attribute-list 表示一个或多个针对指令的"属性-值"对，多个属性之间用空格分隔。

1. page 指令

page 指令通知容器关于 JSP 页面的总体特性。例如，下面的 page 指令通知容器页面输出的内容类型和使用的字符集。

```
<%@ page contentType="text/html;charset=UTF-8" %>
```

2. include 指令

include 指令实现把一个文件（HTML、JSP 等）的内容包含到当前页面中。下面是 include 指令的一个例子。

```
<%@ include file="copyright.html" %>
```

3. taglib 指令

taglib 指令用来指定在 JSP 页面中使用标准标签或自定义标签的前缀与标签库的 URI。下面是 taglib 指令的例子。

```
<%@ taglib prefix="c" uri="http://java.sun.com/jsp/jstl/core" %>
```

关于 page 指令的详细信息，请读者参考 3.3.1 节，在 3.3.2 节将详细讨论 include 指令，

在第 4 章将学习 taglib 指令的使用。

3.1.2 表达式语言

表达式语言(Expression Language,EL)是一种可以在 JSP 页面中使用的简洁的数据访问语言。它的语法格式如下。

```
${expression}
```

表达式语言以 $ 开头,后面是一对大括号,括号里面的 expression 是 EL 表达式,也可以是作用域变量、EL 隐含变量等。该结构可以出现在 JSP 页面的模板文本中,也可以出现在 JSP 标签的属性中。

清单 3.1 中对于日期的输出可以使用表达式语言改写如下。

```
今天的日期是:${LocalDate.now()}
```

由于 LocalDate 类的 now()方法是静态工厂方法,所以可以在 EL 中直接调用,但需要使用 page 指令将类导入。第 4 章将详细讨论表达式语言。

3.1.3 JSP 动作

JSP 动作(actions)是页面发给容器的命令,它指示容器在页面执行期间完成某种任务。动作的一般语法如下。

```
<prefix:actionName attribute-list />
```

动作是一种标签,在动作标签中,prefix 为前缀名,actionName 为动作名,attribute-list 表示针对该动作的一个或多个"属性-值"对。

在 JSP 页面中可以使用 3 种动作,即 JSP 标准动作、标准标签库(JSTL)中的动作和用户自定义动作。例如,下面的代码指示容器把 JSP 页面 copyright.jsp 的输出包含在当前 JSP 页面的输出中。

```
<jsp:include page="copyright.jsp"/>
```

3.1.4 JSP 脚本元素

脚本元素(scripting elements)是在 JSP 页面中使用的 Java 代码,主要用于实现业务逻辑,通常有 Java 声明、Java 小脚本和 Java 表达式 3 种脚本元素。

1. JSP 声明

JSP 声明(declaration)用来在 JSP 页面中声明变量和定义方法。声明是以"<%!"开头,以"%>"结束的标签,其中可以包含任意数量的合法的 Java 声明语句。下面是 JSP 声明的一个例子。

```
<%! LocalDate date = null; %>
```

上面的代码声明了一个名为 date 的变量并将其初始化为 null。声明的变量仅在页面第一次载入时由容器初始化一次,初始化后在后面的请求中一直保持该值。

注意:由于声明包含的是声明语句,所以每个变量的声明语句必须以分号结束。

下面的代码在一个标签中声明了一个变量 r 和一个方法 getArea()。

```
<%!
    double r = 0;                    //声明一个变量 r
    double getArea(double r) {       //声明求圆面积的方法
```

```
        return r * r * Math.PI;
    }
%>
```

2. JSP 小脚本

JSP 小脚本(scriptlets)是嵌入在 JSP 页面中的 Java 代码段。小脚本是以"<%"开头，以"%>"结束的标签。例如，在清单 3.1 中下面的代码就是 JSP 小脚本。

```
<%
    date = LocalDate.now();              //创建一个 LocalDate 对象
%>
```

小脚本在每次访问页面时都被执行，因此 date 变量在每次请求时会返回当前日期。由于小脚本可以包含任何 Java 代码，所以它通常用来在 JSP 页面中嵌入计算逻辑。另外，用户还可以使用小脚本打印 HTML 模板文本。

与其他元素不同，小脚本的起始标签"<%"后面没有任何特殊字符，在小脚本中的代码必须是合法的 Java 语言代码。例如，下面的代码是错误的，因为它没有使用分号结束。

```
<% out.print(count) %>
```

注意：不能在小脚本中声明方法，因为在 Java 语言中不能在方法中定义方法。

3. JSP 表达式

JSP 表达式(expression)是以"<%="开头，以"%>"结束的标签，它作为 Java 语言中表达式的占位符。下面是 JSP 表达式的例子。

```
今天的日期是:<% = date.toString() %>
```

在页面每次被访问时都要计算表达式，然后将其值嵌入 HTML 的输出中。与变量的声明不同，表达式不能以分号结束，因此下面的代码是非法的。

```
<% = date.toString(); %>
```

使用表达式可以向输出流输出任何对象或任何基本数据类型(int、boolean、char 等)的值，也可以打印任何算术表达式、布尔表达式或方法调用返回的值。

提示：在 JSP 表达式的百分号和等号之间不能有空格。

3.1.5 JSP 注释

JSP 注释是以"<%--"开头，以"--%>"结束的标签。注释不影响 JSP 页面的输出，但它对用户理解代码很有帮助。JSP 注释的格式如下。

```
<% -- 这里是 JSP 注释内容 -- %>
```

Web 容器在输出 JSP 页面时去掉 JSP 注释内容，所以在调试 JSP 页面时可以将 JSP 页面中的一大块内容注释掉，包括嵌套的 HTML 和其他 JSP 标签，然而不能在 JSP 注释内嵌套另一个 JSP 注释。

3.2 JSP 生命周期

一个 JSP 页面在执行过程中要经历多个阶段，这些阶段称为**生命周期阶段**(life-cycle phases)。在讨论 JSP 页面的生命周期前需要了解 JSP 页面和它的实现类。

3.2.1 JSP 页面的实现类

JSP 页面从结构上看与 HTML 页面类似，但它实际上是作为 Servlet 运行的。当 JSP 页面第一次被访问时，Web 容器解析 JSP 文件并将其转换成相应的 Java 文件，该文件声明了一个 Servlet 类，该类称为页面实现类。接下来，Web 容器编译该类并将其装入内存，然后与其他 Servlet 一样执行并将其输出结果发送到客户端。

这里以清单 3.1 的 todayDate.jsp 页面为例，看一下 Web 容器将 JSP 页面转换后的 Java 文件代码。在页面转换阶段 Web 容器自动将该文件转换成一个名为 todayDate_jsp.java 的类文件，该文件是 JSP **页面实现类**。若 Web 项目部署到 Tomcat 服务器，该文件存放在安装路径的\work\Catalina\localhost\chapter03\org\apache\jsp 目录中。限于篇幅，这里不给出页面实现类的源代码，感兴趣的读者可以自己查看。

页面实现类继承了 HttpJspBase 类，同时实现了 JspPage 接口，该接口又继承了 Servlet 接口。JspPage 接口只声明了 jspInit()和 jspDestroy()两个方法，所有的 JSP 页面都应该实现这两个方法。在 HttpJspPage 接口中声明了一个_jspService()方法。这 3 个 JSP 方法的格式如下。

```
public void jspInit();

public void _jspService(HttpServletRequest request,
                        HttpServletResponse response)
                        throws ServletException, IOException;

public void jspDestroy();
```

这 3 个方法分别等价于 Servlet 的 init()、service()和 destroy()方法，称为 **JSP 页面的生命周期方法**。

每个容器销售商都提供了一个特定的类作为页面实现类的基类。在 Tomcat 中，JSP 页面转换的类继承了 HttpJspBase 类。

JSP 页面中的所有元素都转换成页面实现类的对应代码，page 指令的 import 属性转换成 import 语句，page 指令的 contentType 属性转换成 response.setContentType()调用，JSP 声明的变量转换为成员变量，小脚本转换成正常的 Java 语句，模板文本和 JSP 表达式都使用 out.write()方法打印输出，输出是用转换的_jspService()方法完成的。

3.2.2 JSP 执行过程

下面以 todayDate.jsp 页面为例说明 JSP 页面的生命周期阶段。当客户首次访问该页面时，Web 容器执行该 JSP 页面要经过 7 个阶段，如图 3-1 所示。其中，前 4 个阶段将 JSP 页面转换成一个 Servlet 类并装载和创建该类的实例，后 3 个阶段是初始化阶段、提供服务阶段和销毁阶段。

1. 转换阶段

Web 容器读取 JSP 页面对其解析，并将其转换成 Java 源代码。JSP 文件中的元素都转换成页面实现类的成员。在这个阶段，容器将检查 JSP 页面中标签的语法，如果发现错误将不能转换。例如，下面的指令就是非法的，因为在“Page”中使用了大写字母 P，这将在转换阶段被捕获。

```
<%@ Page import = "java.util.*" %>
```

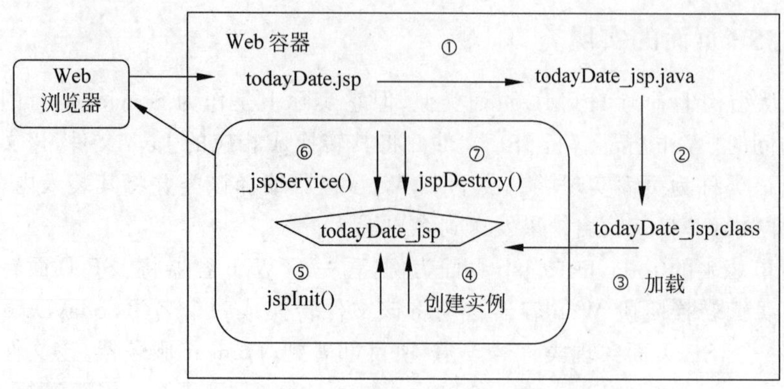

图 3-1 JSP 页面的生命周期阶段

除检查语法外，容器还将执行其他有效性检查，其中一些涉及验证。

- 指令中“属性-值”对对于标准动作的合法性。
- 同一个 JavaBean 名称在一个转换单元中没有被多次使用。
- 如果使用了自定义标签库，标签库是否合法、标签的用法是否合法。

一旦验证完成，Web 容器将 JSP 页面转换成页面实现类，它实际上是一个 Servlet，3.2.1 节中描述了页面实现类及其存放位置。

2. 编译阶段

在将 JSP 页面转换成 Java 文件后，Web 容器调用 Java 编译器编译该文件。在编译阶段，将检查在声明中、小脚本中及表达式中所写的全部 Java 代码。例如，下面的声明标签尽管能够通过转换阶段，但由于声明语句没有以分号结束，所以不是合法的 Java 声明语句，因此在编译阶段会被查出。

```
<%! LocalDate date = null %>
```

大家可能注意到，当 JSP 页面被首次访问时，服务器响应要比以后的访问慢一些，这是因为在 JSP 页面向客户提供服务之前必须要转换成 Servlet 类的实例。对于每个请求，容器要检查 JSP 页面源文件的时间戳及相应的 Servlet 类文件，以确定页面是否为新的或是否已经转换成类文件。因此，如果修改了 JSP 页面，将 JSP 页面转换成 Servlet 的整个过程要重新执行一遍。

3. 类的加载和实例化

在将页面实现类编译成类文件后，Web 容器调用类加载程序（class loader）将页面实现类加载到内存中，然后容器调用页面实现类的默认构造方法创建该类的一个实例。

4. 调用 jspInit()

Web 容器调用 jspInit()方法初始化 Servlet 实例。该方法是在任何其他方法调用之前调用的，并在页面生命周期内只调用一次。通常在该方法中完成初始化或只需一次的设置工作，如获得资源及初始化 JSP 页面中使用<%! ... %>声明的实例变量。

5. 调用_jspService()

对该页面的每次请求，容器都调用一次_jspService()，并给它传递请求和响应对象。JSP 页面中所有的 HTML 元素、JSP 小脚本及 JSP 表达式在转换阶段都成为该方法的一部分。

6. 调用 jspDestroy()

当容器决定停止该实例提供服务时，它将调用 jspDestroy()，这是在 Servlet 实例上调用的最后一个方法，它主要用来清理 jspInit()获得的资源。

一般不需要实现 jspInit()和 jspDestroy()，因为它们已经由基类实现，但可以根据需要使用 JSP 的声明标签<%! ... %>覆盖这两个方法。注意，不能覆盖_jspService()，因为该方法由 Web 容器自动产生。

3.3　JSP 指令

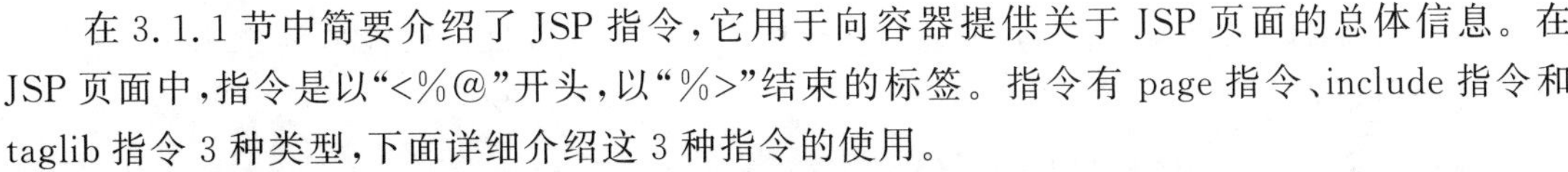

在 3.1.1 节中简要介绍了 JSP 指令，它用于向容器提供关于 JSP 页面的总体信息。在 JSP 页面中，指令是以“<%@”开头，以“%>”结束的标签。指令有 page 指令、include 指令和 taglib 指令 3 种类型，下面详细介绍这 3 种指令的使用。

3.3.1　page 指令

page 指令用于告诉容器关于 JSP 页面的总体特性，该指令适用于整个转换单元而不仅仅是它所声明的页面。例如，下面的 page 指令通知容器页面输出的内容类型和使用的字符集。

```
<%@ page contentType = "text/html;charset = UTF - 8" %>
```

表 3-2 列出了 page 指令的常用属性。

表 3-2　page 指令的常用属性

属　性　名	说　　明	默　认　值
import	导入在 JSP 页面中使用的 Java 类和接口，它们之间用逗号分隔	java. lang. * ; jakarta. servlet. * ; jakarta. servlet. jsp. * ; jakarta. servlet. http. * ;
contentType	指定输出的内容类型和字符集	text/html;charset=UTF-8
pageEncoding	指定 JSP 文件的字符编码	UTF-8
session	用布尔值指定 JSP 页面是否参加 HTTP 会话	true
errorPage	用相对 URL 指定另一个 JSP 页面用来处理当前页面的错误	null
isErrorPage	用布尔值指定当前 JSP 页面是否为错误处理页面	false
language	指定容器支持的脚本语言	java
extends	任何合法地实现了 jakarta. servlet. jsp. JspPage 接口的 Java 类	与实现有关
buffer	指定输出缓冲区的大小	与实现有关
autoFlush	指定是否当缓冲区满时自动刷新	true
info	关于 JSP 页面的任何文本信息	与实现有关
isThreadSafe	指定页面是否同时为多个请求服务	true
isELIgnored	指定是否忽略对 EL 表达式求值	false

大家应该了解 page 指令的所有属性及它们的取值，尤其是 contentType、pageEncoding、import、session、errorPage 和 isErrorPage 属性。

1. contentType 和 pageEncoding 属性

contentType 属性用来指定 JSP 页面输出的 MIME 类型和字符集，MIME 类型的默认值是 text/html，字符集的默认值是 UTF-8。MIME 类型和字符集之间用分号分隔，例如：

```
<%@ page contentType = "text/html;charset = UTF - 8" %>
```

上述代码与 Servlet 中的下面一行等价。

```
response.setContentType("text/html;charset = UTF - 8");
```

对于包含中文的 JSP 页面，字符编码指定为 UTF-8 或 GB18030，如果页面仅包含英文字符，字符编码可以指定为 ISO-8859-1，例如：

```
<%@ page contentType = "text/html;charset = ISO - 8859 - 1" %>
```

pageEncoding 属性指定 JSP 页面的字符编码，它的默认值为 UTF-8。如果设置了该属性，JSP 页面使用该属性设置的字符集编码；如果没有设置该属性，则 JSP 页面使用 contentType 属性指定的字符集。如果页面中含有中文，应该将该属性值指定为 UTF-8 或 GB18030，例如：

```
<%@ page pageEncoding = "UTF - 8" %>
```

2. import 属性

import 属性的功能类似于 Java 程序中的 import 语句，它是将 import 属性值指定的类导入页面中。在转换阶段，容器将使用 import 属性声明的每个包都转换成页面实现类的一个 import 语句。在一个 import 属性中可以导入多个包，包名用逗号分开，例如：

```
<%@ page import = "java.util.*,java.text.*,com.boda.xy.*" %>
```

为了增强代码的可读性也可以使用多个 page 指令，如上面的 page 指令也可以写成：

```
<%@ page import = "java.util.*" %>
<%@ page import = "java.text.*" %>
<%@ page import = "com.boda.xy.*" %>
```

由于在 Java 程序中 import 语句的顺序是没有关系的，所以这里 import 属性的顺序也没有关系。另外，容器总是导入 java.lang.*、jakarta.servlet.*、jakarta.servlet.http.* 和 jakarta.servlet.jsp.* 包，所以不必明确地导入它们。

3. session 属性

session 属性指示 JSP 页面是否参加 HTTP 会话，其默认值为 true，在这种情况下容器将声明一个隐含变量 session（将在 3.4 节学习更多的隐含变量）。如果不希望页面参加会话，可以明确地加入下面一行：

```
<%@ page session = "false" %>
```

4. errorPage 和 isErrorpage 属性

在页面执行的过程中，嵌入在页面中的 Java 代码可能抛出异常。与一般的 Java 程序一样，在 JSP 页面中也可以使用 try-catch 块处理异常。JSP 规范定义了一种更好的方法，它可以使错误处理代码与主页面代码分离，从而提高异常处理机制的可重用性。在该方法中，JSP 页面使用 page 指令的 errorPage 属性将异常代理给另一个包含错误处理代码的 JSP 页面。在清单 3.2 创建的 helloUser.jsp 页面中，errorHandler.jsp 被指定为错误处理页面。

清单 3.2　helloUser.jsp

```
<%@ page contentType = "text/html; charset = UTF - 8" %>
<%@ page errorPage = "errorHandler.jsp" %>
<html>
<body>
  <%
    if (request.getParameter("name") == null){
      throw new RuntimeException("没有指定 name 请求参数。");
    }
```

```
  %>
  你好!<% = request.getParameter("name") %>
</body>
</html>
```

对该 JSP 页面的请求如果指定了 name 请求参数值，该页面将正常输出；如果没有指定 name 请求参数值，将抛出一个异常，但它本身并没有捕获异常，而是通过 errorPage 属性指示容器将错误处理代理给 errorHandler.jsp 页面。

errorPage 属性的值不必一定是 JSP 页面，也可以是静态的 HTML 页面，例如：

```
<%@ page errorPage = "errorHandler.html" %>
```

显然，在 errorHandler.html 文件中不能编写小脚本或表达式产生动态信息。

isErrorPage 属性指定当前页面是否作为其他 JSP 页面的错误处理页面。isErrorPage 属性的默认值为 false。如在上例使用的 errorHandler.jsp 页面中该属性必须明确地设置为 true，见清单 3.3。

清单 3.3 errorHandler.jsp

```
<%@ page contentType = "text/html;charset = UTF-8" %>
<%@ page isErrorPage = "true" %>
<html>
<body>
  <table>
    <tr><td><img src = "images/error.png" width = 150 height = 100/></td>
    <td>页面发生了下面的错误:<% = exception.getMessage() %><br>
    请重试!</td></tr>
  </table></body>
</html>
```

在这种情况下，容器在页面实现类中声明一个名为 exception 的隐含变量。

注意：该页面仅从异常对象中检索信息并产生适当的错误消息。因为该页面没有实现任何业务逻辑，所以可以被不同的 JSP 页面重用。

一般来说，为所有的 JSP 页面指定一个错误页面是一个良好的编程习惯，这可以防止在客户端显示不希望显示的错误消息。

3.3.2 include 指令

代码的可重用性是软件开发的一个重要原则。使用可重用的组件可以提高应用程序的生产率和可维护性。JSP 规范定义了一些允许重用 Web 组件的机制，其中包括在 JSP 页面中包含另一个 Web 组件的内容或输出。这可以通过静态包含或动态包含方式实现。

include 指令用于把另一个文件(HTML、JSP 等)的**内容**包含到当前页面中，这种包含称为静态包含。**静态包含**是在 JSP 页面转换阶段将另一个文件的内容包含到当前 JSP 页面中。使用 JSP 的 include 指令完成这一功能，它的语法如下。

```
<%@ include file = "relativeURL" %>
```

file 是 include 指令唯一的属性，它指被包含的文件。文件使用相对路径指定，相对路径或者以斜杠(/)开头，是相对于 Web 应用程序文档根目录的路径；或者不以斜杠开头，是相对于当前 JSP 文件的路径。

下面是 include 指令的一个例子。

```
<%@ include file = "copyright.html" %>
```

由于被包含文件的内容成为主页面代码的一部分，所以每个页面都可以访问在另一个页面中定义的变量，它们共享所有的隐含变量。清单 3.4 创建的 hello.jsp 页面中包含了 response.jsp 页面。

清单 3.4　hello.jsp

```
<%@ page contentType="text/html;charset=UTF-8" %>
<html>
<head><title>Hello</title></head>
<%! String username="Duke"; %>
<body>
    <img src="images/duke.gif">
    我的名字叫 Duke,你的名字叫什么?
    <form action="" method="post">
      <input type="text" name="username" size="25">
      <input type="submit" value="提交">
      <input type="reset" value="重置">
    </form>
    <%@ include file="response.jsp" %>
</body>
</html>
```

清单 3.5 创建被包含页面 response.jsp。

清单 3.5　response.jsp

```
<%@ page contentType="text/html;charset=UTF-8" %>
<% username=request.getParameter("username"); %>
<h4 style="color:blue">你好,<%=username%>!</h4>
```

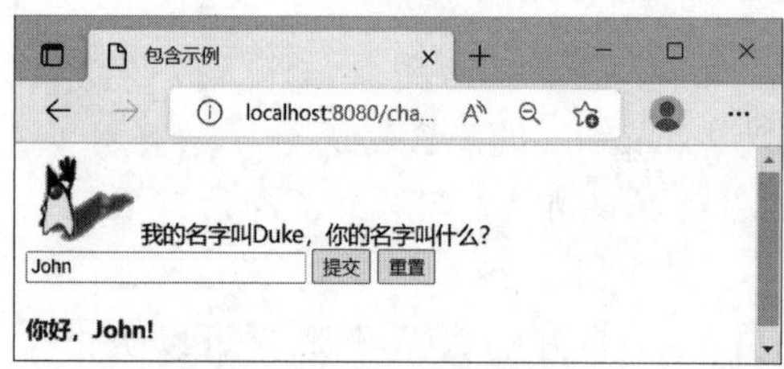

图 3-2　hello.jsp 的运行结果

在 hello.jsp 页面中声明了一个变量 username，并使用 include 指令包含了 response.jsp 页面。在 response.jsp 页面中使用了 hello.jsp 页面中声明的变量 username。程序的运行结果如图 3-2 所示。

在使用 include 指令包含一个文件时需要遵循下列几个规则。

(1) 在转换阶段不进行任何处理，这意味着 file 属性值不能是请求时属性表达式，因此下面的使用是非法的。

```
<%! String pageURL="copyright.html"; %>
<%@ include file="<%=pageURL %>" %>
```

(2) 不能通过 file 属性值向被包含的页面传递任何参数，因为请求参数是请求的一个属性，它在转换阶段没有任何意义。下面例子中的 file 属性值是非法的。

```
<%@ include file="other.jsp?name=Hacker" %>
```

(3) 被包含的页面可能不能单独编译。清单 3.5 的文件就不能单独编译，因为它没有定义 username 变量。一般来说，最好避免这种依赖性，而使用隐含变量 pageContext 共享对象，通过使用 pageContext 的 setAttribute()和 getAttribute()实现。

3.3.3　taglib 指令

taglib 指令用来指定在 JSP 页面中使用标准标签或自定义标签的前缀与标签库的 URI，下面是 taglib 指令的例子。

```
<%@ taglib prefix="c" uri="http://java.sun.com/jsp/jstl/core" %>
```

对于指令的使用需要注意下面几个问题：

- 标签名、属性名及属性值都是大小写敏感的。
- 属性值必须使用一对单引号或双引号引起来。
- 在等号(=)与值之间不能有空格。

3.4 JSP 隐含变量

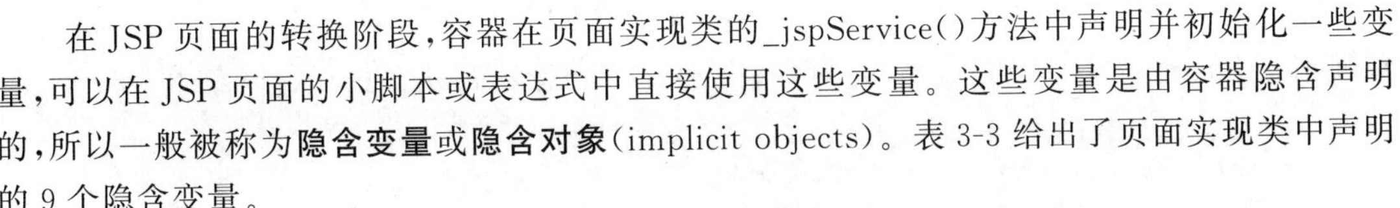

在 JSP 页面的转换阶段，容器在页面实现类的_jspService()方法中声明并初始化一些变量，可以在 JSP 页面的小脚本或表达式中直接使用这些变量。这些变量是由容器隐含声明的，所以一般被称为**隐含变量**或**隐含对象**(implicit objects)。表 3-3 给出了页面实现类中声明的 9 个隐含变量。

表 3-3 JSP 隐含变量

隐 含 变 量	类 或 接 口	说 明
request	jakarta. servlet. http. HttpServletRequest 接口	引用页面的当前请求对象
response	jakarta. servlet. http. HttpServletResponse 接口	用来向客户发送一个响应
out	jakarta. servlet. jsp. JspWriter 类	引用页面输出流
page	java. lang. Object 类	引用页面的 Servlet 实例
application	jakarta. servlet. ServletContext 接口	引用 Web 应用程序上下文
session	jakarta. servlet. http. HttpSession 接口	引用用户会话
pageContext	jakarta. servlet. jsp. PageContext 类	引用页面上下文
config	jakarta. servlet. ServletConfig 接口	引用 Servlet 的配置对象
exception	java. lang. Throwable 类	引用异常对象，用来处理错误

下面详细介绍几个最常用的隐含变量的使用。

注意： 这些隐含变量只能在 JSP 页面的 JSP 小脚本和 JSP 表达式中使用。

3.4.1 request 与 response 变量

request 和 response 分别是 HttpServletRequest 和 HttpServletResponse 类型的隐含变量，当页面实现类向客户提供服务时，它们作为参数传递给_jspService()方法。在 JSP 页面中使用它们与在 Servlet 中使用完全一样，即用来分析请求和发送响应，例如：

```
<%
   String uri = request.getRequestURI();
   response.setContentType("text/html;charset = UTF-8");
%>

请求方法为:<% = request.getMethod() %><br>
请求 URI 为:<% = uri %><br>
协议为:<% = request.getProtocol() %>
```

用户可以在 JSP 小脚本中使用隐含变量，也可以在 JSP 表达式中使用隐含变量。

3.4.2 out 变量

out 是 jakarta. servlet. jsp. JspWriter 类型的隐含变量，JspWriter 类扩展了 java. io. Writer 并继承了所有重载的 write()方法，在此基础上还增加了自己的一组 print()和 println()

来打印输出所有的基本数据类型、字符串及用户定义的对象。用户可以在小脚本中直接使用 out 变量，也可以在表达式中间接地使用它产生 HTML 代码。

```
<% out.print("Hello World!"); %>
<% = "Hello User!" %>
```

上面两行代码，在页面实现类中都使用 out.print()语句输出。

3.4.3 application 变量

application 是 jakarta.servlet.ServletContext 类型的隐含变量，它是 JSP 页面所在的 Web 应用程序的上下文的引用（在第 2 章中曾讨论了 ServletContext 接口）。在 Servlet 中可以使用如下代码访问 ServletContext 对象，将 today 存储到 ServletContext 对象中。

```
LocalDate today = LocalDate.now();
ServletContext context = getServletContext();
context.setAttribute("today",today);
```

在 JSP 页面中，使用下面 application 对象的 getAttribute()方法检索存储在上下文中的数据。

```
<% = application.getAttribute("today") %>
```

3.4.4 session 变量

session 是 jakarta.servlet.http.HttpSession 类型的隐含变量，它在 JSP 页面中表示 HTTP 会话对象。如果要使用会话对象，必须要求 JSP 页面参加会话，即要求将 JSP 页面的 page 指令的 session 属性值设置为 true。

在默认情况下，session 属性的值为 true，所以即使没有指定 page 指令，该变量也会被声明并可以使用。下面的代码可以在页面中输出当前会话的 ID。

```
会话 ID = <% = session.getId() %>
```

然而，如果明确地将 page 指令的 session 属性设置为 false，容器将不会声明该变量，对该变量的使用将产生错误，例如：

```
<%@ page session = "false" %>
```

3.4.5 exception 变量

如果一个页面是错误处理页面，即页面中包含下面的 page 指令。

```
<%@ page isErrorPage = "true" %>
```

则页面实现类中将声明一个 exception 隐含变量，它是 java.lang.Throwable 类型的隐含变量，被用来作为其他页面的错误处理器。为了使页面能够使用 exception 变量，必须在 page 指令中将 isErrorPage 的属性值设置为 true，例如：

```
<%@ page isErrorPage = "true" %>
<html><body>
  页面发生了下面的错误:<br>
  <% = exception.toString() %>
</body></html>
```

在上述代码中，将 page 指令的 isErrorPage 属性设置为 true，容器明确地定义了 exception 变量。该变量指向使用该页面作为错误处理器的页面抛出的未捕获的异常对象。

如果去掉第一行，容器将不会明确地定义 exception 变量，因为 isErrorPage 属性的默认值为 false，此时使用 exception 变量将产生错误。

3.4.6　config 变量

config 是 jakarta.servlet.ServletConfig 类型的隐含变量。在第 2 章曾介绍过，用户可以通过 DD 文件为 Servlet 传递一组初始化参数，然后在 Servlet 中使用 ServletConfig 对象检索这些参数。

类似地，用户也可以为 JSP 页面传递一组初始化参数，这些参数在 JSP 页面中可以使用 config 隐含变量来检索。如果要实现这一点，应该首先在 DD 文件 web.xml 中使用<servlet-name>声明一个 Servlet，然后使用<jsp-file>元素使其与 JSP 文件关联，这样 Servlet 的所有初始化参数就可以在 JSP 页面中通过 config 隐含变量使用。例如：

```
<servlet>
    <servlet-name>initTestServlet</servlet-name>
    <jsp-file>/initTest.jsp</jsp-file>
    <init-param>
        <param-name>company</param-name>
        <param-value>Beijing New Techonology CO.,LTD</param-value>
    </init-param>
    <init-param>
        <param-name>email</param-name>
        <param-value>smith@yahoo.com.cn</param-value>
    </init-param>
</servlet>
<servlet-mapping>
    <servlet-name>initTestServlet</servlet-name>
    <url-pattern>/initTest.jsp</url-pattern>
</servlet-mapping>
```

以上代码声明了一个名为 initTestServlet 的 Servlet 并将它映射到/initTest.jsp 文件，同时为该 Servlet 指定了 company 和 email 初始化参数，该参数可以在 initTest.jsp 文件中使用隐含变量 config 检索到。例如：

```
公司名称:<%= config.getInitParameter("company") %><br>
邮箱地址:<%= config.getInitParameter("email") %>
```

3.4.7　pageContext 变量

pageContext 是 jakarta.servlet.jsp.PageContext 类型的隐含变量，它是一个页面上下文对象。PageContext 类是一个抽象类，容器厂商提供了一个具体子类(如 JspContext)，它有下面 3 个作用。

(1) 存储隐含对象的引用。pageContext 对象管理在 JSP 页面中使用的所有其他对象，包括用户定义的对象和隐含对象，并且提供了一个访问方法来检索它们。如果用户查看 JSP 页面生成的 Servlet 代码，会看到 session、application、config 与 out 这些隐含变量是调用 pageContext 对象的相应方法得到的。

(2) 提供了在不同作用域内返回或设置属性的方便的方法。本书 3.7 节将对相关内容进行详细说明。

(3) 提供了 forward()和 include()实现将请求转发到另一个资源和将一个资源的输出包含到当前页面中的功能，它们的格式如下。

- public void include(String relativeURL)：将另一个资源的输出包含在当前页面的输出中，与 RequestDispatcher()接口的 include()的功能相同。
- public void forward(String relativeURL)：将请求转发到参数指定的资源，与 RequestDispatcher 接口的 forward()的功能相同。

例如，从 Servlet 中将请求转发到另一个资源，需要写下面两行代码。

```
RequestDispatcher rd = request.getRequestDispatcher("other.jsp");
rd.forward(request,response);
```

在 JSP 页面中，使用 pageContext 变量仅需要一行就可以完成上述功能。

```
<%
   pageContext.forward("other.jsp");
%>
```

3.5 JSP 动作

JSP 动作(action)是页面发给容器的命令，它指示容器在页面执行期间完成某种任务。动作的一般语法如下。

```
<prefix:actionName attribute-list/>
```

动作的表示类似于 HTML 的标签，在动作标签中需要指定前缀名(prefix)、动作名(actionName)和属性列表(attribute-list)，它是针对该动作的一个或多个属性-值对。

在 JSP 页面中可以使用 3 种动作，即 JSP 标准动作、标准标签库(JSTL)中的动作和用户自定义动作。

下面是常用的 JSP 标准动作。

- <jsp:include.../>：在当前页面中包含另一个页面的输出。
- <jsp:forward.../>：将请求转发到指定的页面。
- <jsp:useBean.../>：查找或创建一个 JavaBean 对象。
- <jsp:setProperty.../>：设置 JavaBean 对象的属性值。
- <jsp:getProperty.../>：返回 JavaBean 对象的属性值。

下面介绍<jsp:include>和<jsp:forward>两个动作，3.9 节将介绍有关 JavaBean 使用的 3 个动作。

3.5.1 <jsp:include>动作

在 3.3.2 节讨论了使用 include 指令实现静态包含，本节讨论使用 JSP 的<jsp:include>动作实现动态包含。**动态包含**是在请求时将另一个页面的**输出**包含到主页面的输出中。该动作的格式如下。

```
<jsp:include page="relativeURL" flush="true|false"/>
```

这里 page 属性是必需的，其值必须是一个相对 URL，它指向任何静态或动态 Web 组件，包括 JSP 页面、Servlet 等。可选的 flush 属性用于指定在将控制转向被包含页面之前是否刷新主页面。如果当前 JSP 页面被缓冲，那么在把输出流传递给被包含组件之前应该刷新缓冲区。flush 属性的默认值为 false。

例如，下面的动作指示容器把另一个 JSP 页面 copyright.jsp 的输出包含在当前 JSP 页面的输出中。

```
<jsp:include page="copyright.jsp" flush="true"/>
```

在功能上<jsp:include>动作的语义与 RequestDispatcher 接口的 include()方法的语义相同，因此在 Servlet 中使用下面的代码实现包含。

```
RequestDispatcher rd = request.getRequestDispatcher("other.jsp");
rd.include(request,response);
```

在 JSP 页面还可以使用下面的结构实现动态包含，就是在脚本中使用 pageContext.include()方法包含一个 JSP 页面的输出。

```
<%
    pageContext.include("other.jsp");
%>
```

<jsp:include>动作的 page 属性的值可以是请求时属性表达式，例如：

```
<%! String pageURL = "other.jsp"; %>
<jsp:include page="<%= pageURL %>"/>
```

1. 使用<jsp:param>传递参数

在<jsp:include>动作中可以使用<jsp:param/>向被包含的页面传递参数。下面的代码向 somePage.jsp 页面传递两个参数：

```
<jsp:include page="somePage.jsp">
    <jsp:param name="name1" value="value1"/>
    <jsp:param name="name2" value="value2"/>
</jsp:include>
```

在<jsp:include>元素中可以嵌入任意多个<jsp:param>元素。value 属性的值也可以像下面这样使用请求时属性表达式来指定。

```
<jsp:include page="somePage.jsp">
    <jsp:param name="name1" value="<%= someExpr1 %>"/>
    <jsp:param name="name2" value="<%= someExpr2 %>"/>
</jsp:include>
```

通过<jsp:param>动作传递的“名-值”对保存在 request 对象中并且只能由被包含的组件使用，在被包含的页面中使用 request 隐含对象的 getParameter()获得传递来的参数。这些参数的作用域是被包含的页面，在被包含的组件完成处理后，容器将从 request 对象中清除这些参数。

上面的例子使用的是<jsp:include>动作，这里的讨论也适用于<jsp:forward>动作。

2. 与动态包含的组件共享对象

被包含的页面是单独执行的，因此它们不能共享在主页面中定义的变量和方法；它们处理的请求对象是相同的，因此可以共享属于请求作用域的对象。下面看清单 3.6 和清单 3.7 两个程序。

清单 3.6　hello2.jsp

```
<%@ page contentType="text/html;charset=UTF-8" %>
<html>
<head><title>Hello</title></head>
<body>
    <img src="images/duke.gif">
    我的名字叫 Duke,你的名字叫什么?
    <form action="" method="post">
      <input type="text" name="username" size="25">
      <input type="submit" value="提交">
```

```
        <input type="reset" value="重置">
    </form>
    <% String userName = request.getParameter("username");
       request.setAttribute("username",userName);
    %>
    <jsp:include page="response2.jsp"/>
</body>
</html>
```

清单 3.6 产生的输出结果与清单 3.4 产生的输出结果相同，但它使用了动态包含。主页面 hello2.jsp 通过调用 request.setAttribute()把 username 对象添加到请求作用域中，然后被包含的页面 response2.jsp 通过调用 request.getAttribute()检索该对象并使用表达式输出。

清单 3.7　response2.jsp

```
<%@ page contentType="text/html;charset=UTF-8" %>
<% String username=(String)request.getAttribute("username"); %>
<h4 style="color:blue">你好,<%=username%>!</h4>
```

这里，hello2.jsp 文件中的隐含变量 request 与 response2.jsp 文件中的隐含变量 request 是请求作用域内的同一个对象。对<jsp:forward>动作可以使用相同的机制。

除 request 对象外，用户还可以使用隐含变量 session 和 application 在被包含的页面中共享对象，但它们的作用域不同。例如，如果使用 application 代替 request，那么 username 对象就可以被多个客户使用。

3.5.2　<jsp:forward>动作

使用<jsp:forward>动作把请求转发到其他组件，然后由转发到的组件把响应发送给客户，该动作的格式如下。

```
<jsp:forward page="relativeURL"/>
```

page 属性的值为转发到的组件的相对 URL，它可以使用请求时属性表达式。<jsp:forward>动作与<jsp:include>动作的不同之处在于，当转发到的页面处理完输出后，并不将控制转回主页面。使用<jsp:forward>动作，主页面也不能包含任何输出。

下面的<jsp:forward>动作将控制转发到 other.jsp 页面。

```
<jsp:forward page="other.jsp"/>
```

在功能上<jsp:forward>的语义与 RequestDispatcher 接口的 forward()的语义相同，因此它的功能与在 Servlet 中实现请求转发的功能等价。

```
RequestDispatcher rd = request.getRequestDispatcher("other.jsp");
rd.forward(request,response);
```

在 JSP 页面中使用<jsp:forward>标准动作实现的实际上是控制逻辑的转移。在 MVC 设计模式中，控制逻辑应该由控制器(Servlet)实现而不应该由视图(JSP 页面)实现，因此尽可能不要在 JSP 页面中使用<jsp:forward>动作转发请求。

扫一扫

视频讲解

3.6　案例学习：使用包含设计页面布局

Web 应用程序页面应该具有统一的视觉效果，或者说所有的页面都有同样的整体布局。一种比较典型的布局通常包含标题部分、脚注部分、菜单、广告区和主体实际内容部分。在设计这些页面时，如果在所有的页面中复制相同的代码，不仅不符合模块化设计原则，将来修改布局也非常麻烦。使用 JSP 技术提供的 include 指令(<%@ include .../>)包含静态文件和使用 include 动作(<jsp:include .../>)包含动态资源就可以实现一致的页面布局。

清单 3.8 的 home.jsp 页面使用<div>标签和 include 指令实现页面布局。

清单 3.8　home.jsp

```
<%@ page contentType = "text/html; charset = UTF-8" %>
<html>
<head>
<title>百斯特电子商城</title>
<link href = "css/style.css" rel = "stylesheet" type = "text/css"/>
</head>
<body>
    <div class = "container">
        <div class = "header">
            <%@ include file = "/WEB-INF/jsp/header.jsp" %>
        </div>
        <div class = "topmenu">
            <%@ include file = "/WEB-INF/jsp/topmenu.jsp" %></div>
        <div class = "mainContent" class = "clearfix">
            <div class = "leftmenu">
              <%@ include file = "/WEB-INF/jsp/leftmenu.jsp" %></div>
            <div class = "content">
              <%@ include file = "/WEB-INF/jsp/content.jsp" %></div>
        </div>
        <div class = "footer">
              <%@ include file = "/WEB-INF/jsp/footer.jsp" %></div>
    </div>
</body>
</html>
```

被包含的 JSP 文件存放在 WEB-INF/jsp 目录中,WEB-INF 中的资源只能被服务器访问,这样可以防止这些 JSP 页面被客户直接访问。访问 index.jsp 页面,输出结果如图 3-3 所示。

图 3-3　index.jsp 页面的运行结果

该页面使用了 CSS 样式进行布局,样式表文件 style.css 的代码见清单 3.9。

清单 3.9　style.css

```
@CHARSET "UTF-8";
body,div,ul{
```

```
    margin:0;
    padding:0;
}
p{text-align:center;}
a:link{
    color:blue;
    text-decoration:none;
}
a:hover{
    background-color:gray;
}
.container {
    width:1004px;
    margin:0 auto;
}
.header {
    margin-bottom:5px;
}
.topmenu {
    margin-bottom:5px;
}
.mainContent {
    margin:0 0 5px 0;
}
.leftmenu {
    float:left; width:120px;
    padding:5px 0 5px 30px;
}
.leftmenu ul{
    list-style:none;
}
.leftmenu p{
    margin:0 0 10px 0;
}
.content {
    float:left; width:700px;
}
.footer {
    clear:both;
    height:60px;
}
```

清单 3.10～清单 3.14 分别是标题页面 header.jsp、顶部菜单页面 topmenu.jsp、左侧菜单页面 leftmenu.jsp、主体内容页面 content.jsp 和页脚页面 footer.jsp 的代码。

清单 3.10 header.jsp

```
<%@ page contentType="text/html;charset=UTF-8" language="java">
<script language="JavaScript" type="text/javascript">
    function register(){
        open("/helloweb/register.jsp","register");
    }
</script>
<p><img src="images/head.jpg" /></p>
```

清单 3.11 topmenu.jsp

```
<%@ page contentType="text/html;charset=UTF-8" language="java">
<table border='0'>
<tr>
    <td><a href="/helloweb/index.jsp">【首页】</a></td>
```

```
    <td>
      <form action="login.do" method="post" name="login">
        用户名<input type="text" name="username" size="13"/>
        密　码<input type="password" name="password" size="13"/>
          <input type="submit" name="submit" value="登　录">
        <input type="button" name="register" value="注　册"
                    onclick="check();">
      </form>
    </td>
    <td><a href="showOrder">我的订单</a>|</td>
    <td><a href="showCart">查看购物车</a></td>
</tr>
</table>
```

清单 3.12　leftmenu.jsp

```
<%@ page contentType="text/html;charset=UTF-8" language="java">
<p><b>商品分类</b></p>
<ul>
   <li><a href="showProduct?category=101">手机数码</a></li>
   <li><a href="showProduct?category=102">家用电器</a></li>
   <li><a href="showProduct?category=103">汽车用品</a></li>
   <li><a href="showProduct?category=104">服饰鞋帽</a></li>
   <li><a href="showProduct?category=105">运动健康</a></li>
</ul>
```

清单 3.13　content.jsp

```
<%@ page contentType="text/html;charset=UTF-8" language="java">
<table border="0">
   <tr><td colspan="2">
      <b><i>${sessionScope.message}</i></b></td>
   </tr>
   <tr>
      <td colspan="4">百斯特 11.11!手机价格真正低,买华为手机送苹果 13!</td>
   </tr>
   <tr>
      <td width=20%><img src="images/phone.jpg" width=100></td>
      <td><p style="text-indent:2em">HUAWEI Mate 40 Pro 麒麟 9000 5G SoC 芯片
       超感知徕卡电影影像 8GB+256GB 秘银色 5G 全网通 特价:5288 元</p>
      <img src="images/gw.jpg">
      </td>

      <td width=20%><img src="images/comp.jpg" width=120></td>
      <td><p style="text-indent:2em">联想(Lenovo)G460AL-ITH 14.0 英寸
        笔记本电脑(i8-370M 2G 500G 512 独显 DVD 刻录 摄像头 Win7)特价:3199 元!</p>
      <img src="images/gw.jpg">
      </td>
   </tr>
</table>
```

清单 3.14　footer.jsp

```
<%@ page contentType="text/html;charset=UTF-8" language="java">
<hr/>
<p>关于我们|联系我们|人才招聘|友情链接</p>
<p>版权所有 &copy; 2024 百斯特电子商城公司,电话:8899123.</p>
```

在上面这些被包含的文件中没有使用<html>和<body>等标签。实际上,它们不是完整的页面,而是页面片段,因此文件名也可以不使用.jsp 作为扩展名,而是可以使用任何的扩展名,如.htmlf、.jspf 等。

由于被包含的文件是由服务器访问的，所以可以将被包含的文件存放到 Web 应用程序的 WEB-INF 目录中，这样可以防止用户直接访问被包含的文件。

3.7 错误处理

与任何 Java 程序一样，Web 应用程序在执行过程中可能发生各种错误。例如，网络问题可能引发 SQLException 异常，在读取文件时可能因为文件损坏发生 IOException 异常。如果这些异常没有被适当处理，Web 容器将产生一个 Internal Server Error 页面，给用户显示一个长长的栈跟踪。这在产品环境下通常是不可以接受的。

3.7.1 声明式错误处理

可以在 web.xml 文件中为整个 Web 应用配置错误处理页面，使用这种方法还可以根据异常类型的不同或 HTTP 错误码的不同配置错误处理页面。

在 web.xml 文件中配置错误页面需要使用<error-page>元素，它有以下 3 个子元素。

- <error-code>：指定一个 HTTP 错误代码，如 404。
- <exception-type>：指定一种 Java 异常类型(使用完全限定名)。
- <location>：指定要被显示的资源位置。该元素值必须以"/"开头。

下面的代码为 HTTP 的状态码 404 配置了一个错误处理页面。

```
<error-page>
    <error-code>404</error-code>
    <location>/errors/notFoundError.html</location>
</error-page>
```

下面的代码声明了一个处理 SQLException 异常的错误页面。

```
<error-page>
    <exception-type>java.sql.SQLException</exception-type>
    <location>/errors/sqlError.html</location>
</error-page>
```

另外，还可以像下面这样声明一个更通用的处理页面。

```
<error-page>
    <exception-type>java.lang.Throwable</exception-type>
    <location>/errors/errorPage.html</location>
</error-page>
```

Throwable 类是所有异常类的根类，因此没有明确指定错误处理页面的异常都将由该页面处理。

注意：在<error-page>元素中，<error-code>和<exception-type>不能同时使用。<location>元素的值必须以斜杠(/)开头，它是相对于 Web 应用程序的上下文根目录。另外，如果在 JSP 页面中使用 page 指令的 errorPage 属性指定了错误处理页面，则 errorPage 属性指定的页面优先。

3.7.2 使用 Servlet 和 JSP 页面处理错误

在前面的例子中使用 HTML 页面作为异常处理页面，HTML 是静态页面，不能为用户提供有关异常的信息。可以使用 Servlet 或 JSP 作为异常处理页面，下面的代码使用 Servlet 处理 403 错误码，使用 JSP 页面处理 SQLException 异常。

```
<error-page>
    <error-code>403</error-code>
    <location>/errorHandler-servlet</location>
</error-page>

<error-page>
    <exception-type>java.sql.SQLException</exception-type>
    <location>/errors/sqlError.jsp</location>
</error-page>
```

为了在异常处理的 Servlet 或 JSP 页面中分析异常原因并产生详细的响应信息，Web 容器将控制转发到错误页面前在请求对象(request)中定义了若干属性。

- jakarta.servlet.error.status_code：类型为 java.lang.Integer，该属性包含错误的状态码值。
- jakarta.servlet.error.exception_type：类型为 java.lang.Class，该属性包含未捕获的异常的 Class 对象。
- jakarta.servlet.error.message：类型为 java.lang.String，该属性包含在 sendError()方法中指定的消息，或包含在未捕获的异常对象中的消息。
- jakarta.servlet.error.exception：类型为 java.lang.Throwable，该属性包含未捕获的异常对象。
- jakarta.servlet.error.request_uri：类型为 java.lang.String，该属性包含当前请求的 URI。
- jakarta.servlet.error.servlet_name：类型为 java.lang.String，该属性包含引起错误的 Servlet 名。

下面的代码显示了 MyErrorHandlerServlet 的 doGet()方法，它使用这些属性在产生的错误页面中包含有用的错误信息。

```
public void doGet(HttpServletRequest request,
                  HttpServletResponse response)
                      throws ServletException,IOException{
    response.setContentType("text/html;charset=UTF-8");
    PrintWriter out = response.getWriter();
    out.println("<html>");
    out.println("<head><title>Error Demo</title></head>");
    out.println("<boy>");
    String code = "" +
              request.getAttribute("jakarta.servlet.error.status_code");
    if("403".equals(code){
      out.println("<h3>对不起,您无权访问该页面!</h3>");
      out.println("<h3>请登录系统!</h3>");
     }else{
      out.println("<h3>对不起,我们无法处理您的请求!</h3>");
      out.println("请将该错误报告给管理员 admin@xyz.com! " +
           request.getAttribute("jakatar.servlet.error.request_uri"));
    }
    out.println("</body>");
    out.println("</html>");
}
```

上述 Servlet 根据错误码产生一个自定义的 HTML 页面。

除了标准的异常，Web 应用程序还可能定义自己的业务逻辑异常。例如，在银行应用中可能定义 InsufficientFundsException 表示资金不足异常和 InvalidTransactionException 表示非法交易异常，它们用来表示通常的错误条件。同样需要解析这些异常中的消息，并把这些消息展示给用户。

3.8 作用域对象

扫一扫

视频讲解

在 Web 应用中经常需要将数据存储到某个作用域中，然后在 JSP 页面中使用它们。**作用域**(scope)有应用作用域、会话作用域、请求作用域和页面作用域 4 种，它们的类型分别是 ServletContext、HttpSession、HttpServletRequest 和 PageContext，这 4 种作用域如表 3-4 所示。

表 3-4 JSP 作用域

作用域名	对应的对象	存在性和可访问性
应用作用域	application	在整个 Web 应用程序中有效
会话作用域	session	在一个用户会话范围内有效
请求作用域	request	在用户的请求和转发的请求内有效
页面作用域	pageContext	只在当前的页面(转换单元)内有效

在 JSP 页面中，用户定义的对象存储在这 4 种作用域的一种之中，这些作用域定义了对象的存在性和在 JSP 页面中的可访问性。在作用域中，应用作用域的应用范围最大，页面作用域的应用范围最小。

3.8.1 应用作用域

存储在应用作用域的对象可以被 Web 应用程序的所有组件共享，并且在应用程序的生命周期内都可以访问。这些对象是通过 ServletContext 实例作为“属性-值”对维护的。在 JSP 页面中，该实例可以通过隐含对象 application 访问。因此，如果要在应用程序级共享对象，可以使用 ServletContext 接口的 setAttribute()和 getAttribute()方法。例如，在 Servlet 中使用下面的代码将对象存储在应用作用域中。

```
User user = new User("张大海","12345");
ServletContext context = getServletContext();
context.setAttribute("user",user);
```

在 JSP 页面中可以使用脚本(不推荐)访问应用作用域中的数据，也可以使用 EL 表达式访问应用作用域中的数据，例如：

```
${applicationScope.user}
```

3.8.2 会话作用域

存储在会话作用域的对象可以被属于一个用户会话的所有请求共享，并且只能在会话有效时才可以被访问。这些对象是通过 HttpSession 类的一个实例作为“属性-值”对维护的。在 JSP 页面中，该实例可以通过隐含对象 session 访问。因此，如果要在会话级共享对象，可以使用 HttpSession 接口的 setAttribute()和 getAttribute()方法。

在购物车应用中，用户的购物车对象就应该存放在会话作用域中，它在整个用户会话中共享。

```
HttpSession session = request.getSession(true);
```

```
//从会话对象中检索购物车
ShoppingCart cart = (ShoppingCart)session.getAttribute("cart");
if (cart == null) {
    cart = new ShoppingCart();
    //将购物车存储到会话对象中
    session.setAttribute("cart",cart);
}
```

存储在会话作用域中的数据在 JSP 页面中通过 session 隐含对象访问，例如：

```
<%
  //从会话作用域中取出购物车对象 cart
  ShoppingCart cart = (ShoppingCart) session.getAttribute("cart");
  //从购物车中取出每件商品并存储在 ArrayList 中
  ArrayList<GoodsItem> items = new ArrayList<GoodsItem>(cart.getItems());
%>
```

3.8.3 请求作用域

存储在请求作用域的对象可以被处理同一个请求的所有组件共享，并且仅在该请求被服务期间可以被访问。这些对象是由 HttpServletRequest 对象作为“属性-值”对维护的。在 JSP 页面中，该实例是通过隐含对象 request 的形式被使用的。通常，在 Servlet 中使用请求对象的 setAttribute()将一个对象存储到请求作用域中，然后将请求转发到 JSP 页面，在 JSP 页面中通过脚本或 EL 取出作用域中的对象。

例如，下面的代码在 Servlet 中创建一个 User 对象并存储在请求作用域中，然后将请求转发到 valid-servlet 去验证。

```
User user = new User();
user.setName(request.getParameter("name"));
user.setPassword(request.getParameter("password"));
request.setAttribute("user",user);
RequestDispatcher rd = request.getRequestDispatcher("/valid-servlet");
rd.forward(request,response);
```

在 ValidateServlet 中使用下面的代码验证用户的合法性。

```
User user = (User) request.getAttribute("user");
if (isValid(user)){              //验证用户是否合法
    request.removeAttribute("user");
    session.setAttribute("user",user);
    dispatchUrl = "account.jsp";
}else{
    dispatchUrl = "loginError.jsp";
}
RequestDispatcher rd = request.getRequestDispatcher(dispatchUrl);
rd.forward(request,response);
```

这里用 isValid()方法验证用户是否合法，若合法，将用户对象存储在会话作用域中并将请求转发给 account.jsp 页面，否则将请求转发到 loginError.jsp。

3.8.4 页面作用域

存储在页面作用域的对象只能在它们所定义的转换单元中被访问。它们不能存在于一个转换单元的单个请求处理之外。这些对象是由 PageContext 抽象类的一个具体子类的一个实例作为“属性-值”对维护的。在 JSP 页面中，该实例可以通过隐含对象 pageContext 访问。

为了在页面作用域中共享对象，可以使用 jakarta.servlet.jsp.PageContext 定义的

setAttribute()和 getAttribute()方法。下面的代码设置一个页面作用域的属性。

```
<% Float one = new Float(42.5); %>
<% pageContext.setAttribute("number",one); %>
```

下面的代码获得一个页面作用域的属性。

```
<% = pageContext.getAttribute("number") %>
```

在 PageContext 类中还定义了几个常量和其他属性处理方法，使用它们可以方便地处理不同作用域的属性。

扫一扫

视频讲解

3.9 JavaBean

JavaBean 是 Java 平台的组件技术，在 Java Web 开发中常用 JavaBean 来存放数据、封装业务逻辑等，从而很好地实现业务逻辑和表示逻辑的分离，使系统具有更好的健壮性和灵活性。对程序员来说，JavaBean 最大的好处是可以实现代码的重用，另外对程序的易维护性等也有很大的意义。

本节首先介绍 JavaBean 规范，然后重点介绍如何在 JSP 页面中使用 JavaBean 的 3 个动作，分别是<jsp:useBean>动作、<jsp:setProperty>动作和<jsp:getProperty>动作。

3.9.1 JavaBean 规范

JavaBean 是用 Java 语言定义的类，这种类的设计需要遵循 JavaBean 规范的有关约定。任何满足下面 3 个要求的 Java 类都可以作为 JavaBean 使用。

(1) JavaBean 应该是 public 类，且实现 java.io.Serializable 接口。该类应该提供无参数的 public 构造方法，通过定义不带参数的构造方法或使用默认的构造方法均可以满足这个要求。

(2) JavaBean 类的成员变量一般称为**属性**(property)。每个属性的访问权限一般定义为 private，而不是 public。注意，属性名必须以小写字母开头。

(3) 每个属性通常定义两个 public 方法，一个是访问方法，另一个是修改方法，使用它们访问和修改 JavaBean 的属性值。

除了访问方法和修改方法，在 JavaBean 类中还可以定义其他方法实现某种业务逻辑，也可以只为某个属性定义访问方法，这样的属性就是只读属性。

清单 3.15 中的 Customer 类是一个 JavaBean，它使用 3 个 private 属性封装了客户信息，并提供了访问和修改这些信息的方法。

清单 3.15 Customer.java

```
package com.boda.domain;

import java.io.Serializable;

public class Customer implements Serializable{
    private String name;
    private String email;
    private String phone;

    public Customer(){}

    public Customer(String name,String email,String phone){
        this.name = name;
```

```
        this.email = email;
        this.phone = phone;
    }

    public String getName(){
        return this.name;
    }

    public String getEmail(){
        return this.email;
    }

    public String getPhone(){
        return this.phone;
    }

    public void setName(String name){
        this.name = name;
    }

    public void setEmail(String email){
        this.email = email;
    }

    public void setPhone(String phone){
        this.phone = phone;
    }
}
```

该类定义了 3 个属性,为其定义了无参数构造方法和带参数构造方法,还为该类的每个属性定义了 getter 方法和 setter 方法。

3.9.2 使用 Lombok 库

在清单 3.15 定义的 Customer 类中不仅定义了属性,还定义了构造方法和每个属性的访问方法及修改方法,这就需要程序员编写很多行模板代码。使用 Lombok 库的注解标注类可以避免编写这些模板代码,需要在 pom.xml 文件中添加下面的依赖。

```
<dependency>
    <groupId>org.projectlombok</groupId>
    <artifactId>lombok</artifactId>
    <version>1.18.24</version>
</dependency>
```

在 JavaBean 类的定义中就可以使用@Data 等注解标注类,之后在运行时系统将自动添加访问方法和修改方法。另外,也可以通过注解添加无参数构造方法和带参数构造方法。

下面使用 Lombok 库的注解标注 Customer 类。

```
package com.boda.domain;

import lombok.AllArgsConstructor;
import lombok.Data;
import lombok.NoArgsConstructor;
import java.io.Serializable;

@Data
@NoArgsConstructor
@AllArgsConstructor
public class Customer implements Serializable{
    private String name;
```

```
    private String email;
    private String phone;
}
```

在上述代码中@Data 注解用于生成属性的访问方法和修改方法，@NoArgsConstructor 注解用于生成无参数构造方法，@AllArgsConstructor 注解用于生成带所有参数的构造方法。

注意：在 IntelliJ IDEA 中使用 Lombok 库需要安装 Lombok 插件。

3.9.3 <jsp:useBean>动作

<jsp:useBean>动作用来在指定的作用域中查找或创建一个 bean 实例，一般格式如下。

```
<jsp:useBean id = "beanName" class = "package.class"
            scope = "page|request|session|application"
    其他元素
</jsp:useBean>
```

id 属性用来唯一标识一个 bean 实例。在 JSP 页面的实现类中，id 的值被作为 Java 语言的变量，因此可以在 JSP 页面的表达式和小脚本中使用该变量。

class 属性指定创建 bean 实例的 Java 类。如果在指定的作用域中找不到一个现存的 bean 实例，将使用 class 属性指定的类创建一个 bean 实例。如果该类属于某个包，则必须指定类的全名，如 com. boda. xy. Customer。

scope 属性指定 bean 实例的作用域，该属性的取值可以是 page、request、session 或 application，它们分别表示页面作用域、请求作用域、会话作用域和应用作用域。该属性是可选的，默认值为 page 作用域。如果将 page 指令的 session 属性设置为 false，则 bean 不能在 JSP 页面中使用会话作用域。

下面的动作使用 id、class 和 scope 属性声明一个 JavaBean。

```
<jsp:useBean id = "customer" class = "com.boda.xy.Customer" scope = "session"/>
```

当 JSP 页面执行到该动作时，容器在会话(session)作用域中查找或创建 bean 实例，并用 customer 引用指向它。这个过程与下面的代码等价。

```
Customer customer = (Customer)session.getAttribute("customer");
if (customer == null){
    customer = new Customer();
    session.setAttribute("customer",customer);
}
```

3.9.4 <jsp:setProperty>动作

<jsp:setProperty>动作用来给 bean 实例的属性赋值，它的格式如下。

```
<jsp:setProperty name = "beanName" property = "propertyName"
                 value = "{string|<% = expression %>}"/>
```

name 属性用来标识一个 bean 实例，该实例必须是使用<jsp:useBean>动作声明的，并且 name 属性值必须与<jsp:useBean>动作中指定的 id 属性值相同。该属性是必需的。

property 属性指定要设置值的 bean 实例的属性，容器将根据指定的 bean 的属性调用适当的 setXxx()，因此该属性也是必需的。value 属性指定属性值。

另外，还可以使用 param 属性指定请求参数名，如果请求中包含指定的参数，那么使用该参数值来设置 bean 的属性值。

提示：在 MVC 设计模式中不建议在页面中使用<jsp:setProperty>动作设置 JavaBean

的属性值，而应该在 Servlet 或控制器中设置属性值，在页面中只显示属性值。

3.9.5 <jsp:getProperty>动作

<jsp:getProperty>动作检索并向输出流中打印 bean 的属性值，它的语法如下，非常简单。

```
<jsp:getProperty name = "beanName" property = "propertyName"/>
```

该动作只有 name 和 property 两个属性，并且都是必需的。name 属性指定 bean 实例名，property 属性指定要输出的属性名。

下面的动作指示容器打印 customer 的 email 和 phone 属性值。

```
<jsp:getProperty name = "customer" property = "email"/>
<jsp:getProperty name = "customer" property = "phone"/>
```

下面通过清单 3.16 说明这几个动作的使用。如果要在 JSP 页面中使用 JavaBean，可以通过 JSP 标准动作<jsp:useBean>创建类的一个实例，JavaBean 类的实例一般称为一个 **bean**。

input-customer.jsp 页面接收用户输入的信息，然后将控制转到 CustomerServlet，最后将请求转发到 display-customer.jsp 页面。

清单 3.16 input-customer.jsp

```
<%@ page contentType = "text/html;charset = UTF - 8" %>
<html>
<head><title>输入客户信息</title></head>
<body>
<h4>输入客户信息</h4>
<form action = "customer - servlet" method = "post">
 <table>
  <tr><td>客户名:</td><td><input type = "text" name = "name"></td></tr>
  <tr><td>邮箱地址:</td><td><input type = "text" name = "email"></td></tr>
  <tr><td>电话:</td><td><input type = "text" name = "phone"></td></tr>
  <tr><td><input type = "submit" value = "确定"></td>
      <td><input type = "reset" value = "重置"></td>
  </tr>
</table>
</form>
</body>
</html>
```

清单 3.17 给出了如何在 Servlet 代码中创建 JavaBean 类的实例，以及如何使用作用域对象共享它们，可以直接在 Servlet 中使用 JavaBean，并且可以在 JSP 页面和 Servlet 中共享 bean 实例。

清单 3.17 CustomerServlet.java

```
package com.boda.xy;

import jakarta.servlet.*;
import jakarta.servlet.http.*;
import jakarta.servlet.annotation.WebServlet;
import com.boda.domain.Customer;

@WebServlet(name = "customerServlet", value = {"/customer - servlet"})
public class CustomerServlet extends HttpServlet {
    public void doPost(HttpServletRequest request,
                 HttpServletResponse response)
            throws java.io.IOException, ServletException {
        String name = request.getParameter("name");
        String email = request.getParameter("email");
        String phone = request.getParameter("phone");
```

```
        Customer customer = new Customer(name, email, phone);

        HttpSession session = request.getSession();
        session.setAttribute("customer", customer);
        response.sendRedirect("display-customer.jsp");
    }
}
```

这个例子说明在 Servlet 中可以把 JavaBean 实例存储到作用域对象中。

清单 3.18 创建的页面在会话作用域内查找 customer 的一个实例，并用表格的形式打印出它的属性值。

清单 3.18　display-customer.jsp

```
<%@ page contentType="text/html;charset=UTF-8" language="java" %>
<jsp:useBean id="customer"
             class="com.boda.domain.Customer" scope="session"/>
<html>
<head><title>显示客户信息</title></head>
<body>
<h4>客户信息如下</h4>
<table border="1">
<tr>
    <td>客户名:</td>
    <td><jsp:getProperty name="customer" property="name"/></td>
</tr>
<tr>
    <td>邮箱地址:</td>
    <td><jsp:getProperty name="customer" property="email"/></td>
</tr>
<tr>
    <td>电话:</td>
    <td><jsp:getProperty name="customer" property="phone"/></td>
</tr>
</table>
</body></html>
```

该页面首先在会话作用域内查找名为 customer 的 bean 实例，如果找到，将输出 bean 实例的各属性值。

在 JSP 页面中使用 JavaBean，早期的方法是使用 3 个 JSP 标准动作实现的，它们分别是 <jsp:useBean>动作、<jsp:setProperty>动作和<jsp:getProperty>动作。在 JSP 2.0 中不推荐用这种方法使用 JavaBean，而是使用 EL 表达式访问 JavaBean 对象，例如：

```
${sessionScope.customer.email}
${sessionScope.customer.phone}
```

表达式语言将在第 4 章中详细讨论。

3.10　MVC 设计模式

Sun 公司在推出 JSP 技术以后提出了建立 Web 应用程序的两种体系结构方法，这两种方法分别称为模型 1 和模型 2，二者的差别在于处理请求的方式不同。

3.10.1　模型 1 介绍

在模型 1 体系结构中没有一个核心组件控制应用程序的工作流程，所有的业务处理都使用 JavaBean 实现。每个请求的目标都是 JSP 页面。JSP 页面负责完成请求需要的所有任务，其中包括验证用户、使用 JavaBean 访问数据库及管理用户状态等。最后,响应结果通过 JSP 页面发送给用户。

该结构具有严重的缺点。首先,它需要将实现业务逻辑的大量 Java 代码嵌入 JSP 页面中,这对不熟悉服务器端编程的 Web 页面设计人员不友好;其次,这种方法并不具有代码可重用性。例如,为一个 JSP 页面编写的用户验证代码无法在其他 JSP 页面中重用。

3.10.2 模型 2 介绍

模型 2 体系结构如图 3-4 所示,这种体系结构又称为 MVC(Model-View-Controller)设计模式。在这种结构中,将 Web 组件分为模型(Model)、视图(View)和控制器(Controller),每种组件完成各自的任务。在这种结构中,所有请求的目标都是 Servlet 或 Filter,它充当应用程序的控制器。Servlet 分析请求并将响应所需要的数据收集到 JavaBean 对象或 POJO 对象中,该对象作为应用程序的模型。数据可以从数据库中检索,也可以存储到数据库中。最后,Servlet 控制器将请求转发到 JSP 页面。这些页面使用存储在 JavaBean 中的数据产生响应。JSP 页面构成了应用程序的视图。

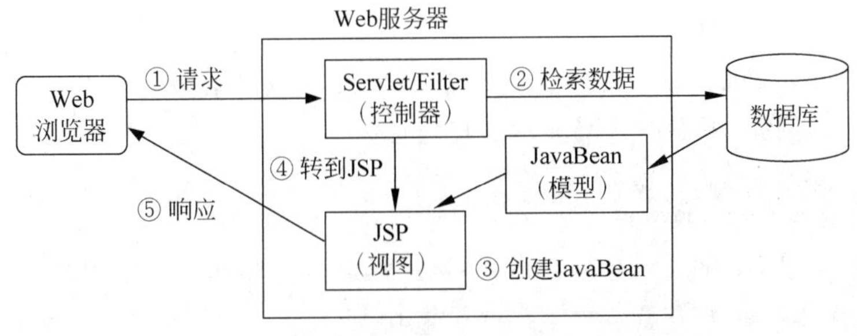

图 3-4 模型 2 体系结构

该模型的最大优点是将业务逻辑和数据访问从表示层分离出来。控制器提供了应用程序的单一入口点,提供了较清晰地实现安全性和状态管理的方法,并且这些组件可以根据需要实现重用。然后,根据客户的请求,控制器将请求转发给合适的表示组件,由该组件来响应客户。这使得 Web 页面开发人员可以只关注数据的表示,因为 JSP 页面不需要任何复杂的业务逻辑。

在 Web 应用系统开发中被广泛应用的 Spring MVC 框架就是基于模型 2 体系结构的。Spring MVC 对系统中各部分要完成的功能和职责有一个明确的划分,采用 Spring MVC 开发 Web 应用程序可以节省开发时间和费用,同时开发出来的系统易于维护。现在越来越多的 Web 应用系统开始采用 Spring MVC 框架开发。

3.10.3 实现 MVC 设计模式的一般步骤

使用 MVC 设计模式开发 Web 应用程序一般使用下面的步骤。

1. 定义 JavaBean 存储数据

在 Web 应用中通常使用 JavaBean 对象或实体类存放数据,在 JSP 页面作用域中取出数据,因此首先应该根据应用处理的实体设计合适的 JavaBean。例如,在订单应用中可能需要设计 Product、Customer、Orders、OrderItem 等 JavaBean 类。

2. 使用 Servlet 处理请求

在 MVC 模式中,使用 Servlet 或 Filter 充当控制器,从请求中读取请求信息(如表单数据)、创建 JavaBean 对象、执行业务逻辑,最后将请求转发到视图组件(JSP 页面)。Servlet 通常并不直接向客户输出数据。在控制器创建 JavaBean 对象后需要填写该对象的值，可以通过请求参数值或访问数据库得到有关数据。

3. 将结果存储到作用域中

在创建了与请求相关的数据并将数据存储到 JavaBean 对象中以后，接下来应该将这些对象存储到 JSP 页面能够访问的地方。在 Web 中主要可以在 3 个位置存储 JSP 页面所需的数据，它们是 HttpServletRequest 对象、HttpSession 对象和 ServletContext 对象。下面的代码创建 Customer 类对象并将其存储到会话作用域中。

```
Customer customer = new Customer(name,email,phone);
HttpSession session = request.getSession();
session.setAttribute("customer",customer);
```

4. 转发请求到 JSP 页面

在使用请求作用域共享数据时，应该使用 RequestDispatcher 对象的 forward()方法将请求转发到 JSP 页面。在使用 ServletContext 对象或请求对象的 getRequestDispatcher()方法获得 RequestDispatcher 对象以后，调用它的 forward()方法将控制转发到指定的组件。

在使用会话作用域共享数据时，使用响应对象的 sendRedirect()方法重定向可能更合适。

5. 从模型中提取数据

当请求到达 JSP 页面以后，使用表达式语言和 JSTL 标准标签库等从模型中取出数据，在 JSP 页面中显示。例如，下面的代码显示客户信息。

```
客户名：${customer.name}<br>
客户地址：${customer.address}
```

提示：建议使用 EL 和 JSTL 输出数据，不建议使用<jsp:getProperty>输出模型数据，因为 EL 更简单、方便。第 4 章学习表达式语言和 JSTL。

本章小结

本章讨论了在 JSP 页面中使用指令、声明、小脚本、表达式、动作及注释等语法元素。JSP 页面在其生命周期中要经历 7 个阶段，前 4 个阶段是页面转换阶段、编译阶段、加载和实例化阶段，后 3 个阶段是初始化阶段、提供服务阶段和销毁阶段。

在 JSP 页面中可以使用的指令有 3 种，即 page 指令、include 指令和 taglib 指令。在 Java Web 开发中可以有多种方式重用 Web 组件。在 JSP 页面中包含组件的内容或输出实现 Web 组件的重用有两种方式，即使用 include 指令的静态包含和使用<jsp:include>动作的动态包含。

JavaBean 是遵循一定规范的 Java 类，它在 JSP 页面中主要用来表示数据。MVC 设计模式是 Web 应用开发中最常使用的设计模式，它将系统中的组件分为模型、视图和控制器，实现了业务逻辑和表示逻辑的分离。

练习与实践

习题

自测题

第4章

EL与JSTL

表达式语言(EL)是一种可以在 JSP 页面中使用的数据访问语言。在 JSP 页面中使用标签不仅可以实现代码重用,而且可以使 JSP 代码更简洁。在 JSP 页面中不仅可以使用 JSP 标准标签(如<jsp:include>),还可以使用 JSTL 和自定义标签。

本章主要介绍如何在 JSP 页面中使用表达式语言,包括 EL 的各种运算符的使用、在 EL 中访问作用域变量的方法和隐含对象的使用等。本章还将介绍 JSTL 的核心标签库的使用。

本章内容要点

- 理解表达式语言。
- 使用 EL 访问数据。
- EL 隐含变量。
- EL 运算符。
- JSTL。

4.1 理解表达式语言

表达式语言(Expression Language,EL)并不是一种通用的编程语言,而是一种数据访问语言。EL 可以使动态网页的设计、开发和维护更加容易,网页开发人员不必懂 Java 编程语言也可以编写 JSP 网页。

作为一种数据访问语言,EL 有自己的运算符、语法和保留字。JSP 开发人员的工作是创建 EL 表达式并将其添加到 JSP 的响应中。

4.1.1 表达式语言的语法

在 3.1.2 节曾提到表达式语言,在 JSP 页面中,表达式语言的使用形式如下。

```
${expression}
```

表达式语言以美元符号"$"开头,后面是一对大括号,括号里面是合法的 EL 表达式。该结构可以出现在 JSP 页面的模板文本中,也可以出现在 JSP 标签的属性值中,只要属性允许常规的 JSP 表达式即可。

例如,下面是在 JSP 的模板文本中使用 EL 表达式,这里 customer 是一个作用域对象。

```
<ul>
```

```
    <li>客户名: ${customer.name}
    <li>邮箱地址: ${customer.email}
</ul>
```

下面是在JSP标准动作的属性中使用EL表达式。

```
<jsp:include page="${expression1}"/>
<c:out value="${expression2}"/>
```

4.1.2 表达式语言的功能

表达式语言可以简化页面的表示逻辑，它的主要功能如下。

(1) 对作用域变量的方便访问。作用域变量是使用setAttribute()存储在PageContext、HttpServletRequest、HttpSession或ServletContext作用域中的对象，可以简单地使用下面的EL表达式访问。

```
${username}
```

(2) 对JavaBean对象访问的简单表示。在JSP页面中访问一个JavaBean对象customer的name属性，需要使用下面的语法。

```
<jsp:getProperty name="customer" property="name">
```

如果使用EL表达式，可以用下面的形式。

```
${customer.name}
```

(3) 对集合元素的简单访问。集合对象包括数组对象、List对象、Map对象等，对这些对象的元素的访问可以使用下面的简单形式。

```
${variable[indexOrKey]}
```

(4) 对请求参数、Cookie和其他请求数据的简单访问。如果要访问Accept请求头，可以使用header隐含变量。

```
${header.Accept}或${header["Accept"]}
```

(5) 提供了一组简单的运算符。表达式语言提供了一组简单、有效的运算符，通过这些运算符可以完成算术、关系、逻辑、条件或空值检查运算。

(6) 访问Java的静态方法和静态字段。在EL中不能定义和使用变量，也不能调用对象的方法，但可以访问Java定义的静态方法和静态字段。

多学一招

在JSP的早期版本中，可以在JSP页面中使用脚本元素(JSP声明、JSP小脚本和JSP表达式)实现某种业务逻辑，从JSP 2.0开始，由于提供了EL、JSTL功能，不再需要小脚本，这样的JSP页面称为**无脚本页面**。在编写JSP页面时建议编写无脚本页面。

4.1.3 属性访问运算符和集合元素访问运算符

属性访问运算符用来访问对象的成员，集合元素访问运算符用来检索Map、List或数组对象的元素。这些运算符在处理隐含变量时特别有用。在EL中该类运算符有点号(.)运算符和方括号([])运算符两个。

1. 点号(.)运算符

点号运算符用来访问bean对象的属性值或Map对象的一个键的值。例如，param是EL

的一个隐含对象，它是一个 Map 对象，下面的代码返回 param 对象 username 请求参数的值。

```
${param.username}
```

再如，假设 customer 是 Customer 类的一个实例，下面的代码访问该实例的 name 属性值。

```
${customer.name}
```

2. 方括号([])运算符

方括号运算符除了可以访问 Map 对象的键值和 bean 的属性值，还可以访问 List 对象和数组对象的元素。例如：

```
${param["username"]}或${param['username']}
${customer["name"]}或${customer['name']}
```

4.2 使用 EL 访问数据

使用 EL 可以很方便地访问作用域变量、JavaBean 的属性和集合的元素值。此外，EL 还提供了隐含变量。

4.2.1 访问作用域变量

在 JSP 页面中使用 EL 表达式可以访问作用域变量，一般方法是在 Servlet 中使用 setAttribute()将一个变量存储到某个作用域对象上，如 HttpServletRequest、HttpSession、ServletContext 等，然后使用 RequestDispatcher 对象的 forward()将请求转发到 JSP 页面，在 JSP 页面中调用隐含变量的 getAttribute()返回作用域变量的值。

使用 EL 可以更方便地访问这些作用域变量。如果要输出作用域变量 variable_name 的值，只需要在 EL 中使用变量名即可，例如：

```
${variable_name}
```

对于该表达式，容器将依次在页面作用域、请求作用域、会话作用域和应用作用域中查找名为 variable_name 的属性。如果找到该属性，则调用它的 toString()并返回属性值；如果没有找到，则返回空字符串(不是 null)。

下面通过一个例子说明如何访问作用域变量，见清单 4.1 和清单 4.2。

清单 4.1 VariableServlet.java

```
package com.boda.xy;

import java.io.*;
import jakarta.servlet.*;
import jakarta.servlet.http.*;
import jakarta.servlet.annotation.WebServlet;
import java.time.LocalDate;

@WebServlet(name = "variableServlet", value = "/variable-servlet")
public class VariableServlet extends HttpServlet {
   public void doGet(HttpServletRequest request,
                     HttpServletResponse response)
                throws ServletException, IOException {
      HttpSession session = request.getSession();
      ServletContext context = getServletContext();
```

```
        request.setAttribute("attrib1",Integer.valueOf(250));
        session.setAttribute("attrib2","Java World!");
        context.setAttribute("attrib3",LocalDate.now());

        request.setAttribute("attrib4","请求作用域");
        session.setAttribute("attrib4","会话作用域");
        context.setAttribute("attrib4","应用作用域");
         //将请求转发给 JSP 页面
        RequestDispatcher rd =
                request.getRequestDispatcher("/variables.jsp");
        rd.forward(request,response);
    }
}
```

该程序首先创建了会话对象 session 和应用对象 context，然后分别在请求作用域、会话作用域和应用作用域对象上存储整数、字符串和日期对象，又将一个 String 对象（名称都是 attrib4）分别存储在这 3 个作用域中，最后 Servlet 将请求转发给 variables.jsp 页面，在 JSP 页面中使用 EL 访问这些作用域变量。

清单 4.2 variables.jsp

```
<%@ page contentType="text/html;charset=UTF-8" %>
<html>
<head><title>访问作用域变量</title></head>
<body>
  <h3>访问作用域变量</h3>
  <ul>
    <li>属性 1: ${attrib1}
    <li>属性 2: ${attrib2}
    <li>属性 3: ${attrib3}
    <li>属性 4: ${attrib4}
  </ul>
</body></html>
```

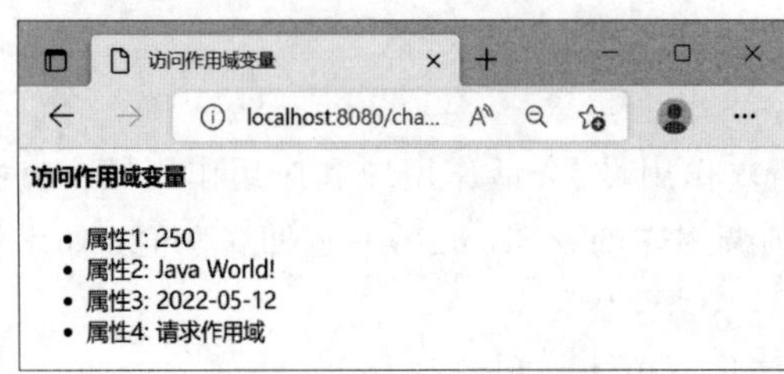

图 4-1 请求 VariableServlet 的输出结果

程序运行结果如图 4-1 所示。

从结果可以看到，如果在不同的作用域对象上存储了同名的变量（如 attrib4），将输出最先找到的变量。如果需要明确指定访问哪个作用域中的变量，可以使用 EL 隐含变量，如 ${sessionScope.attrib4} 可以输出存储在会话作用域中的 attrib4 属性。

4.2.2 访问 JavaBean 属性

假设有一个名为 customer（见清单 3.18）的 JavaBean，它有一个名为 name 的属性。在 JSP 页面中如果使用表达式语言，就可以通过点号表示法很方便地访问 JavaBean 的属性。

```
${customer.name}
```

使用表达式语言，如果没有找到指定的属性，不会抛出异常，而是返回空字符串。

使用表达式语言还允许访问嵌套属性。例如，如果 Customer 类有一个 address 属性，它的类型为 Address，而 Address 又有 zipcode 属性，则可以使用下面的形式访问 zipcode 属性。

```
${customer.address.zipcode}
```

下面通过一个示例说明对 JavaBean 属性的访问。在该例中有两个 JavaBean，其中

Address 类定义了 3 个字符串型属性 city、street 和 zipcode。Customer(见清单 4.4)在前面类的基础上增加了一个 Address 类型的属性 address 表示地址。

在 CustomerServlet.java 程序中创建了一个 Customer 对象并将其设置为请求作用域的一个属性,然后将请求转发到 JSP 页面,在 JSP 页面中使用如下 EL 访问客户地址的 3 个属性。

```
<li>城市: ${customer.address.city}
<li>街道: ${customer.address.street}
<li>邮编: ${customer.address.zipcode}
```

这些 JavaBean、Servlet 及 JSP 页面的代码见清单 4.3～清单 4.6。

清单 4.3　Address.java

```
package com.boda.domain;

import lombok.AllArgsConstructor;
import lombok.Data;
import lombok.NoArgsConstructor;

@Data
@NoArgsConstructor
@AllArgsConstructor
public class Address implements java.io.Serializable {
   private String city;
   private String street;
   private String zipcode;
}
```

清单 4.4　Customer.java

```
package com.boda.domain;

import lombok.AllArgsConstructor;
import lombok.Data;
import lombok.NoArgsConstructor;

@Data
@NoArgsConstructor
@AllArgsConstructor
public class Customer implements java.io.Serializable{
   private String name;
   private String email;
   private String phone;
   private Address address;
}
```

清单 4.5　CustomerServlet.java

```
package com.boda.xy;

import java.io.*;
import jakarta.servlet.*;
import jakarta.servlet.http.*;
import com.model.Address;
import com.model.Customer;
import jakarta.servlet.annotation.WebServlet;

@WebServlet(name = "customerServlet", value = "/customer-servlet")
public class CustomerServlet extends HttpServlet{
   public void doGet(HttpServletRequest request,
```

```
                HttpServletResponse response)
            throws ServletException,IOException{
        Address address = new Address("上海市",
                          "科技路 25 号","201600");
        Customer customer = new Customer("张大海",
          "hacker@163.com","8899123",address);
        request.setAttribute("customer",customer);
        RequestDispatcher rd =
                request.getRequestDispatcher("/customer-demo.jsp");
        rd.forward(request, response);
    }
}
```

清单 4.6 customer-demo.jsp

```
<%@ page contentType="text/html;charset=UTF-8" %>
<html>
<head><title>访问 JavaBean 的属性</title></head>
<body>
<h4>使用 EL 访问 JavaBean 的属性</h4>
<ul>
   <li>客户名: ${customer.name}
   <li>邮箱: ${customer.email}
   <li>电话: ${customer.phone}
   <li>客户地址:
   <ul>
     <li>城市: ${customer.address.city}
     <li>街道: ${customer.address.street}
     <li>邮编: ${customer.address.zipcode}
  </ul>
</ul>
</body></html>
```

程序的运行结果如图 4-2 所示。

图 4-2 请求 CustomerServlet 的输出结果

4.2.3 访问集合元素

在 EL 中可以访问各种集合对象的元素，集合对象可以是数组对象、List 对象或 Map 对象，这需要使用方括号([])运算符。例如，假设有一个上述类型的对象 attributeName，可以使用下面的形式访问其元素。

```
${attributeName[entryName]}
```

(1) 如果 attributeName 对象是数组，则 entryName 为下标。上述表达式返回指定下标的元素值。假设在 Servlet 中包含下列代码：

```
String[] fruit = {"apple","orange","banana"};
```

```
request.setAttribute("myFruit",fruit);
```

在 JSP 页面中就可以使用下面的 EL 访问下标是 2 的数组元素。

```
我最喜欢的水果是：${myFruit[2]}
我最喜欢的水果是：${myFruit["2"]}
```

(2) 如果 attributeName 对象是实现了 List 接口的对象，则 entryName 为索引。假设在 Servlet 中包含下列代码：

```
ArrayList<String> fruit = new ArrayList<String>();
fruit.add("apple");
fruit.add("orange");
fruit.add("banana");
request.setAttribute("myFruit",fruit);
```

在 JSP 页面中就可以使用下面的 EL 访问下标是 2 的列表元素。

```
我最喜欢的水果是：${myFruit[2]}
```

(3) 如果 attributeName 对象是实现了 Map 接口的对象，则 entryName 为键，相应的值通过 Map 对象的 get(key)获得。假设在 Servlet 中包含下列代码：

```
Map<String,String> capital = new HashMap<String,String>();
capital.put("England","伦敦");
capital.put("China","北京");
capital.put("Russia","莫斯科");
request.setAttribute("capital",capital);
```

在 JSP 页面中就可以使用下面的 EL 访问指定键的值。

```
中国的首都是：${capital["China"]}
俄罗斯的首都是：${capital.Russia}
```

清单 4.7 说明了集合对象元素的访问。

清单 4.7 CollectServlet.java

```
package com.boda.xy;

import java.util.*;
import java.io.*;
import jakarta.servlet.*;
import jakarta.servlet.http.*;
import jakarta.servlet.annotation.WebServlet;

@WebServlet(name = "collectServlet",value = "/collect-servlet")
public class CollectServlet extends HttpServlet{
   public void doGet(HttpServletRequest request,
                HttpServletResponse response)
              throws ServletException,IOException{
      response.setContentType("text/html;charset=UTF-8");
      ArrayList<String> country = new ArrayList<String>();
      country.add("China");
      country.add("England");
      country.add("Russia");

      HashMap<String,String> capital  =  new HashMap<String,String>();
      capital.put("China","北京");
      capital.put("England","伦敦");
      capital.put("Russia","莫斯科");
      request.setAttribute("country",country);
      request.setAttribute("capital",capital);
      RequestDispatcher rd =
```

```
            request.getRequestDispatcher("/collections.jsp");
        rd.forward(request,response);
    }
}
```

清单 4.8 创建的 JSP 页面访问 Servlet 传递过来的集合对象的元素。

清单 4.8　collections.jsp

```
<%@ page contentType="text/html;charset=UTF-8" %>
<html>
<head><title>访问集合元素</title>
</head>
<body>
<p>访问集合元素</p>
<ul>
  <li> ${country[0]}的首都是：${capital["China"]}
  <li> ${country[1]}的首都是：${capital["England"]}
  <li> ${country[2]}的首都是：${capital.Russia}
</ul>
</body>
</html>
```

访问 CollectServlet 的输出结果如图 4-3 所示。

图 4-3　在 EL 中访问集合对象

4.2.4　访问静态方法和静态字段

使用 EL 可以访问任何 Java 类的静态方法和静态字段，但是必须先使用 page 指令的 import 属性导入有关的类或包，使用 java.lang 包中的类例外，因为该包中的类是自动导入的。

例如，以下 page 指令导入 java.time 包。

```
<%@ page import="java.time.*" %>
```

用户也可以具体指定导入单个的类，下面的代码使用 EL 调用 LocalDate 类的 now()方法返回当前日期。

```
<%@ page import="java.time.LocalDate" %>
今天的日期是：${LocalDate.now()} <br>
&pi; = ${Math.PI}
```

使用 EL 也可以调用用户所定义类中的静态方法和静态字段。

4.3　EL 隐含变量

在 JSP 页面的脚本中可以访问 JSP 隐含对象，如 request、session、application 等。在 EL 表达式中定义了一套隐含变量，使用 EL 可以直接访问这些隐含变量。表 4-1 给出了 EL 中可以使用的隐含变量及其说明。

表 4-1　EL 中可以使用的隐含变量及其说明

变　量　名	说　　明
pageContext	包含 JSP 常规隐含对象的 PageContext 类型对象
param	包含请求参数字符串的 Map 对象
paramValues	包含请求参数字符串数组的 Map 对象
header	包含请求头字符串的 Map 对象
headerValues	包含请求头字符串数组的 Map 对象
initParam	包含 Servlet 上下文参数的参数名和参数值的 Map 对象
cookie	匹配 Cookie 域和单个对象的 Map 对象
pageScope	包含 page 作用域属性的 Map 对象
requestScope	包含 request 作用域属性的 Map 对象
sessionScope	包含 session 作用域属性的 Map 对象
applicationScope	包含 application 作用域属性的 Map 对象

4.3.1　pageContext 变量

pageContext 是 PageContext 类型的变量。通过 pageContext 变量可以获取 request、response、session、out、application 等 JSP 隐含对象，访问这些 JSP 隐含对象的属性。JSP 隐含对象如表 4-2 所示。

表 4-2　JSP 隐含对象

JSP 隐含对象名	EL 中的类型
request	jakarta.servlet.http.HttpServletRequest
response	jakarta.servlet.http.HttpServletResponse
out	jakarta.servlet.jsp.JspWriter
session	jakarta.servlet.http.HttpSession
application	jakarta.servlet.ServletContext
config	jakarta.servlet.ServletConfig
pageContext	jakarta.servlet.jsp.PageContext
page	jakarta.servlet.jsp.HttpJspPage
exception	java.lang.Throwable

通过这些 JSP 隐含对象的属性可以访问有关信息。下面是一些例子。

```
${pageContext.request.method}              //获得 HTTP 请求的方法,如 GET 或 POST
${pageContext.request.queryString}         //获得请求的查询串
${pageContext.request.requestURL}          //获得请求的 URL
${pageContext.request.contextPath}         //获得请求的上下文路径
${pageContext.session.id}                  //获得会话的 ID
${pageContext.session.new}                 //判断会话对象是否为新建的
${pageContext.servletContext.serverInfo}   //获得服务器的信息
```

上述 EL 是通过成员访问运算符访问对象的属性。在 EL 中也可以调用隐含对象属性的方法，下面的用法是正确的。

```
${pageContext.request.getMethod()}
```

另外，可以使用下面的 JSP 脚本表达式访问 JSP 隐含表达式。

```
<% = request.getMethod() %>
```

4.3.2 pageScope、requestScope、sessionScope 和 applicationScope 变量

pageScope、requestScope、sessionScope 和 applicationScope 这几个变量很容易理解，它们用来访问不同作用域的属性。其中，applicationScope 用于获取应用作用域的变量值；sessionScope 用于获取会话作用域的变量值；requestScope 用于获取请求作用域的变量值；pageScope 用于获取页面作用域的变量值。例如，下面的代码在会话作用域中添加一个表示商品价格的 totalPrice 属性，然后使用 EL 访问该属性值。

```
session.setAttribute("totalPrice",1000);
```

在 JSP 页面中使用 sessionScope 变量访问。

```
${sessionScope.totalPrice}
```

另外，也可以不通过上述几个变量获取作用域变量，而是直接使用变量名访问。例如，以下表达式将返回作用域变量 totalPrice 的值。

```
${totalPrice}
```

在这种情况下，容器将从 PageContext、ServletRequest、HttpSession 或 ServletContext 中依次查找名为 totalPrice 的作用域变量，找到后返回它的值，如果找不到，返回空字符串。

4.3.3 initParam 变量

initParam 变量存储了 Servlet 上下文的参数名和参数值。例如，假设在 web.xml 中定义了如下初始化参数。

```
<context-param>
    <param-name>company-name</param-name>
    <param-value>贝斯特软件公司</param-value>
</context-param>
```

则可以使用下面的 EL 表达式得到参数 company-name 的值。

```
${initParam["company-name"]}
```

4.3.4 param 和 paramValues 变量

param 和 paramValues 变量用来从请求对象中检索请求参数值。param 变量是调用给定参数名的 getParameter(String name)的结果，使用 EL 表示如下。

```
${param.name}
```

类似地，paramValues 是使用 getParameterValues(String name)返回给定名称的参数值的数组。如果要访问参数值数组的第一个元素，可以使用下面的代码。

```
${paramValues.name[0]}
```

上述代码也可以用下面两种形式表示。

```
${paramValues.name["0"]}
${paramValues.name['0']}
```

因为数组元素是按整数下标访问的，所以必须使用“[]”运算符访问数组元素。下面两个表达式都会产生编译错误。

```
${paramValues.name.0}
${paramValues.name."0"}
```

注意：EL在处理属性和集合的访问时与传统的Java语法并不完全一样。

4.3.5 header和headerValues变量

header和headerValues变量是从HTTP请求头中检索值，它们的运行机制与param和paramValues类似。下面的代码使用EL显示了请求头host的值。

```
${header.host}或${header["host"]}
```

类似地，headerValues.host是一个数组，它的第一个元素可以使用下列表达式之一显示。

```
${headerValues.host[0]}
${headerValues.host["0"]}
${headerValues.host['0']}
```

4.3.6 cookie变量

使用cookie变量可以得到客户向服务器返回的Cookie数组，即调用request对象的getCookies()的返回结果。如果要访问cookie的值，则需要使用Cookie类的value属性。下面一行可以输出名为username的cookie的值。如果没有找到这个cookie对象，则输出空字符串。

```
${cookie.username.value}
```

使用cookie变量还可以访问会话Cookie的ID值，例如：

```
${cookie.JSESSIONID.value}
```

下面创建一个JavaBean对象并存储在会话作用域中，另外创建一个cookie对象并发送到客户端，在JSP页面中演示EL隐含变量的使用，代码见清单4.9和清单4.10。

清单4.9 ImplicitServlet.java

```
package com.boda.xy;

import java.util.*;
import java.io.*;
import jakarta.servlet.*;
import jakarta.servlet.http.*;
import jakarta.servlet.annotation.WebServlet;
import com.model.*;

@WebServlet(name = "implicitServlet", value = "/implicit-servlet")
public class ImplicitServlet extends HttpServlet{
   public void doGet(HttpServletRequest request,
                HttpServletResponse response)
              throws ServletException, IOException{
      response.setContentType("text/html;charset = UTF-8");

      Address address = new Address("上海市","科技路25号","201600");
      Customer customer = new Customer("张大海",
        "hacker@163.com","8899123",address);
      HttpSession session = request.getSession(true);
      session.setAttribute("customer",customer);
      Cookie cookie = new Cookie("username","张大海");
      response.addCookie(cookie);

      RequestDispatcher rd =
           request.getRequestDispatcher("/implicit-demo.jsp");
```

```
        rd.forward(request,response);
    }
}
```

清单 4.10　implicit-demo.jsp

```
<%@ page contentType="text/html;charset=UTF-8" %>
<%@ page import="com.model.*" %>
<html>
<head><title>EL隐含变量的使用</title>
</head>
<body>
<h5>EL隐含变量的使用</h5>
<table border="1">
    <tr><td>EL表达式</td><td>值</td></tr>
    <tr><td>\${pageContext.request.method}</td>
         <td>${pageContext.request.method}</td>
    </tr>
    <tr><td>\${param.username}</td><td>${param.username}</td>
    </tr>
    <tr><td>\${header.host}</td><td>${header.host}</td>
    </tr>
    <tr><td>\${cookie.username.value}</td>
        <td>${cookie.username.value}</td>
    </tr>
    <tr><td>\${initParam.email}</td><td>${initParam.email}</td>
    </tr>
    <tr><td>\${sessionScope.customer.address.street}</td>
        <td>${sessionScope.customer.address.street}</td>
    </tr>
</table>
</body></html>
```

使用下面的 URL 访问该页面。

```
http://localhost:8080/chapter04/implicit-demo?username=Smith
```

implicit-demo.jsp 页面的运行结果如图 4-4 所示。

EL表达式	值
${pageContext.request.method}	GET
${param.username}	Smith
${header.host}	localhost:8080
${cookie.username.value}	张大海
${initParam.email}	
${sessionScope.customer.address.street}	科技路25号

图 4-4　implicit-demo.jsp 页面的运行结果

扫一扫

视频讲解

4.4　EL 运算符

EL 作为一种简单的数据访问语言，提供了一套运算符。EL 的运算符包括算术运算符、关系运算符、逻辑运算符、条件运算符、empty 运算符、属性访问运算符和集合元素访问运算符。这些运算符与 Java 语言中使用的运算符类似，但在某些细节上仍有不同。

4.4.1 算术运算符

在 EL 中允许使用数据类型与 java.math 包中提供的数据类型类似的数值。特别地，对于定点数，可以使用 Integer 和 BigInteger 类型的值；对于浮点数，可以使用 Double 和 BigDecimal 类型的值。表 4-3 给出了在这些类型上的算术运算符。

表 4-3 EL 算术运算符

算术运算符	说　明	示　例	结　果
+	加	${6.80+-12}	-5.2
-	减	${15-5}	10
*	乘	${2 * 3.14159}	6.28318
/或 div	除	${25 div 4}或${25/4}	6.25
%或 mod	取余	${24 mod 5}或${24 % 5}	4

在 EL 表达式中还可以使用“e”在浮点数中表示幂运算。例如，${2.5e4/1000}的结果为 25；${3e4+1}的结果为 30001.0。

这些操作在执行时调用类中的方法，但是要注意操作结果的数据类型。例如，定点数和浮点数的运算结果总是浮点数值。类似地，低精度的值与高精度的值进行运算，如一个 Integer 的值与一个 BigInteger 的值相加，总是得到一个高精度的值。

与数值一样，在 String 对象上也可以使用算术运算符，只要 String 对象能够转换为数值即可。例如，表达式${"16" * 4}的结果为 64，字符串"16"被转换成整数 16。

4.4.2 关系运算符与逻辑运算符

EL 的关系运算符与一般的 Java 代码的关系运算符类似，如表 4-4 所示。

表 4-4 EL 关系运算符

关系运算符	说　明	示　例	结　果
==或 eq	相等	${3==5}或${3 eq 5}	false
!=或 ne	不相等	${3!=5}或${3 ne 5}	true
<或 lt	小于	${3 < 5}或${3 lt 5}	true
>或 gt	大于	${3 > 5}或${3 gt 5}	false
<=或 le	小于或等于	${3 <=5}或${3 le 5}	true
>=或 ge	大于或等于	${3 >=5}或${3 ge 5}	false

关系表达式产生的 boolean 型的值可以使用 EL 的逻辑运算符进行运算，这些运算符如表 4-5 所示。

表 4-5 EL 逻辑运算符

逻辑运算符	说　明	示　例	结　果
&& 或 and	逻辑与	${(9.2 >=4)&&(1e2 <=63)}	false
‖ 或 or	逻辑或	${(9.2 >=4)‖(1e2 <=63)}	true
! 或 not	逻辑非	${not 4 >=9.2)}	true

在 EL 中不允许使用 Java 的流程控制语句，如 if、for、while 等语句，因此使用 EL 逻辑表达式直接显示表达式结果的 boolean 值。

4.4.3 条件运算符

EL 的条件运算符的语法如下。

```
expression?expression1:expression2
```

表达式的值基于 expression 的值，它是一个 boolean 表达式。如果 expression 的值为 true，返回 expression1 的结果；如果 expression 的值为 false，返回 expression2 的结果。例如：

${(5 * 5)==25?1:0}的结果为 1；

${(3 gt 2)&&!(12 gt 6)?"Right":"Wrong"}的结果为 Wrong；

${("14" eq 14.0)&&(14 le 16)?"Yes":"No"}的结果为 Yes；

${(4.0 ne 4)||(100 <=10)?1:0}的结果为 0。

4.4.4 empty 运算符

empty 运算符的使用格式如下。

```
${empty expression}
```

它判断 expression 的值是否为 null、空字符串、空数组、空 Map 或空集合，若是，返回 true，否则返回 false。

清单 4.11 使用表格的形式输出了使用各种运算符的 EL 表达式的值。

清单 4.11 operator-demo.jsp

```
<%@ page contentType="text/html;charset=UTF-8" %>
<!DOCTYPE html>
<html><head>
    <title>表达式语言示例</title>
    <style type="text/css">
        td,th {
            border:1px solid blue;
            text-align:center;
        }
    </style>
</head>
<body>
<p>JSP EL 运算符</p>
<table border="1">
    <tr><th>EL 表达式</th><th>值</th></tr>
    <tr><td>\${2+5}</td><td>${2+5}</td></tr>
    <tr><td>\${10/3}</td><td>${10/3}</td></tr>
    <tr><td>\${5 mod 7}</td><td>${5 mod 7}</td></tr>
    <tr><td>\${2 gt 3}</td><td>${2 gt 3}</td></tr>
    <tr><td>\${3.1 le 3.2}</td><td>${3.1 le 3.2}</td></tr>
    <tr><td>\${(5>3)?5:3}</td><td>${(5>3)?5:3}</td></tr>
    <tr><td>\${empty null}</td><td>${empty null}</td></tr>
    <tr><td>\${empty param}</td><td>${empty param}</td></tr>
</table>
</body></html>
```

operator-demo.jsp 页面的运行结果如图 4-5 所示。

为了在 JSP 页面中输出文本 ${2+5}，需要在"$"符号前使用转义字符"\"，否则将输出 EL 表达式的值。

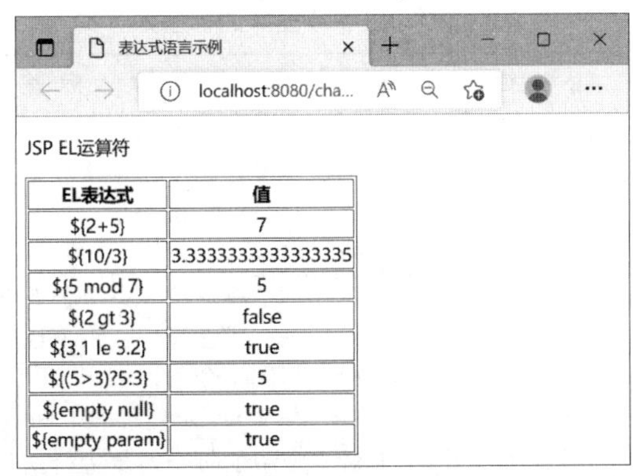

表达式语言示例
localhost:8080/cha...
JSP EL运算符
EL表达式
值
${2+5}
7
${10/3}
3.3333333333333335
${5 mod 7}
5
${2 gt 3}
false
${3.1 le 3.2}
true
${(5>3)?5:3}
5
${empty null}
true
${empty param}
true

图 4-5　operator-demo.jsp 页面的运行结果

4.5　JSTL

使用自定义标签，程序员可能会对标签重复定义，因此从 JSP 2.0 开始，JSP 规范将标准标签库作为标准支持，它可以简化 JSP 页面和 Web 应用程序的开发。

4.5.1　JSTL 概述

在使用 JSTL 之前，首先应该获得 JSTL 包，并安装到 Web 应用程序中。本书使用 Maven 管理项目，因此需要将 JSTL 包下载到本地存储库，并需要在 pom.xml 文件中添加下面的依赖。

```
<dependency>
    <groupId>org.glassfish.web</groupId>
    <artifactId>jakarta.servlet.jsp.jstl</artifactId>
    <version>2.0.0</version>
</dependency>
```

JSTL 共提供了 5 个库，这些库分别提供了一组实现特定功能的标签。

- 核心标签库：包括通用处理的标签。
- XML 标签库：包括解析、查询和转换 XML 数据的标签。
- 国际化和格式化库：包括国际化和格式化的标签。
- SQL 标签库：包括访问关系数据库的标签。
- 函数库：包括处理 String 和集合的函数。

表 4-6 给出了 JSTL 库使用的 URI 和前缀。

表 4-6　JSTL 库使用的 URI 和前缀

库　名　称	使用的 URI	前　　缀
核心标签库	http://java.sun.com/jsp/jstl/core	c
XML 标签库	http://java.sun.com/jsp/jstl/xml	x
国际化和格式化库	http://java.sun.com/jsp/jstl/fmt	fmt
SQL 标签库	http://java.sun.com/jsp/jstl/sql	sql
函数库	http://java.sun.com/jsp/jstl/functions	fn

本节主要介绍核心(core)标签库，该库的标签可以分成 4 类，如表 4-7 所示。

表 4-7　JSTL 核心标签库的标签的分类

JSTL 标签类别	JSTL 标签	标 签 说 明
通用目的标签	<c:out> <c:set> <c:remove> <c:catch>	在页面中显示内容 定义或设置一个作用域变量值 清除一个作用域变量 捕获异常
条件控制标签	<c:if> <c:choose> <c:when> <c:otherwise>	根据一个属性等于一个值改变处理 根据一个属性等于一组值改变处理 用来测试一个条件 当所有 when 条件都为 false 时执行该标签内的内容
循环控制标签	<c:forEach> <c:forTokens>	对集合中的每个对象进行迭代处理 对给定字符串中的每个子串执行处理
与 URL 相关的标签	<c:url> <c:import> <c:redirect> <c:param>	重写 URL 并对它们的参数进行编码 访问 Web 应用程序外部的内容 告诉客户浏览器访问另一个 URL 用来传递参数

在 JSP 页面中使用 JSTL 必须使用 taglib 指令引用标签库，例如要使用核心标签库，必须使用下面的 taglib 指令引用。

```
<%@ taglib prefix="c" uri="http://java.sun.com/jsp/jstl/core" %>
```

4.5.2　通用目的标签

通用目的标签包括<c:out>、<c:set>、<c:remove>和<c:catch>4 个标签。

1. <c:out>标签

<c:out>标签的功能与 JSP 中的脚本表达式(用<%=和%>表示的)相同，用于向页面输出值，它有以下两种语法格式。

【格式 1】 不带标签体的情况

```
<c:out value="value" [escapeXml="{true|false}"]
        default="默认值"/>
```

【格式 2】 带标签体的情况

```
<c:out value="value" [escapeXml="{true|false}"]>
      默认值
</c:out>
```

该标签需要一个 value 属性，其功能是向 JSP 页面中输出 value 的值。default 表示如果 value 的值为 null 或不存在，输出该默认值。如果 escapeXml 的值为 true(默认值)，表示将 value 属性值中包含的<、>、'、"或 & 等特殊字符转换为相应的实体引用(或字符编码)，如小于号(<)将转换为 <，大于号(>)将转换为 >。如果 escapeXml 的值为 false 将不转换。在格式 2 中默认值是在标签体中给出的。

在 value 属性的值中可以使用 EL 表达式，例如：

```
<c:out value="${pageContext.request.remoteAddr}"/>
<c:out value="${number}"/>
```

上述代码分别输出客户地址和 number 变量的值。

从<c:out>标签的功能可以看到，它可以替换 JSP 的脚本表达式。另外，如果<c:out>标签的 value 属性值使用 EL 表达式，可以直接使用 EL 表达式输出。

2. <c:set>标签

尽管 EL 可以用很多方式管理变量,但不能定义作用域变量和从作用域中删除变量。使用<c:set>和<c:remove>标签能完成这些操作而不必使用 JSP 脚本。

使用<c:set>标签可以实现下面的功能。

(1) 定义一个字符串类型的作用域变量,并通过变量名引用它。

(2) 通过变量名引用一个现有的作用域变量。

(3) 重新设置作用域变量的属性值。

该标签有下面 4 种语法格式。

【格式 1】 不带标签体的情况

```
<c:set var = "varName" value = "value"
      [scope = "{page|request|session|application}"]/>
```

【格式 2】 带标签体的情况

```
c:set var = "varName" [scope = "{page|request|session|application}"]>
    标签体内容
</c:set>
```

这里,var 的属性值指定作用域变量名,value 属性指定变量的值,scope 指定变量的作用域,默认为 page 作用域。这两种格式的区别是格式 1 使用 value 属性指定变量值,而格式 2 是在标签体中指定变量值。

例如,下面两个标签:

```
<c:set var = "message" value = "世界那么大,我想去看看." scope = "session"/>
```

如果要输出作用域变量的值,可以使用下列代码:

```
<c:out value = " ${message}"/>
```

变量值可以在标签体中给出,下面两个标签都将变量 number 的值设置为 16,且其作用域为会话(session)作用域。

```
<c:set var = "number" value = " ${4 * 4}" scope = "session"/>
<c:set var = "number" scope = "session">
   ${4 * 4}
</c:set>
```

使用<c:set>标签还可以设置指定对象的属性值,对象可以是 JavaBean 或 Map 对象。这可以使用下面两种格式实现。

【格式 3】 不带标签体的情况

```
<c:set target = "target" property = "propertyName" value = "value"/>
```

【格式 4】 带标签体的情况

```
<c:set target = "target" property = "propertyName">
     标签体内容
</c:set>
```

target 属性指定对象名,property 属性指定对象的属性名(JavaBean 的属性或 Map 的键)。与设置变量值一样,属性值可以通过 value 属性或标签体内容指定。

清单 4.12 为一个名为 product 的 JavaBean 对象设置 pname 属性值。

清单 4.12 set-demo.jsp

```
<%@ page contentType = "text/html; charset = UTF-8" %>
<%@ taglib prefix = "c" uri = "http://java.sun.com/jsp/jstl/core" %>
```

```
<jsp:useBean id = "product" class = "com.boda.domain.Product"
        scope = "session"/>
<html>
<head><title>Set 标签示例</title></head>
<body>
  <c:set target = " ${product}" property = "pname" value = "华为 Mate 40 pro 手机"/>
  <c:out value = " ${sessionScope.product.pname}"/><br>
  <c:set target = " ${product}" property = "pname">
    联想 Y470 笔记本电脑
  </c:set>
  <c:out value = " ${product.pname}"/>
</body></html>
```

该页面的运行结果如图 4-6 所示。

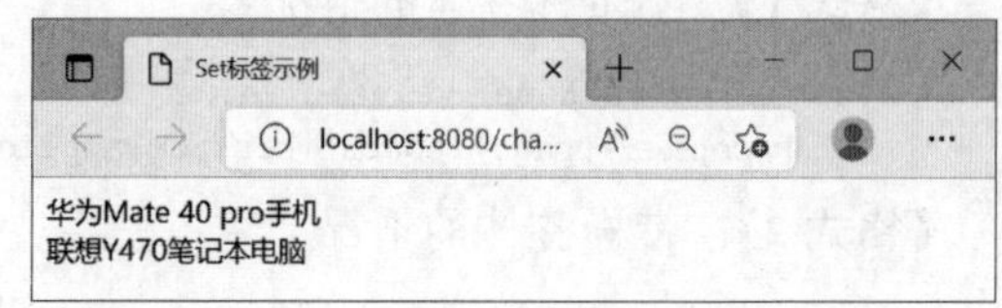

图 4-6 set-demo.jsp 页面的运行结果

脚下留神

target 属性的值应该使用 EL 的形式，如 target＝" ${product}"，如果写成 target＝"product"形式将出现错误。

<c:set>标签对 Map 对象的用法与 JavaBean 对象类似，只是 property 属性表示 Map 对象的键的名称。

3. <c:remove>标签

<c:remove>标签用来从作用域中删除变量，它的语法格式如下。

```
<c:remove var = "varName"
        [scope = "{page|request|session|application}"]/>
```

var 属性指定要删除的变量名，可选的 scope 属性指定作用域。如果没有指定 scope 属性，容器将先在 page 作用域查找变量，然后是 request 作用域，接下来是 session 作用域，最后是 application 作用域，找到后将变量清除。

例如，下面使用该标签从 session 作用域中删除 number 变量。

```
<c:remove var = "number" scope = "session"/>
```

与<c:set>标签不同，<c:remove>标签不能用于删除 JavaBean 或 Map 对象。

4. <c:catch>标签

<c:catch>标签的功能是捕获标签体中出现的异常，语法格式如下。

```
<c:catch [var = "varName"]>
    标签体内容
</c:catch>
```

这里，var 是为捕获到的异常定义的变量名，当标签体中的代码发生异常时，将由该变量引用异常对象，变量具有 page 作用域。例如：

```
<c:catch var = "myexception">
<%
    int i = 0;
    int j = 10/i;        // 该语句发生异常
%>
</c:catch>
<c:out value = " ${myexception}"/><br>
<c:out value = " ${myexception.message}"/>
```

该段代码的输出结果为：

```
java.lang.ArithmeticException: / by zero
/ by zero
```

4.5.3 条件控制标签

条件控制标签有<c:if>、<c:choose>、<c:when>和<c:otherwise>4 个。<c:if>和<c:choose>标签的功能类似于 Java 语言中的 if 语句和 switch-case 语句。

扫一扫

视频讲解

1. <c:if>标签

<c:if>标签用来进行条件判断，它有下面两种语法格式。

【格式 1】 不带标签体的情况

```
<c:if test = "testCondition" var = "varName"
      [scope = "{page|request|session|application}"]/>
```

【格式 2】 带标签体的情况

```
<c:if test = "testCondition" var = "varName"
      [scope = "{page|request|session|application}"]>
      标签体内容
</c:if>
```

每个<c:if>标签必须有一个名为 test 的属性，它是一个 boolean 表达式。对于格式 1，只将 test 的结果存于变量 varName 中；对于格式 2，若 test 的结果为 true，则执行标签体。

例如，在下面代码中如果 number 的值等于 16，则会显示其值。

```
<c:set var = "number" value = "${4 * 4}" scope = "session"/>
<c:if test = "${number == 16}" var = "result" scope = "session">
    ${number}<br>
</c:if>
<c:out value = "${result}"/>
```

清单 4.13 的 computeBMI.jsp 页面用于计算一个人的体重指数(BMI)，在页面中使用了<c:if>标签，当使用 GET 方法请求页面时，显示表单等待用户输入体重和身高，提交表单仍然请求该页面，但使用 POST 请求，页面根据请求参数计算 BMI 并显示。

清单 4.13 computeBMI.jsp

```
<%@ page contentType = "text/html;charset = UTF-8" %>
<%@ taglib uri = "http://java.sun.com/jsp/jstl/core" prefix = "c" %>
<!DOCTYPE html>
<html>
  <head>
    <meta charset = "UTF-8">
    <title>计算体重指数 BMI </title>
  </head>
<body>
  <c:if test = "${pageContext.request.method != 'POST'}">
    <form action  = "computeBMI.jsp" method = "post">
     <p>请输入体重和身高:</p>
     体重(公斤):<input type = "text" name = "weight" value = ""/><br/>
     身高(米):<input type = "text" name = "height" value = ""/><br/>
     <input type = "submit" value = "计算"/>
    </form>
  </c:if>
  <c:if test = "${pageContext.request.method != 'GET'}">
    <p>你的体重是:${param.weight} 公斤</p>
    <p>你的身高是:${param.height} 米</p>
    <p>你的体重指数是:${param.weight/(param.height * param.height)}.</p>
```

```
    </c:if>
</body>
</html>
```

访问该页面，结果如图 4-7 所示。

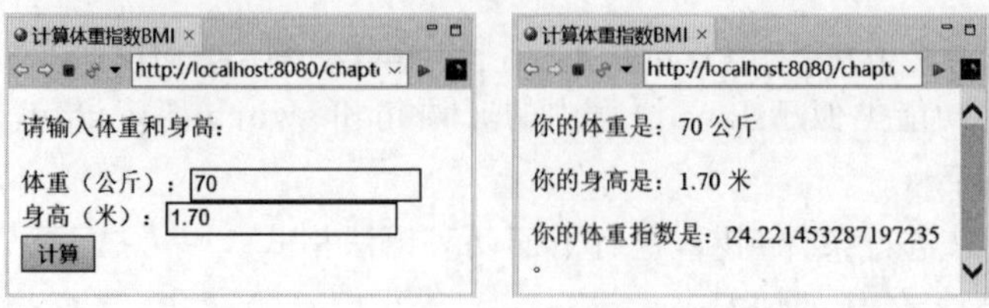

图 4-7　computeBMI.jsp 页面的运行结果

2. <c:choose>标签

<c:choose>标签类似于 Java 语言中的 switch-case 语句，它本身不带任何属性，但包含多个<c:when>标签和一个<c:otherwise>标签，这些标签能够完成多分支结构。例如，下面的代码根据 color 变量的值显示不同的文本。

```
<c:set var = "color" value = "white" scope = "session"/>
<c:choose>
  <c:when test = " ${color == 'white'}">
      白色!
  </c:when>
  <c:when test = " ${color == 'black'}">
      黑色!
  </c:when>
  <c:otherwise>
      其他颜色!
  </c:otherwise>
</c:choose>
```

正像 Java 语言中的 switch 语句，在其他条件都不满足时可以有一个 default 入口一样，JSTL 也提供了一个可选的<c:otherwise>标签作为默认选项。

4.5.4　循环控制标签

核心标签库的<c:forEach>和<c:forTokens>标签允许重复处理标签体内容，使用这些标签能以 3 种方式控制循环的次数。

- 对 Java 集合中的元素使用<c:forEach>及它的 var 和 items 属性。
- 对数的范围使用<c:forEach>及它的 begin、end 和 step 属性。
- 对 String 对象中的令牌（token）使用<c:forTokens>及它的 items 属性。

1. 在集合对象上迭代

使用<c:forEach>标签主要实现迭代，它可以在集合对象上迭代，也可以对标签体迭代固定的次数。

在集合对象上迭代的格式如下。

```
<c:forEach var = "varName" items = "collection"
          [varStatus = "statusName"][begin = "begin" end = "end" step = "step"]>
   标签体内容
</c:forEach>
```

这种迭代主要用于对 Java 集合对象的元素进行迭代，集合对象如 List、Set 或 Map 等。标签对每个元素处理一次标签体内容。这里，items 属性值指定要迭代的集合对象，var 用来指定一个作用域变量名，该变量只在< c：forEach >标签内部有效。

清单4.14和清单4.15使用< c：forEach >标签对Map对象进行迭代，这里包括一个BigCitiesServlet类和一个bigCities.jsp页面。

在BigCitiesServlet类中创建一个Map < String，String >对象capitals，键为国家的名称，值为首都的名称，添加几个对象；另外创建一个Map < String，String[]>对象bigCities，键为国家的名称，值为String数组，包含该国家的几个大城市。在doGet()方法中使用RequestDispatcher对象将请求转发到bigCities.jsp页面。

清单4.14 BigCitiesServlet.java

```
package com.boda.xy;

import java.io.IOException;
import jakarta.servlet.RequestDispatcher;
import jakarta.servlet.ServletException;
import jakarta.servlet.annotation.WebServlet;
import jakarta.servlet.http.HttpServlet;
import jakarta.servlet.http.HttpServletRequest;
import jakarta.servlet.http.HttpServletResponse;

import java.util.Map;
import java.util.HashMap;

@WebServlet(name = "bigCities",value = "/cities - servlet")
public class BigCitiesServlet extends HttpServlet {
   private static final int serialVersionUID = 112233;
   @Override
   public void doGet(HttpServletRequest request,
                     HttpServletResponse response)
                     throws ServletException, IOException {
      Map < String,String > capitals =
                         new HashMap < String,String >();
      capitals.put("中国","北京");
      capitals.put("俄罗斯","莫斯科");
      capitals.put("日本","东京");

      Map < String, String[ ]> bigCities = new HashMap < String,String[ ]>();
      bigCities.put("澳大利亚",new String[ ] {"悉尼", "墨尔本","布里斯班"});
      bigCities.put("美国",new String[ ] {"纽约","洛杉矶","加利福尼亚"});
      bigCities.put("中国",new String[ ] {"北京","上海","广州"});

      request.setAttribute("capitals",capitals);
      request.setAttribute("bigCities",bigCities);
      RequestDispatcher rd = request.getRequestDispatcher("/bigCities.jsp");
      rd.forward(request,response);
   }
}
```

在bigCities.jsp页面中使用< c：forEach >标签访问两个Map对象中的元素。

清单4.15 bigCities.jsp

```
<%@ page contentType = "text/html;charset = UTF - 8"
         pageEncoding = "UTF - 8" %>
<%@ taglib uri = "http://java.sun.com/jsp/jstl/core" prefix = "c" %>
< html >
< head >< title > Big Cities </title ></head >
< body >
< table >
```

```
        <tr style="background:#448755;color:white;font-weight:bold">
            <td>国家</td>
            <td>首都</td>
        </tr>
        <c:forEach items="${requestScope.capitals}" var="mapItem">
        <tr>
            <td>${mapItem.key}</td>
            <td>${mapItem.value}</td>
        </tr>
        </c:forEach>
    </table>
    <br/>
    <table>
        <tr style="background:#448755;color:white;font-weight:bold">
            <td>国家</td>
            <td>城市</td>
        </tr>
        <c:forEach items="${requestScope.bigCities}" var="mapItem">
        <tr>
            <td>${mapItem.key}</td>
            <td>
                <c:forEach items="${mapItem.value}" var="city"
                           varStatus="status">
                    ${city}<c:if test="${!status.last}">,</c:if>
                </c:forEach>
            </td>
        </tr>
        </c:forEach>
    </table>
    </body>
    </html>
```

访问 BigCitiesServlet.java，显示的 bigCities.jsp 页面如图 4-8 所示。

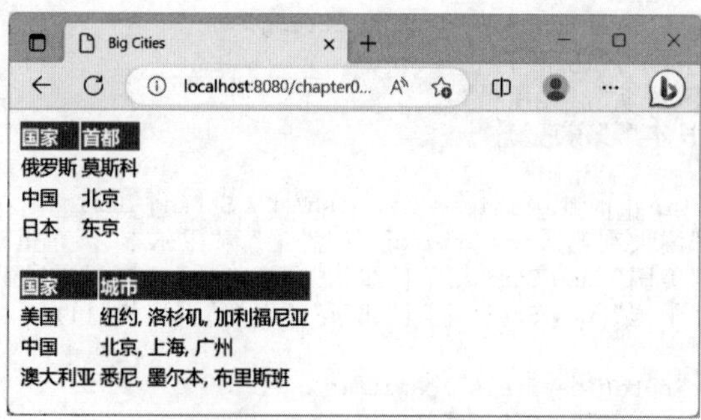

Big Cities
localhost:8080/chapter0...
国家 首都
俄罗斯 莫斯科
中国 北京
日本 东京
国家 城市
美国 纽约, 洛杉矶, 加利福尼亚
中国 北京, 上海, 广州
澳大利亚 悉尼, 墨尔本, 布里斯班

图 4-8 bigCities.jsp 页面的运行结果

2. 对数的范围迭代

使用<c:forEach>标签还可以在数的范围上迭代一定的次数，它的格式如下。

```
<c:forEach [var="varName"] [begin="begin" end="end" step="step"]
           [varStatus="varStatusName"]>
    标签体内容
</c:forEach>
```

这种迭代方法就像 Java 语言中的 for 循环。首先标签创建一个由 var 属性指定的变量，然后用 begin 的值初始化变量，接着处理标签体内容直到变量值超过 end 为止。step 属性指定变量 varName 每次增加的步长。

<c:forEach>标签还可以嵌套，清单 4.16 中的 table99.jsp 页面使用了嵌套的<c:forEach>

标签实现九九乘法表的输出。

清单 4.16 table99.jsp

```
<%@ page contentType = "text/html;charset = UTF - 8" %>
<%@ taglib uri = "http://java.sun.com/jsp/jstl/core" prefix = "c" %>
<html><body>
<c:forEach var = "x" begin = "1" end = "9" step = "1">
   <c:forEach var = "y" begin = "1" end = "${x}" step = "1">
      ${y} * ${x} = ${x * y}  
   </c:forEach>
   <br>
</c:forEach>
</body></html>
```

该页面的运行结果如图 4-9 所示。

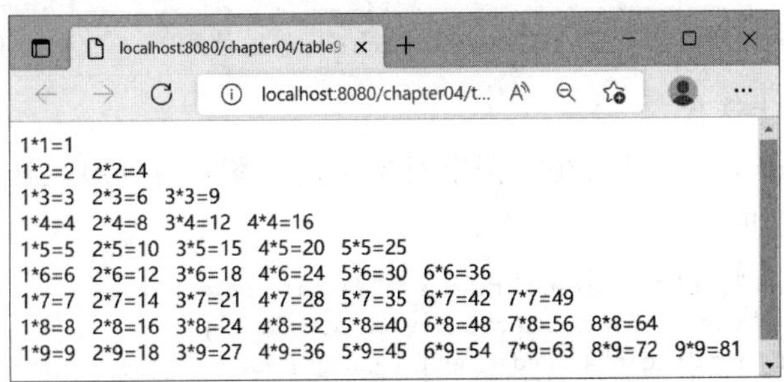

图 4-9 table99.jsp 页面的运行结果

在<c:forEach>标签中还可以指定 varStatus 属性值来保存迭代的状态。例如,如果指定:

```
varStatus = "status"
```

则可以通过 status 访问迭代的状态。其中包括本次迭代的索引、已经迭代的次数、是否为第一个迭代、是否为最后一个迭代等。它们分别用 status.index、status.count、status.first、status.last 访问。

清单 4.17 从 10 计数到 20,每 3 个数输出一个数。

清单 4.17 foreachDemo.jsp

```
<%@ page contentType = "text/html;charset = UTF - 8" %>
<%@ taglib uri = "http://java.sun.com/jsp/jstl/core" prefix = "c" %>
<html>
<head><title>forEach 示例</title></head>
<body>
<table border = "1">
<th colspan = "6">forEach 示例</th>
<tr><td>x 值</td>
     <td>status.index</td>
     <td>status.current</td>
     <td>status.count</td>
     <td>status.first</td>
     <td>status.last</td>
</tr>
<c:forEach var = "x" varStatus = "status" begin = "10" end = "20" step = "3">
<tr><td align = "center"><font color = "blue">${x}</font></td>
     <td align = "center">${status.index}</td>
     <td align = "center">${status.current}</td>
     <td align = "center">${status.count}</td>
     <td align = "center">${status.first}</td>
     <td align = "center">${status.last}</td>
```

```
</tr>
</c:forEach>
</table>
</body></html>
```

程序的运行结果如图 4-10 所示。

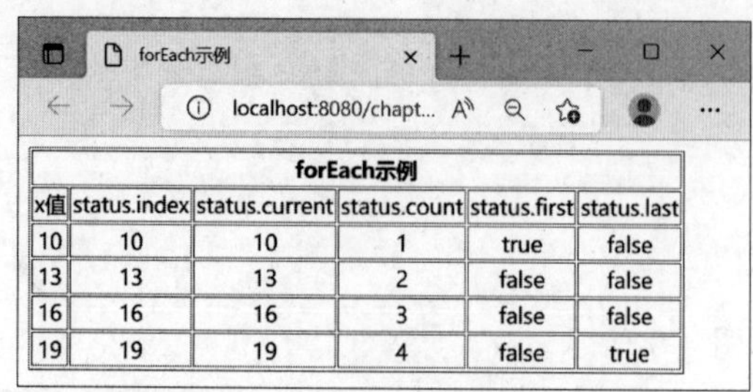

forEach示例					
x值	status.index	status.current	status.count	status.first	status.last
10	10	10	1	true	false
13	13	13	2	false	false
16	16	16	3	false	false
19	19	19	4	false	true

图 4-10 <c:forEach>标签的使用

3. 在字符串令牌上迭代

使用<c:forTokens>标签可以在字符串对象中的令牌(tokens)上迭代，它将根据指定的分隔符迭代，语法格式如下。

```
<c:forTokens items = "stringOfTokens" delims = "delimiters"
             [var = "varName"][varStatus = "varStatusName"]
               [begin = "begin"] [end = "end"] [step = "step"]>
    标签体内容
</c:forTokens>
```

这里，items 属性是一个 String 对象，它是由分隔符分隔的令牌组成的。delims 属性用来指定分隔符。清单 4.18 中的 tokens.jsp 使用<forTokens>标签输出一个字符串中各令牌的内容。

清单 4.18 tokens.jsp

```
<%@ page contentType = "text/html;charset = UTF - 8" %>
<%@ taglib uri = "http://java.sun.com/jsp/jstl/core" prefix = "c" %>
<html><head><title>唐诗一首</title></head>
<body>
 <c:set var = "poems"
      value = "朝辞白帝彩云间,千里江陵一日还,两岸猿声啼不住,轻舟已过万重山"/>
  <center>
  <h4>早发白帝城[唐]李白 </h4>
   <c:forTokens var = "line" items = " ${poems}" delims = ",">
      ${line}<br>
   </c:forTokens>
  </center>
</body>
</html>
```

访问该页面，运行结果如图 4-11 所示。

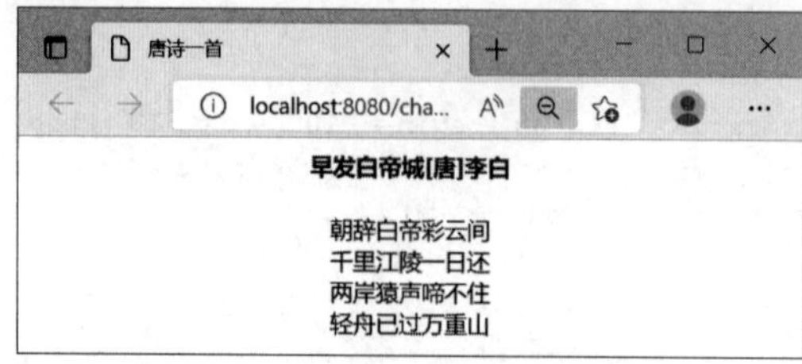

图 4-11 <c:forTokens>标签的使用

4.5.5 与 URL 相关的标签

与 URL 相关的标签有<c:param>、<c:import>、<c:redirect>和<c:url>4 个。

1. <c:param>标签

<c:param>标签主要在<c:import>、<c:url>和<c:redirect>标签中指定请求参数，它的格式有下面两种。

【格式 1】 参数值使用 value 属性指定

```
<c:param name = "name" value = "value"/>
```

【格式 2】 参数值在标签体中指定

```
<c:param name = "name" > param value </c:param>
```

2. <c:import>标签

<c:import>标签的功能与<jsp:include>标准动作的功能类似，可以将一个静态或动态资源包含到当前页面中。<c:import>标签有下面两种语法格式。

【格式 1】 资源内容作为字符串对象包含

```
<c:import url = "url" [context = "context"] [var = "varName"]
          [scope = "{page|request|session|application}"]
          [charEncoding = "charEncoding"]>
    标签体内容
</c:import>
```

这里，url 的值表示要包含的资源的 URL，它用 String 对象表示，url 的值可以是绝对的(如 http://localhost:8080/webstore/footer.jsp)或相对的(如/footer.jsp)；context 表示资源所在的上下文路径；var 表示变量名，用来存放包含的内容的 HTML 代码；scope 表示 var 变量的作用域，默认的作用域为 page；charEncoding 表示包含资源使用的字符编码；在标签体中可以使用<c:param>指定 URL 的请求参数。

【格式 2】 资源内容作为 Reader 对象包含

```
<c:import url = "url" [context = "context"] [varReader = "varreaderName"]
          [charEncoding = "charEncoding"]
    标签体内容
</c:import>
```

这里，varReader 用于表示读取的文件的内容。其他属性与上面格式中的含义相同。

清单 4.19 使用<c:import>标签包含了 footer.jsp 页面，并向其传递了一个名为 email 的请求参数。

清单 4.19 import-demo.jsp

```
<%@ page contentType = "text/html;charset = UTF - 8" %>
<%@ taglib uri = "http://java.sun.com/jsp/jstl/core" prefix = "c" %>
<html><head><title>首页</title></head>
<body>
  <img src = "images/duke.gif">
  <font color = "blue">欢迎访问我的首页面!</font>
  <c:import url = "/footer.jsp" context = "/helloweb" charEncoding = "UTF - 8">
     <c:param name = "email" value = "hacker@163.com"/>
  </c:import>
</body>
</html>
```

被包含的 footer.jsp 页面的代码见清单 4.20。

清单 4.20　footer.jsp

```
<%@ page contentType = "text/html; charset = UTF-8" %>
<hr/>
<p align = "center" ><font color = "blue">
   版权 &copy; 2024 百斯特电子商城有限责任公司,8899123.</font>
   <br>邮箱地址: ${param.email}
</p>
```

程序的运行结果如图 4-12 所示。

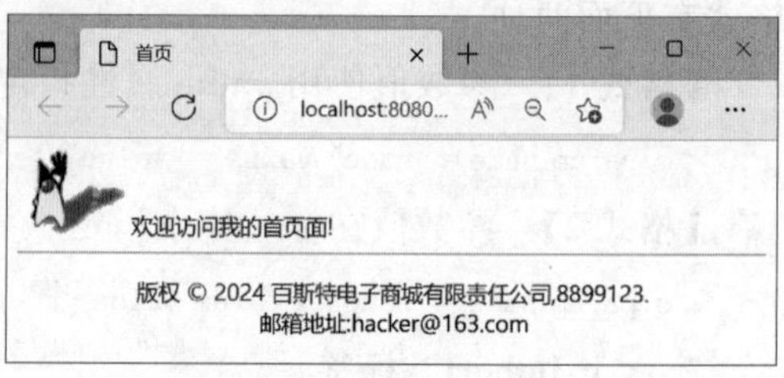

图 4-12　<c:import>标签的使用

使用<jsp:include>标准动作能够包含的文件类型有一定的限制，它所包含的内容必须位于和所在页面相同的上下文(ServletContext)中，而使用<c:import>标签所包含的资源可以位于不同的上下文。

3. <c:redirect>标签

<c:redirect>标签的功能是将用户的请求重定向到另一个资源，它有下面两种语法格式。

【格式 1】 不带标签体的情况

```
<c:redirect url = "url" [context = "context"]/>
```

【格式 2】 在标签体中指定查询参数

```
<c:redirect url = "url" [context = "context"]>
    <c:param> 子标签
</c:redirect>
```

该标签的功能与 HttpServletResponse 的 sendRedirect()的功能相同。它向客户发送一个重定向响应，并告诉客户访问由 url 属性指定的 URL。与<c:import>标签一样，可以使用 context 属性指定 URL 的上下文，也可以使用<c:param>标签添加请求参数。

下面的代码片段给出了一个使用<c:redirect>标签如何转到一个新的 URL 的例子。

```
<c:redirect url = "/content.jsp">
   <c:param name = "par1" value = "val1"/>
   <c:param name = "par2" value = "val2"/>
</c:redirect>
```

4. <c:url>标签

如果用户的浏览器不接受 Cookie，那么需要通过重写 URL 来维护会话状态，为此核心库提供了<c:url>标签。通过 value 属性来指定一个基 URL，而转换的 URL 由 JspWriter 显示出来或者保存到由可选的 var 属性命名的变量中。<c:url>标签有如下两种格式。

【格式 1】 不带标签体的情况

```
<c:url value = "value" [context = "context"] [var = "varName"]
        [scope = "{page|request|session|application}"]/>
```

【格式 2】 带标签体的情况

```
<c:url value = "value" [context = "context"] [var = "varName"]
        [scope = "{page|request|session|application}"]>
    <c:param name = "name" value = "value">
</c:url>
```

这里，value 属性指定需要重写的 URL；var 指定的变量存放 URL 值；scope 属性用来指定 var 的作用域，它的值可以为 page、request、session 或 application；可选的 context 属性指定上下文，如果 value 以斜杠开头，就加上下文名，否则不加上下文名。下面是一个简单的例子。

```
<c:url value="/page.jsp" var="pagename"/>
```

由于 value 参数以斜杠开头，容器将把上下文名(假设为/helloweb)插入该 URL 的前面。例如，如果浏览器接受 Cookie，上面一行代码中 var 的值为：

```
/helloweb/page.jsp
```

如果浏览器不接受 Cookie，容器将用其会话 ID 号重写该 URL。在这种情况下，结果可能类似下面的形式。

```
/helloweb/page.jsp;jsessionid=307FC94E10B7B2AEE74C3743964AA6FC
```

多学一招

在 JSP 页面中，除了可以使用 JSTL 标签库标签，还可以使用标签文件(tag file)和用户自定义标签。限于篇幅，本书不再讨论，感兴趣的读者可以参考本书第 3 版的内容。

本章小结

本章讨论了表达式语言，表达式语言最重要的目的是创建无脚本的 JSP 页面。为了实现这个目的，EL 定义了自己的运算符、语法等，完全能够代替传统的 JSP 中的声明、表达式和小脚本。使用 EL 可以访问作用域变量、JavaBean 属性、集合元素，使用 EL 隐含变量可以访问请求参数、请求头、Cookie、作用域变量等。

本章还讨论了 JSTL。JSTL 是为实现 Web 应用程序的常用功能而开发的标签库，它是由一些专家和用户开发的。使用 JSTL 可以提高 JSP 页面的开发效率，还可以避免重复开发标签库。

练习与实践

习题

自测题

第5章

Web数据库编程

Web 应用一般需要访问数据库,Java 程序使用 JDBC 访问数据库,它是 Java 程序访问数据库的标准,由一组用 Java 语言编写的类和接口组成,实现对数据库的操作。

本章首先介绍 MySQL 数据库的使用,然后介绍 JDBC 访问数据库的步骤,并通过一个实例演示 Servlet 如何访问 MySQL 数据库,接下来介绍数据源和连接池的概念及应用,最后介绍使用 DAO 设计模式访问数据库。

本章内容要点

- MySQL 数据库。
- JDBC 访问数据库的步骤。
- 数据源的配置和使用。
- DAO 设计模式。

5.1 MySQL 数据库

MySQL 是一款开放源代码的关系数据库管理系统(RDBMS),目前属于 Oracle 旗下的产品。MySQL 软件分为社区版和商业版,由于其体积小、速度快、成本低,尤其是开放源代码,一般中小型网站的开发都选择 MySQL 作为网站数据库。

5.1.1 MySQL 的下载与安装

用户可以到 Oracle 官方网站下载最新的 MySQL 软件,MySQL 提供了 Windows 系统下的安装程序,本书使用的是 MySQL 社区版(Community Server),其下载地址如下。

```
http://dev.mysql.com/downloads/mysql
```

MySQL 的最新版本是 MySQL 8.0,下载文件名为 mysql-installer-community-8.0.29.0.msi。双击该文件即可开始安装,在安装过程中需要选择安装类型(选择 Developer Default 即可)和安装路径。

在安装结束后需要配置 MySQL,指定配置类型,这里选择 Development Machine,还需要打开 TCP/IP 网络及指定数据库的端口号,默认值为 3306。单击 Next 按钮,在出现的页面中需要指定 root 账户的密码,这里输入 123456。在下一步指定 Windows 服务名,这里指定 MySQL80。

开发 Web 应用程序使用 JDBC 访问数据库，因此还需要下载 MySQL 的 JDBC 驱动程序包，它在 MySQL 中叫作 Connector /J，在 MySQL 的同一下载页面可以找到其下载链接。在 Select Operating System 列表框中选择 Platform Independent，单击 Download 按钮即可下载。

5.1.2 使用 MySQL 命令行工具

MySQL 服务器自带了一个字符界面命令行工具和一个 MySQL Workbench 图形界面管理工具。如果要使用命令行工具，单击“开始”按钮，选择“所有程序”→“MySQL 8.0 Command Line”，打开命令行窗口，输入 root 账户的密码，此时会出现 mysql >提示符，如图 5-1 所示。

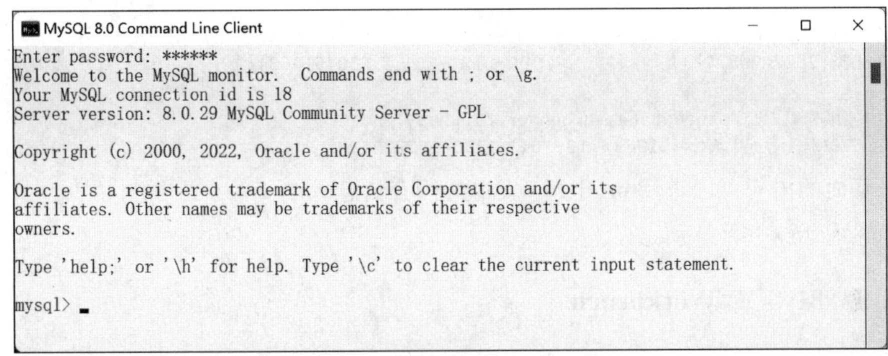

图 5-1 MySQL 命令行窗口

在 MySQL 命令提示符下可以通过命令操作数据库，使用命令可以显示所有数据库信息。

```
mysql > SHOW DATABASES;
```

使用 CREATE DATABASE 命令可以建立数据库，使用 CREATE TABLE 语句可以完成对表的创建，使用 ALTER TABLE 语句可以对创建后的表进行修改，使用 DESCRIBE 命令可以查看已创建的表的详细信息，使用 INSERT 命令可以向表中插入数据，使用 DELETE 命令可以删除表中的数据，使用 UPDATE 命令可以修改表中的数据，使用 SELECT 命令可以查询表中的数据。

1. 创建数据库

创建数据库使用 CREATE DATABASE 命令，下面创建一个名为 elearning 的数据库。

```
mysql > CREATE DATABASE elearning;
```

在默认情况下，新建的数据库属于创建它的用户，这里创建的数据库属于 root 用户。另外，也可以新建用户，并把数据库上的操作权限授予新用户。

在对数据库进行操作之前，必须使用 USE 命令打开数据库，下面打开 elearning 数据库。

```
mysql > USE elearning;
```

使用 SHOW TABLES 命令可以显示当前数据库中的表。

```
mysql > SHOW TABLES;
```

2. 使用 DDL 创建数据库对象

创建表使用 CREATE TABLE 命令，使用下面的 SQL 语句创建 students(学生)表。

```
CREATE TABLE students (
   stud_id INTEGER NOT NULL PRIMARY KEY AUTO_INCREMENT,
   name VARCHAR(20) NOT NULL,
   gender CHAR(2) NOT NULL,
```

```
    birthday DATE,
    phone VARCHAR(14)
);
```

这里，字段 stud_id 表示学号、name 表示姓名、gender 表示性别、birthday 表示出生日期、phone 表示电话。

3. 使用 DML 操纵表

用户可以使用 SQL 的 INSERT、DELETE 和 UPDATE 语句插入、删除和修改表中的数据，使用 SELECT 语句查询表中的数据。

使用下面的语句向 students 表中插入两行数据。

```
mysql > INSERT INTO students(stud_id,name,gender,birthday,phone)
    VALUES(20220008,'张大海','男','1990 - 12 - 20',13050461188);

mysql > INSERT INTO students(name,gender,birthday,phone)
    VALUES('李清泉','女','1983 - 10 - 01',13504162222);
```

使用下面的语句可以查询 students 表中的所有信息。

```
mysql > SELECT * FROM students;
```

5.1.3 MySQL Workbench

MySQL Workbench 是 MySQL 数据库自带的一个图形界面管理工具，使用该工具可以创建数据库、创建表，以及对表数据、视图、存储过程和函数进行管理。

选择“MySQL”程序组中的“SQL Workbench 8.0 CE”打开 Workbench 界面，选择 Database 菜单中的“Connect to Database”命令连接数据库，之后在打开的界面中可以创建数据库和表，界面如图 5-2 所示。

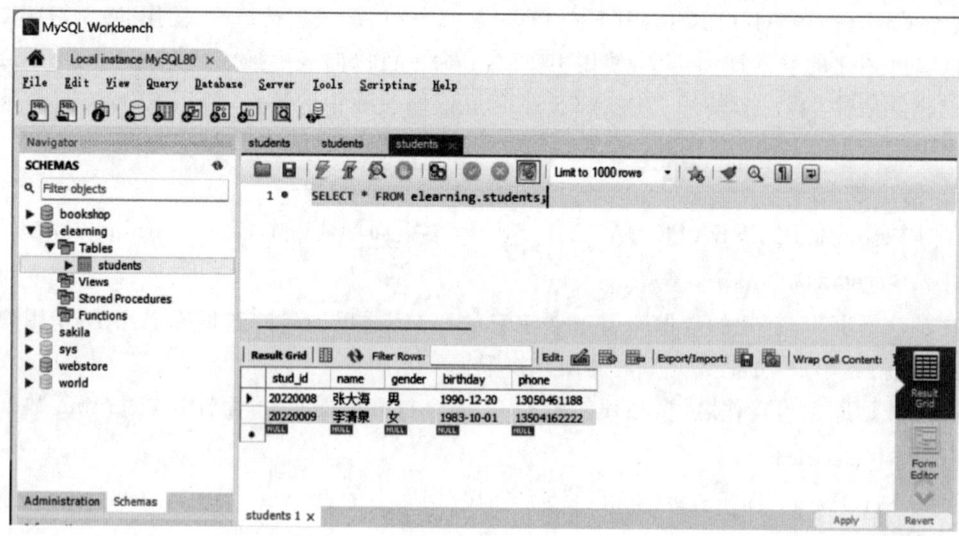

图 5-2 MySQL Workbench 工作界面

多学一招

除了可以使用 MySQL Workbench 管理 MySQL 数据库，用户还可以使用 Navicat 和 SQLyog 等工具管理 MySQL 数据库。

5.2 数据库的访问步骤

使用JDBC API访问数据库通常分为5个步骤：①加载驱动程序；②建立连接对象；③创建语句对象；④执行语句并处理结果；⑤关闭有关对象。

5.2.1 加载驱动程序

驱动程序是实现了Driver接口的类，一般由数据库厂商提供。加载JDBC驱动程序最常用的方法是使用Class类的forName()静态方法，该方法的声明格式如下。

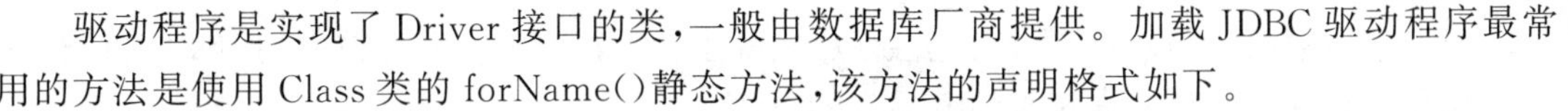

```
public static Class <?> forName(String className)
                    throws ClassNotFoundException
```

参数className为用字符串表示的完整的驱动程序类名。该方法返回一个Class类的对象。如果找不到驱动程序将抛出ClassNotFoundException异常。

对于不同的数据库，驱动程序的类名不同。下面几行代码分别是加载MySQL数据库、Oracle数据库和PostgreSQL数据库驱动程序。

```
Class.forName("com.mysql.cj.jdbc.Driver");
Class.forName("oracle.jdbc.driver.OracleDriver");
Class.forName("org.postgresql.Driver");
```

5.2.2 建立连接对象

在驱动程序加载成功后应该使用DriverManager类的getConnection()建立数据库连接对象。下面的代码建立一个到MySQL数据库的连接。

```
String dburl = "jdbc:mysql://127.0.0.1:3306/elearning?useSSL = false&serverTimezone = UTC";
Connection dbconn = DriverManager.getConnection(dburl, "root", "123456");
```

在上述代码中127.0.0.1为本机IP地址，也可以使用localhost，3306为MySQL数据库服务器使用的端口号，数据库名为elearning，用户名为root，密码为123456。

5.2.3 创建语句对象

在JDBC API中定义了3种语句类型，包括Statement、PreparedStatement和CallableStatement。Statement用于执行简单的SQL语句，PreparedStatement用于执行带参数的SQL语句，CallableStatement用于执行数据库存储过程。下面的代码创建一个预编译的PreparedStatement对象。

```
String sql = "SELECT * FROM students";
PreparedStatement pstmt = dbconn.prepareStatement(sql);
```

下面的代码创建一个用于插入记录的语句对象。

```
String sql = "INSERT INTO students VALUES(?, ?, ?, ?,? )";
PreparedStatement pstmt = dbconn.prepareStatement(sql);
```

5.2.4 执行SQL语句并处理结果

对于查询语句，调用executeQuery()返回ResultSet。ResultSet对象保存查询的结果集，再调用ResultSet的方法可以对查询结果的每一行进行处理。

```
String sql = "SELECT * FROM students";
PreparedStatement pstmt = dbconn.prepareStatement(sql);
ResultSet rst = stmt.executeQuery();
while(rst.next()){
    out.print(rst.getString(1) + "\t");
}
```

对于 DML 语句(如 INSERT、UPDATE、DELETE)和 DDL 语句(如 CREATE、ALTER、DROP 等)需要使用语句对象的 executeUpdate()方法。该方法的返回值为整数,用来指示被影响的行数。

对于带参数的语句对象,先设置参数值,然后才能执行语句。对于前面的 INSERT 语句,可以使用下面的方法设置占位符的值。

```
LocalDate localDate = LocalDate.of(2002,Month.NOVEMBER,20);
java.sql.Date d = java.sql.Date.valueOf(localDate);
pstmt.setInt(1,20240001);
pstmt.setString(2,"刘小明");
pstmt.setString(3,"女");
pstmt.setDate(4,d);
pstmt.setString(5,"8899123");
int n = pstmt.executeUpdate();
```

5.2.5 关闭有关对象

在 Connection 接口、PreparedStatement 接口和 ResultSet 接口中都定义了 close(),当这些对象使用完毕后应该使用 close()关闭。如果使用 try-with-resources 语句,则可以自动关闭这些对象。

扫一扫

视频讲解

5.3 案例学习:使用 Servlet 访问数据库

本案例根据用户输入的学号从数据库中查询学生的信息,或者查询所有学生的信息。本应用的设计遵循了 MVC 设计模式,其中视图有 find-student.jsp、show-student.jsp、show-all-student.jsp 和 error.jsp 几个页面,Student 类实现模型,FindStudentServlet 类实现控制器。

本书使用 Maven 管理项目,需要将下面的依赖项添加到 pom.xml 文件中。

```
<dependency>
    <groupId>mysql</groupId>
    <artifactId>mysql-connector-java</artifactId>
    <version>8.0.29</version>
</dependency>
```

本案例使用 5.1.2 节创建的 students 表,其中包含 5 个字段。根据 students 表的定义,设计下面的 Student 类存放学生的信息(代码见清单 5.1),该类实际上是一个 JavaBean,这里 Student 类的成员变量与 students 表中的字段对应。

清单 5.1 Student.java

```
package com.boda.domain;

import java.time.LocalDate;
import lombok.AllArgsConstructor;
import lombok.Data;
import lombok.NoArgsConstructor;
import java.io.Serializable;
```

```
@Data
@NoArgsConstructor
@AllArgsConstructor

public class Student implements Serializable{
   private Integer studId;
   private String name;
   private String gender;
   private LocalDate birthday;
   private String phone;
}
```

下面的FindStudentServlet连接数据库(代码见清单5.2),当用户在find-student.jsp页面的文本框中输入学号,单击"确定"按钮时,将执行doPost()方法;当用户单击"查询所有学生"链接时,将执行doGet()方法。

清单5.2 FindStudentServlet.java

```
package com.boda.controller;

import java.io.*;
import java.sql.*;
import java.util.*;
import jakarta.servlet.*;
import jakarta.servlet.http.*;
import jakarta.servlet.annotation.WebServlet;
import com.boda.domain.Student;

@WebServlet(name = "findStudentServlet", value = "/find-student")
public class FindStudentServlet extends HttpServlet{
   public void init() {
      String driver = "com.mysql.cj.jdbc.Driver";
      try{
         Class.forName(driver);          //加载驱动程序
      }catch(ClassNotFoundException e){
         System.out.println(e);
         getServletContext().log("找不到驱动程序类!");
      }
   }

   public Connection getConnection() throws SQLException{
      String username = "root";
      String password = "123456";
      String dburl = "jdbc:mysql://127.0.0.1:3306/elearning"
                    + "?useSSL = false&serverTimezone = UTC";
      Connection conn = null ;
      try {
         conn = DriverManager.getConnection(dburl,username,password);
      }catch(SQLException e){
         throw e;
      }catch(Exception e){
         throw new RuntimeException(e);
      }
      return conn;
   }

   public void doGet(HttpServletRequest request,
                  HttpServletResponse response)
                  throws ServletException,IOException{
```

```
        ArrayList<Student> studentList = new ArrayList<Student>();
        String sql = "SELECT * FROM students";
        try(
            Connection conn = getConnection();
            PreparedStatement pstmt = conn.prepareStatement(sql);
            ResultSet result = pstmt.executeQuery();
           )
             {
            while(result.next()){
                Student student = new Student();
                student.setStudId(result.getInt("stud_id"));
                student.setName(result.getString("name"));
                student.setGender(result.getString("gender"));
                student.setBirthday(result.getDate("birthday").toLocalDate());
                student.setPhone(result.getString("phone"));
                studentList.add(student);
            }
        }catch(SQLException e){
            e.printStackTrace();
        }
        if(!studentList.isEmpty()){
            request.getSession().setAttribute("studentList",studentList);
            response.sendRedirect("/chapter05/show-all-student.jsp");
        }else{
            response.sendRedirect("/chapter05/error.jsp");
        }
    }

    public void doPost(HttpServletRequest request,
                       HttpServletResponse response)
                   throws ServletException,IOException{
        String studentid = request.getParameter("stud_id");
        String sql = "SELECT * FROM students WHERE stud_id = ?";
        try(
            Connection conn = getConnection();
            PreparedStatement pstmt = conn.prepareStatement(sql);
           ){
            pstmt.setString(1,studentid);
            ResultSet rst = pstmt.executeQuery();
            if(rst.next()){
                Student student = new Student();
                student.setStudId(rst.getInt("stud_id"));
                student.setName(rst.getString("name"));
                student.setGender(rst.getString("gender"));
                student.setBirthday(rst.getDate("birthday").toLocalDate());
                student.setPhone(rst.getString("phone"));
                request.getSession().setAttribute("student", student);
                response.sendRedirect("/chapter05/show-student.jsp");
            }else{
                response.sendRedirect("/chapter05/error.jsp");
            }
        }catch(SQLException e){
            e.printStackTrace();
        }
    }
}
```

该程序在 init()方法中加载数据库驱动程序，用 getConnection()方法返回数据库连接对象。在 doGet()方法中查询数据库中所有学生的信息，将结果存储到 ArrayList 中，并将其存储到会话对象中。在 doPost()方法中根据学号查询学生的信息，并将其存储到会话对象中。在这两个方法中都使用了 try-with-resources 结构创建对象，这保证了在离开 try 结构时自动关闭创建的对象。

该应用视图包含 3 个 JSP 页面，find-student.jsp 页面用于显示输入表单，show-student.jsp 页面用于显示一名学生的信息，show-all-student.jsp 页面用于显示所有学生的信息。这 3 个页面的代码见清单 5.3～清单 5.5。

清单 5.3　find-student.jsp

```
<%@ page contentType="text/html;charset=UTF-8" %>
<html>
<head><title>学生查询</title></head>
<body>
<p><a href="find-student">查询所有学生</a></p>
<form action="find-student" method="post">
  请输入学生学号:
  <input type="text" name="stud_id" size="15">
  <input type="submit" value="确定">
</form>
</body>
</html>
```

find-student.jsp 页面的运行结果如图 5-3 所示。

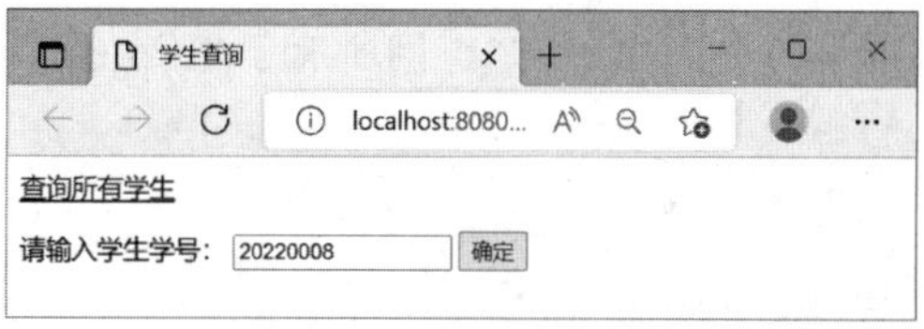

图 5-3　find-student.jsp 页面的运行结果

清单 5.4　show-student.jsp

```
<%@ page contentType="text/html;charset=UTF-8" %>
<html>
<head>
<title>学生信息</title>
</head>
<body>
    <table border="0">
        <tr><td>学号:</td><td>${student.studId}</td></tr>
        <tr><td>姓名:</td><td>${student.name}</td></tr>
        <tr><td>性别:</td><td>${student.gender}</td></tr>
        <tr><td>出生日期:</td><td>${student.birthday}</td></tr>
        <tr><td>电话:</td><td>${student.phone}</td></tr>
    </table>
</body>
</html>
```

当单击图 5-3 中的“查询所有学生”链接时，将执行 Servlet 的 doGet()方法，查询所有学生，最后控制将转到 show-all-student.jsp 页面。

清单 5.5　show-all-student.jsp

```
<%@ page contentType="text/html;charset=UTF-8" %>
<%@ page import="com.boda.domain.Student" %>
<%@ taglib prefix="c" uri="http://java.sun.com/jsp/jstl/core" %>
<html>
<head><title>所有学生信息</title></head>
<body>
<table border="1">
<tr><td>学号</td><td>姓名</td><td>性别</td>
<td>出生日期</td><td>电话</td><td>是否删除</td></tr>
<c:forEach var="student" items="${studentList}">
  <tr><td>${student.studId}</td>
```

```
            <td>${student.name}</td>
            <td>${student.gender}</td>
            <td>${student.birthday}</td>
            <td>${student.phone}</td>
            <td><a href="delete-student?id=${student.studId}">删除</a></td>
        </tr>
</c:forEach>
</table>
</body></html>
```

当查询的学生不存在时,将显示 error.jsp 页面,其代码见清单 5.6。

清单 5.6　error.jsp

```
<%@ page contentType="text/html;charset=UTF-8" %>
<html><body>
  该学生不存在。<a href="/chapter05/find-student.jsp">返回</a>
</body></html>
```

在图 5-3 所示的页面中输入学号,单击"确定"按钮,将显示如图 5-4 所示的页面;在图 5-3 所示的页面中单击"查询所有学生"链接,将显示如图 5-5 所示的页面。

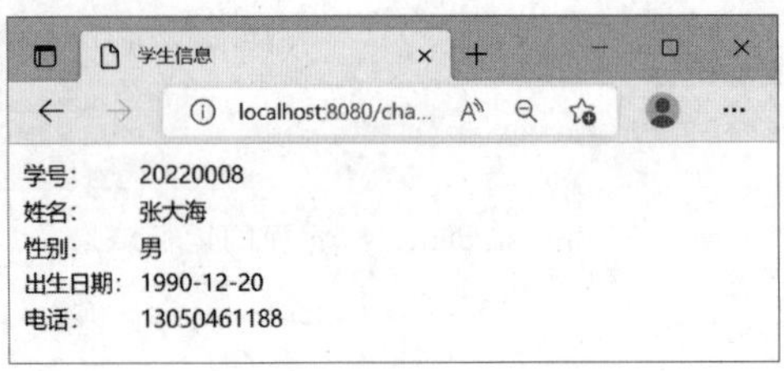

图 5-4　显示指定学生

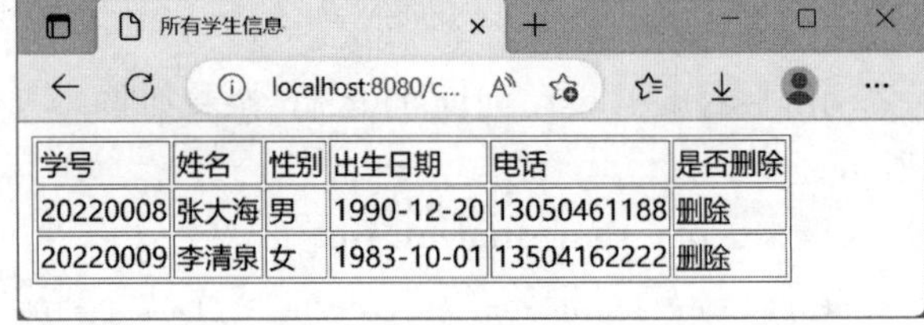

学号	姓名	性别	出生日期	电话	是否删除
20220008	张大海	男	1990-12-20	13050461188	删除
20220009	李清泉	女	1983-10-01	13504162222	删除

图 5-5　显示所有学生

5.4　使用数据源

在设计访问数据库的 Web 应用程序时,设计人员需要考虑的一个主要问题是如何管理 Web 应用程序与数据库的通信。一种方法是为每个 HTTP 请求创建一个连接对象,Servlet 建立数据库连接、执行查询、处理结果集、请求结束关闭连接。建立连接是比较耗费时间的操作,如果在客户每次请求时都要建立连接,这将导致增加请求的响应时间。此外,有些数据库支持的同时连接的数量要比 Web 服务器少,这种方法限制了应用程序的可缩放性。

为了提高数据库的访问效率,从 JDBC 2.0 开始提供了一种更好的方法建立数据库连接对象,即使用连接池和数据源的技术访问数据库。

5.4.1　数据源概述

数据源(data source)的概念是在 JDBC 2.0 中引入的,是目前 Web 应用开发中获取数据库连接的首选方法。这种方法是事先建立若干连接对象,将它们存放在数据库**连接池**(connection pooling)中供数据访问组件共享。使用这种技术,应用程序在启动时只需要创建少量的连接对象即可。这样就不需要为每个 HTTP 请求都创建一个连接对象,这会大大减少请求的响应时间。

数据源通过 javax.sql.DataSource 接口对象实现,通过它可以获得数据库连接,因此它是对 DriverManager 工具的一个替代。通常 DataSource 对象是从连接池中获得连接对象。连接池预定义了一些连接，当应用程序需要连接对象时就从连接池中取出一个，当连接对象使用完毕将其放回连接池，从而可以避免在每次请求连接时都要创建连接对象。

5.4.2 配置 JNDI 数据源

下面讨论在 Tomcat 中如何配置使用 DataSource 建立数据库连接。

可以采用 Java 命名与目录接口(Java Naming and Directory Interface,JNDI)技术来获得 DataSource 对象的引用。JNDI 是一种将对象和名字绑定的技术，对象由对象工厂创建，并将其绑定到唯一的名字，外部程序可以通过名字来获得某个对象的访问。

在 javax. naming 包中提供了 Context 接口，该接口提供了将名字和对象绑定，通过名字检索对象的方法。用户可以通过该接口的一个实现类 InitialContext 获得上下文对象。

在 Tomcat 中可以配置局部数据源和全局数据源两种数据源。局部数据源只能被定义数据源的应用程序使用，全局数据源可以被所有的应用程序使用(本书不讨论全局数据源)。

建立局部数据源非常简单，首先在 Web 应用的 META-INF 目录中建立一个 context. xml 文件，在其中配置连接 MySQL 数据库的数据源，内容见清单 5.7。

清单 5.7 context. xml

```
<?xml version = "1.0" encoding = "UTF - 8"?>
< Context reloadable = "true">
< Resource
    name = "jdbc/elearningDS"
    type = "javax.sql.DataSource"
    maxTotal = "4"
    maxIdle = "2"
    driverClassName = "com.mysql.cj.jdbc.Driver"
    url = "jdbc:mysql://127.0.0.1:3306/elearning?
        useSSL = false&amp;serverTimezone = UTC"
    username = "root"
    password = "123456"
    maxWaitMillis = "5000"/>
</Context >
```

在上述代码中，< Resource >元素的各属性的含义如下。

- name：数据源名，这里是 jdbc/elearningDS。
- driverClassName：使用的 JDBC 驱动程序的完整类名。
- url：传递给 JDBC 驱动程序的数据库 URL。
- username：数据库用户名。
- password：数据库用户的密码。
- type：指定该资源的类型，这里为 DataSource 类型。
- maxTotal：指定数据源最多的连接数。
- maxIdle：连接池中可空闲的连接数。
- maxWaitMillis：在没有可用连接的情况下，连接池在抛出异常前等待的最大毫秒数。

通过上面的设置，不用在 Web 应用程序的 web. xml 文件中声明资源的引用就可以直接使用局部数据源。

5.4.3 案例学习：使用 JNDI 数据源

在配置了数据源后，就可以使用 javax. naming. Context 接口的 lookup()查找 JNDI 数据源，如下面的代码可以获得 jdbc/elearningDS 数据源的引用。

```
Context context = new InitialContext();
DataSource dataSource =
     (DataSource)context.lookup("java:comp/env/jdbc/elearningDS");
```

查找数据源对象的 lookup()的参数是数据源名字符串，但要加上“java:comp/env”前缀，它是 JNDI 命名空间的一部分。在得到了 DataSource 对象的引用后，就可以通过它的 getConnection()获得数据库连接对象。

对于清单 5.2 的数据库连接程序，如果使用数据源获得数据库连接对象，修改后的代码如下。

```
@WebServlet(name = "findStudentServlet" , value = "/find-student" )
public class FindStudentServlet extends HttpServlet{

   DataSource dataSource = null;

   public void init() {
     try {
       Context context = new InitialContext();
       dataSource =
           (DataSource)context.lookup("java:comp/env/jdbc/elearningDS");
     }catch(NamingException ne){
        System.out.println("Exception:" + ne);
     }
   }
   //doGet()和 doPost()方法中的 Connection 对象通过 DataSource 的 getConnection()方法获得
}
```

这段代码首先通过 InitialContext 类创建一个上下文对象 context，然后通过它的 lookup()查找 JNDI 数据源对象，最后通过数据源对象从连接池中返回一个数据库连接对象。当程序结束数据库访问后，应该调用 Connection 的 close()将连接对象返回到数据库连接池。这样就避免了每次使用数据库连接对象都要重新创建，从而可以提高应用程序的效率。

多学一招

在 Java Web 应用中也可以使用第三方数据源 API，例如，C3P0 是一个开源的 JDBC 连接池，它实现了数据源和 JNDI 的绑定，支持 JDBC 4 规范的标准扩展。用户可以到网上下载最新版本的 C3P0，将有关库复制到 WEB-INF\lib 目录中即可。在 Maven 项目中也可以通过依赖项下载，请读者参考本章的习题 14。

5.5 DAO 设计模式

DAO(Data Access Object)称为数据访问对象。DAO 设计模式可以在使用数据库的应用程序中实现业务逻辑和数据访问逻辑的分离，从而使对应用的维护变得简单。它通过将数据访问实现(通常使用 JDBC 技术)封装在 DAO 类中提高应用程序的灵活性。

DAO 模式有很多变体，这里介绍一种比较简单的形式。首先定义一个 Dao 接口，它负责建立数据库连接，然后为每种实体的持久化操作定义一个接口，如 ProductDao 接口负责 Product 对象的持久化；CustomerDao 接口负责 Customer 对象的持久化；最后定义这些接口的实现类。图 5-6 给出了 Dao 接口、ProductDao 接口和 CustomerDao 接口的关系。

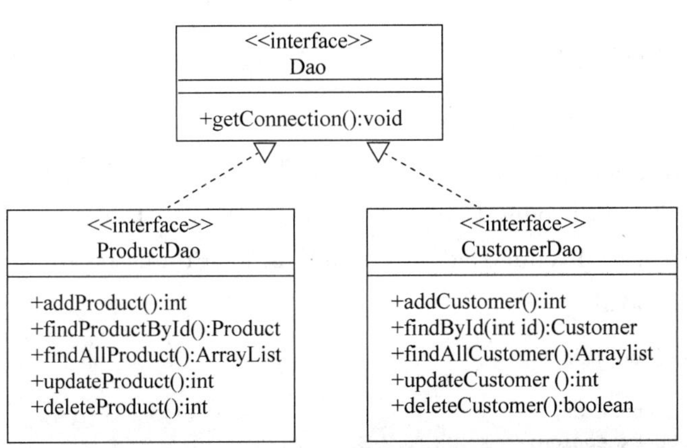

图 5-6 Dao 接口及其子接口

在 DAO 模式中,通常要为需要持久存储的每种实体类型编写一个相应的类。例如要存储 Product 信息就需要编写一个类,该实体类应该提供添加、删除、修改、检索、查找等功能。

假设存储商品信息的数据库表使用清单 5.8 中的 SQL 脚本定义,它包含 4 个字段,与 Product 类的 4 个成员对应。

清单 5.8 create_products.sql

```
CREATE TABLE products (
    id INTEGER NOT NULL PRIMARY KEY,          -- 商品号
    pname VARCHAR(20) NOT NULL,               -- 商品名
    brand VARCHAR(20) NOT NULL,               -- 品牌
    price FLOAT                               -- 价格
);
```

5.5.1 设计实体类

实体类用来存储要与数据库交互的数据。实体类通常不包含任何业务逻辑,业务逻辑由业务对象实现,因此实体类有时也叫**普通的 Java 对象**(Plain Old Java Object,POJO)。实体类必须是可序列化的,也就是它必须实现 java.io.Serializable 接口。清单 5.9 中的 Product 类就是实体类。

清单 5.9 Product.java

```
package com.boda.domain;

import lombok.AllArgsConstructor;
import lombok.Data;
import lombok.NoArgsConstructor;
import java.io.Serializable;

@Data
@NoArgsConstructor
@AllArgsConstructor
public class Product implements Serializable {
    private Integer id;
    private String name;
    private String brand;
    private double price;
}
```

该类用于在程序中保存应用数据,并可以实现对象与关系数据的映射。

5.5.2 设计 DAO 接口

本示例中的数据访问对象组件包含下面的接口和类。

- Dao 接口：所有接口的根接口，其中定义了默认方法建立到数据库的连接。
- ProductDao 接口和 ProductDaoImpl 实现类：提供了对 Product 对象的各种操作方法。

Dao 接口见清单 5.10，ProductDao 接口见清单 5.11，ProductDaoImpl 类见清单 5.12。

清单 5.10 Dao.java

```
package com.boda.dao;

import java.sql.Connection;
import java.sql.SQLException;
import javax.naming.Context;
import javax.naming.InitialContext;
import javax.naming.NamingException;
import javax.sql.DataSource;

public interface Dao {
   private DataSource getDataSource(){
      DataSource dataSource = null;
      try {
         Context context = new InitialContext();
         dataSource = (DataSource)context.lookup(
                  "java:comp/env/jdbc/elearningDS");
      }catch(NamingException ne){
         System.out.println("异常:" + ne);
      }
      return dataSource;
   }

   public default Connection getConnection() throws SQLException {
      DataSource dataSource = getDataSource();
      Connection conn = null;
      try{
         conn = dataSource.getConnection();
      }catch(SQLException sqle){
         System.out.println("异常:" + sqle);
      }
      return conn;
   }
}
```

该接口的 getDataSource()方法用于查找并返回数据源对象，getConnection()方法是接口的默认方法，它通过一个数据源对象创建并返回数据库连接对象，该方法将被子接口或实现类继承。

清单 5.11 ProductDao.java

```
package com.boda.dao;

import java.util.List;
import java.sql.SQLException;
import com.boda.domain.Product;

public interface ProductDao extends Dao{
    //按 ID 查询商品方法
    public Product findProductById(int id) throws SQLException;
```

```
    //查询所有商品方法
    public List<Product> findAllProduct() throws SQLException;
    //添加商品方法
    public int addProduct(Product product) throws SQLException;
}
```

为了简单，该接口只定义了 3 个对 Product 操作的方法。addProduct()方法用来插入一个商品记录，findProductById()方法用来查询一件商品，findAllProduct()方法用来返回所有商品信息。

清单 5.12 ProductDaoImpl.java

```
package com.boda.dao;

import java.sql.*;
import java.util.ArrayList;
import java.util.List;
import com.boda.domain.Product;

public class ProductDaoImpl implements ProductDao{
    //插入一条商品记录
    public int addProduct(Product product) throws SQLException{
        String sql = "INSERT INTO products VALUES(?,?,?,?)";
        int n = 0
        try(
            Connection conn = getConnection();
            PreparedStatement pstmt = conn.prepareStatement(sql)
            ){
            pstmt.setInt(1,product.getId());
            pstmt.setString(2,product.getName());
            pstmt.setString(3,product.getBrand());
            pstmt.setDouble(4,product.getPrice());
          n = pstmt.executeUpdate();
       }catch(SQLException se){
          se.printStackTrace();
       }
       return n;
    }

    //按 ID 查询商品记录
     public Product findProductById(int id) throws SQLException{
        String sql = "SELECT id,pname,brand,price" +
                     " FROM products WHERE id = ?";
        Product product = null;
        try(
            Connection conn = getConnection();
            PreparedStatement pstmt = conn.prepareStatement(sql)
            ){
            pstmt.setInt(1,id);
            try(
                ResultSet rst = pstmt.executeQuery()
                ){
              if(rst.next()){
                product = new Product(rst.getInt("id"), rst.getString("pname"),
                    rst.getString("brand"), rst.getDouble("price"));
                }
            }
        }catch(SQLException se){
            return null;
        }
```

```
        return product;
    }

    //查询所有商品信息
    public List<Product> findAllProduct()throws SQLException{
        Product product = null;
        ArrayList<Product> productList = new ArrayList<Product>();
        String sql = "SELECT * FROM products";
        try(
            Connection conn = getConnection();
            PreparedStatement pstmt = conn.prepareStatement(sql);
            ResultSet rst = pstmt.executeQuery()
            ){
        while(rst.next()){
                product = new Product(rst.getInt("id"),
                        rst.getString("name"),
                        rst.getString("brand"), rst.getDouble("price"));
                productList.add(product);
            }
            return productList;
        }catch(SQLException e){
            e.printStackTrace();
            return null;
        }
    }
}
```

该类没有给出修改记录和删除记录的方法,读者可以自行补充完整。

5.5.3 使用 DAO 对象

下面的 add-product.jsp 页面通过一个表单提供向数据库中插入的数据,代码见清单 5.13。

清单 5.13 add-product.jsp

```
<%@ page contentType="text/html;charset=UTF-8" %>
<html><head><title>添加商品</title></head>
<body>
<font color=red>${result}</font>
<p>请输入一条商品记录</p>
<form action="add-product" method="post">
 <table>
    <tr><td>商品号:</td><td><input type="text" name="id"></td></tr>
    <tr><td>商品名:</td><td><input type="text" name="name"></td></tr>
    <tr><td>品牌:</td><td><input type="text" name="brand"></td></tr>
    <tr><td>价格:</td><td><input type="text" name="price"></td></tr>
    <tr><td><input type="submit" value="确定"></td>
       <td><input type="reset" value="重置"></td>
  </tr>
</table>
</form>
</body></html>
```

清单 5.14 中的 AddProductServlet 使用了 DAO 对象和持久化对象,通过 JDBC API 实现将数据插入数据库中。

清单 5.14 AddProductServlet.java

```
package com.boda.controller;

import java.io.*;
```

```
import jakarta.servlet.*;
import jakarta.servlet.http.*;
import com.boda.domain.Product;
import com.boda.dao.ProductDao;
import com.boda.dao.ProductDaoImpl;
import jakarta.servlet.annotation.WebServlet;

@WebServlet(name = "addProductServlet",value = "/add-product")
public class AddProdcutServlet extends HttpServlet{
   public void doPost(HttpServletRequest request,
                          HttpServletResponse response)
                    throws ServletException,IOException{
      ProductDao dao = new ProductDaoImpl();
      Prodcut prodcut = null;
      String message = null;
      try{
         product = new Product(
             Integer.parseInt(request.getParameter("id")),
             request.getParameter("name"),
             request.getParameter("brand"),
             Double.parseDouble(request.getParameter("price"));
         int success = dao.addProduct(product);
         if(success == 1){
             message = "<li>成功插入一条记录!</li>";
         }else{
             message = "<li>插入记录错误!</li>";
          }
        }catch(Exception e){
           System.out.println(e);
           message = "<li>插入记录错误!</li>" + e;
        }
        request.setAttribute("result",message);
        RequestDispatcher rd =
           getServletContext().getRequestDispatcher("/add-product.jsp");
        rd.forward(request,response);
     }
}
```

该程序首先从请求对象中获得请求参数并进行编码转换，创建一个 Product 对象，然后调用 ProductDao 对象的 addProduct()方法将商品对象插入数据库中，最后根据该方法执行结果将请求再转发到 JSP 页面。

访问 add-product.jsp 页面，输入商品信息，单击“确定”按钮可以将商品信息插入数据库，如图 5-7 所示。

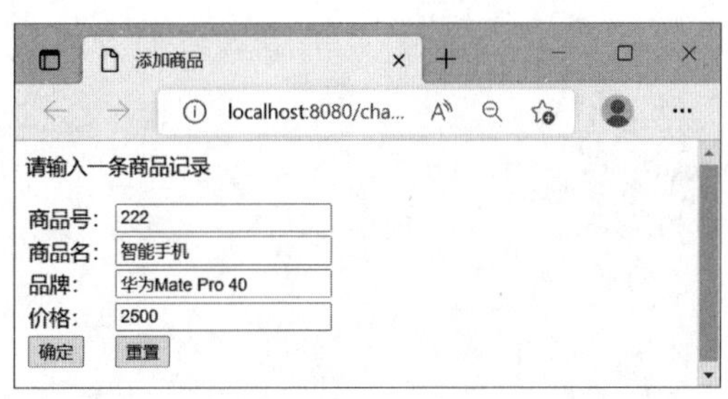

图 5-7　add-product.jsp 页面的运行结果

本章小结

Java 程序通过 JDBC API 访问数据库。JDBC API 定义了 Java 程序访问数据库的接口。访问数据库首先应该建立到数据库的连接，传统的方法是通过 DriverManager 类的 getConnection()建立连接对象。使用这种方法很容易产生性能问题，因此从 JDBC 2.0 开始提供了通过数据源建立连接对象的机制。

通过 PreparedStatement 对象可以创建预处理语句对象，它可以执行动态 SQL 语句。通过数据源连接数据库，首先需要建立数据源，然后通过 JNDI 查找数据源对象，建立连接对象，最后通过 JDBC API 操作数据库。

DAO 设计模式是数据库访问的标准方法，它是一种面向接口的设计方法，实现数据访问逻辑，通常为每个实体类设计一个接口和一个实现类。

练习与实践

习题

自测题

第6章

会话跟踪技术

在很多情况下，Web 服务器必须能够跟踪客户的状态。跟踪客户的状态可以使用数据库实现，但在 Web 容器中通常使用会话机制维护客户的状态。

本章首先介绍会话的概念，然后介绍使用 HttpSession 对象实现会话管理，接下来介绍 Cookie 技术及其应用，最后介绍 URL 重写和隐藏表单域。

本章内容要点

- HTTP 的无状态特性和会话的概念。
- 使用 HttpSession 对象实现会话管理。
- Cookie 及其使用。
- URL 重写和隐藏表单域。

6.1 会话管理

Web 服务器跟踪客户的状态通常有 4 种方法：①使用 Servlet API 的 Session 机制；②使用持久的 Cookie 对象；③使用 URL 重写机制；④使用隐藏的表单域。第①种方法是最常用的方法，后 3 种方法是传统的实现会话跟踪的方法，每种方法都有各自的优缺点。

6.1.1 理解状态与会话

协议记住客户及其请求的能力称为状态(state)。按这个观点，协议分成有状态的协议和无状态的协议两种类型。

1. HTTP 的无状态特性

HTTP 协议是一种无状态的协议，HTTP 服务器对客户的每个请求和响应都作为一个分离的事务。对于来自客户的多个请求，服务器无法确定它们是来自相同的客户还是不同的客户。这意味着服务器不能在多个请求中维护客户的状态。

有些 Web 应用不需要服务器记住客户，HTTP 的无状态特性适合这样的应用。例如，在线查询系统就不需要维护客户的状态。在某些应用程序中客户与服务器的交互需要有状态，典型的例子是购物车应用。客户可以多次向购物车中添加商品，也可以清除商品。在处理过程中，服务器应该能够显示购物车中的商品并计算商品的总价格。为了实现这一目标，服务器必须跟踪所有的请求并把它们与客户关联。

2. 会话的概念

会话(session)是浏览器与服务器之间不间断的请求响应序列。当浏览器向服务器发送第一个请求时就开始了一个会话。对于该客户之后的每个请求,服务器应该能够识别出请求来自于同一个客户。会话结束有两种可能:一种是浏览器被终止;另一种是由于浏览器处于不活动状态而结束了会话。当会话结束后,服务器就忘记了客户及客户的请求。

6.1.2 会话管理机制

在 Java Web 应用中,容器使用 HttpSession 表示会话对象。该接口由容器实现,并提供了一种简单的管理客户会话的方法。容器使用 HttpSession 对象管理会话的过程如图 6-1 所示,图中圆圈表示请求对象,圆角矩形表示会话对象。

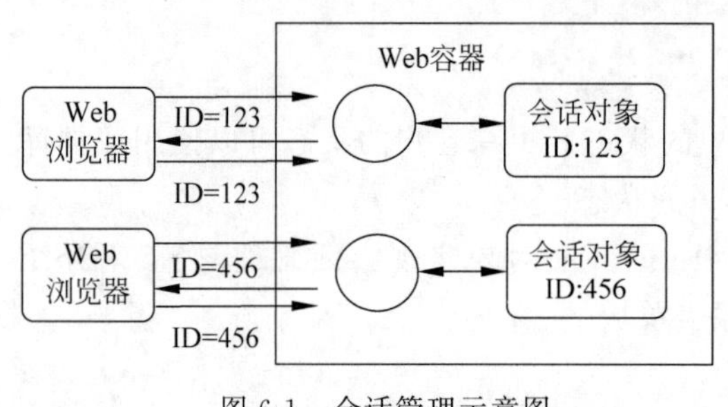

图 6-1 会话管理示意图

(1) 当浏览器向服务器发送第一个请求时,服务器创建请求对象。如果需要跟踪会话,就要为该客户创建一个会话对象(HttpSession 实例),并将该会话对象与请求对象关联。服务器在创建会话对象时为其指定一个唯一的标识符,称为会话 ID,它可以作为该客户的唯一标识。此时,该会话处于新建状态,用 HttpSession 的 isNew()来确定会话是否属于该状态。

(2) 当服务器向浏览器发送响应时,服务器将该会话 ID 与响应数据一起发送给客户,这是通过 Set-Cookie 响应头实现的,响应消息可能为:

```
HTTP/1.1 200 OK
Set - Cookie:JSESSIONID = 61C4F23524521390E70993E5120263C6
Content - Type:text/html
...
```

这里,JSESSIONID 的值即为会话 ID,它是 32 位的十六进制数。浏览器接收到响应后将会话 ID 存储在浏览器的内存中。之后,浏览器与服务器断开连接,请求对象被回收,会话对象继续存在一段时间。

(3) 在浏览器没有被关闭的情况下,再次向服务器发送一个请求时,它会通过 Cookie 请求头把之前存储在内存中的会话 ID 与请求一起发送给服务器。这时请求消息可能为:

```
POST /webstore/select - product HTTP/1.1
Host:www.mydomain.com
Cookie: JSESSIONID = 61C4F23524521390E70993E5120263C6
...
```

(4) 在服务器接收到请求后,从请求对象中取出会话 ID,在服务器中查找之前创建的与该 ID 值相同的会话对象,若找到则将该请求与该会话对象关联起来。

上述过程中的第(2)步到第(4)步一直保持重复。如果客户在指定时间没有发送任何请求,服务器将使会话对象失效。一旦会话对象失效,即使客户再发送同一个会话 ID,会话对象也不能恢复。对于服务器来说,此时客户的请求被认为是第一次请求(如第 1 步),它不与某个存在的会话对象关联。服务器可以为客户创建一个新的会话对象。

如果有多个客户访问服务器,服务器将为每个客户创建唯一的会话对象(用会话 ID 区分),服务器将客户数据存储到该会话对象中,从而实现客户跟踪。

通过会话机制可以实现购物车应用。当客户登录购物网站时,服务器就为客户创建一个会话对象。实现购物车的 Servlet 使用该会话对象存储客户的购物车对象,购物车中存储了客户准备购买的商品的列表。当客户向购物车中添加商品或删除商品时,Servlet 就更新该列表。当客户要结账时,Servlet 就从会话中检索购物车对象,从购物车中检索商品列表并计算商品的总价格。一旦客户完成结算,服务器就会关闭会话。如果客户再发送另一个请求,就会创建一个新的会话。显然,有多少个会话,服务器就会创建多少个 HttpSession 对象。换句话说,对每个会话(客户)都有一个对应的 HttpSession 对象。大家无须担心 HttpSession 对象与客户的关联,容器会做这一点,一旦接收到请求,它会自动返回合适的会话对象。

脚下留神

注意,不能使用客户的 IP 地址唯一标识客户,因为客户可能是通过局域网访问 Internet。尽管在局域网中每个客户都有一个 IP 地址,但对于服务器来说,客户的实际 IP 地址是路由器的 IP 地址,所以该局域网的所有客户的 IP 地址都相同,因此也就无法唯一标识客户。

6.1.3 HttpSession API

前面提到,Web 容器使用 HttpSession 管理会话,下面来看 HttpSession 接口中定义的常用方法。

- public String getId():返回为该会话指定的唯一标识符,它是一个 32 位的十六进制数。
- public long getCreationTime():返回会话创建的时间,时间为 1970 年 1 月 1 日午夜到现在的毫秒数。
- public long getLastAccessedTime():返回会话最后被访问的时间。
- public boolean isNew():如果会话对象还没有和客户关联,返回 true。
- public ServletContext getServletContext():返回该会话所属的 ServletContext 对象。
- public void setMaxInactiveInterval(int interval):设置在容器使该会话失效前客户的两个请求之间的最大间隔时间,单位为秒。参数为负值表示会话永不失效。
- public int getMaxInactiveInterval():返回以秒为单位的最大间隔时间,在这段时间内,容器将在客户请求之间保持该会话处于打开状态。
- public void invalidate():使会话对象失效并删除存储在其上的任何对象。

6.1.4 使用 HttpSession 对象

使用 HttpSession 对象通常需要 3 步:①创建或返回与客户请求关联的会话对象;②在会话对象中添加或删除“名-值”对属性;③如果需要可以使会话失效。

创建或返回 HttpSession 对象需要使用 HttpServletRequest 接口提供的 getSession()方法,该方法有下面两种格式:

- public HttpSession getSession(boolean create):返回或创建与当前请求关联的会话对象。如果没有与当前请求关联的会话对象,当参数为 true 时创建一个新的会话对象,当参数为 false 时返回 null。
- public HttpSession getSession():该方法与调用 getSession(true)等价。

清单 6.1 中的 Servlet 可以显示客户会话的基本信息。程序首先调用 request.getSession()获取现存的会话,在没有会话的情况下创建新的会话;然后在会话对象上查找类型为 Integer

的 accessCount 属性，如果找不到这个属性，则使用 1 作为访问计数；接着对这个值进行递增，并用 setAttribute()与会话关联起来。

清单 6.1　ShowSessionServlet.java

```
package com.boda.xy;

import java.io.*;
import jakarta.servlet.*;
import jakarta.servlet.http.*;
import java.time.LocalTime;
import jakarta.servlet.annotation.WebServlet;

@WebServlet(name = "showSession", value = "/show-session")
public class ShowSessionServlet extends HttpServlet{
   public void doGet(HttpServletRequest request,
                  HttpServletResponse response)
                  throws ServletException, IOException {
      response.setContentType("text/html;charset = UTF-8");
      //创建或返回用户会话对象
      HttpSession session = request.getSession(true);
      String state = session.isNew()?"新会话":"旧会话";
      session.setMaxInactiveInterval(60);

      String heading = null;
      //从会话对象中检索 accessCount 属性
      Integer accessCount = (Integer)session.getAttribute("accessCount");
      if(accessCount == null){
         accessCount = Integer.valueOf(1);
         heading = "欢迎您,首次登录该页面!";
      }else{
         heading = "欢迎您,再次访问该页面!";
         accessCount = accessCount + 1;
      }
      //将 accessCount 作为属性存储到会话对象中
      session.setAttribute("accessCount",accessCount);
      PrintWriter out = response.getWriter();
      out.println("<html><head>");
      out.println("<title>会话跟踪示例</title></head>");
      out.println("<body><center>");
      out.println("<h4>" + heading
         + "<a href = 'show-session'>再次访问</a>" + "</h4>");
      out.println("<table border = '0'>");
      out.println("<tr bgcolor = \"ffad00\"><td>信息</td><td>值</td>\n");
      out.println("<tr><td>会话状态:</td><td>" + state + "</td></tr>");
      out.println("<tr><td>会话 ID:</td><td>" +
            session.getId() + "</td></tr>");
      out.println("<tr><td>创建时间:</td><td>");
      out.println("" + session.getCreationTime() + "</td></tr>");
      out.println("<tr><td>最近访问时间:</td><td>");
      out.println("" + session.getLastAccessedTime() + "</td></tr>");
      out.println("<tr><td>最大不活动时间:</td><td>"
           + session.getMaxInactiveInterval() + "</td></tr>");
      out.println("<tr><td>Cookie:</td><td>"
           + request.getHeader("Cookie") + "</td></tr>");
      out.println("<tr><td>已被访问次数:</td><td>"
           + accessCount + </td></tr>");
      out.println("</table>");
      out.println("</center></body></html>");
   }
}
```

第一次访问该 Servlet，将显示如图 6-2 所示的页面，此时计数变量 accessCount 的值为 1，Cookie 请求头的值为 null。再次访问页面（单击“再次访问”链接或通过刷新页面）显示结果如图 6-3 所示，计数变量 accessCount 的值增 1，但会话 ID 的值相同。如果再打开一个浏览器窗口访问该 Servlet，计数变量仍从 1 开始，因为又开始了一个新的会话，服务器将为该会话创建一个新的会话对象并分配一个新的会话 ID。

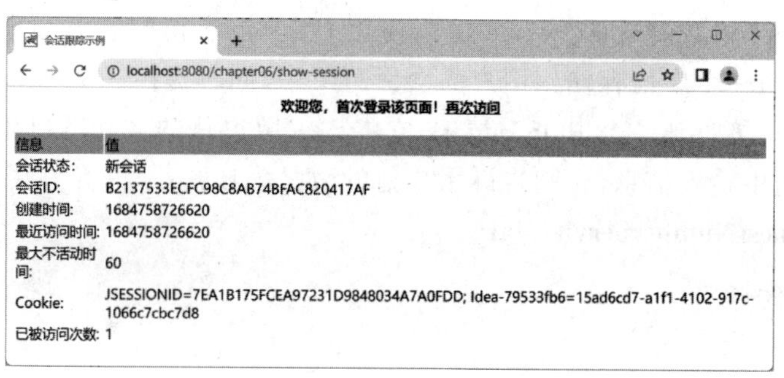

图 6-2　首次访问的结果

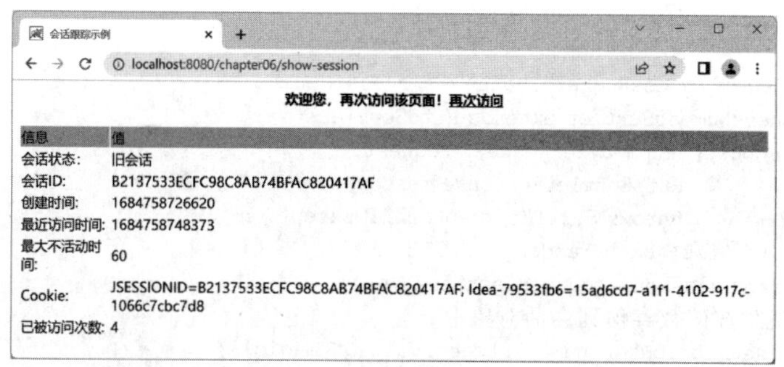

图 6-3　再次访问的结果

注意：这里没有编写任何代码来标识用户，仅调用了请求对象的 getSession()并假设每次处理同一用户的请求时都返回相同的 HttpSession 对象。如果请求是用户的首次请求，不能使用会话，这时将为新用户创建一个新的会话。

6.1.5　会话超时与失效

会话对象会占用一定的系统资源，因此没必要长久保留。HTTP 虽然没有提供任何机制让服务器知道用户已经离开，但是可以规定当用户在一个指定的期限内处于不活动状态时将用户的会话终止，这称为**会话超时**（session timeout）。

可以在部署描述文件 web.xml 中设置会话超时期限，例如：

```
<session-config>
    <session-timeout>10</session-timeout>
</session-config>
```

在<session-timeout>元素中指定以分钟为单位的超时期限，设置为 0 或小于 0 的值表示会话永不过期。如果没有通过上述方法设置会话的超时期限，在默认情况下是 30 分钟。如果用户在指定期限内没有执行任何动作，服务器将认为用户处于不活动状态并使会话对象无效。

在 DD 文件中设置的会话超时期限针对 Web 应用程序中的所有会话对象，但有时可能需要对特定的会话对象指定超时期限，可以使用会话对象的 setMaxInactiveInterval()方法指定。注意，该方法仅对调用它的会话有影响，其他会话的超时期限仍然是 DD 文件中设置的值。

在某些情况下可能希望通过编程的方式结束会话。例如，在购物车应用中，希望在客户付款后结束会话，这样当客户再次发送请求时就会创建一个购物车中不包含商品的新的会话，可以使用 HttpSession 接口的 invalidate()方法结束会话。

清单 6.2 是一个猜数游戏的 Servlet。当使用 GET 请求访问它时会生成一个 0～100 的随机整数，将其作为一个属性存储到用户的会话对象中，同时提供一个表单供用户输入猜测的数。如果该 Servlet 接收到一个 POST 请求，它将比较用户猜的数和随机生成的数是否相等，若相等在响应页面中给出信息，否则告诉用户猜的数是大还是小，并允许用户重新猜。

清单 6.2　GuessNumberServlet.java

```
package com.boda.xy;

import java.io.*;
import jakarta.servlet.*;
import jakarta.servlet.http.*;
import jakarta.servlet.annotation.WebServlet;

@WebServlet(name = "guessNumber", value = "/guess-number")
public class GuessNumberServlet extends HttpServlet{
   public void doGet(HttpServletRequest request,
                     HttpServletResponse response)
                     throws ServletException, IOException {
      int magic = (int)(Math.random() * 101);
      HttpSession session = request.getSession();
      //将随机生成的数存储到会话对象中
      session.setAttribute("num", Integer.valueOf(magic));
      response.setContentType("text/html;charset = UTF-8");
      PrintWriter out = response.getWriter();
      out.println("<html><head><title>猜数</title></head><body>");
      out.println("我想出一个 0～100 的数,请你猜!");
      out.println("<form action = '/chapter06/guess-number'
                  method = 'post'>");
      out.println("<input type = 'text' name = 'guess'/>");
      out.println("<input type = 'submit' value = '确定'/>");
      out.println("</form>");
      out.println("</body></html>");
   }
   public void doPost(HttpServletRequest request,
                      HttpServletResponse response)
                    throws ServletException, IOException {
      //得到用户猜的数
      int guess = Integer.parseInt(request.getParameter("guess"));
      HttpSession session = request.getSession();
      //从会话对象中取出随机生成的数
      int magic = (Integer)session.getAttribute("num");

      response.setContentType("text/html;charset = UTF-8");
      PrintWriter out = response.getWriter();
      out.println("<html><head><title>猜数</title></head><body>");
      if(guess == magic){
         session.invalidate();          //销毁会话对象
         out.println("祝贺你,答对了!");
```

```
            out.println("<a href = '/chapter06/guess - number'>
                        再猜一次.</a>");
        }else if(guess > magic){
            out.println("太大了! 请重猜!");
        }else{
            out.println("太小了! 请重猜!");
        }
        out.println("<form action = '/chapter06/guess - number'
                    method = 'post'>");
        out.println("<input type = 'text' name = 'guess'/>");
        out.println("<input type = 'submit' value = '确定'/>");
        out.println("</form>");
        out.println("</body></html>");
    }
}
```

在该程序中当用户猜对时调用了会话对象的 invalidate()使会话对象失效，再通过链接发送一个 GET 请求允许用户继续猜。该程序的运行结果如图 6-4 和图 6-5 所示。

图 6-4　GET 请求显示的页面

图 6-5　猜正确的页面

6.2　案例学习：用会话存储购物车

会话对象是一个作用域对象，存储在会话作用域中的对象可以被多次请求使用。在购物车应用中经常使用会话对象存储购物车对象。下面介绍在简单的在线书店系统中如何使用会话对象存储购物车对象，以及在视图中如何检索出会话对象中存储的数据。

6.2.1　购物车设计

本书介绍的简单的在线书店系统需要设计 Book 类和 CartItems 类，Book 类表示商品，CartItems 类表示购物车中商品的条目。对于这两个类，请读者参考 bookshop 项目的源代码。清单 6.3 是购物车类的代码。

清单 6.3　ShoppingCart.jsp

```
package eshop.beans;

import java.util.*;

public class ShoppingCart extends HashMap<String,CartItems>{
    double totalPrice = 0.0;
    public ShoppingCart() {                          //购物车的构造方法
        new HashMap<String,CartItems>();
    }
    //向购物车中添加商品的方法
    public void add(CartItems goodsItem) {
        //返回添加的商品号
        String bookid = goodsItem.getBook().getId();
        //如果购物车中包含指定的商品,返回该商品并增加数量
```

```
        if(containsKey(bookid)) {
            CartItems item = (CartItems) get(bookid);
            //修改该商品的数量
            item.setQuantity(item.getQuantity() + goodsItem.getQuantity());
        } else {
            //否则将该商品添加到购物车中
           put(bookid,goodsItem);
        }
    }

    //从购物车中删除一件商品
    public void remove(String bookid) {
        if(containsKey(bookid)) {
            CartItems item = (CartItems) get(bookid);
            item.setQuantity(item.getQuantity() - 1);
            if(item.getQuantity() == 0){
                remove(bookid);
            }
        }
    }

    //返回购物车中 CartItems 的集合
    public Collection<CartItems> getItems() {
        return this.values();
    }

    //计算购物车所有商品的价格
    public double getTotalPrice() {
        double amount = 0.0;
        for(Iterator<CartItems> i = getItems().iterator(); i.hasNext(); ) {
            CartItems item = (CartItems) i.next();
            Book book = (Book) item.getBook();
            amount += item.getQuantity() * book.getPrice();
        }
        amount = (Math.round(amount * 100))/100.0;     //四舍五入到两位小数
        return amount;
    }

    public void setTotalPrice(double totalPrice) {
        this.totalPrice = totalPrice;
    }

    //清空购物车的方法
    public void clear() {
        this.clear();
    }
}
```

该类继承了 HashMap 类，它的键是商品号，值是购物车中商品的条目(CartItems 类)。该类定义了 add()方法向购物车中添加商品，以及 remove()方法用于从购物车中删除一件商品。

在商品详细信息页面中，单击“加入购物车”链接(见图 6-6)，系统将请求 AddToCartServlet，从会话对象中检索购物车对象，如果购物车对象不存在则创建购物车对象。在对购物车对象处理完毕后，仍将购物车对象存储在会话对象中。

将商品添加到购物车中的代码见清单 6.4。

图 6-6　商品详细信息页面

清单 6.4　AddToCartServlet.java

```
package com.boda.xy;
//这里省略了若干 import 语句

@WebServlet("/shop/add-to-cart")
public class AddToCartServlet extends HttpServlet {
    private static final long serialVersionUID = 1L;
    public AddToCartServlet() {
        super();
    }

    protected void doGet(HttpServletRequest request,
                         HttpServletResponse response)
            throws ServletException, IOException {

        HttpSession session = request.getSession();
        BookDao bookDao = new BookDaoImpl();
        double totalPrice = 0.0;
        //在会话对象中查找并返回购物车对象
        ShoppingCart shoppingCart =
                (ShoppingCart)session.getAttribute("shoppingCart");
        if (shoppingCart == null) {
            shoppingCart = new ShoppingCart();
        }
        try {
            String bookId = request.getParameter("bookId");
            Book book = bookDao.getBookDetails(bookId);
        if (book!= null) {
                CartItems item = new CartItems(book,1);
                shoppingCart.add(item);

                totalPrice = shoppingCart.getTotalPrice();
        session.setAttribute("totalPrice",
                             Double.valueOf(totalPrice));
                //将购物车对象存储在会话对象中
                session.setAttribute("shoppingCart",shoppingCart);
            }
        }catch (Exception e) {
                ;
            }
```

```
        RequestDispatcher dispatcher =
            getServletContext().getRequestDispatcher("/jsp/ShowCart.jsp");
        dispatcher.forward(request,response);
    }
}
```

该程序首先从请求对象中检索会话对象,然后从会话对象中检索购物车对象,这里的购物车对象使用 HashMap 实现,键是书号,值是 CartItems 对象。如果购物车对象不存在则创建购物车对象;如果存在购物车对象,则根据传递来的 bookId 参数检索 Book 对象,如果 Book 对象存在则创建 CartItems 对象并添加到购物车中。然后返回所有商品的总价格(totalPrice),并将总价格和购物车对象都存储在会话对象中。最后将请求转发到 ShowCart.jsp 页面。

6.2.2 显示购物车

ShowCart.jsp 页面显示购物车中的商品(见图 6-7),这里列出了购物车中的所有商品和数量、小计金额和总计金额,还提供了修改商品数量和删除一件商品的功能。该页面的代码见清单 6.5。

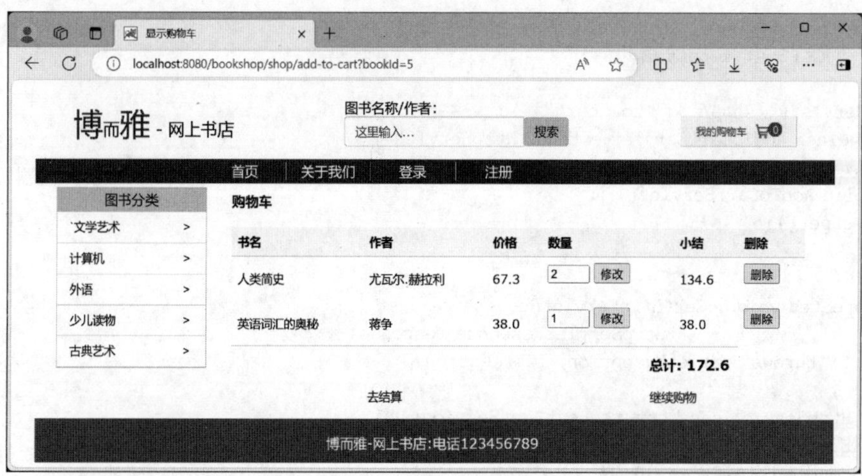

图 6-7 显示购物车页面

清单 6.5 ShowCart.jsp

```
<%@ page contentType="text/html;charset=UTF-8" %>
<%@ taglib prefix="c" uri="http://java.sun.com/jsp/jstl/core" %>
<html>
<head>
  <meta http-equiv="Content-Type" content="text/html; charset=UTF-8"/>
  <title>显示购物车</title>
  <link rel="stylesheet" href="/bookshop/css/eshop.css" type="text/css"/>
</head>
<body>
<jsp:include page="TopMenu.jsp" flush="true"/>
<div class="main">
    <jsp:include page="LeftMenu.jsp" flush="true"/>
    <c:if test="${!(empty sessionScope.shoppingCart)}">
      <div class="content">
      <h2>购物车</h2>
      <table>
        <tr>
            <th>书名</th><th>作者</th><th>价格</th><th>数量</th>
            <th>小计</th><th>删除</th>
```

```
            </tr>
            <c:forEach var="item" items="${sessionScope.shoppingCart}">
              <tr>
                <td>${item.value.title}</td>
                <td>${item.value.author}</td>
                <td>${item.value.price}</td>
                <td><form action="update-item" method="post">
                  <input type="hidden" name="bookId" value="${item.key}"/>
                  <input type="text" size="2" name="quantity"
                        value="${item.value.quantity}"/>
                  <input type="submit" value="修改"/>
                  </form>
                </td>
                <td>
                  ${item.value.itemPrice}
                </td>
                <td><form action="delete-item" method="post">
                  <input type="hidden" name="bookId" value="${item.key}"/>
                  <input type="hidden" name="quantity"
                        value="${item.value.quantity}"/>
                  <input type="submit" value="删除"/>
                  </form>
                  </td>
                </tr>
            </c:forEach>
            <tr>
              <td colspan="5" id="total">总计: ${sessionScope.totalPrice}</td>
              <td class="total"> </td>
              </tr>
          <tr>
            <td colspan="3" class="center">
              <a class="link1" href="/bookshop/shop/check-out">去结算</a>
             </td>
             <td colspan="3" class="center">
               <a class="link1" href="/bookshop/jsp/index.jsp">继续购物</a>
             </td>
           </tr>
           </table>
         </div>
     </c:if>
     <c:if test="${empty sessionScope.shoppingCart}">
       <p class="info">购物车中没有商品。</p>
     </c:if>
           <div class="clear"></div>
   </div>
   <jsp:include page="Footer.jsp" flush="true"/>
   </body>
   </html>
```

该页面使用 JSTL 的<c:if>标签判断会话作用域中的购物车是否为空(empty),若不为空使用<c:forEach>标签对购物车进行迭代,输出购物车中每件商品的信息。

6.3 Cookie 及其应用

Cookie(发音[kuki])是客户访问 Web 服务器时,服务器在客户硬盘上存放的信息,好像是服务器送给客户的"小甜饼"。Cookie 实际上是一小段文本信息,客户以后访问同一个 Web 服务器时浏览器会把它们原样发送给服务器。

通过让服务器读取它原先保存到客户端的信息，网站能够为浏览者提供一系列的方便，例如，在线交易过程中标识用户身份、安全要求不高的场合避免客户登录时重复输入用户名和密码等。

6.3.1 Cookie API

对 Cookie 的管理需要使用 jakarta.servlet.http.Cookie 类，构造方法如下。

```
public Cookie(String name,String value)
```

参数 name 为 Cookie 名称，value 为 Cookie 的值，它们都是字符串。

Cookie 类的常用方法如下。

- public String getName()：返回 Cookie 名称，名称一旦创建不能改变。
- public String getValue()：返回 Cookie 的值。
- public void setValue(String newValue)：在 Cookie 创建后为它指定一个新值。
- public void setMaxAge(int expiry)：设置 Cookie 在浏览器中的最大存活时间，单位为秒。如果参数值为负，表示 Cookie 并不永久存储；如果是 0，表示删除该 Cookie。
- public int getMaxAge()：返回 Cookie 在浏览器中的最大存活时间。
- public void setDomain(String pattern)：设置该 Cookie 所在的域。域名以点号(.)开头，例如，.foo.com。在默认情况下，只有发送 Cookie 的服务器才能得到它。
- public String getDomain()：返回为该 Cookie 设置的域名。

Cookie 的管理包括两方面，即将 Cookie 对象发送到客户端和从客户端读取 Cookie。

6.3.2 向客户端发送 Cookie

如果要把 Cookie 发送到客户端，Servlet 要先使用 Cookie 类的构造方法创建一个 Cookie 对象，通过 setXxx()设置各种属性，通过响应对象的 addCookie(cookie)把 Cookie 加入响应头。其具体步骤如下。

(1) 创建 Cookie 对象：调用 Cookie 类的构造方法可以创建 Cookie 对象。下面的语句创建了一个 Cookie 对象。

```
Cookie userCookie = new Cookie("username","张大海");
```

(2) 设置 Cookie 的最大存活时间：在默认情况下，发送到客户端的 Cookie 对象只是一个会话级别的 Cookie，它存储在浏览器的内存中，用户关闭浏览器后 Cookie 对象将被删除。如果希望浏览器将 Cookie 对象存储到硬盘上，需要使用 Cookie 类的 setMaxAge()设置 Cookie 的最大存活时间。下面的代码将 userCookie 对象的最大存活时间设置为一个星期。

```
userCookie.setMaxAge(60 * 60 * 24 * 7);
```

(3) 向客户发送 Cookie 对象：如果要将 Cookie 对象发送到客户端，需要调用响应对象的 addCookie()将 Cookie 添加到 Set-Cookie 响应头。例如：

```
response.addCookie(userCookie);
```

清单 6.6 中的 Servlet 向客户发送一个 Cookie 对象。

清单 6.6 SendCookieServlet.java

```
package com.boda.xy;

import java.io.*;
```

```
import jakarta.servlet.*;
import jakarta.servlet.http.*;
import jakarta.servlet.annotation.WebServlet;

@WebServlet(name = "sendCookie", value = "/send-cookie")
public class SendCookieServlet extends HttpServlet{
  public void doGet(HttpServletRequest request,
                HttpServletResponse response)
               throws IOException, ServletException{
     Cookie userCookie = new Cookie("username","张大海");
     //设置 Cookie 的最大存活时间为一个星期
     userCookie.setMaxAge(60 * 60 * 24 * 7);
     response.addCookie(userCookie);
     response.setContentType("text/html;charset = UTF-8");
     PrintWriter out = response.getWriter();
     out.println("<html><title>发送 Cookie</title>");
     out.println("<body><h3>已向浏览器发送一个 Cookie.</h3></body>");
     out.println("</html>");
  }
}
```

访问该 Servlet，服务器将在浏览器上写一个 Cookie 文件，该文件是一个文本文件。在 Windows 10 中，该文件保存在 C:\Users\用户名\AppData\Local\Microsoft\Windows\Temporary Internet Files 文件夹中。

6.3.3 从客户端读取 Cookie

如果要从客户端读入 Cookie，Servlet 应该调用请求对象的 getCookies()，该方法返回一个 Cookie 对象的数组。在大多数情况下，只需要用循环访问该数组的各个元素寻找指定名字的 Cookie，然后对该 Cookie 调用 getValue()取得与指定名字关联的值。其具体步骤如下。

(1) 调用请求对象的 getCookies()方法：该方法返回一个 Cookie 对象的数组。如果请求中不含 Cookie，返回 null 值。

```
Cookie[] cookies = request.getCookies();
```

(2) 对 Cookie 数组循环：有了 Cookie 对象数组后，就可以通过循环访问它的每个元素，然后调用每个 Cookie 的 getName()，直到找到一个与希望的名称相同的对象为止。找到所需要的 Cookie 对象后，一般要调用它的 getValue()，并根据得到的值做进一步处理。

清单 6.7 是 ReadCookieServlet.java 的代码。

清单 6.7 ReadCookieServlet.java

```
package com.boda.xy;

import java.io.*;
import jakarta.servlet.*;
import jakarta.servlet.http.*;
import jakarta.servlet.annotation.WebServlet;

@WebServlet(name = "readCookie", value = "/read-cookie")
public class ReadCookieServlet extends HttpServlet{
   public void doGet(HttpServletRequest request,
                  HttpServletResponse response)
                  throws IOException, ServletException{
      String cookieName = "username";
      String cookieValue = null;
      Cookie[] cookies = request.getCookies();
```

```
        if (cookies!= null){
            for(int i = 0;i < cookies.length;i++){
                Cookie cookie = cookies[i];
                if(cookie.getName().equals(cookieName))
                    cookieValue = cookie.getValue();
            }
        }
        response.setContentType("text/html;charset = UTF - 8");
        PrintWriter out = response.getWriter();
        out.println("< html >< title >读取 Cookie </title >");
        out.println("< body >< h3 >从浏览器读回一个 Cookie </h3 >");
        out.println("Cookie 名:" + cookieName + "< br >");
        out.println("Cookie 值:" + cookieValue + "< br >");
        out.println("</body ></html >");
    }
}
```

访问该 Servlet 将从客户端读回此前写到客户端的 Cookie。

6.3.4 Cookie 的安全问题

Cookie 是服务器向客户机上写的数据，因此有些用户认为 Cookie 会带来安全问题，有些用户认为 Cookie 会带来病毒。事实上，Cookie 并不会造成安全威胁，Cookie 永远不会以任何方式执行。另外，由于浏览器一般只允许存放 300 个 Cookie，每个站点最多存放 20 个 Cookie，每个 Cookie 的大小限制为 4KB，所以 Cookie 不会占据硬盘太多空间。

为了保证安全，许多浏览器提供了设置是否使用 Cookie 的功能。例如，在 Microsoft Edge 浏览器中单击右上角的“...”按钮，选择下拉菜单中的“设置”命令，进入设置操作界面，选择“Cookie 和网站权限”选项，在右侧页面中就可以设置浏览器是否接受 Cookie，如图 6-8 所示。

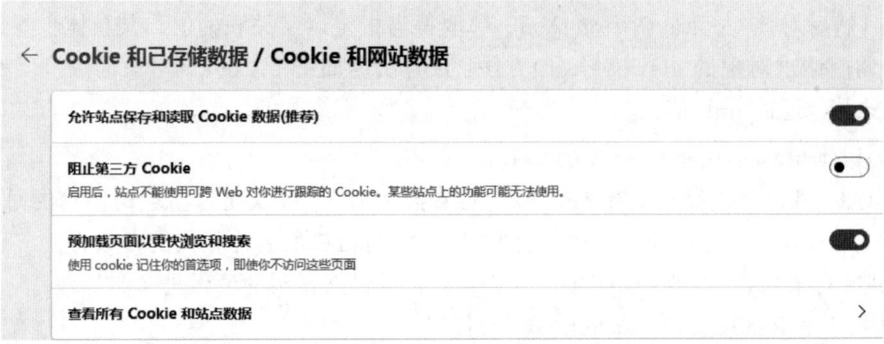

图 6-8 Microsoft Edge 浏览器的 Cookie 设置界面

在这里可以设置允许站点保存和读取 Cookie 数据，也可以禁止站点保存和读取 Cookie 数据，还可以查看所有 Cookie 和站点数据。

注意：即使客户将 Cookie 设置为禁止站点保存和读取 Cookie 数据，浏览器仍然自动支持会话级的 Cookie。

6.4 案例学习：用 Cookie 实现自动登录

许多网站都提供了用户自动登录功能，即用户第一次登录网站，服务器将用户名和密码以 Cookie 的形式发送到客户端。当客户之后再次访问该网站时，浏览器自动将 Cookie 文件中的用户名和密码随请求一起发送到服务器，服务器从 Cookie 中取出用户名和密码并且通过验证，这样客户不必再次输入用户名和密码登录网站，这称为自动登录。清单 6.8 中的 login.jsp 是登录页面。

清单 6.8 login.jsp

```
<%@ page contentType="text/html;charset=UTF-8" language="java" %>
<html>
<head><title>登录页面</title></head>
<body>
  ${sessionScope.message}<br>
 <form action="check-user" method="post">
 <fieldset>
  <legend>用户登录</legend>
   <p>
   <label>用户名: <input type="text" name="username"/></label>
   <label>密  码:<input type="password" name="password"/>
   </label>
   </p>
   <p>
   <label><input type="checkbox" name="check" value="check"/>自动登录
   </label>
   </p>
   <p>
      <label><input type="submit" value="登录"/>
                  <input type="reset" value="取消"/>
      </label>
    </p>
  </fieldset>
 </form>
</body>
</html>
```

该页面的运行结果如图 6-9 所示。

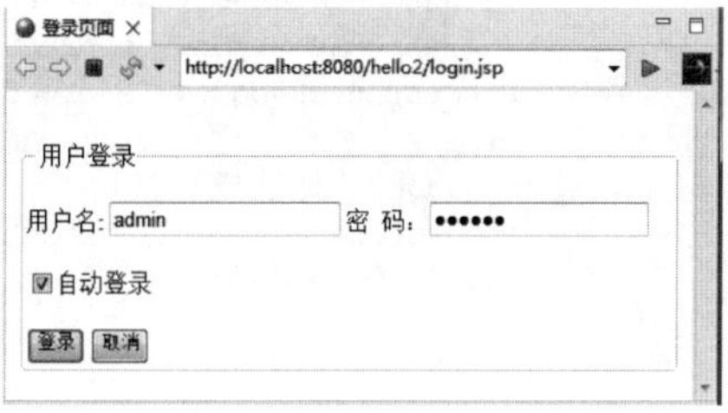

图 6-9 login.jsp 页面的运行结果

清单 6.9 是 CheckUserServlet.java 的代码。

清单 6.9 CheckUserServlet.java

```
package com.boda.xy;

import java.io.IOException;
import jakarta.servlet.*;
import jakarta.servlet.http.*;
import jakarta.servlet.annotation.WebServlet;

@WebServlet(name="/checkUser",value="/check-user")
public class CheckUserServlet extends HttpServlet {
    String message=null;
    protected void doGet(HttpServletRequest request,
                   HttpServletResponse response)
                   throws ServletException,IOException {
       response.setContentType("text/html;charset=UTF-8");
       String value1="",value2="";
       Cookie cookie=null;
       Cookie[] cookies=request.getCookies();
       if (cookies!=null){
         for(int i=0;i<cookies.length;i++){
           cookie=cookies[i];
           if(cookie.getName().equals("username"))
             value1=cookie.getValue();
           if(cookie.getName().equals("password"))
             value2=cookie.getValue();
```

```
            }
            if(value1.equals("admin")&&value2.equals("admin")){
                message = "欢迎您!" + value1 + "再次登录该页面!";
                request.getSession().setAttribute("message",message);
                response.sendRedirect("welcome.jsp");
            }else{
                response.sendRedirect("login.jsp");
            }
        }else{
            response.sendRedirect("login.jsp");
        }
    }

    protected void doPost(HttpServletRequest request,
                         HttpServletResponse response)
                         throws ServletException,IOException {
        response.setContentType("text/html;charset = UTF - 8");
        String username = request.getParameter("username").trim();
        String password = request.getParameter("password").trim();
        if(!username.equals("admin")||!password.equals("admin")){
            message = "用户名或密码不正确,请重试!";
            request.getSession().setAttribute("message",message);
            response.sendRedirect("login.jsp");
        }else{
            //如果用户选中了"自动登录"复选框,则向浏览器发送两个 Cookie
            if((request.getParameter("check")!= null) &&
               (request.getParameter("check").equals("check"))){
                Cookie nameCookie = new Cookie("username",username);
                Cookie pswdCookie = new Cookie("password",password);
                nameCookie.setMaxAge(60 * 60);
                pswdCookie.setMaxAge(60 * 60);
                response.addCookie(nameCookie);
                response.addCookie(pswdCookie);
            }
            message = "你已成功登录!";
            request.getSession().setAttribute("message",message);
            response.sendRedirect("welcome.jsp");
        }
    }
}
```

以 GET 方法访问 CheckUserServlet(在浏览器的地址栏中输入该 Servlet 的 URL 地址),由于是首次访问,请求中并不包含 Cookie,该 Servlet 将响应重定向到 login.jsp 页面。在该页面中如果用户输入了正确的用户名和密码,且选中"自动登录"复选框,单击"提交"按钮,将发送 POST 请求由 CheckUserServlet 的 doPost()处理。在该方法中使用用户名和密码创建两个 Cookie 对象并发送到客户端。

之后再发送 GET 请求,Servlet 将从 Cookie 中检索出用户名和密码,并对其验证。验证通过后将响应重定向到 welcome.jsp 页面。

6.5 URL 重写与隐藏表单域

在 Java Web 开发中还可以使用 URL 重写和隐藏表单域实现用户状态的管理。

6.5.1 URL 重写

如果浏览器不支持 Cookie 或用户阻止了所有 Cookie,可以把会话 ID 附加在 HTML 页面中所有的 URL 上，这些页面作为响应发送给客户。这样，当用户单击 URL 时，会话 ID 被自动作为请求行的一部分而不是作为头行发送回服务器。这种方法称为 **URL 重写**(URL rewriting)。

为了帮助读者更好地理解这一点，考虑下面由名为 HomeServlet 的 Servlet(没有进行 URL 重写)返回的 HTML 页面的代码。

```
<html><body>
   单击链接查询:<br>
   <a href="/chapter06/ReportServlet">查询销售报表</a><br>
   <a href="/chapter06/AccountServlet">查询账户信息</a><br>
</body></html>
```

上述 HTML 页面是不包含任何特殊代码的普通 HTML 页面。然而，如果 Cookie 不可用，当用户单击该页面显示的超链接时，不会向服务器发送会话 ID。下面来看同样的带有 URL 重写的 HTML 代码，但包含了会话 ID。

```
<html><body>
 单击链接查询:<br>
  <a href=
"/chapter06/ReportServlet;jsessionid=C084B32241B2F8F060230440C0158114">
查询销售报表</a><br>
<a href=
"/chapter06/AccountServlet;jsessionid=C084B32241B2F8F060230440C0158114">
查询账户信息</a><br>
</body></html>
```

这里在超链接的 URL 的后面通过 jsessionid 附加了会话 ID。当用户单击该页面的 URL 时，会话 ID 将作为请求的一部分发送。那么如何将会话 ID 附加到 URL 的后面？为此，HttpServletResponse 接口提供了以下两个方法。

- public String encodeURL(String url)：返回带会话 ID 的 URL，它主要用于 Servlet 发出的一般的 URL。
- public String encodeRedirectURL(String url)：返回带会话 ID 的 URL，它主要用于使用 sendRedirect()方法的 URL 进行解码。

这两个方法首先检查附加会话 ID 是否有必要。如果请求包含一个 Cookie 头行，则 Cookie 是可用的，就不需要重写 URL，此时返回的 URL 并不将会话 ID 附加在其上；如果请求不包含 Cookie 头行，则 Cookie 不可用，此时调用上述方法将对 URL 重写，并将会话 ID 附加到 URL 上。

注意： jsessionid 使用分号(;)而不是问号(?)附加到 URL 上，这是因为 jsessionid 是请求 URI 路径信息的一部分，而不是一个请求参数，因此也不能使用 ServletRequest 的 getParameter("jsessionid")方法检索。

清单 6.10 说明了如何使用这些方法，HomeServlet 产生了前面给出的 HTML 页面。

清单 6.10 HomeServlet.java

```
package com.boda.xy;

import java.io.*;
import jakarta.servlet.*;
import jakarta.servlet.http.*;
import jakarta.servlet.annotation.WebServlet;

@WebServlet(name="homeServlet",value="/home-servlet")
public class HomeServlet extends HttpServlet{
   public void doGet(HttpServletRequest request,
```

```
                      HttpServletResponse response)
                 throws ServletException, IOException{
        HttpSession session = request.getSession();
        response.setContentType("text/html;charset = UTF - 8");
        PrintWriter out = response.getWriter();

        out.println("< html >< body >");
        out.println("单击链接查询:< br >");
        out.println("< a href = \""
                + response.encodeURL("/chapter06/ReportServlet")
                + "\">查看销售信息</a >< br >");
        out.println("< a href = \""
                + response.encodeURL("/chapter06/AccountServlet")
                +"\">查看账户信息</a >< br >");
        out.println("</body ></html >");
    }
}
```

注意：*在 Servlet 中检索会话仍然调用 getSession()方法。Servlet 容器将自动地解析附加在请求 URL 上的会话 ID，并返回适当的会话对象。*

一般来说，URL 重写是支持会话的非常健壮的方法。在不能确定浏览器是否支持 Cookie 的情况下应该使用这种方法。在使用 URL 重写时，大家应该注意下面几点。

(1) 如果使用 URL 重写，应该在应用程序的所有页面中对所有的 URL 编码，包括所有的超链接和表单的 action 属性值。

(2) 应用程序的所有页面都应该是动态的。因为不同的用户具有不同的会话 ID，所以在静态 HTML 页面中无法在 URL 上附加会话 ID。

(3) 所有静态的 HTML 页面必须通过 Servlet 运行，在它将页面发送给客户时会重写 URL。

6.5.2 隐藏表单域

在 HTML 页面中，可以使用下面的代码实现隐藏的表单域。

```
< input type = "hidden" name = "bookId" value = " $ {book.bookId}">
```

当页面显示时，隐藏表单域不显示。当表单提交时，隐藏表单域指定的名称和值包含在 GET 或 POST 的数据中。这个隐藏域可以存储有关会话的信息。这种方法仅当每个页面都是由表单提交动态生成时才能使用。单击常规的超链接(< a href >)并不产生表单提交，因此隐藏的表单域不支持通常的会话跟踪，只能用在某些特定的操作中。

本章小结

在 Java Web 开发中经常需要在本来无状态的 HTTP 上实现状态。Web 服务器跟踪客户的状态通常有多种方法，如使用 HttpSession、使用 Cookie、使用 URL 重写、使用隐藏表单域等。其中，使用 HttpSession 是最常用的跟踪客户状态的方法。

练习与实践

扫一扫

习题

扫一扫

自测题

第7章

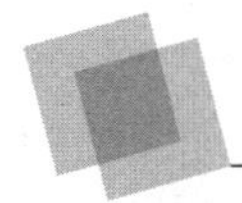

过滤器与监听器

过滤器用于拦截传入的请求或传出的响应，并监视、修改或以某种方式处理这些通过的数据流。Web 应用程序在运行过程中可能发生各种事件，如应用上下文事件、会话事件及与请求有关的事件等，Web 容器采用监听器模型处理这些事件。

本章首先介绍 Web 过滤器的开发与配置，然后介绍 Web 应用中的事件和事件监听器，最后讨论 Servlet 多线程问题。

本章内容要点

- 过滤器的开发与配置。
- Web 应用中事件的类型及事件对象。
- 使用监听器处理 Web 事件。
- Servlet 的多线程问题。

7.1 Web 过滤器

过滤器(filter)是 Web 服务器上的组件，它拦截客户对某个资源的请求和响应，对其进行过滤。

7.1.1 什么是过滤器

图 7-1 说明了过滤器的一般概念，其中 F_1 是一个过滤器。它显示了请求经过滤器 F_1 到达 Servlet，Servlet 产生响应再经过滤器 F_1 到达客户。这样，过滤器就可以在请求和响应到达目的地之前对它们进行监视。

可以在客户和资源之间建立多个过滤器，从而形成过滤器链(filter chain)。在过滤器链中每个过滤器都对请求进行处理，然后将请求发送给链中的下一个过滤器(如果它是链中的最后一个过滤器，将发送给实际的资源)。类似地，在响应到达客户之前，每个过滤器以相反的顺序对响应进行处理。图 7-2 说明了这个过程。

图 7-2 中请求的处理顺序是过滤器 F_1、过滤器 F_3，而响应的处理顺序是过滤器 F_3、过滤器 F_2、过滤器 F_1。

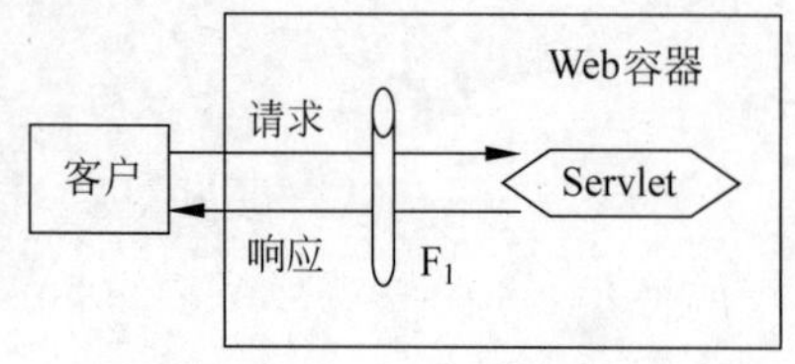

图 7-1 单个的过滤器

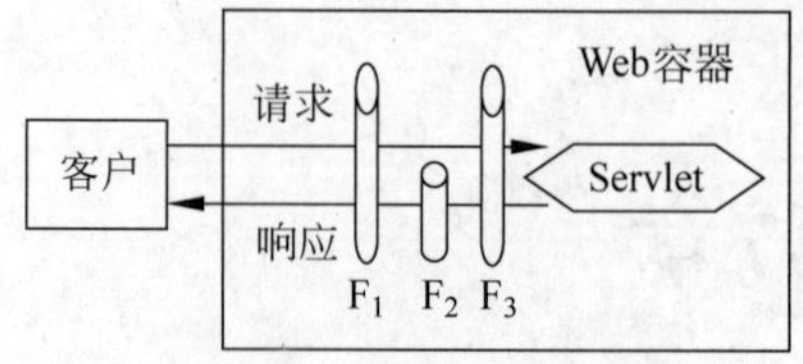

图 7-2 使用多个过滤器

1. 过滤器是如何工作的

当容器接收到对某个资源的请求时，它首先检查是否有过滤器与该资源关联。如果有过滤器与该资源关联，容器先把该请求发送给过滤器，而不是直接发送给资源。在过滤器处理完请求后，它将做下面 3 件事。

(1) 将请求发送到目标资源。

(2) 如果有过滤器链，将把请求(修改过或没有修改过)发送给下一个过滤器。

(3) 直接产生响应并将其返回给客户。

当请求返回到客户时，它将以相反的方向经过同一组过滤器。过滤器链中的每个过滤器都可能修改响应。

2. 过滤器的用途

Servlet 规范中提到的过滤器的一些常见应用包括验证过滤器、登录和审计过滤器、数据压缩过滤器、加密过滤器和 XSLT 过滤器等。

7.1.2 过滤器 API

表 7-1 描述了过滤器 API，其中，HttpFilter 类定义在 jakarta. servlet. http 包中，其他接口和类定义在 jakarta. servlet 包中。

表 7-1 过滤器使用的接口和类

接口和类	说明
Filter	所有的过滤器都需要实现该接口
FilterConfig	过滤器配置对象。容器提供了该对象，其中包含了该过滤器的初始化参数
GenericFilter	该抽象类实现了 FilterConfig 接口的方法和 Filter 接口的 init()方法
HttpFilter	该抽象类扩展了 GenericFilter 类，实现针对 HTTP 协议的过滤器
FilterChain	过滤器链对象

1. Filter 接口

Filter 接口是过滤器 API 的核心，所有的过滤器都必须实现该接口。该接口声明了 3 个方法，分别是 init()、doFilter()和 destroy()，它们是过滤器的生命周期方法。

init()是过滤器的初始化方法。在过滤器的生命周期中，init()仅被调用一次。在该方法结束之前，容器并不向过滤器转发请求。该方法的声明格式如下。

```
public void init(FilterConfig filterConfig)
```

参数 FilterConfig 是过滤器配置对象，通常将 FilterConfig 参数保存起来以备以后使用。该方法抛出 ServletException 异常。

doFilter()是实现过滤的方法。如果客户请求的资源与该过滤器关联，容器将调用该方法，格式如下。

```
public void doFilter(ServletRequest request,ServletResponse response,
                    FilterChain chain)
                  throws IOException,ServletException;
```

该方法执行过滤功能，对请求进行处理，或者将请求转发到下一个组件，或者直接向客户返回响应。注意，request 和 response 参数被分别声明为 ServletRequest 和 ServletResponse 的类型。因此，过滤器并不只限于处理 HTTP 请求。如果过滤器被用在使用 HTTP 的 Web 应用程序中，这些变量就分别指 HttpServletRequest 和 HttpServletResponse 类型的对象。在使用它们之前应该把这些参数转换为相应的 HTTP 类型。

destroy()是容器在过滤器对象上调用的最后一个方法，其声明格式如下。

```
public void destroy();
```

该方法给过滤器对象一个释放其所获得资源的机会，在结束服务之前执行一些清理工作。

2. FilterConfig 接口

FilterConfig 接口代表过滤器配置对象，通过该对象可以获得过滤器名、过滤器运行的上下文对象及过滤器的初始化参数。FilterConfig 接口声明了如下 4 个方法。

- public String getFilterName()：返回在注解或 DD 文件中< filter-name >元素指定的过滤器名。
- public ServletContext getServletContext()：返回与该应用程序相关的 ServletContext 对象，过滤器可以使用该对象返回和设置应用作用域的属性。
- public String getInitParameter(String name)：返回用注解或 DD 文件中指定的过滤器初始化参数值。
- public Enumeration getInitParameterNames()：返回所有指定的参数名的一个枚举。

容器提供了 FilterConfig 接口的一个具体实现类，创建该类的一个实例，使用初始化参数值对它初始化，然后将它作为一个参数传递给过滤器的 init()。

3. FilterChain 接口

FilterChain 接口只有以下一个方法。

```
public void doFilter(ServletRequest request,ServletResponse response)
          throws IOException,ServletException
```

在 Filter 对象的 doFilter()中调用该方法使过滤器继续执行，它将控制转到过滤器链的下一个过滤器或实际的资源。

容器提供了该接口的一个实现并将它的一个实例作为参数传递给 Filter 接口的 doFilter()。在 doFilter()内，可以使用该接口将请求传递给链中的下一个组件，它可能是另一个过滤器或实际的资源。该方法的两个参数将被链中下一个过滤器的 doFilter()或 Servlet 的 service()接收。

4. GenericFilter 和 HttpFilter 类

GenericFilter 类实现了 FilterConfig 接口的方法和 Filter 接口的 init()方法。HttpFilter 类扩展了 GenericFilter 类，实现了 doFilter()方法。

```
protected void doFilter(HttpServletRequest request,
                       HttpServletResponse response,FilterChain chain)
                  throws IOException,ServletException;
```

HttpFilter 主要用来开发针对 HTTP 的过滤器。大家编写的过滤器类通常继承 HttpFilter 类。

7.1.3 案例学习：简单的编码过滤器

表单数据的传输默认使用 ISO-8859-1 编码，这种编码不能正确地解析中文，因此将请求对象的字符编码和响应的内容类型都设置为 UTF-8，或者在程序中将从客户端读取的中文以编码的方式进行转换，从而正确地显示中文。

清单 7.1 通过一个简单的编码过滤器实现编码的转换，这个过滤器拦截所有的请求并将请求参数的编码转换为 UTF-8，从而解决中文乱码问题。程序中声明的 EncodingFilter 类继承了 HttpFilter 类，覆盖了其中的 init()和 doFilter()方法。

清单 7.1 EncodingFilter.java

```java
package com.boda.filter;

import java.io.IOException;
import jakarta.servlet.*;
import jakarta.servlet.annotation.WebFilter;
import jakarta.servlet.http.HttpFilter;

@WebFilter(filterName = "EncodingFilter",value = {"/*"},
        initParams = {@WebInitParam(name = "encoding",value = "UTF-8")}
        )
public class EncodingFilter extends HttpFilter {
    protected String encoding = null;
    protected FilterConfig config;

    @Override
    public void init(FilterConfig filterConfig) throws ServletException {
        this.config = filterConfig;
        //返回过滤器的初始化参数
        this.encoding = filterConfig.getInitParameter("encoding");
    }

    @Override
    public void doFilter(ServletRequest request,
                   ServletResponse response,FilterChain chain)
            throws IOException,ServletException {
        if (request.getCharacterEncoding() == null) {
            //得到指定的编码
            String encode = getEncoding();
            if (encode!= null) {
                //设置 request 和 response 的字符编码
                request.setCharacterEncoding(encode);
                response.setCharacterEncoding(encode);
            }
        }
        chain.doFilter(request, response);
    }

    protected StringgetEncoding() {
        return encoding;
    }

    @Override
    public void destroy() {
    }
}
```

程序在 init()方法中通过 FilterConfig 对象获得过滤器初始化参数 encoding 的值"UTF-8"，然后在 doFilter()中将请求和响应对象的编码都设置为参数指定的编码。

如果要使过滤器起作用，必须配置过滤器。对于支持 Servlet 3.0 规范的容器，可以使用注解或部署描述文件的< filter >元素两种方法配置过滤器。本程序使用注解配置过滤器，代码如下。

```
@WebFilter(filterName = "EncodingFilter", value = {"/ * "},
          initParams = {@WebInitParam(name = "encoding", value = "UTF - 8")}
           )
```

有了该过滤器，对于用户的任何请求都将其请求和响应编码设置为 UTF-8，这样对含有中文的请求参数就不会出现乱码的情况。读者可以通过 2.5 节的程序测试过滤器的作用。

7.1.4 @WebFilter 注解

@WebFilter 注解用于将一个类声明为过滤器，该注解在部署时被容器处理，容器根据具体的配置将相应的类部署为过滤器。表 7-2 给出了该注解包含的常用属性。

表 7-2 @WebFilter 注解的常用属性

属性名	类型	说明
filterName	String	指定过滤器的名称，等价于 web. xml 中的< filter-name >元素。如果没有显式指定，则使用 Filter 的完全限定名作为名称
urlPatterns	String[]	指定过滤器拦截的 URL 模式
value	String[]	指定一组过滤器的 URL 匹配模式，该元素等价于 web. xml 文件中的< url-pattern >元素
initParams	WebInitParam[]	指定一组过滤器初始化参数，等价于< init-param >元素
dispatcherTypes	DispatcherType	指定过滤器的转发类型，具体取值包括 ASYNC、ERROR、FORWARD、INCLUDE 和 REQUEST
description	String	指定该过滤器的描述信息，等价于< description >元素
displayName	String	指定该过滤器的显示名称，等价于< display-name >元素
servletNames	String[]	指定过滤器应用于哪些 Servlet，取值为@WebServlet 中的 name 属性值，或者是 web. xml 中< servlet-name >的取值
asyncSupported	boolean	声明过滤器是否支持异步调用，等价于< async-supported >元素

该表中的所有属性均为可选属性，但是 value、urlPatterns、servletNames 必须至少包含一个，且 value 和 urlPatterns 不能共存，如果同时指定，通常忽略 value 的取值。

过滤器接口 Filter 与 Servlet 非常相似，它们具有类似的生命周期行为，区别只是 Filter 的 doFilter()中多了一个 FilterChain 参数，通过该参数可以控制是否放行用户请求。和 Servlet 一样，Filter 也可以具有初始化参数，这些参数通过@WebFilter 注解或部署描述文件定义。在过滤器中获得初始化参数使用 FilterConfig 实例的 getInitParameter()。

在实际应用中，使用 Filter 可以更好地实现代码的复用。例如，一个系统可能包含多个 Servlet，这些 Servlet 都需要进行一些通用处理，如权限控制、记录日志等，这将导致多个 Servlet 的 service()中包含部分相同代码。为了解决这种代码重复问题，可以考虑把这些通用处理提取到 Filter 中完成，这样在 Servlet 中就只剩下与特定请求相关的处理代码。

7.1.5 在 web. xml 中配置过滤器

除了可以通过注解配置过滤器，还可以使用部署描述文件 web. xml 配置过滤器类并把请求 URL 映射到该过滤器上。

配置过滤器要用< filter >和< filter-mapping >两个元素。每个< filter >元素向 Web 应用程序引进一个过滤器，每个< filter-mapping >元素将一个过滤器与一组请求 URI 关联。两个元素都是< web-app >的子元素。

1. < filter >元素

每个过滤器都需要一个< filter-name >元素和一个< filter-class >元素。其他元素如< description >、< display-name >、< icon >与< init-param >具有通常的含义并且是可选的。下面的代码说明了< filter >元素的使用。

```
<filter>
    <!-- 指定过滤器名和过滤器类 -->
    <filter-name>validatorFilter</filter-name>
    <filter-class>filter.ValidatorFilter</filter-class>
      <init-param>
        <param-name>locale</param-name>
        <param-value>USA</param-value>
    </init-param>
</filter>
```

这里使用< filter-name >子元素定义了一个名为 validatorFilter 的过滤器，使用< filter-class >子元素指定过滤器类的完整名称，同时为该过滤器定义了一个名为 locale 的初始化参数，这样在应用程序启动时容器将创建一个 filter. ValidatorFilter 类的实例。在初始化阶段，过滤器将调用 FilterConfig 对象的 getParameterValue("locale")检索 locale 参数的值。

2. < filter-mapping >元素

该元素用于定义过滤器映射。< filter-name >子元素是在< filter >元素中定义的过滤器名，< url-pattern >用来将过滤器应用到一组通过 URI 标识的请求，< servlet-name >用来将过滤器应用到通过该名标识的 Servlet 提供服务的所有请求。在使用< servlet-name >的情况下，模式匹配遵循与 Servlet 映射同样的规则。

下面的代码说明了< filter-mapping >元素的使用。

```
<filter-mapping>
    <filter-name>validatorFilter</filter-name>
    <url-pattern>*.jsp</url-pattern>
</filter-mapping>
<filter-mapping>
    <filter-name>validatorFilter</filter-name>
    <servlet-name>reportServlet</servlet-name>
</filter-mapping>
```

上面的第一个映射将 validatorFilter 与所有请求 URL 后缀为.jsp 的请求相关联，第二个映射将 validatorFilter 与所有对名为 reportServlet 的 Servlet 的请求相关联，这里使用的 Servlet 名必须是部署描述文件中使用< servlet >元素定义的一个 Servlet。

3. 配置过滤器链

在某些情况下，对一个请求可能需要应用多个过滤器，这样的过滤器链可以使用多个< filter-mapping >元素配置。当容器接收到一个请求时，它将查找所有与请求 URI 匹配的过滤器映射的 URL 模式，这是过滤器链中的第一组过滤器。接下来，它将查找与请求 URI 匹配的 Servlet 名，这是过滤器链中的第二组过滤器。在这两组过滤器中，过滤器的顺序是它们在 DD 文件中的顺序。

为了理解这个过程，考虑下面对过滤器和 Servlet 映射的代码。

```
<servlet-mapping>
    <servlet-name>FrontController</servlet-name>
    <url-pattern>*.do</url-pattern>
</servlet-mapping>

<filter-mapping>
    <filter-name>perfFilter</filter-name>
    <servlet-name>FrontController</servlet-name>
</filter-mapping>

<filter-mapping>
    <filter-name>auditFilter</filter-name>
    <url-pattern>*.do</url-pattern>
</filter-mapping>

<filter-mapping>
    <filter-name>transformFilter</filter-name>
    <url-pattern>*.do</url-pattern>
</filter-mapping>
```

如果一个请求 URI 为/admin/addCustomer.do,将依次应用过滤器 auditFilter、transformFilter、perfFilter。

4. 为转发的请求配置过滤器

通常,过滤器只应用在直接来自客户的请求。从 Servlet 2.4 开始,过滤器还可以应用在从组件内部转发的请求上,包括使用 RequestDispatcher 的 include()和 forward()转发的请求及对错误处理调用资源的请求。

如果要为转发的请求配置过滤器,可以使用<filter-mapping>元素的子元素<dispatcher>实现,该元素的取值包括 REQUEST、INCLUDE、FORWARD 和 ERROR。

- REQUEST:表示过滤器应用在直接来自客户的请求上。
- INCLUDE:表示过滤器应用在与调用 RequestDispatcher 的 include()匹配的请求上。
- FORWARD:表示过滤器应用在与调用 RequestDispatcher 的 forward()匹配的请求上。
- ERROR:表示过滤器应用在由于发生错误而引起转发的请求上。

在<filter-mapping>元素中可以使用多个<dispatcher>元素,从而使过滤器应用在多种情况下。例如:

```
<filter-mapping>
    <filter-name>auditFilter</filter-name>
    <url-pattern>*.do</url-pattern>
    <dispatcher>INCLUDE</dispatcher>
    <dispatcher>FORWARD</dispatcher>
</filter-mapping>
```

上述过滤器映射将只应用在从内部转发的且其 URL 与*.do 匹配的请求上,任何直接来自客户的请求,即使其 URL 与*.do 匹配也不应用 auditFilter 过滤器。

7.2 Web 监听器

Web 应用程序中的事件主要发生在 ServletContext、HttpSession 和 ServletRequest 对象上。事件的类型主要包括对象的生命周期事件和属性改变事件。例如,对于 ServletContext 对象,当它初始化和销毁时会发生 ServletContextEvent 事件,当在该对象上添加属性、删除属性或替换属性时会发生 ServletContextAttributeEvent 事件。对于会话对象和请求对象也有类似的事件。为了处理这些事件，Servlet 容器采用了监听器模型，即需要实现有关的监听器接口。

在 Servlet API 中定义了 7 个事件类和 9 个监听器接口，根据监听器所监听事件的类型和范围，可以把监听器分为 ServletContext 事件监听器、HttpSession 事件监听器和 ServletRequest 事件监听器。

7.2.1 监听 ServletContext 事件

在 ServletContext 对象上可能发生两种事件，对于这些事件可以使用两个事件监听器接口处理，如表 7-3 所示。

表 7-3 ServletContext 事件类与监听器接口

监听对象	事　件	监听器接口
ServletContext	ServletContextEvent	ServletContextListener
	ServletContextAttributeEvent	ServletContextAttributeListener

下面介绍这些事件和监听器接口。

1. 处理 ServletContextEvent 事件

该事件是 Web 应用程序的生命周期事件，当容器对 ServletContext 对象进行初始化或销毁操作时，将发生 ServletContextEvent 事件。如果要处理这类事件，需要实现 ServletContextListener 接口，该接口定义了如下两个方法。

- public void contextInitialized(ServletContextEvent sce)：当 ServletContext 对象初始化时调用。
- public void contextDestroyed(ServletContextEvent sce)：当 ServletContext 对象销毁时调用。

上述方法的参数是一个 ServletContextEvent 事件类对象，该类只定义了一个方法，代码如下。

```
public ServletContext getServletContext()
```

该方法返回状态发生改变的 ServletContext 对象。

2. 处理 ServletContextAttributeEvent 事件

当 ServletContext 对象上的属性发生改变时，如添加属性、删除属性或替换属性等，将发生 ServletContextAttributeEvent 事件。如果要处理该类事件，需要实现 ServletContextAttributeListener 接口，该接口定义了如下 3 个方法。

- public void attributeAdded(ServletContextAttributeEvent sre)：当在 ServletContext 对象上添加属性时调用该方法。
- public void attributeRemoved(ServletContextAttributeEvent sre)：当从 ServletContext 对象上删除属性时调用该方法。
- public void attributeReplaced(ServletContextAttributeEvent sre)：当在 ServletContext 对象上替换属性时调用该方法。

上述方法的参数是 ServletContextAttributeEvent 类的对象，它是 ServletContextEvent 类的子类，定义了下面 3 个方法。

- public ServletContext getServletContext()：返回属性发生改变的 ServletContext 对象。

- public String getName()：返回发生改变的属性名。
- public Object getValue()：返回发生改变的属性值对象。注意，当替换属性时，该方法返回的是替换之前的属性值。

清单 7.2 实现当 Web 应用启动时创建一个数据源对象并将它保存在 ServletContext 对象上，当应用程序销毁时将数据源对象从 ServletContext 对象上清除，当 ServletContext 对象的属性发生改变时登记日志。

清单 7.2　MyContextListener.java

```
package com.boda.listener;

import javax.sql.*;
import java.time.LocalTime;
import jakarta.servlet.*;
import javax.naming.*;
import jakarta.servlet.annotation.WebListener;

@WebListener                                    //使用注解注册监听器
public class MyContextListener implements ServletContextListener,
                  ServletContextAttributeListener{
   private ServletContext context = null;
   public void contextInitialized(ServletContextEvent sce){
      Context ctx = null;
      DataSource dataSource = null;
      context = sce.getServletContext();
      try{
         if(ctx == null){
           ctx = new InitialContext();
         }
         dataSource =
            (DataSource)ctx.lookup("java:comp/env/jdbc/elearningDS");
      }catch(NamingException ne){
           context.log("发生异常:" + ne);
      }
      context.setAttribute("dataSource",dataSource);   //添加属性
      context.log("应用程序已启动:" + LocalTime.now());
   }

   public void contextDestroyed(ServletContextEvent sce){
      context = sce.getServletContext();
      context.removeAttribute("dataSource");
      context.log("应用程序已关闭:" + LocalTime.now());
   }

   public void attributeAdded(ServletContextAttributeEvent sce){
      context = sce.getServletContext();
      context.log("添加一个属性:" + sce.getName() + ":" + sce.getValue());
   }

   public void attributeRemoved(ServletContextAttributeEvent sce){
      context = sce.getServletContext();
      context.log("删除一个属性:" + sce.getName() + ":" + sce.getValue());
   }

   public void attributeReplaced(ServletContextAttributeEvent sce){
      context = sce.getServletContext();
      context.log("替换一个属性:" + sce.getName() + ":" + sce.getValue());
   }
}
```

在ServletContextListener接口的contextInitialized()中，从InitialContext对象中查找数据源对象dataSource并将其存储在ServletContext对象中。在ServletContext的属性修改方法中，首先通过事件对象的getServletContext()获取上下文对象，然后调用它的log()向日志中写一条消息。

清单7.3创建的listenerTest.jsp页面用于对监听器进行测试，这里使用了监听器对象创建的数据源对象。

清单 7.3　listenerTest.jsp

```
<%@ page contentType = "text/html;charset = UTF - 8" %>
<%@ page import = "java.sql.*,javax.sql.*" %>
<%
   DataSource dataSource =
     (DataSource)application.getAttribute("dataSource");
   Connection conn = dataSource.getConnection();
   Statement stmt = conn.createStatement();
   ResultSet rst = stmt.executeQuery("SELECT * FROM books");
%>
<html><head><title>监听器示例</title></head>
<body>
  <table border = "1">
    <caption>图书表中的信息</caption>
    <tr><td>编号</td><td>图书名</td><td>作者</td>
         <td>出版社</td><td>价格</td></tr>
    <% while (rst.next()){ %>
    <tr><td><% = rst.getInt(1) %></td>
        <td><% = rst.getString(2) %></td>
        <td><% = rst.getString(3) %></td>
    <td><% = rst.getString(4) %></td>
    <td><% = rst.getFloat(5) %></td></tr>
  <% } %>
  </table>
</body>
</html>
```

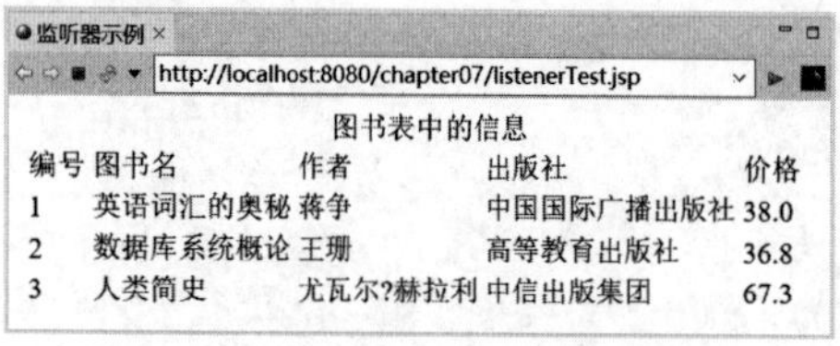

监听器示例
http://localhost:8080/chapter07/listenerTest.jsp

图书表中的信息

编号	图书名	作者	出版社	价格
1	英语词汇的奥秘	蒋争	中国国际广播出版社	38.0
2	数据库系统概论	王珊	高等教育出版社	36.8
3	人类简史	尤瓦尔?赫拉利	中信出版集团	67.3

图7-3　listenerTest.jsp页面的运行结果

在该页面中首先通过隐含对象application的getAttribute()得到数据源对象，然后创建ResultSet对象访问数据库。该页面的运行结果如图7-3所示。

在Web应用程序启动和关闭以及ServletContext对象上的属性发生变化时，都将在日志文件中写入一条信息。用户可以打开Tomcat日志文件/logs/localhost.yyyy-mm-dd.log查看写入的信息。

7.2.2　监听请求事件

在ServletRequest对象上可能发生两种事件，对于这些事件使用两个事件监听器处理，如表7-4所示。

表7-4　ServletRequest事件类与监听器接口

监听对象	事　件	监听器接口
ServletRequest	ServletRequestEvent	ServletRequestListener
	ServletRequestAttributeEvent	ServletRequestAttributeListener

1. 处理 ServletRequestEvent 事件

ServletRequestEvent 事件是请求对象的生命周期事件，当一个请求对象初始化或销毁时将发生该事件，处理该类事件需要使用 ServletRequestListener 接口，该接口定义了如下两个方法。

- public void requestInitialized(ServletRequestEvent sce)：当请求对象初始化时调用。
- public void requestDestroyed(ServletRequestEvent sce)：当请求对象销毁时调用。

上述方法的参数是 ServletRequestEvent 类的对象，该类定义了下面两个方法。

- public ServletContext getServletContext()：返回发生该事件的 ServletContext 对象。
- public ServletRequest getServletRequest()：返回发生该事件的 ServletRequest 对象。

2. 处理 ServletRequestAttributeEvent 事件

在请求对象上添加、删除和替换属性时将发生 ServletRequestAttributeEvent 事件，处理该类事件需要使用 ServletRequestAttributeListener 接口，它定义了如下 3 个方法。

- public void attributeAdded(ServletRequestAttributeEvent src)：当在请求对象中添加属性时调用该方法。
- public void attributeRemoved(ServletRequestAttributeEvent src)：当从请求对象中删除属性时调用该方法。
- public void attributeReplaced(ServletRequestAttributeEvent src)：当在请求对象中替换属性时调用该方法。

在上述方法中传递的参数为 ServletRequestAttributeEvent 类的对象，该类定义了下面两个方法。

- public String getName()：返回在请求对象上添加、删除或替换的属性名。
- public Object getValue()：返回在请求对象上添加、删除或替换的属性值。注意，当替换属性时，该方法返回的是替换之前的属性值。

清单 7.4 中的 MyRequestListener 监听器类监听对某个页面的请求并记录自应用程序启动以来被访问的次数。

清单 7.4 MyRequestListener.java

```
package com.boda.listener;

import jakarta.servlet.http.HttpServletRequest;
import jakarta.servlet.ServletRequestEvent;
import jakarta.servlet.ServletRequestListener;
import jakarta.servlet.annotation.WebListener;

@WebListener
public class MyRequestListener implements ServletRequestListener{

    private int count = 0;
    public void requestInitialized(ServletRequestEvent re){
        HttpServletRequest request =
                (HttpServletRequest)re.getServletRequest();
        if(request.getRequestURI().endsWith("onlineCount.jsp")){
            count++;
            re.getServletContext().setAttribute("count",count);
        }
    }
```

```
    public void requestDestroyed(ServletRequestEvent re){
    }
}
```

清单 7.5 创建了一个测试 JSP 页面。

清单 7.5 onlineCount.jsp

```
<%@ page contentType = "text/html;charset = UTF - 8" %>
<html>
<head><title>请求监听器示例</title></head>
<body>
  欢迎您,您的 IP 地址是 ${pageContext.request.remoteAddr}<br>
  <p>自应用程序启动以来,该页面被访问了
  <font color = "blue"> ${applicationScope.count}
  </font>次<br>
</body>
</html>
```

图 7-4 是该页面的某次运行结果。

图 7-4 onlineCount.jsp 的运行结果

7.2.3 监听会话事件

在 HttpSession 对象上可能发生两种事件,对于这些事件可以使用 4 个事件监听器处理,这些类和接口如表 7-5 所示。

表 7-5 HttpSession 事件类与监听器接口

监听对象	事件	监听器接口
HttpSession	HttpSessionEvent	HttpSessionListener
		HttpSessionActivationListener
	HttpSessionBindingEvent	HttpSessionAttributeListener
		HttpSessionBindingListener

1. 处理 HttpSessionEvent 事件

HttpSessionEvent 事件是会话对象的生命周期事件,当一个会话对象被创建和销毁时发生该事件,处理该事件需要使用 HttpSessionListener 接口,该接口定义了如下两个方法。

- public void sessionCreated(HttpSessionEvent se):当会话对象被创建时调用该方法。
- public void sessionDestroyed(HttpSessionEvent se):当会话对象被销毁时调用该方法。

上述方法的参数是一个 HttpSessionEvent 类的对象,在该类中只定义了一个 getSession(),它返回状态发生改变的会话对象,格式如下。

```
public HttpSession getSession()
```

2. 处理会话属性事件

当在会话对象上添加属性、删除属性、替换属性时将发生 HttpSessionBindingEvent 事件,处理该事件需要使用 HttpSessionAttributeListener 接口,该接口定义了下面 3 个方法。

- public void attributeAdded(HttpSessionBindingEvent se):当在会话对象上添加属性时调用该方法。
- public void attributeRemoved(HttpSessionBindingEvent se):当从会话对象上删除属性时调用该方法。
- public void attributeReplaced(HttpSessionBindingEvent se):当替换会话对象上的属性时调用该方法。

注意：上述方法的参数是 HttpSessionBindingEvent，没有 HttpSessionAttributeEvent 这个类。

在 HttpSessionBindingEvent 类中定义了下面 3 个方法。

- public HttpSession getSession()：返回发生改变的会话对象。
- public String getName()：返回绑定到会话对象或从会话对象上解除绑定的属性名。
- public Object getValue()：返回在会话对象上添加、删除或替换的属性值。

清单 7.6 定义的监听器类实现了 HttpSessionListener 接口，它用来监视当前所有会话对象。当创建一个会话对象时，将其添加到一个 ArrayList 对象中并将其设置为 ServletContext 作用域的属性，以便其他资源可以访问。当销毁一个会话对象时，从 ArrayList 对象中删除该会话对象。

清单 7.6　MySessionListener.java

```
package com.boda.listener;

import jakarta.servlet.*;
import jakarta.servlet.http.*;
import java.util.ArrayList;
import jakarta.servlet.annotation.WebListener;

@WebListener
public class MySessionListener implements HttpSessionListener{

   private ServletContext context = null;
   public void sessionCreated(HttpSessionEvent se){
      HttpSession session = se.getSession();
      context = session.getServletContext();
      ArrayList<HttpSession> sessionList = (ArrayList<HttpSession>)
                  context.getAttribute("sessionList");
      if(sessionList == null){
         sessionList = new ArrayList<HttpSession>();
         context.setAttribute("sessionList",sessionList);
      }else{
        sessionList.add(session);
      }
      context.log("创建一个会话:" + session.getId());
   }

   public void sessionDestroyed(HttpSessionEvent se){
      HttpSession session = se.getSession();
      context = session.getServletContext();
      ArrayList<HttpSession> sessionList = (ArrayList<HttpSession>)
                    context.getAttribute("sessionList");
      sessionList.remove(session);
      context.log("销毁一个会话:" + session.getId());
   }
}
```

清单 7.7 创建的 JSP 页面通过 applicationScope 隐含对象访问存有会话对象的 ArrayList，然后显示出每个会话对象的信息。

清单 7.7　sessionDisplay.jsp

```
<%@ page contentType = "text/html;charset = UTF-8" %>
<%@ page import = "java.util.* " %>
<%@ taglib prefix = "c" uri = "http://java.sun.com/jsp/jstl/core" %>
<html>
```

```
<head><title>会话监听器示例</title></head>
<body>
<table border="1">
    <c:forEach var="s" items="${applicationScope.sessionList}">
        <tr><td><c:out value="${s.id}" /></td>
            <td><c:out value="${s.creationTime}"/></td>
        </tr>
    </c:forEach>
</table>
</body>
</html>
```

访问该页面可以显示当前服务器中活动会话的信息。

3. 处理会话属性绑定事件

当一个对象绑定到会话对象或从会话对象中解除绑定时发生 HttpSessionBindingEvent 事件，可以使用 HttpSessionBindingListener 接口处理这类事件，该接口定义了如下方法。

- public void valueBound(HttpSessionBindingEvent event)：当对象绑定到一个会话上时调用该方法。
- public void valueUnbound(HttpSessionBindingEvent event)：当对象从一个会话上解除绑定时调用该方法。

清单 7.8 定义的 User 类实现了 HttpSessionBindingListener 接口。当将该类的一个对象绑定到会话对象上时，容器将调用 valueBound()；当从会话对象上删除该类的对象时，容器将调用 valueUnbound()，这里向日志文件写入有关信息。

清单 7.8　User.java

```
package com.boda.model;
import jakarta.servlet.http.*;

public class User implements HttpSessionBindingListener{
    public String username = "";
    public String password = "";
    public User(){}
    public User(String username,String password){
        this.username = username;
        this.password = password;
    }

    public void valueBound(HttpSessionBindingEvent e){
        HttpSession session = e.getSession();
        session.getServletContext().log("用户名:" + username
                + ", 密码:" + password + " 登录系统.");
    }

    public void valueUnbound(HttpSessionBindingEvent e){
        HttpSession session = e.getSession();
        session.getServletContext().log("用户名:" + username
            + "密码:" + password + " 退出系统.");
    }
}
```

程序从 HttpSessionBindingEvent 对象中检索会话对象，从会话对象中得到 ServletContext 对象并使用 log()登录消息。

清单 7.9 创建了一个 Servlet，它接受登录用户的用户名和密码，然后创建一个 User 对象并将其绑定到会话对象上。

清单 7.9　LoginServlet.java

```
package com.boda.xy;

import jakarta.servlet.*;
import jakarta.servlet.http.*;
import java.io.*;
import java.sql.*;
import javax.sql.DataSource;
import com.boda.model.User;
import jakarta.servlet.annotation.WebServlet;

@WebServlet(name = "/loginServlet",value = "/login-servlet")
public class LoginServlet extends HttpServlet{
   public void doPost(HttpServletRequest request,
                    HttpServletResponse response)
                  throws IOException,ServletException {
     response.setContentType("text/html;charset = UTF-8");
     PrintWriter out = response.getWriter();
     String username = request.getParameter("username");
     String password = request.getParameter("password");
     DataSource dataSource =
           (DataSource)getServletContext().getAttribute("dataSource");
     try{
       Connection conn = dataSource.getConnection();
       String sql = "SELECT * FROM users WHERE username = ? AND password = ?";
       PreparedStatement pstmt = conn.prepareStatement(sql);
       pstmt.setString(1,username);
       pstmt.setString(2,password);
       ResultSet rst = pstmt.executeQuery();

       boolean valid = rst.next();
       if(valid){
         User validuser = new User(username,password);
         request.getSession().setAttribute("user",validuser);
         out.println("欢迎您," + username);
       }else{
         response.sendRedirect("login.jsp");
       }
    }catch(Exception e){
        log("产生异常:" + e.getMessage());
    }
  }
}
```

HttpSessionAttributeListener 和 HttpSessionBindingListener 两个接口都用来监听会话中属性改变的事件,它们的区别如下。

(1) 实现 HttpSessionAttributeListener 接口的类与一般监听器一样需要用@WebListener 注解或在 DD 文件中注册该监听器类,实现 HttpSessionBindingListener 接口的监听器不必注册,而是当相应事件发生时由容器调用对象的相应方法。

(2) 所有会话中产生的属性改变事件都被发送到实现 HttpSessionAttributeListener 接口的对象。对 HttpSessionBindingListener 接口来说,只有当实现该接口的对象添加到会话中或从会话中删除时,容器才在对象上调用有关方法。

7.2.4　事件监听器的注册

从前面的例子可以看到,使用@WebListener 注解来注册监听器,这是 Servlet 3.0 规范增加的功能。事件监听器也可以在 web.xml 文件中使用<listener>元素注册。该元素只包含一个<listener-class>元素，用来指定实现了监听器接口的完整的类名。下面的代码给出了注册 MyContextListener 和 MySessionListener 监听器的方法。

```
<listener>
    <listener-class>com.listener.MyContextListener</listener-class>
</listener>
<listener>
    <listener-class>com.listener.MySessionListener</listener-class>
</listener>
```

在 web.xml 文件中并没有指定哪个监听器类处理哪个事件，这是因为当容器需要处理某种事件时，它能够找到有关的类和方法。容器实例化指定的类并检查类实现的全部接口。对每个相关的接口，它都向各自的监听器列表中添加一个实例。容器按照 DD 文件中指定的类的顺序将事件传递给监听器。这些类必须存放在 WEB-INF\classes 目录中或者与其他 Servlet 类一起打包在 JAR 文件中。

提示：可以在一个类中实现多个监听器接口，这样在部署描述文件中就只需要一个<listener>元素。容器仅创建该类的一个实例并把所有的事件都发送给该实例。

7.3 Servlet 的多线程问题

在 Web 应用程序中，一个 Servlet 在一个时刻可能被多个用户同时访问，这时 Web 容器将为每个用户创建一个线程。如果 Servlet 不涉及共享资源的问题，不必关心多线程问题；如果 Servlet 需要共享资源，需要保证 Servlet 是线程安全的。

清单 7.10 创建了一个非线程安全的 Servlet。该 Servlet 从客户接受两个整数，然后计算它们的和或差。

清单 7.10 CalculatorServlet.java

```
package com.boda.xy;

import jakarta.servlet.*;
import jakarta.servlet.http.*;
import java.io.*;
import jakarta.servlet.annotation.*;

@WebServlet(
    name = "calculatorServlet", value = {"/calculator"},
    initParams = {
        @WebInitParam(name = "sleepTime", value = "2000")
    })
public class CalculatorServlet extends HttpServlet{
   private int result;
   private int sleepTime;
   public void init(){
      String sleep_time = getInitParameter("sleepTime");
      sleepTime = getNumber(sleep_time);
   }

   public void doPost(HttpServletRequest request,
                      HttpServletResponse response)
                      throws IOException, ServletException {
      request.setCharacterEncoding("UTF-8");
      String value1 = request.getParameter("value1");
```

```
        int v1 = getNumber(value1);
        String value2 = request.getParameter("value2");
        int v2 = getNumber(value2);
        String op = request.getParameter("submit");
        if(op.equals("相加")){
            result = v1 + v2;
        }else{
            result = v1 - v2;
        }
        try{
            Thread.sleep(sleepTime);            //当前线程睡眠指定时间
        }catch(InterruptedException e){
            log("Exception during sleeping.");
        }

        try{
            response.setContentType("text/html;charset = UTF - 8");
            PrintWriter out = response.getWriter();
            out.println("< html >< body >");
            out.println(v1 + "与" + v2 + op + "结果是" + result);
            out.println("</body ></html >");
        }catch(Exception e){
            log("Error writing output.");
        }
    }
    private int getNumber(String s){
        int result = 0;
        try{
            result = Integer.parseInt(s);
        }catch(NumberFormatException e){
            log("Error Parseing " + s);
        }
        return result;
    }
}
```

该程序将计算结果存放在变量 result 中，它根据用户在页面中单击的是“相加”按钮还是“相减”按钮来决定是求和还是求差。注意，result 被声明为一个成员变量。为了演示多个用户请求时出现的问题，程序中调用 Thread 类的 sleep()在计算出 result 后睡眠一段时间(假设两秒钟)，睡眠的时间通过 Servlet 初始化参数 sleepTime 得到。getNumber()实现字符串到 int 类型数据的转换。最后输出计算的结果。

清单 7.11 创建了一个 JSP 页面，其中的表单包含两个文本框，用来接受两个整数；包含两个提交按钮，一个做加法、一个做减法。

清单 7.11 calculator.jsp

```
<%@ page contentType = "text/html;charset = UTF - 8" %>
< html >
< head >< title >简单计算器</title ></head >
  < body >
   < form action = "calculator" method = "post">
    < p >操作数 1:< input type = "text" name = "value1" size = "10">
     操作数 2:< input type = "text" name = "value2" size = "10"></p >
    < p >< input type = "submit" name = "submit" value = "相加">
      < input type = "submit" name = "submit" value = "相减"></p >
  </form >
</body >
</html >
```

图 7-5 载入 calculator.jsp 页面并输入操作数

下面测试该 Servlet 的执行。打开两个浏览器窗口，每个窗口都载入 calculator.jsp 页面，在两个页面的文本框中都输入 100 和 50，如图 7-5 所示。

然后单击第一个页面中的"相加"按钮，在两秒钟内单击第二个页面中的"相减"按钮，得到的运行结果如图 7-6 和图 7-7 所示。

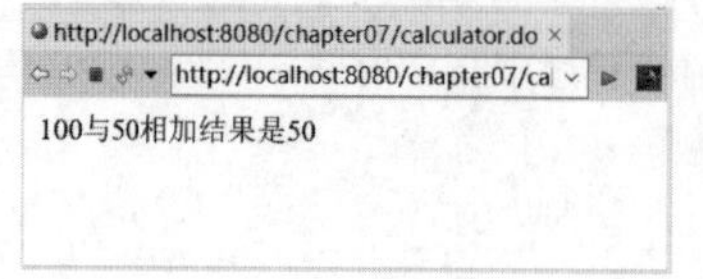

图 7-6 单击"相加"按钮的结果

图 7-7 单击"相减"按钮的结果

从运行结果可以看到，其中一个结果是正确的（第二个页面），另一个结果是错误的。该 Servlet 的执行过程如下：当两个用户同时访问该 Servlet 时，服务器创建两个线程来提供服务。当第一个用户提交表单后，它执行其所在线程的 doPost()，计算 100 与 50 的和并将结果 150 存放在 result 变量中，然后在输出前睡眠两秒钟。在这个时间内，当第二个用户提交时，它将计算 100 与 50 的差，将结果 50 写到 result 变量中，此时第一个线程的计算结果被覆盖，当第一个线程恢复执行后输出结果也为 50。

出现这种错误的原因是在 Servlet 中使用成员变量 result 来保存请求计算结果，成员变量在多个线程（请求）中只有一个副本，而这里的 result 应该是请求的专有数据。解决这个问题的办法是用方法的局部变量来保存请求的专有数据。这样，进入方法的每个线程都有自己的一个方法变量副本，任何线程都不会修改其他线程的局部变量。

除了上述这种简单情况，Servlet 还经常要共享外部资源，如使用一个数据库连接对象。如果将连接对象声明为 Servlet 的成员变量，当多个并发的请求在同一个连接上写入数据时，数据库将产生错误的数据，因此通常不用成员变量来保存请求的专有数据。

下面是对编写线程安全的 Servlet 的一些建议。

(1) 用方法的局部变量保存请求中的专有数据。对方法中定义的局部变量，进入方法的每个线程都有自己的一个方法变量副本。如果要在不同的请求之间共享数据，可以使用会话来共享这类数据。

(2) 只用 Servlet 的成员变量来存放不会改变的数据。有些数据在 Servlet 的生命周期中不发生任何变化，通常是在初始化时确定的，这些数据可以使用成员变量保存。例如，数据库连接名称、其他资源的路径等。在上述例子中 sleepTime 的值是在初始化时设定的，并在 Servlet 的生命周期内不发生改变，所以可以把它定义为一个成员变量。

(3) 对可能被请求修改的成员变量同步（使用 synchronized 关键字）。有时数据成员变量或者环境属性可能被请求修改，当访问这些数据时应该对它们同步，以避免多个线程同时修改这些数据。

(4) 如果 Servlet 访问外部资源，那么需要对这些资源同步。例如，假设 Servlet 要从文件中读/写数据。当一个线程读/写一个文件时，其他线程也可能正在读/写这个文件。由于文件访问本身不是线程安全的，所以必须编写同步代码访问这些资源。

在编写线程安全的 Servlet 时不应该使用下面两种方法。

(1) 在 Servlet API 中提供了一个 SingleThreadModel 接口，实现这个接口的 Servlet 在

被多个客户请求时一个时刻只有一个线程运行。这个接口已被标记不推荐使用。

(2) 对 doGet()或 doPost()同步。如果必须在 Servlet 中使用同步代码,应该尽量在最小的代码块范围上进行同步。同步代码越少,Servlet 的执行效率越高。

本章小结

本章介绍了 Servlet 过滤器,它是 Web 服务器上的组件,用于对客户和资源之间的请求与响应进行过滤。本章还介绍了 Web 应用程序的事件监听器模型,用于处理 Web 事件。根据事件的类型和范围,可以把事件监听器分为 ServletContext 事件监听器、HttpSession 事件监听器和 ServletRequest 事件监听器。

在编写有多个用户同时访问的 Servlet 时,一定要保证 Servlet 是线程安全的。一般不使用成员变量共享请求的专有数据。如果必须要在多个请求之间共享数据,则应该对这些数据同步,并且尽量在最小的代码块范围上进行同步。

练习与实践

习题

自测题

第8章

Web安全性入门

随着企业在 Internet 上处理的业务越来越多，安全性问题变得越来越重要。Java Web 应用由可以部署到 Web 容器中的各种组件组成。Web 容器提供了一种强健而且易于配置的安全机制来验证用户并授予对应用功能及相关数据访问的权限。

本章将学习实现 Web 应用程序安全性的各种技术。首先介绍有关 Web 应用安全的概念，接下来介绍验证机制，以及如何实现声明式的 Web 应用安全和编程式的 Web 应用安全。

本章内容要点

- Web 安全性概述。
- 安全域模型。
- 定义安全约束。
- 编程式安全的应用。

8.1 Web 安全性概述

Web 应用程序通常包含许多资源，这些资源可以被多个用户访问，有些资源要求用户必须具有一定的权限才能访问，可以通过多种措施来保护这些资源。

8.1.1 Web 安全性措施

Web 应用的安全性措施主要包括身份验证、授权、数据完整性和数据保密性四方面。

1. 身份验证

对安全性的第一个基本要求是验证用户。**验证**(authentication)是识别一个人或系统(如应用程序)及检验其资格的过程。在 Internet 领域，验证一个用户的基本方法通常是使用用户名和密码进行验证。

2. 授权

用户一旦通过验证，必须给其授权。**授权**(authorization)是确定用户是否被允许访问他所请求的资源的过程。例如，在银行系统中，一个人只能访问属于他的银行账户，不能访问别人的账户。授权通常通过一个访问控制列表(Access Control List，ACL)强制实施，该列表指定了用户和他所访问的资源的类型。

3. 数据完整性

数据完整性(integrity)是指数据在从发送者传输到接收者的过程中不被破坏。例如，如果某人发送一个请求要从一个账户向另一个账户转账1000元,那么银行得到的请求是转账1000元而不是2000元。数据完整性通常是通过和数据一起发送一个哈希码或签名保证的。在接收端需要验证数据和哈希码。

4. 数据保密性

数据保密性(confidentiality)是保证数据除能够访问它的用户访问外,别人不能访问,这些数据通常是敏感信息。例如,当用户发送用户名和密码登录某个Web站点时,如果信息在Internet上是以普通文本形式传输的,黑客就可以通过分析HTTP包获得这些信息。在这种情况下,数据就不具有保密性了。保密性通常是通过对信息进行加密来实现,这样只有能够获得信息的用户才能解密。目前,大多数Web站点使用HTTPS对信息进行加密,这样即使黑客分析数据也不能对它解密,所以也不能使用它。

授权和保密的区别是二者对信息的保护方式不同,授权是防止信息到达无权访问的用户,而保密是保证即使信息被非法获得,也不能被使用。

8.1.2 验证的类型

在Servlet规范中定义了如下4种用户验证机制:①HTTP Basic验证;②HTTP Digest验证;③ FORM-based验证;④ HTTPS Client验证。

这些验证机制都是基于用户名和密码的机制,在这些机制中,服务器维护用户名和密码列表及需要保护的资源列表。

1. HTTP Basic验证

这种验证称为HTTP基本验证,它是由HTTP 1.1规范定义的,是一种保护资源的最简单、最常用的验证机制。当浏览器请求任何受保护的资源时,服务器都要求输入一个用户名和密码。如果用户输入了合法的用户名和密码,服务器才发送资源。

HTTP基本验证的优点是实现较容易,所有的浏览器都支持;缺点是因为用户名和密码没有加密,而是采用Base64编码,所以不是安全的,另外不能自定义对话框的外观。

2. HTTP Digest验证

这种验证称为HTTP摘要验证,它除了密码是以加密的方式发送的,其他都与基本验证一样,但比基本验证安全。

HTTP摘要验证的优点是比基本验证更安全;缺点是它只能被IE 5以上的版本支持,许多Servlet容器不支持,因为规范并没有强制要求。

3. FORM-based验证

这种验证称为基于表单的验证,它类似于基本验证,但使用用户自定义的表单获得用户名和密码而不是使用浏览器的弹出对话框。开发人员必须创建包含表单的HTML页面,对表单的外观可以定制。

基于表单的验证的优点是所有的浏览器都支持,且很容易实现,客户可以定制登录页面的外观(Look And Feel);缺点是它不是安全的,因为用户名和密码没有加密。

4. HTTPS Client验证

这种验证称为客户证书验证,它采用HTTPS传输信息。HTTPS是在安全套接层(Secure Socket Layer,SSL)之上的HTTP,SSL可以保证Internet上敏感数据的传输的保密性。在这种机制中,当浏览器和服务器之间建立起SSL连接后,所有的数据都以加密的形式传输。

这种验证是4种验证类型中最安全的验证，所有常用的浏览器都支持这种验证。这种验证的缺点是它需要一个由证书授权机构（如VeriSign）颁发的证书，并且它的实现和维护成本较高。

8.1.3 基本验证的过程

下面看一下当客户请求一个受保护的资源时，浏览器和Web容器之间是怎样实现基本的身份验证的。

(1) 浏览器向某个受保护资源（Servlet或JSP）发送请求，此时浏览器并不知道资源是受保护的，所以它发送的请求是一般的HTTP请求。例如：

```
GET /account - servlet HTTP/1.1
```

(2) 当服务器接收到对资源的请求后，首先在访问控制列表（ACL）中查看该资源是否为受保护资源，如果不是，服务器将该资源发送给用户。如果发现该资源是受保护的，它并不直接发送该资源，而是向用户发送一个401 Unauthorized（非授权）消息。在该消息中包含一个响应头，告诉浏览器访问该资源需要验证。在响应消息中还包括验证方法和安全域名称，以及请求内容的长度和类型。下面是一个服务器发送响应的示例。

```
HTTP/1.1 401 Unauthorized
Server: Tomcat/10.0.21
WWW - Authenticate: Basic realm = "Security Test"
Content - Length = 500
Content - Type = text/html
```

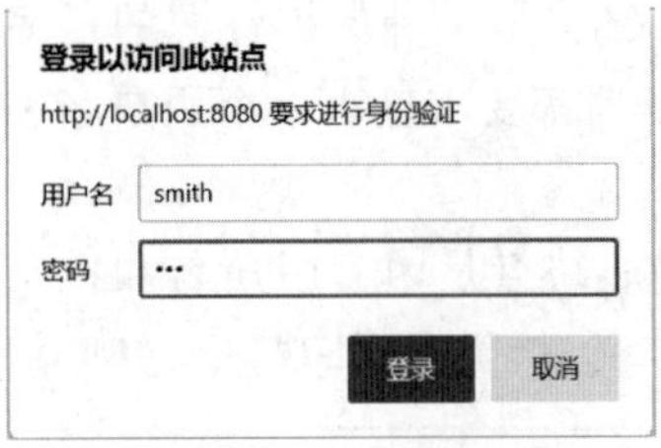

(3) 当浏览器收到上面的响应时，打开一个对话框提示用户输入用户名和密码。使用不同的浏览器，验证对话框的外观略有不同，图8-1是Microsoft Edge浏览器显示的对话框。

图8-1 用户验证对话框

(4) 用户一旦输入了用户名和密码并单击了“登录”按钮，浏览器将再次发送请求并在名为Authorization的请求头中传递用户名和密码的值。例如：

```
GET /account - servlet HTTP/1.1
Authorization: Basic bWFyeTptbW0 =
```

上面的请求头中包含了用户名和密码串的Base64编码值。注意，Base64编码不是一种加密的方法。使用java.util.Base64.Encoder和java.util.Base64.Decoder类可以对任何字符串编码和解码。

(5) 当服务器接收到该请求，将在访问控制列表中检验用户名和密码，如果该用户是合法用户并且该用户可以访问资源，它将发送资源并在浏览器中显示出来，否则它将再一次发送401 Unauthorized消息，浏览器再一次显示输入用户名和密码的对话框。

8.1.4 声明式安全与编程式安全

在Servlet规范中提到，实施Web应用程序的安全性有声明式安全和编程式安全两种方法。

声明式安全（declarative security）是指以在应用外部的形式表达应用的安全模型需求，包括角色、访问控制及验证需求。在应用程序内通过部署描述文件（web.xml）声明安全约束。应用程序部署人员把应用的逻辑安全需求映射到特定于运行时环境的安全策略的表示，容器使用该安全策略实施验证和授权。

安全模型可以应用在 Web 应用程序的静态内容部分，也可以应用在用户请求的 Servlet 和过滤器上，但不能应用在 Servlet 使用 RequestDispatcher 调用的静态资源、使用 forward 和 include 转发和包含的资源上。

声明式安全在资源(如 Servlet)中不包含任何有关安全的代码。有时可能需要更精细的安全约束或声明式安全不足以表示应用的安全模型，这时可以采用编程式安全。**编程式安全**(programmatic security)主要使用 HttpServletRequest 接口中的有关方法实现。在 8.4 节将介绍编程式安全。

8.2 安全域模型

安全域是 Web 服务器保护 Web 资源的一种机制。所谓**安全域**(realm)是标识一个 Web 应用程序的合法的用户名和密码的"数据库"，其中包括与用户相关的角色。所谓**角色**(role)实际上是一组用户。角色的概念来自现实世界，例如，一个公司可能只允许销售经理访问销售数据，而销售经理是谁没有关系。实际上，销售经理可能更换。在任何时候，销售经理实际是一个充当销售经理角色的用户。

每个用户可以拥有一个或多个角色，每个角色限定了可以访问的 Web 资源。在 Web 应用中，对资源的访问权限一般分配给角色而不是实际的用户。把权限分配给角色而不是用户使得对权限的改变更为灵活。一个用户可以访问其拥有的所有角色对应的 Web 资源。

8.2.1 Tomcat 安全域

Tomcat 提供了内置的安全域功能，它通过 org.apache.catalina.Realm 接口把一组用户名、密码及用户所关联的角色集成到 Tomcat 中。Tomcat 提供了 5 个实现这一接口的类，它们分别代表 5 种安全域模型，如表 8-1 所示。

表 8-1 Tomcat 的安全域模型

安全域模型	类 名	说 明
内存域	MemoryRealm	在 Tomcat 服务器初始化阶段，从一个 XML 文件中读取验证信息，并把它们以一组对象的形式存放在内存中
JDBC 域	UserDatabaseRealm	通过 JDBC 驱动程序访问存放在数据库中的验证信息
数据源域	DataSourceRealm	通过 JNDI 数据源访问存放在数据库中的验证信息
JNDI 域	JNDIRealm	通过 JNDI provider 访问存放在基于 LDAP 的目录服务器中的安全验证信息
JAAS 域	JAASRealm	通过 JAAS(Java 验证授权服务)框架访问验证信息

注意：不管使用哪一种安全域模型，都要包含下列步骤。

(1) 定义角色、用户及用户与角色的映射。

(2) 为 Web 资源设置安全约束。

下面主要介绍内存域的使用，对于其他安全域，请读者参考 Tomcat 文档。

8.2.2 定义角色与用户

使用的安全域模型不同，用户和角色的定义也不同。下面介绍如何使用内存域定义角色与用户。内存域是通过 org.apache.catalina.realm.MemoryRealm 类实现的。它将用户和角色信息存储在一个 XML 文件中，当应用程序启动时将其读入内存。在默认情况下，在 Tomcat 中是 conf\tomcat-users. xml 文件，该文件定义了角色和用户。其顶层元素为< tomcat-users >，子元素< role >用来定义角色，< user >元素用来定义用户及用户与角色的映射关系。默认在 tomcat-users. xml 文件中定义了一些角色和用户，在该文件中还可以增加或修改角色和用户及用户和角色的映射。假设修改后的文件内容如清单 8.1。

清单 8.1　tomcat-users. xml

```
<?xml version = "1.0" encoding = "UTF - 8"?>
< tomcat - users xmlns = "http://tomcat.apache.org/xml"
      xmlns:xsi = "http://www.w3.org/2001/XMLSchema - instance"
      xsi:schemaLocation = "http://tomcat.apache.org/xml tomcat - users.xsd"
      version = "1.0">

   < role rolename = "manager"/>
   < role rolename = "director"/>
   < role rolename = "employee"/>

   < user username = "admin" password = "admin" roles = "manager - gui"/>
   < user username = "zhangsan" password = "111111" roles = "manager,director"/>
   < user username = "wangwu" password = "222222" roles = "directorr"/>
   < user username = "lisi" password = "333333" roles = "employee"/>
   < user username = "scott" password = "tiger" roles = "employee"/>
</tomcat - users >
```

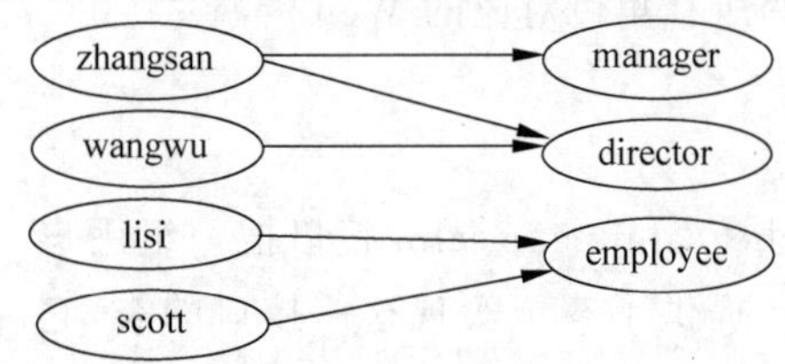

图 8-2　用户与角色的映射关系

这里定义了 3 个角色名，分别为 manager（经理）、director（主任）和 employee（普通员工），定义了 5 个用户及密码。其中，admin 用户是管理员，具有 manager-gui 角色，这是 Tomcat 内置的角色；zhangsan 具有 manager 和 director 角色；wangwu 具有 director 角色；lisi 和 scott 具有 employee 角色。可以看到，一个用户可以具有多种角色，一种角色也可以被多个用户拥有。这些用户与角色的映射关系如图 8-2 所示。

脚下留神

在 tomcat-users. xml 文件中添加或修改了角色和用户后需要重新启动 Tomcat 服务器，这样设置才能生效。

8.3　定义安全约束

为 Web 资源定义安全约束是通过 web. xml 文件实现的，这里主要配置哪些角色可以访问哪些资源。

8.3.1　安全约束的配置

安全约束的配置主要通过< login-config >、< security-role >和< security-constraint > 3 个元素实现。

1. < login-config >元素

< login-config >元素定义验证机制，验证机制不同，用户访问受保护的 Web 资源时系统弹

出的对话框不同。下面是 web.xml 的代码片段，它是 BASIC 验证机制的配置。

```
<login-config>
    <auth-method>BASIC</auth-method>
    <realm-name>Security Test</realm-name>
</login-config>
```

子元素<auth-method>指定使用的验证方法，其值可以为 BASIC、DIGEST、FORM 和 CLIENT-CERT，分别表示 HTTP 基本验证、HTTP 摘要验证、基于表单的验证和客户证书验证。<realm-name>仅用在 HTTP 基本验证中，指定安全域名称。<form-login-config>元素仅用在基于表单的验证中，指定登录页面的 URL 和错误页面的 URL。

2. <security-role>元素

该元素用来定义安全约束中引用的所有角色名，子元素<role-name>定义角色名。例如，假设在 Web 应用中要引用 manager 角色和 employee 角色，则该元素可定义如下。

```
<security-role>
    <role-name>manager</role-name>
    <role-name>employee</role-name>
</security-role>
```

3. <security-constraint>元素

该元素用来定义受保护的 Web 资源集合、访问资源的角色及用户数据的约束。表 8-2 给出了该元素的子元素及说明。

表 8-2 <security-constraint>元素的子元素及说明

子 元 素	说 明
<display-name>	一个可选的元素，它为安全约束指定一个易于识别的名称
<web-resource-collection>	指定该安全约束所应用的资源集合
<auth-constraint>	指定可以访问在<web-resource-collection>部分中指定的资源的角色
<user-data-constraint>	指定数据应该如何在客户与服务器之间通信

1）<web-resource-collection>元素

该元素定义一个或多个 Web 资源集合，它使用子元素<web-resource-name>指定资源的名称。<url-pattern>元素指定受保护的资源，它是通过资源的 URL 模式指定的，可以指定多个 URL 模式把多个资源组成一组。<http-method>元素指定该约束适用的 HTTP 方法。例如，可以限制只有授权用户才能使用 POST 请求，而允许所有的用户使用 GET 请求。

下面是一个 Web 资源集合示例。

```
<web-resource-collection>
    <web-resource-name>admin resource</web-resource-name>
    <url-pattern>/examination.do</url-pattern>
    <url-pattern>/admin/*</url-pattern>

    <http-method>GET</http-method>
    <http-method>POST</http-method>
</web-resource-collection>
```

该资源集合中指定了一个 Servlet 和 admin 目录中的所有文件。在<http-method>中只定义了 GET 和 POST 方法。这意味着只有这些方法才是受限的访问，对这些资源的所有其他的请求对所有用户开放。如果没有指定<http-method>元素，则约束应用于所有的 HTTP 方法。

注意： 这里的资源不仅包含 Servlet 和 JSP 等，还包含访问资源的 HTTP 方法，实际是资源与 HTTP 方法的组合。

2）< auth-constraint >元素

该元素指定可以访问受限资源的角色，也就是具有指定角色的用户才有权访问指定的资源。子元素< role-name >指定可以访问受限资源的角色，它可以是 *（表示 Web 应用程序中定义的所有角色），或者是< security-role >元素中定义的名称。例如：

```
<auth-constraint>
    <description> accessible to all manager </description>
    <role-name> manager </role-name>
</auth-constraint>
```

这个例子说明只有具有 manager 角色的用户才能访问该资源。

3）< user-data-constraint >元素

该元素指定数据如何在客户与服务器之间传输，子元素< transport-guarantee >指定数据传输的方式，它的取值为 NONE、INTEGRAL 或 CONFIDENTIAL。其中，NONE 表示不对传输的数据有任何完整性和保密性的要求；INTEGRAL 和 CONFIDENTIAL 分别表示要求传输的数据具有完整性和保密性。通常，当设置为 NONE 时使用普通的 HTTP；当设置为 INTEGRAL 或 CONFIDENTIAL 时使用 HTTPS。

下面是使用< user-data-constraint >元素的一个例子，它表示数据传输要求具有完整性。

```
<user-data-constraint>
    <transport-guarantee> INTEGRAL </transport-guarantee>
</user-data-constraint>
```

8.3.2 案例学习：基本安全验证

下面通过一个实际的例子说明安全性的使用。首先建立一个名为 AccountServlet 的 Servlet，然后分别采用 HTTP 基本验证和基于表单的验证测试安全性。注意，如果对示例应用程序的代码或配置作了修改，最好重新启动 Tomcat，然后打开一个新的浏览器窗口。清单 8.2 中的 AccountServlet 作为受限访问资源。

清单 8.2 AccountServlet.java

```
package com.boda.xy;

import java.io.*;
import jakarta.servlet.*;
import jakarta.servlet.http.*;
import jakarta.servlet.annotation.WebServlet;

class Account{                              //一个账户类
    int id;
    double balance;
    public Account(int id,double balance) {
        this.id = id;
        this.balance = balance;
    }
    public double getBalance() {
        return balance;
    }
}

@WebServlet(name = "accountServlet",value = "/account-servlet")
public class AccountServlet extends HttpServlet{
```

```
    Account companyAccount = null;
    public void init() {                //创建并初始化账户对象
        companyAccount = new Account(101,8000);
    }

    public void doGet(HttpServletRequest request,
                      HttpServletResponse response)
                     throws IOException,ServletException {
        response.setContentType("text/html;charset = UTF - 8");
        PrintWriter out = response.getWriter();
        out.println("< html >< head >");
        out.println("< title >声明式安全示例</title >");
        out.println("</head >");
        out.println("< body >");
        String name = request.getRemoteUser();
        out.println("欢迎您, " + name + "!");
        out.println("< br >账户余额:" + companyAccount.getBalance() + "!< br >");
        out.println("< br > GET 请求对所有 employee 角色开放!");
        out.println("</body ></html >");
    }

    public void doPost(HttpServletRequest request,
                   HttpServletResponse response)
                   throws IOException,ServletException {
        response.setContentType("text/html;charset = UTF - 8");
        PrintWriter out = response.getWriter();
        out.println("< html >< head >");
        out.println("< title >声明式安全示例</title >");
        out.println("</head >");
        out.println("< body >");
        String name = request.getRemoteUser();
        String balance = request.getParameter("balance");
        out.println("欢迎你!" + name + "< br >");
        out.println("新账户余额是:" + balance + "< br >");
        out.println("< br >能够访问该页面,说明你是管理员(manager)。");
        out.println("</body ></html >");
    }
}
```

为了说明问题,在程序中实现了 doGet()和 doPost()方法。这里需要注意的是,该 Servlet 没有任何与安全相关的代码,所有安全性都是容器在 web. xml 中设置的。

1. 基本身份验证方法

正如前面所提到的,Web 应用程序的安全约束可以在 web. xml 中指定,下面的代码为/account-servlet 资源定义了安全约束。

```
< security - constraint >
    < web - resource - collection >
        < web - resource - name > Account Servlet </web - resource - name >
        < url - pattern >/account - servlet </url - pattern >
          < http - method > GET </http - method >
     </web - resource - collection >

    < auth - constraint >
        < role - name > employee </role - name >
    </auth - constraint >

    < user - data - constraint >
        < transport - guarantee > NONE </transport - guarantee >
```

```
    </user-data-constraint>
</security-constraint>

<security-constraint>
    <web-resource-collection>
        <web-resource-name>Account Servlet</web-resource-name>
            <url-pattern>/account-servlet</url-pattern>
            <http-method>POST</http-method>
    </web-resource-collection>

    <auth-constraint>
        <role-name>manager</role-name>
    </auth-constraint>

    <user-data-constraint>
        <transport-guarantee>NONE</transport-guarantee>
    </user-data-constraint>
</security-constraint>

<login-config>
    <auth-method>BASIC</auth-method>
    <realm-name>Account Servlet</realm-name>
</login-config>

<security-role>
    <role-name>manager</role-name>
    <role-name>employee</role-name>
</security-role>
```

在上面的代码中，第一个<security-constraint>元素用<web-resource-collection>的<url-pattern>元素和<http-method>元素标识被保护的资源。这里指定对"/account-servlet"资源的GET请求，具有employee角色的用户能够访问。第二个<security-constraint>元素指定POST方法安全约束，它只能被具有manager角色的用户访问。

<auth-constraint>指定该资源仅能被具有employee角色的用户访问，这里的<role-name>必须在<security-role>元素中定义。

<transport-guarantee>定义为NONE，表示将使用HTTP作为通信协议，不要求对传输的数据保证保密性和完整性。<login-config>元素指定BASIC验证方法，<security-role>元素指定安全约束应用的角色名。

当用户向"/account-servlet"资源发送GET请求和POST请求时，浏览器都将弹出一个如图8-1所示的对话框，输入具有employee角色的用户的用户名和密码，可以查看账户余额，当输入具有manager角色的用户的用户名和密码时，可以修改账户余额。

2. 基于表单的验证方法

基于表单的验证方法需要使用自定义的登录页面代替标准的登录对话框。这里需要建立两个页面，一个是登录页面，另一个是登录失败时显示的错误页面，同时需要在web.xml的<login-config>元素的子元素<form-login-config>中指定登录页面和出错页面。登录页面的代码见清单8.3。

清单8.3 loginPage.jsp

```
<%@ page contentType="text/html;charset=UTF-8" %>
<html><head><title>登录页面</title></head>
<body>
<p>请您输入用户名和密码</p>
```

```
<form method = "post" action = "j_security_check">
   <table>
     <tr><td align = "right">用户名:</td>
         <td align = "left"><input type = "text" name = "j_username"><td>
     </tr>
     <tr><td align = "right">密  码:</td>
         <td align = "left"><input type = "password" name = "j_password"></td>
     </tr>
     <tr><td align = "right"><input type = "submit" value = "登录"></td>
         <td align = "center"><input type = "reset" value = "重置"></td>
     </tr>
  </table>
</form>
</body></html>
```

这里要注意，对于使用基于表单验证方法的登录页面，表单的 action 属性值必须为 j_security_check，用户名输入域的 name 属性值必须是 j_username，密码输入域的 name 属性值必须是 j_password。

清单 8.4 是错误页面的代码。

清单 8.4　errorPage.jsp

```
<%@ page contentType = "text/html;charset = UTF-8" %>
<html>
   <head><title>错误页面</title></head>
<body>
  <p>对不起,用户名或密码不正确!</p>
  <p>请返回重新登录:<a href = "/chapter08/account-servlet">返回</a>
</body>
</html>
```

注意：对基于表单的验证，没有编写任何的 Servlet 来处理表单。j_security_check 动作触发容器本身完成处理。

下面修改 web.xml 文件，采用基于表单的身份验证方法，这里只需要将<login-config>元素的内容修改为如下。

```
<login-config>
     <auth-method>FORM</auth-method>
     <form-login-config>
          <form-login-page>/loginPage.jsp</form-login-page>
          <form-error-page>/errorPage.jsp</form-error-page>
     </form-login-config>
</login-config>
```

重启服务器，在使用 GET 请求访问 AccountServlet 时，浏览器将显示 loginPage.jsp 页面的表单，如图 8-3 所示。输入正确的用户名和密码即可访问 AccountServlet，显示如图 8-4 所示的页面。如果输入的用户名和密码不正确，将显示错误页面(errorPage.jsp)。

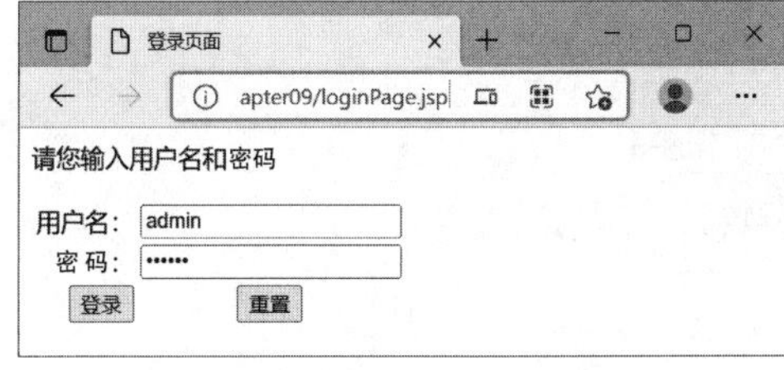

图 8-3　登录页面(loginPage.jsp)

图 8-4　密码正确时显示的结果

如果要采用 POST 方法的请求行为，可以编写一个包含表单的页面，将表单的< form >元素的 method 属性指定为“POST”，将 action 属性指定为“account-servlet”。

8.4 编程式安全的实现

前面讲的 Web 应用程序的安全属于声明式安全，这种安全机制是部署者在部署 Web 应用时通过 web.xml 配置的，而在资源或 Servlet 中并不涉及安全信息。这种方式的优点是实现了应用程序的开发者和部署者的分离。

在某些情况下，声明式安全对应用程序来说还不够精细。例如，假设希望一个 Servlet 能够被所有员工访问，但希望服务器为经理(manager)产生的输出和为普通员工(employee)产生的输出不同。对于这种情况，Servlet 规范允许 Servlet 包含与安全相关的代码，这称为编程式安全。

8.4.1 Servlet 的安全 API

除了上面讨论的方法，在 HttpServletRequest 接口中定义了以下几个方法用于实现编程式安全。

- public String getAuthType()：返回用来保护 Servlet 的认证方案，如果没有安全约束，则返回 null。
- public String getRemoteUser()：如果用户已被验证，该方法返回验证用户名；如果用户没有被验证，则返回 null。
- public boolean isUserInRole(String rolename)：返回一个布尔值，表示验证的用户是否属于指定的角色。如果用户没有被验证或不属于指定角色，将返回 false。
- public Principal getUserPrincipal()：返回 java.security.Principal 对象，它包含当前验证的用户名。如果用户没有被验证，则返回 null。
- public boolean authenticate(HttpServletResonse response)：通过指示浏览器显示登录表单来验证用户。
- public void login(Stringusername, String password)：试图使用所提供的用户名和密码进行登录。该方法没有返回，如果登录失败，将抛出一个 ServletException 异常。
- public void logout()：注销用户登录。

清单 8.5 通过编程的方式为经理和普通员工产生不同的输出页面。

清单 8.5 AuthorizationServlet.java

```
package com.boda.xy;

import java.io.*;
import jakarta.servlet.*;
import jakarta.servlet.http.*;
import java.util.Base64;

public class AuthorizationServlet extends HttpServlet{

   public void doGet(HttpServletRequest request,
                HttpServletResponse response)
                 throws IOException, ServletException {
   String authorization = request.getHeader("Authorization");
```

```
    if (authorization == null){
       askForPassword(response);
     } else {
       //从 Authorization 请求头中解析出用户名和密码
       String userInfo = authorization.substring(6).trim();
       Base64.Decoder decoder = Base64.getDecoder();
       //对 userInfo 内容进行解码
       String nameAndPassword = new String(decoder.decode(userInfo));

       int index = nameAndPassword.indexOf(":");
       String username = nameAndPassword.substring(0, index);
       String password = nameAndPassword.substring(index + 1);
       if (request.isUserInRole("manager")){
          showLeaderPage(request, response);
       }else if (request.isUserInRole("employee")){
          showStaffPage(request, response);
       }
     }
    }

    private void askForPassword(HttpServletResponse response)
                   throws IOException {
       //向用户发送 401 响应
       response.setHeader("WWW - Authenticate",
                         "BASIC realm = \"Programatic Test\"");
       response.sendError(HttpServletResponse.SC_UNAUTHORIZED);
    }

    private void showLeaderPage(HttpServletRequest request,
                               HttpServletResponse response)
                               throws IOException {
       response.setContentType("text/html;charset = UTF - 8");
       PrintWriter out = response.getWriter();
       String username = request.getRemoteUser();
       out.println("<html><head>");
       out.println("<title>编程式安全示例</title>");
       out.println("</head><body>");
       out.println("Welcome, " + username + "!");
       out.println("<br>这是为经理(<b>manager</b>)产生的页面.");
       out.println("<br>Authorization:" +
                  request.getHeader("Authorization") + "</b>");
       out.println("</body></html>");
    }

    private void showStaffPage(HttpServletRequest request,
                               HttpServletResponse response)
     throwsIOException {
       response.setContentType("text/html;charset = UTF - 8");
       PrintWriter out = response.getWriter();
       String username = request.getRemoteUser();
       out.println("<html><head>");
       out.println("<title>编程式安全示例</title>");
       out.println("</head><body>");
       out.println("Welcome, " + username + "!");
       out.println("<br>这是为普通员工(<b>employee</b>)产生的页面.");
       out.println("<br>Authorization:" +
                  request.getHeader("Authorization") + "</b>");
       out.println("</body></html>");
    }
}
```

程序在 doGet()中首先从请求对象中获得 Authorization 请求头的值，如果为 null，说明用户没有验证，因此调用 askForPassword()要求用户验证。如果用户已经验证，可以从 Authorization 请求头中检索出用户名和密码。这里使用了 java.util.Base64 类对用户名和密码进行解码。

在上面的程序中，把角色名 manager 和 employee 硬编码在 Servlet 代码中。然而，在实际部署的地方，经理(manager)可能叫主任(director)，员工(employee)可能叫职员(staff)。为了在部署时允许角色定义的灵活性，开发人员把硬编码值转告给部署人员，部署人员把这些硬编码值映射到部署环境中使用的实际角色值上。清单 8.6 是修改后的部署描述文件。

清单 8.6 web.xml

```
<?xml version="1.0" encoding="iso-8859-1"?>
<web-app xmlns="https://jakarta.ee/xml/ns/jakartaee"
        xmlns:xsi="http://www.w3.org/2001/XMLSchema-instance"
        xsi:schemaLocation="https://jakarta.ee/xml/ns/jakartaee
        https://jakarta.ee/xml/ns/jakartaee/web-app_5_0.xsd"
        version="5.0">
  <servlet>
    <servlet-name>authorizeServlet</servlet-name>
    <servlet-class>com.boda.xy.AuthorizationServlet</servlet-class>
    <security-role-ref>
      <role-name>director</role-name>
      <role-link>manager</role-link>
    </security-role-ref>
    <security-role-ref>
      <role-name>staff</role-name>
      <role-link>employee</role-link>
    </security-role-ref>
  </servlet>
  <servlet-mapping>
    <servlet-name>authorizeServlet</servlet-name>
    <url-pattern>/authorize-servlet</url-pattern>
  </servlet-mapping>

  <security-constraint>
    <web-resource-collection>
      <web-resource-name>programmatic security</web-resource-name>
      <url-pattern>/authorize-servlet</url-pattern>
       <http-method>GET</http-method>
    </web-resource-collection>
    <auth-constraint>
       <role-name>manager</role-name>
       <role-name>employee</role-name>
    </auth-constraint>
  </security-constraint>

  <login-config>
    <auth-method>BASIC</auth-method>
    <realm-name>Programatic Test</realm-name>
  </login-config>

  <security-role>
    <role-name>manager</role-name>
  </security-role>
  <security-role>
    <role-name>employee</role-name>
  </security-role>
</web-app>
```

在上面的文件中，< security-role-ref >元素用来把 Servlet 所使用的硬编码的角色名(director、staff)与实际角色名(manager、employee)关联起来。该程序仍然使用基本验证方法。使用 GET 请求访问该 Servlet 将首先显示验证对话框，如果输入不同角色的用户名和密码将显示不同的页面。

8.4.2 安全注解类型

在 Servlet 3.0 规范中提供了 3 个注解类型实现 Servlet 级的安全限制，而不需要在部署描述文件中使用< security-constraint >元素，但是仍然需要用< login-config >元素指定一个身份验证方法。

有关安全的注解类型定义在 jakarta. servlet. annotation 包中，包括@ServletSecurity 注解、@HttpConstraint 注解和@HttpMethodConstraint 注解。

1. @ServletSecurity 注解

@ServletSecurity 注解用于标注一个 Servlet 实施安全约束，它有两个属性，如表 8-3 所示。

表 8-3 @ServletSecurity 注解的属性

属 性 名	类 型	说 明
value	HttpConstraint	HttpConstraint 定义了应用到没有在 httpMethodConstraints 返回的数组中指定的所有 HTTP 方法的保护
httpMethodConstraints	HttpMethodConstraint[]	HTTP 方法的特定限定数组

例如，下面的@ServletSecurity 注解包含了一个@HttpConstraint 注解，它决定了该 Servlet 只能由具有 manager 角色的用户访问。

```
@ServletSecurity(value = @HttpConstraint(rolesAllowed = "manager"))
```

2. @HttpConstraint 注解

@HttpConstraint 注解用于定义安全约束，它只能用在@ServletSecurity 注解的 value 属性值中。该注解有 3 个属性，如表 8-4 所示。

表 8-4 @HttpConstraint 注解的属性

属 性 名	类 型	说 明
rolesAllowed	String[]	包含授权角色的字符串数组
transportGuarantee	TransportGuarantee	连接请求必须满足的数据保护需求。其有效值为 ServletSecurity. TransportGuarantee 枚举成员(CONFIDENTIAL 或 NONE)
value	EmptyRoleSemantic	默认授权

例如，下面的代码使用了@HttpConstraint 注解类型。

```
@ServletSecurity(value = @HttpConstraint(rolesAllowed = "manager"))
```

该注解决定了该 Servlet 只能由具有 manager 角色的用户访问，由于没有定义@HttpMethodConstraint 注解，所以该约束应用到所有的 HTTP 方法。

3. @HttpMethodConstraint 注解

@HttpMethodConstraint 注解用于定义一个特定的 HTTP 方法的安全性约束，该注解只能出现在@ServletSecurity 注解的 httpMethodConstraints 属性值中。

@HttpMethodConstraint 注解的属性如表 8-5 所示。

表 8-5 @HttpMethodConstraint 注解的属性

属 性 名	类 型	说 明
emptyRoleSemantic	EmptyRoleSemantic	当 rolesAllowed 返回一个空数组，(仅)应用的默认授权语义。其有效值为 ServletSecurity. EmptyRoleSemantic 枚举值(DENY 或 PERMIT)
rolesAllowed	String[]	包含授权角色的字符串数组
transportGuarantee	TransportGuarantee	连接请求必须满足的数据保护需求。其有效值为 ServletSecurity. TransportGuarantee 枚举成员(CONFIDENTIAL 或 NONE)
value	String	HTTP 方法

请看下面的注解示例代码：

```
@ServletSecurity(
        value = @HttpConstraint(rolesAllowed = "manager"),
        httpMethodConstraints = {@HttpMethodConstraint("GET")}
)
```

该注解的 value 属性中使用@HttpConstraint 注解定义了可访问本 Servlet 的角色，在 httpMethodConstraints 属性中使用 HttpMethodConstraint 指定了 GET 方法，但没有指定 rolesAllowed 属性。因此，该 Servlet 可以被任何用户通过 GET 方法访问，但其他的方法只能是具有 manager 角色的用户访问。

请看下面的注解示例代码：

```
@ServletSecurity(
        value = @HttpConstraint(rolesAllowed = "employee"),
        httpMethodConstraints = {@HttpMethodConstraint(value = "POST",
        emptyRoleSemantic = ServletSecurity.EmptyRoleSemantic.DENY)}
)
```

该注解允许所有具有 employee 角色的用户使用 POST 之外的方法访问该 Servlet。@HttpMethodConstraint 注解的 emptyRoleSemantic 属性设置为 EmptyRoleSemantic. DENY 表示拒绝用户访问。

本章小结

本章讨论了如何建立安全的 Web 应用程序。Servlet 规范定义了 4 种验证用户的机制，即 BASIC、CLIENT-CERT、FORM 和 DIGEST。验证机制是在应用程序的部署描述文件(web. xml)中定义的。验证就是检验用户是谁，授权是检查用户能做什么。

本章重点讨论了如何在部署描述文件中配置安全性来实现声明式安全，还讨论了如何实现编程式安全。

练习与实践

扫一扫

习题

扫一扫

自测题

第二部分

SSM框架技术

第9章

Spring快速入门

Spring 是目前最流行的轻量级 Java 企业开发框架，可解决企业级应用程序开发的复杂性问题。该框架以强大的功能和卓越的性能受到了众多开发人员的喜爱。

本章首先介绍 Spring 框架的基本概念，然后重点介绍 Spring 的 IoC 容器、依赖注入的概念和 bean 的配置与实例化。

本章内容要点

- Spring 框架简介。
- Spring 容器的概念。
- 依赖注入的概念。
- bean 的配置与实例化。

9.1 Spring 框架简介

Spring 框架 1.0 版于 2004 年 3 月发布。Spring 框架一直不断发展，目前已成为 Java 领域中开发企业级应用程序的首选框架。

9.1.1 Spring 框架模块

Spring 框架是高度模块化的，它包含 20 多个不同的模块。Spring 框架模块提供了 Spring 反转控制容器、依赖注入(DI)、Web MVC 框架、AOP 等核心特性。图 9-1 列出了 Spring 框架的主要模块。

从图 9-1 可以看出，Spring 涵盖了企业级应用程序开发的各方面，可以使用 Spring 开发 Web 应用程序、访问数据库、管理事务、创建单元和集成测试等。在使用 Spring 框架开发时只需要引入所需要的模块即可。例如，在应用程序中要使用 Spring 的 DI 功能，只需要引入核心容器组中的模块。

Spring 框架的所有模块都用 JAR 文件存储，如果需要特定的技术，可以将它们包含在类路径中。表 9-1 列出了 Spring 框架的常用模块组，并简要描述了每个模块的内容和用于依赖项管理的构件名称。实际 JAR 文件的名称可能不同，这取决于如何获取模块。

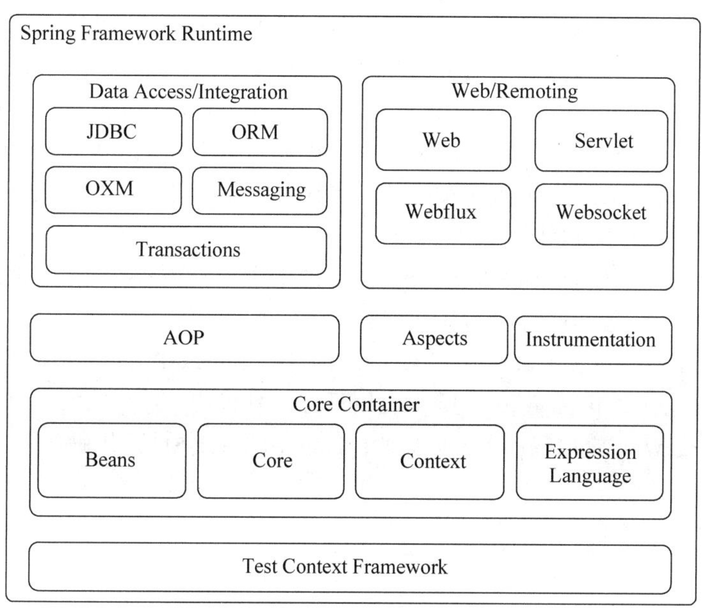

图 9-1 Spring 框架主要模块

表 9-1 Spring 框架的常用模块组

模 块 组	描 述
Core Container	包含组成 Spring 框架的基础模块。其中，spring-core 和 spring-beans 模块提供了 Spring 的 DI 功能和 IoC 容器的实现；spring-expressions 模块为在 Spring 应用中通过 Spring 表达式语言配置应用程序对象提供了支持
Data Access/Integration	包含简化数据库与应用程序交互的模块。其中，spring-jdbc 模块简化了 JDBC 与数据库的交互；spring-orm 模块提供了与 ORM（对象关系映射）框架的集成，如 JPA 和 Hibernate；spring-jms 模块简化了与 JMS 提供者的交互
AOP 和 Instrumentation	包含支持 AOP（面向切面编程）的类和工具模块。其中，spring-aop 模块提供了 Spring 的 AOP 功能，spring-instrument 模块提供了对工具类的支持
Web/Remoting	包含简化开发 Web 应用的模块。其中，spring-web 和 spring-webmvc 模块都是用于开发 Web 应用和 RESTful 的 Web 服务；spring-websocket 模块支持使用 WebSocket 开发 Web 应用；spring-webflux 为 Web 应用开发带来了反应式编程能力
Test	包含 spring-test 模块，简化了创建单元和集成测试

9.1.2 添加 Spring 依赖模块

通常有两种方法使用 Spring 框架，一种方法是使用 Maven 构建应用程序，在项目的 pom. xml 文件中添加所依赖的模块，代码如下，这样项目将自动下载 Spring 框架的模块。

```
<dependency>
    <groupId>org.springframework</groupId>
    <artifactId>spring-context</artifactId>
    <version>6.0.9</version>
</dependency>
```

使用 Maven 构建工具的一个好处是，下载一个 Spring 模块**会自动下载它所依赖的模块**。例如，若在 pom. xml 文件中添加了 spring-context 模块，Maven 将自动下载 spring-aop、spring-beans、spring-core、spring-jcl 和 spring-expressions 等模块。这几个模块是开发 Spring 应用的基础，具体介绍如下。

- spring-aop-6.0.9.jar：定义了 Spring 支持 AOP 的类和工具模块。
- spring-beans-6.0.9.jar：所有应用都要用到的 JAR 包，它包含访问配置文件、创建和管理 bean 及进行 Inversion of Control(IoC)或者 Dependency Injection(DI)操作的所有类。
- spring-context-6.0.9.jar：Spring 提供了在基础 IoC 功能上的扩展服务，还提供了许多企业级的服务支持，如邮件服务、任务调度、JNDI 定位、EJB 集成、远程访问、缓存及各种视图层框架的封装等。
- spring-core-6.0.9.jar：包含 Spring 框架的核心工具类，Spring 其他组件都要用到这个包中的类，它是其他组件的基本核心。
- spring-expression-6.0.9.jar：定义了 Spring 的表达式语言。
- spring-jcl-6.0.9.jar：定义了 Java 通用日志工具包。

如果需要开发 Web 应用程序，应该添加 spring-webmvc 模块，代码如下。

```
<dependency>
    <groupId>org.springframework</groupId>
    <artifactId>spring-webmvc</artifactId>
    <version>6.0.9</version>
</dependency>
```

另一种使用 Spring 框架的方法是将它的类库 ZIP 文件下载到本地，下载地址如下。

```
https://repo.spring.io/release/org/springframework/spring/
```

将下载的 ZIP 文件解压到一个目录，在 libs 文件夹中包含 Spring 框架 JAR 文件，将有关 JAR 文件复制到 Web 应用的 WEB-INF/lib 目录中即可。

扫一扫

视频讲解

9.2 Spring 容器和依赖注入

Spring 容器和依赖注入是 Spring 框架的两个最基本的概念，下面介绍这两个概念。

9.2.1 Spring 容器

任何应用程序都是由很多组件组成的，每个组件负责整个应用功能的一部分，这些组件需要与其他的应用元素进行协调以完成自己的任务。当应用程序运行时，需要以某种方式创建并引入这些组件。

Spring 的核心是提供一个**容器**(container)，通常称为**应用上下文**(application context)，它负责创建和管理应用中的所有组件。Spring 容器中管理的对象称为 **bean**。Spring 容器在启动时通过读取配置文件(applicationContext.xml)中的信息构建所有组件对象。容器将这些组件装配到一起，形成一个完整的程序，就像一所房子由砖瓦、木料、水泥等组成一样。

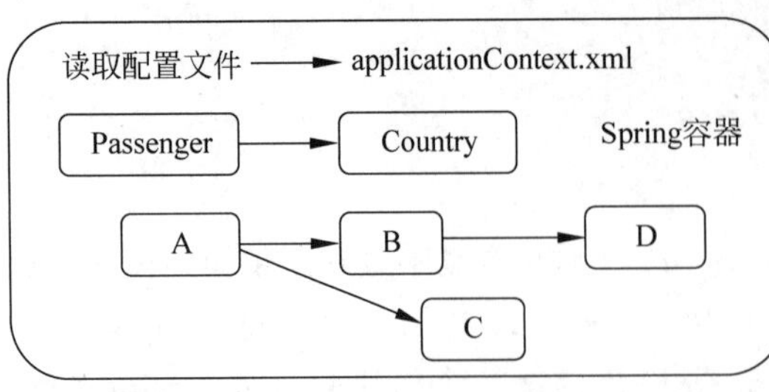

图 9-2　Spring 容器管理组件依赖并实现注入

将组件装配在一起，是通过一种基于依赖注入的模式实现的。依赖注入是 Spring 框架的核心机制，它提供了框架的重要功能，包括依赖注入和 bean 的生命周期管理功能。图 9-2 是 Spring 容器中组件管理和依赖注入的示意图。

如果要在 Spring 中实现依赖注入，需要一个容器，在 Spring 中它是 ApplicationContext

接口的一个实例。Spring 提供了几种不同的 ApplicationContext 实现，这些实现都提供了相同的特性，但在加载应用程序上下文配置的方式上有所不同。

如前所述，不同的实现有不同的配置机制（即用 XML 配置或用 Java 配置）。其中，ClassPathXmlApplicationContext 从类加载路径下的 XML 文件中获取上下文定义信息，FileSystemXmlApplicationContext 从文件系统的 XML 文件中获取上下文定义信息，XmlWebApplicationContext 从 Web 系统的 XML 文件中获取上下文定义信息，AnnotationConfigApplicationContext 需要使用 Java 配置。

下面的代码创建了一个 ClassPathXmlApplicationContext 容器对象，它从类加载路径下的配置文件中获取上下文信息。

```
String xmlPath = "src/main/webapp//WEB - INF/applicationContext.xml";
ApplicationContext context = new ClassPathXmlApplicationContext(xmlPath);
```

9.2.2　依赖注入

依赖注入是 Spring 框架的核心特征，其主要目的是降低程序对象之间的耦合度。Java 应用程序通常包括多个相互协作对象，这些对象相互依赖。在传统的程序设计过程中，当某个 Java 实例（调用者）需要另一个 Java 实例（被调用者）时，通常由调用者来创建被调用者的实例。在依赖注入模式下，创建被调用者的工作不再由调用者完成，而是由 Spring 容器来完成，然后注入给调用者，这称为**依赖注入**（Dependency Injection，DI）。

假设开发一个航班管理应用程序，其中包含 Passenger（乘客）和 Country（国家）两个实体。每位乘客都来自一个国家，一个 Passenger 对象**依赖于**一个 Country 对象（见图 9-3）。在清单 9.1 和清单 9.2 中直接初始化了这个依赖项。

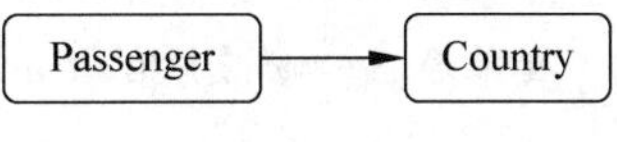

图 9-3　Passenger 和 Country 的依赖关系

清单 9.1　Country.java

```
package com.boda.xy;

public class Country {
    private String name;
    private String codeName;

    public Country(String name,String codeName){
        this.name = name;
        this.codeName = codeName;
    }
    public StringgetName(){
        return name;
    }
    public StringgetCodeName(){
        return codeName;
    }
}
```

以上代码为 Country 类定义了 name 字段和 codeName 字段，并定义了一个构造方法来初始化 name 和 codeName 字段。

清单 9.2　Passenger.java

```
package com.boda.xy;

public class Passenger {
```

```
    private String name;
    private Country country;
    public Passenger(String name) {
        this.name = name;
        this.country = new Country("中国","CHN");
    }
    public String getName() {
        return name;
    }
    public Country getCountry() {
        return country;
    }
}
```

以上代码为 Passenger 类定义了一个 name 字段和它的 getter 方法，定义了一个 country 字段和它的 getter 方法，并创建一个构造方法初始化 name 和 country 字段。在 Passenger 的构造方法中，创建并初始化了 Country 对象，这表明国家和乘客之间存在紧耦合。这种方法的缺点是 Passenger 类直接依赖 Country 类，Passenger 类和 Country 类不可能分开测试。

正是由于这些缺点，产生了一个新的方法——依赖注入。使用依赖项注入方法，对象被添加到容器中，容器在创建对象时注入依赖项。这一过程基本上与传统的过程相反，因此也被称为**控制反转**(inversion of control)。其基本思想是消除应用程序组件对某个实现的依赖，并将类实例化的控制权限委托给容器。对于上面的示例，如果要消除对象之间的直接依赖关系，可以重写 Passenger 类，代码见清单 9.3。

清单 9.3 修改后的 Passenger.java

```
package com.boda.xy;

public class Passenger {
    private String name;
    private Country country;

    public Passenger(String name) {
        this.name = name;
    }
    public String getName() {
        return name;
    }
    public Country getCountry() {
        return country;
    }
    public void setCountry(Country country) {
        this.country = country;
    }
}
```

以上代码的变化是，不再由构造方法创建依赖的 Country 对象。Country 对象通过 setCountry()方法来设置，然后通过 Spring 容器将 Country 对象注入 Passenger 对象中，这样就消除了直接依赖关系。

9.2.3 Spring 配置文件

Spring 从 1.0 版本开始支持基于 XML 的配置文件，从 2.5 版本开始增加了使用注解的配置。下面是 Spring 的配置文件的基本框架。

```
<?xml version = "1.0" encoding = "UTF - 8"?>
<beans xmlns = "http://www.springframework.org/schema/beans"
      xmlns:xsi = "http://www.w3.org/2001/XMLSchema - instance"
       xsi:schemaLocation = " http://www.springframework.org/schema/beans
      http://www.springframework.org/schema/beans/spring - beans - 4.3.xsd">
    ...
</beans>
```

配置文件的根元素是<beans>，其中可以包含其他元素，最重要的是使用<bean>元素对容器管理的 bean 对象进行配置。如果需要更强的 Spring 配置能力，可以在 schemaLocation 属性中添加相应的 Schema。配置文件可以是一份，也可以有多份。用户可以首先创建一个主配置文件，然后用<import>元素将其他配置文件导入。

9.2.4 一个简单的 Spring 程序

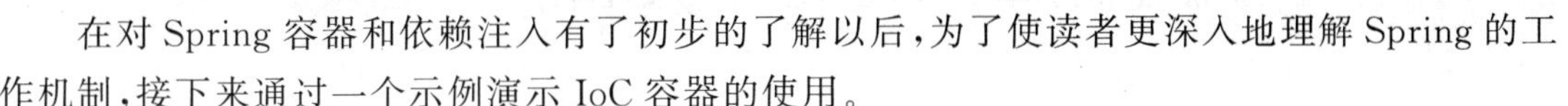

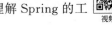

在对 Spring 容器和依赖注入有了初步的了解以后，为了使读者更深入地理解 Spring 的工作机制，接下来通过一个示例演示 IoC 容器的使用。

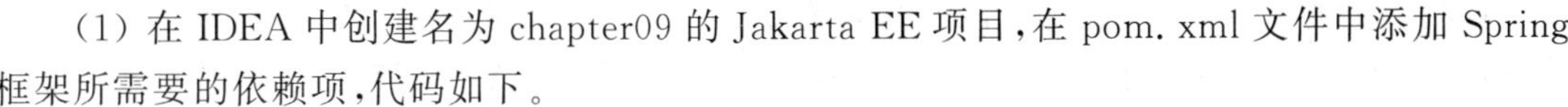

(1) 在 IDEA 中创建名为 chapter09 的 Jakarta EE 项目，在 pom.xml 文件中添加 Spring 框架所需要的依赖项，代码如下。

```
<dependency>
    <groupId>org.springframework</groupId>
    <artifactId>spring - context</artifactId>
    <version>${spring.version}</version>
</dependency>
```

(2) 在 src/main/java 目录中创建 com.boda.xy 包，在该包中创建 Country 类和 Passenger 类。这里使用清单 9.1 和清单 9.3 中的类。

(3) 在 src/main/resources 目录中创建 Spring 配置文件 applicationContext.xml(配置文件名可以自定义)，其代码见清单 9.4。

清单 9.4 applicationContext.xml

```
<?xml version = "1.0" encoding = "UTF - 8"?>
<beans xmlns = "http://www.springframework.org/schema/beans"
     xmlns:xsi = "http://www.w3.org/2001/XMLSchema - instance"
     xsi:schemaLocation = "http://www.springframework.org/schema/beans
    http://www.springframework.org/schema/beans/spring - beans.xsd">

    <bean id = "country" class = "com.boda.xy.Country">
          <constructor - arg name = "name" value = "中国"/>
          <constructor - arg name = "codeName" value = "CHN"/>
    </bean>

    <bean id = "passenger" class = "com.boda.xy.Passenger">
          <constructor - arg name = "name" value = "张大海"/>
          <property name = "country" ref = "country"/>
    </bean>
</beans>
```

在该配置文件中使用<bean>元素定义了两个 bean，一个是“Country”，通过将“中国”和“CHN”作为构造方法的参数来初始化；另一个是“Passenger”，通过将“张大海”作为构造方法的参数来初始化，并通过将“country”引用传递给 setCountry()方法来设置国家属性。

(4) 在 src\test\java 中创建 com.boda.xy.FlightTest 测试类，并在该类中创建 testPassenger()方法，代码见清单 9.5。

清单 9.5　FlightSystemTest.java

```
package com.boda.test;

import org.junit.jupiter.api.Test;
import org.springframework.context.ApplicationContext;
import org.springframework.context.support.ClassPathXmlApplicationContext;

public class FlightSystemTest {
    @Test
    public void testPassenger(){
        String xmlPath = "src/main/webapp//WEB-INF/applicationContext.xml";
        ApplicationContext context =
                new FileSystemXmlApplicationContext(xmlPath);
       Passenger passenger = (Passenger)context.getBean("passenger");
       System.out.println(passenger.getName());
       System.out.println(passenger.getCountry().getName());
    }
}
```

在测试类的 testPassenger()方法中，首先定义了配置文件的路径，然后加载配置文件创建 Spring 容器，并通过容器获取一个 Passenger 对象，最后在控制台将它们打印出来。

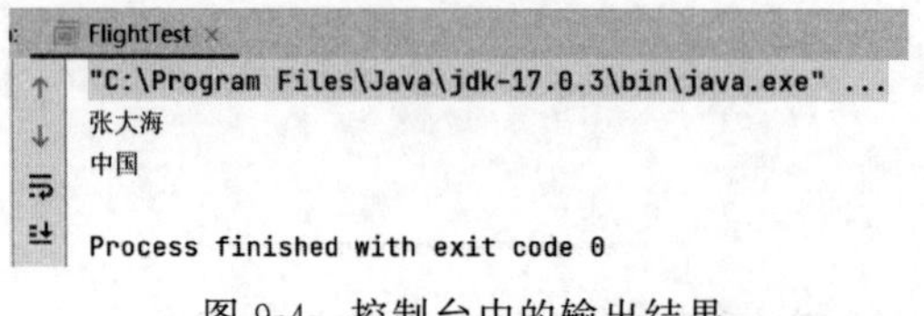

图 9-4　控制台中的输出结果

如果要在 IDEA 中运行测试方法，在编辑窗口中单击 testPassenger()方法左侧的小三角，在弹出的菜单中选择 Run testPassenger()命令。使用 JUnit 测试 testPassenger()方法，控制台中的输出结果如图 9-4 所示。

这里的关键点是，程序并没有创建 Passenger 对象和 Country 对象，它们是由容器创建的，并且为 Passenger 对象注入 Country 对象也是由容器完成的。

9.2.5　依赖注入的实现方式

在 Spring 中，通过依赖注入的方式调用者只需要完成少量的工作。当调用者乘客需要一个 Country 对象时，可以由 Spring 容器创建该 Country 对象并将其注入调用对象中。

Spring 的依赖注入主要用以下两种方式实现。

- 设值注入：Spring 容器使用属性的 setter 方法来注入被依赖的实例。
- 构造方法注入：Spring 容器使用构造方法来注入被依赖的实例。

1. 设值注入

设值注入是指 Spring 容器通过调用者类的 setter 方法把所依赖的实例注入。例如，在 ProductController 类中定义一个 ProductService 类型的成员，然后定义一个 setter 方法就可以注入 ProductService 对象，代码见清单 9.6。

清单 9.6　ProductController.java

```
package com.boda.controller;

public class ProductController{
   private ProductService productService;

   public ProductController(){
   }

   //定义 setter 方法注入一个 ProductService 实例
```

```
    public void setProductService(ProductService productService){
        this.productService = productService;
    }

    public int addProduct(Product product){
        productService.addProduct(product);
    }
}
```

这里不是在 ProductController 类的构造方法中创建 ProductService 实例，是定义一个 setter 方法，通过该方法注入一个 ProductService 实例，这个实例是由 Spring 容器创建的。

在 Spring 项目的 src/applicationContext.xml 配置文件中添加 bean 的定义，对设值注入的属性使用<property>元素配置。下面的代码配置了 controller 和 service 两个 bean。

```
<bean id = "service" class = "com.boda.service.ProductService">
</bean>

<bean id = "controller" class = "com.boda.controller.ProductController">
    <property name = "productServie" ref = "service"></property>
</bean>
```

这里首先配置了 ProductService 类的一个 bean 实例，然后在配置 ProductController 类的 productService 属性时使用了<property>元素的 ref 属性引用 ProductService 类的一个实例。ProductService 类的 bean 由 service 配置。

2. 构造方法注入

构造方法注入是指 Spring 容器通过调用者类的构造方法把所依赖的实例注入。构造方法注入需要为调用者类定义带参数的构造方法，每个参数代表一个依赖。

例如，在 ProductController 类中定义构造方法，代码见清单 9.7。

清单 9.7 ProductController.java

```
package com.boda.controller;

public class ProductController{
    private ProductService productService;

    //定义构造方法注入 ProductService 类的一个实例
    public ProductController(ProductService productService){
        this.productService = productService;
    }

    public int addProduct(Product product){
        productService.addProduct(product);
    }
}
```

这里为 ProductController 类定义一个构造方法，将 ProductService 类的一个实例作为构造方法的参数注入。在 Spring 配置文件 applicationContext.xml 中对构造注入的属性使用<constructor-arg>元素配置，下面的代码配置了 ProductController 和 ProductService 两个 bean。

```
<bean id = "service" class = "com.boda.service.ProductService">
</bean>

<bean id = "controller" class = "com.boda.controller.ProductController">
    <!-- 为 controller 对象的构造方法注入 service 对象 -->
```

```
    <constructor-arg ref="service"/>
</bean>
```

设值注入和构造方法注入是目前主流的依赖注入实现方式，这两种方式各有优点，也各有缺点。Spring 框架对这两种依赖注入方式都提供了良好的支持，这也为开发人员提供了更多的选择。那么在使用 Spring 开发应用程序时应该选择哪一种注入方式呢？就一般项目开发来说，应该以设值注入为主，以构造方法注入作为补充，这样可以达到最佳的开发效率。

9.3 bean 的配置与实例化

可以把 Spring 容器看作是一个用于生产和管理 bean 的大型工厂。如果要使用这个工厂生产和管理 bean，需要开发者在配置文件中配置 bean。Spring 容器一般使用 XML 配置文件注册并管理 bean 之间的依赖关系。XML 配置文件的根元素是<beans>，其中包含多个<bean>子元素，每个<bean>子元素定义一个 bean，并描述该 bean 如何被装配到 Spring 容器中。

<bean>元素可以包含多个属性和一些子元素，具体如表 9-2 所示。

表 9-2 <bean>元素的常用属性及子元素

属性或子元素名称	说　明
id	指定该 bean 在容器中的唯一标识。Spring 容器对 bean 的配置、引用都通过该属性来完成
name	容器可以通过该属性对 bean 进行配置和管理，在 name 属性中可以为 bean 指定多个名称，每个名称之间用逗号或分号隔开
class	指定 bean 的具体实现类，它必须是类的完全限定名称（如，com.boda.Employee）
scope	指定 bean 实例的作用域，其属性值有 singleton（单例）、prototype（原型）、request、session 和 global session，默认值是 singleton
<property>	<bean>元素的子元素，用于设置一个属性。该元素的 name 属性指定 bean 实例中相应的属性名称，value 属性指定 bean 的属性值，ref 属性指定对容器中其他 bean 的引用关系
<constructor-arg>	<bean>元素的子元素，使用构造方法注入，指定构造方法的参数。该元素的 index 属性指定参数的序号（从 0 开始），ref 属性指定对容器中其他 bean 的引用关系，type 属性指定参数类型，value 属性指定参数的常量值
<list>	<property>元素的子元素，用于封装 List 或数组类型的依赖注入
<set>	<property>元素的子元素，用于封装 Set 类型的依赖注入
<map>	<property>元素的子元素，用于封装 Map 或数组类型的依赖注入
<entry>	<map>元素的子元素，用于设置一个"键-值"对

在面向对象编程中，要想使用某个对象，需要实例化该对象。在 Spring 中，要想使用容器中的 bean，也需要实例化 bean。实例化 bean 有 3 种方式，分别为构造方法实例化、静态工厂实例化和实例工厂实例化（其中，最常用的方法是构造方法实例化）。

9.3.1 构造方法实例化

Spring 容器可以调用 bean 类的无参数或有参数构造方法实例化 bean，这种方式称为构造方法实例化。下面的代码就是调用 ProductService 类的无参数构造方法创建 bean 实例。

```
<bean id="service" class="com.boda.service.ProductService">
</bean>
```

9.3.2 向构造方法传递参数

Spring 支持通过带参数的构造方法初始化类。假设 Employee 类定义了如下构造方法：

```
public Employee(String name, int age){
    this.name = name;
    this.age = age;
}
```

下面的 bean 定义使用<constructor-arg>子元素通过参数名指定传递给构造方法的参数值。

```
<bean id="employee" class="com.boda.xy.Employee">
    <constructor-arg name="name" value="张大海"/>
    <constructor-arg name="age" value="20"/>
</bean>
```

除通过名称传递参数外，Spring 还支持通过索引的方式传递参数，第一个参数的索引值为 0，第二个参数的索引值为 1，以此类推，具体如下。

```
<bean id="employee" class="org.bu.xxxy.Employee">
   <constructor-arg index="0" value="张大海"/>
   <constructor-arg index="1" value="20"/>
</bean>
```

需要说明的是，采用这种方式必须传递对应构造方法的所有参数，缺一不可。

9.3.3 静态工厂实例化

除使用类的构造方法创建 bean 外，Spring 还支持通过调用类的一个工厂方法来初始化类。下面的代码创建一个工厂类 RobotFactory，在该类中定义一个静态方法 createRobot()用来实例化 Robot 对象。

```
package com.boda.xy;

public class RobotFactory{
   public static Robot createRobot(){
      return new Robot("ChatGPT 聊天机器人");
   }
}
```

在配置文件 applicationContext.xml 中添加配置代码。下面的 bean 定义展示了通过工厂方法实例化 com.boda.xy.Robot。

```
<bean name="robot" class="com.boda.RobotFactory"
      factory-method="createRobot"/>
```

在该例中使用 name 属性而非 id 属性标识 bean，使用 factory-method 属性指定创建实例的方法。使用下面的代码返回配置的 Robot 实例。

```
String xmlPath = "applicationContext.xml";
ApplicationContext context =
                 new ClassPathXmlApplicationContext(xmlPath);
Robot robot = (Robot)context.getBean("robot");
System.out.println(robot.getName());
```

9.3.4 实例工厂实例化

在使用实例工厂实例化 bean 时，要求开发者在工厂类中定义一个实例方法来创建 bean 的实例。在配置 bean 时需要使用 factory-bean 属性指定配置的工厂 bean，同时还需要使用

factory-method 属性指定实例工厂的实例方法。

下面在 com. boda. xy 包中创建一个工厂类 RobotFactory，在该类中定义一个实例方法 createRobot()实例化 Robot 对象。

```
package com.boda.xy;

public class RobotFactory{
    public Robot createRobot(){
        return new Robot("ChatGPT 聊天机器人");;
    }
}
```

在 applicationContext. xml 配置文件中添加配置代码。下面的 bean 定义展示了通过实例工厂方法实例化 com. boda. Robot。

```
<bean name="robotFactory" class="com.boda.RobotFactory"/>
<bean name="robot" factory-bean="robotFactory"
                   factory-method="createRobot"/>
```

在该例中使用 factory-bean 属性指定实例工厂，使用 factory-method 属性指定实例方法。下面是测试代码：

```
String xmlPath = "applicationContext.xml";
ApplicationContext context =
                new ClassPathXmlApplicationContext(xmlPath);
Robot robot = (Robot)context.getBean("robot");
System.out.println(robot.getName());
```

9.3.5 销毁方法的使用

有时，希望 bean 类在被销毁之前执行某些操作，这可以在 bean 定义中使用 destroy-method 属性来指定在 bean 类被销毁前要执行的方法。

下例中的 bean 定义通过 java. util. concurrent. Executors 的 newCachedThreadPool()静态方法创建一个 java. util. concurrent. ExecutorService 实例，通过 destroy-method 属性指定销毁方法 shutdown()，这样 Spring 会在销毁 ExecutorService 实例之前调用其 shutdown()方法。

```
<bean id="executorService" class="java.util.concurrent.Executors"
      factory-method="newCachedThreadPool"
      destroy-method="shutdown"/>
```

9.4 bean 的装配方式

bean 的装配可以理解为如何在 Spring 容器中创建 bean 及注入依赖关系，bean 的装配方式即 bean 依赖注入的方式。Spring 容器支持多种形式的装配方式，包括基于 XML 的装配、基于 Java 注解的装配和基于 Java 代码的装配。

9.4.1 基于 XML 的装配

基于 XML 的装配是指在 Spring 的配置文件中声明 bean 及依赖注入。9.2 节介绍的依赖注入就属于这种方式。

使用 XML 配置文件有两种依赖注入方式，即构造方法注入和设值注入。当使用设值注入时，在 Spring 的配置文件中需要使用<bean>元素的<property>子元素为每个子元素注入值。设值注入要求 bean 类必须满足以下两点要求。

（1）bean 类必须提供一个默认的构造方法。

（2）bean 类必须为需要注入的属性提供对应的 setter 方法。

在使用构造方法注入时，在 Spring 的配置文件中需要使用<bean>元素的<constructor-arg>子元素类定义构造方法的参数，可以使用其 value 属性或子元素设置参数值。构造方法注入要求 bean 类必须提供带参数的构造方法。

9.4.2　基于 Java 注解的装配

在 Spring 中，尽管使用 XML 配置文件可以实现 bean 的装配，但是如果应用中有很多 bean，会导致 XML 配置文件过于臃肿，给后续的开发和维护工作带来一定的困难，为此 Spring 提供了基于 Java 注解的装配。

在 Spring 中定义了一系列注解，下面介绍几种常用的注解。

- @Autowired：该注解可以对类成员变量、方法及构造方法进行标注，完成自动装配的工作。通过使用@Autowired 来消除 setter 方法和 getter 方法。默认按照 bean 的类型进行装配。
- @Controller：该注解用于标注一个控制器组件类（Spring MVC 的控制器类）。
- @Component：该注解用于标注一个普通的 Spring bean 类。
- @Service：该注解用于标注一个业务逻辑组件（Service 层），其功能与@Component 相同。
- @Resource：该注解与@Autowired 注解的功能一样，区别是该注解默认按照名称来装配注入，只有在找不到与名称匹配的 bean 时才会按照类型来装配注入。
- @Repository：该注解用于将数据访问层（DAO）的类标识为 bean，即标注数据访问层 bean，其功能与@Component 注解相同。
- @Qualifier：该注解与@Autowired 注解配合使用。当@Autowired 注解需要按照名称来装配注入时需要和该注解一起使用，bean 的实例名称由@Qualifier 注解的参数指定。

在上面这些注解中，虽然@Controller、@Service 和@Repository 等注解的功能与@Component 注解相同，但是为了使类的标注更加清晰，在实际开发中推荐使用@Repository 标注数据访问层（DAO 层）、使用@Service 标注业务逻辑层（Service 层）、使用@Controller 标注控制器层。

对于基于 Java 代码的装配，限于篇幅，这里不再详细讨论，感兴趣的读者可以参考其他资料。

本章小结

本章主要介绍了 Spring 框架的基本知识，讲解了 Spring 的框架体系、Spring 的主要模块，重点介绍了 Spring 容器的概念、通过配置文件定义 bean 及 bean 实例化的各种方法。本章还介绍了依赖注入的概念，讲解了设值注入和构造方法注入。

练习与实践

扫一扫

习题

扫一扫

自测题

第10章

Spring MVC入门

Spring MVC 是 Web 应用的表示层提供的一个优秀的 MVC 框架。与其他众多的 Web 框架一样，Spring MVC 基于 MVC 设计理念，采用了松耦合、可插拔的组件结构，比其他 MVC 框架更具有可扩展性和灵活性。

本章首先介绍 Spring MVC 的处理流程，然后介绍控制器和请求处理方法的编写，最后介绍请求参数及几个常用注解的使用。

本章内容要点

- Spring MVC 体系结构。
- 控制器与请求处理方法。
- 请求参数的接收方法。
- 常用注解的使用。

10.1 Spring MVC 体系结构

Spring MVC 是基于模型 2 实现的技术框架，模型 2 是经典的 MVC 模型，利用处理器分离模型、视图和控制，以便达到不同层之间松耦合的效果，提供系统的可重用性、维护性和灵活性。

Spring MVC 不需要实现任何接口，它通过一套 MVC 注解让 POJO 成为处理请求的控制器，并且在数据绑定、视图解析、本地化处理及静态资源处理上都有出色的表现。

10.1.1 Spring MVC 处理流程

Spring MVC 框架的核心是 DispatcherServlet，它负责拦截请求并将其分发给相应的处理器处理。Spring MVC 框架处理用户请求的流程如图 10-1 所示。

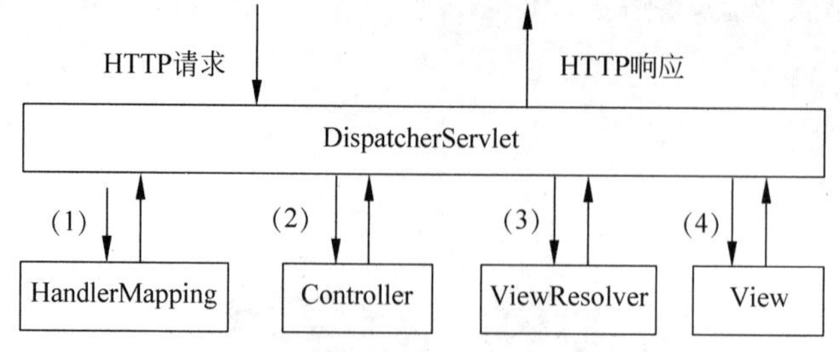

图 10-1 Spring MVC 框架的处理流程

与大多数 MVC 框架一样，Spring MVC 通过一个前端 Servlet 接收所有的请求，并且将具体工作委托给其他组件进行处理。处理用户请求的具体步骤如下。

(1) 用户在客户端发出一个 HTTP 请求，Web 容器接收该请求，如果该请求与 web. xml 中 DispatcherServlet 的请求映射路径匹配，则容器将该请求转交给 DispatcherServlet 处理，它将查找 HandlerMapping 处理器映射，调用合适的控制器 Controller。

(2) 控制器 Controller 根据请求 URL 及 GET 或 POST 方法调用合适的业务方法对请求进行处理。在业务方法中设置模型数据，并且基于定义的业务逻辑向 DispatcherServlet 返回视图名。

(3) DispatcherServlet 在视图解析器 ViewResolver 的帮助下选择为该请求定义的视图。

(4) 一旦确定视图，DispatcherServlet 将模型数据传递给视图，最终视图在浏览器中呈现数据。

10.1.2　DispatcherServlet 类

在 Spring MVC 中，对 Web 应用的设计围绕 DispatcherServlet 进行，它是一个前端控制器，它将请求分发到 Controller 控制器，这个 Servlet 同时提供一些其他功能辅助 Web 应用的开发。

DispatcherServlet 是 Spring MVC 的入口，与任何 Servlet 一样，必须在部署描述文件 web. xml 中配置后才能起作用。例如：

```
<servlet>
    <servlet-name>springmvc</servlet-name>
    <servlet-class>
            org.springframework.web.servlet.DispatcherServlet
    </servlet-class>
    <load-on-startup>1</load-on-startup>
</servlet>

<servlet-mapping>
     <servlet-name>springmvc</servlet-name>
     <url-pattern>/</url-pattern>
</servlet-mapping>
```

这里使用 DispatcherServlet 定义了一个名为 springmvc 的 Servlet。其中，<load-on-startup>元素的含义是当应用程序启动时，容器将加载该 Servlet 并调用它的 init()方法初始化 Servlet。若省略该元素，容器将在该 Servlet 被第一次请求时加载它。

<servlet-mapping>元素配置了该 Servlet 需要拦截的请求 URL，这里<url-pattern>元素的值"/"表示将所有请求都映射到 DispatcherServlet。

当 DispatcherServlet 初始化时，它将在应用程序的 WEB-INF 目录下寻找一个配置文件，该文件的命名规则如下。

```
servletName-servlet.xml
```

servletName 是部署描述文件中 DispatcherServlet 的名称。如果这个 Servlet 名称为 springmvc，则配置文件名应该为 springmvc-servlet. xml，这里的 springmvc 是 DispatcherServlet 在<servlet-name>元素中配置的名称。

用户可以把 Spring MVC 的配置文件存放在应用的任何目录中，只要告诉 DispatcherServlet 如何找到它即可。这里只需要在<servlet>声明中使用<init-param>元素定义一个参数即可，参数名为 contextConfigLocation，参数值指定配置文件的路径。例如，下面的代码将默认的配置文件名和路径改为/WEB-INF/config/sample-config. xml。

```
<servlet>
    <servlet-name>springmvc</servlet-name>
    <servlet-class>
        org.springframework.web.servlet.DispatcherServlet
    </servlet-class>
    <!--配置初始化参数-->
    <init-param>
        <!--加载 Spring MVC 的配置文件到 Spring 的上下文容器中-->
        <param-name>contextConfigLocation</param-name>
        <param-value>/WEB-INF/config/sample-config.xml</param-value>
    </init-param>
    <load-on-startup>1</load-on-startup>
</servlet>
```

10.2 案例学习：简单的 Spring MVC 应用程序

本节以开发一个简单的 Spring MVC 应用程序为例，主要介绍 DispatcherServlet 的配置、控制器的创建及视图的开发。

10.2.1 创建 Jakarta EE 项目

在 IntelliJ IDEA 中创建名为 chapter10 的 Jakarta EE 项目，在版本页面中选择 Jakarta EE 10，在 pom. xml 文件中添加依赖项，代码如下。

```
<dependency>
    <groupId>org.springframework</groupId>
    <artifactId>spring-context</artifactId>
    <version>6.0.2</version>
</dependency>

<dependency>
     <groupId>org.springframework</groupId>
     <artifactId>spring-webmvc</artifactId>
         <version>6.0.2</version>
</dependency>
```

注意：DispatcherServlet 类包含在 spring-webmvc-6. 0. 2. jar 模块中。

10.2.2 在 web. xml 中配置 DispatcherServlet

DispatcherServlet 是 Spring MVC 的入口，必须在 web. xml 中配置后才能起作用，web. xml 文件的内容见清单 10. 1。

清单 10. 1　web. xml

```
<?xml version="1.0" encoding="UTF-8"?>
<web-app xmlns="https://jakarta.ee/xml/ns/jakartaee"
         xmlns:xsi="http://www.w3.org/2001/XMLSchema-instance"
         xsi:schemaLocation="https://jakarta.ee/xml/ns/jakartaee
                 https://jakarta.ee/xml/ns/jakartaee/web-app_5_0.xsd"
          version="5.0">

    <display-name>Spring MVC Application</display-name>
```

```
<servlet>
    <servlet-name>springmvc</servlet-name>
   <servlet-class>
      org.springframework.web.servlet.DispatcherServlet
  </servlet-class>

  <init-param>
     <param-name>contextConfigLocation</param-name>
     <param-value>classpath:springmvc-servlet.xml</param-value>
  </init-param>
  <load-on-startup>1</load-on-startup>
</servlet>

<servlet-mapping>
   <servlet-name>springmvc</servlet-name>
   <url-pattern>/</url-pattern>
</servlet-mapping>
</web-app>
```

该部署描述文件告诉容器通过< url-pattern >元素值“/”将所有的请求(包括对静态资源的请求)转发到 DispatcherServlet 处理。这里定义 DispatcherServlet 时通过< init-param >子元素指定配置文件 springmvc-servlet.xml 的具体位置,它保存在 src\main\resources 目录中。

10.2.3　创建 Spring MVC 配置文件

由于在 web.xml 文件中指定了 DispatcherServlet 名称为 springmvc,所以配置文件名应该为 springmvc-servlet.xml,代码见清单 10.2。

清单 10.2　springmvc-servlet.xml

```
<?xml version="1.0" encoding="UTF-8"?>
<beans xmlns="http://www.springframework.org/schema/beans"
    xmlns:xsi="http://www.w3.org/2001/XMLSchema-instance"
    xmlns:context="http://www.springframework.org/schema/context"
    xmlns:mvc="http://www.springframework.org/schema/mvc"
    xsi:schemaLocation="http://www.springframework.org/schema/beans
        http://www.springframework.org/schema/beans/spring-beans.xsd
        http://www.springframework.org/schema/context
        http://www.springframework.org/schema/context/spring-context-4.3.xsd
        http://www.springframework.org/schema/mvc
        http://www.springframework.org/schema/mvc/spring-mvc-4.3.xsd">

    <context:component-scan base-package="com.boda.controller"/>
    <mvc:annotation-driven/>
    <mvc:resources mapping="/css/**" location="/css/"/>
    <mvc:resources mapping="/*.html" location="/"/>

    <bean id="viewResolver"
          class="org.springframework.web.servlet.view.
                            InternalResourceViewResolver">
        <property name="prefix" value="/WEB-INF/jsp/"/>
        <property name="suffix" value=".jsp"/>
    </bean>
</beans>
```

在配置文件中< context:component-scan/>元素告诉 Spring MVC 扫描指定包中的类,这里是 com.boda.controller 包。< mvc:annotation-driven/>用于启用注解驱动。两个< mvc:resources >元素用于指定哪些静态资源需要单独处理(不通过 DispatcherServlet),其中第一个指定保证/css

目录中的所有文件可用，第二个指定允许显示所有扩展名为.html的文件。

<bean>元素配置了视图解析器InternalResourceViewResolver来解析视图，将视图呈现给用户。视图解析器中配置的prefix属性值指定视图的前缀，suffix属性值指定视图的后缀。若控制器请求处理方法返回的字符串是hello，经过视图解析器后，视图的完整路径为/WEB-INF/jsp/hello.jsp。需要注意的是，此处没有配置处理器映射和处理器适配器，当用户没有配置这两项时，Spring MVC会使用默认的处理器映射和处理器适配器来处理请求。

10.2.4 创建控制器

DispatcherServlet负责将客户端请求映射到相应的**控制器**(Controller)，然后调用控制器处理请求并返回响应结果。在定义控制器类时使用@Controller注解指明特定的类是控制器类。使用@RequestMapping注解将一个URL映射到整个类或某个特定的处理器方法。清单10.3中的HelloController是一个简单的控制器类。

清单10.3 HelloController.java

```
package com.boda.controller;

import org.springframework.stereotype.Controller;
import org.springframework.web.bind.annotation.GetMapping;
import org.springframework.web.bind.annotation.RequestMethod;
import org.springframework.ui.Model;
import org.apache.commons.logging.Log;
import org.apache.commons.logging.LogFactory;

@Controller
public class HelloController{
    private static final Log logger =
            LogFactory.getLog(HelloController.class);

    @GetMapping(value = "/hello - mvc")
    public String showHomePage(Model model) {
        logger.info("控制器处理请求.");
        model.addAttribute("message","欢迎学习 Spring MVC 框架!");
        return "hello";
    }
}
```

@Controller注解定义该类是Spring MVC的一个控制器类。showHomePage()方法中声明的@GetMapping注解的value属性表示处理器方法映射的URL，该方法处理HTTP GET请求。如果定义方法处理POST请求，可以使用@PostMapping注解。最后，方法返回视图名。

对于上述控制器有下面几点需要注意。

(1) 可以在业务方法中定义业务逻辑，在该方法中根据需要调用其他方法。

(2) 在业务方法中可以创建模型，可以设置不同的模型属性，这些属性可以被视图访问展示最终结果。本例中创建了一个message属性。

(3) 业务方法可以返回String对象，它包含要渲染模型的视图名。本例中返回的“hello”就是逻辑视图名。

10.2.5 创建视图

Spring MVC支持许多类型的视图实现表示逻辑，包括JSP、HTML、PDF、Excel表格、XML、Velocity模板、XSLT、JSON等，最常用的视图是JSP页面。清单10.4创建了一个简单的 JSP 页面,它保存在/WEB-INF/jsp/hello.jsp。

清单 10.4 hello.jsp

```
<%@ page contentType="text/html;charset=UTF-8" %>
<html>
<head><title>Hello Spring MVC</title></head>
<body>
    <p>${message}</p>
</body>
</html>
```

该页面中的${message}是控制器类 HelloController 在模型上添加的一个属性。在模型上可以添加多个属性,在视图中可以使用 EL 表达式显示属性的值。

10.2.6 运行应用程序

如果要运行该程序,打开浏览器,在地址栏中输入下面的 URL,若一切正常,结果如图 10-2 所示。

```
http://localhost:8080/chapter10/hello-mvc
```

注意:在给定的 URL 中,chapter10 是应用程序名,hello-mvc 是请求处理方法的映射名称,它是在控制器中使用@RequestMapping("/hello-mvc")注解指定的视图名。

图 10-2 请求 hello-mvc 动作的运行结果

10.3 控制器与请求处理方法

控制器是 Spring MVC 应用程序的核心组件,Spring 使用@Controller 注解标注控制器类。一个控制器类可以处理多个动作,这样就可以把相关的动作写在一个控制器类中,从而减少应用中控制器类的数量。使用@RequestMapping 等注解类型,一个方法就可以成为请求处理方法。

10.3.1 控制器类和@Controller 注解

在 Spring MVC 中,控制器类使用@Controller 注解标注,它告诉 Spring MVC 该类的实例是控制器。下面的 CustomerController 类使用@Controller 注解标注。

```
package com.boda.controller;

import org.springframework.stereotype.Controller;
...
@Controller
public class CustomerController {
    //请求处理方法
}
```

Spring MVC 使用扫描机制查找应用程序中所有基于注解的控制器类。为了保证能够找到控制器需要做两件事。首先,需要在 Spring MVC 配置文件 springmvc-servlet.xml 中声明 spring-context 模式,代码如下。

```
<beans
   ...
```

```
    xmlns:context = "http://www.springframework.org/schema/context"
    …
>
```

其次，在配置文件中使用< context：component-scan/>元素，通过它的 base-package 属性指定控制器类所在的包名。例如，如果控制器类存储在 com. boda. controller 包或其子包中，< component-scan/>元素应该如下。

```
<context:component - scan base - package = "com.boda.controller"/>
```

注意：应该保证所有的控制器类定义在指定的包或子包中，不要指定更大范围的包名，如 com. example，否则 Spring MVC 将扫描不相关的包。

10.3.2 @RequestMapping 注解类型

在控制器类中需要编写请求处理方法，每个方法处理一个动作。注意，需要告诉 Spring MVC 哪个方法处理哪个动作，应该使用@RequestMapping 注解指定方法映射的 URI。该注解类型用于将一个请求动作映射到一个方法，可用于方法和类。

1. @RequestMapping 标注方法

如果@RequestMapping 注解类型用于方法，该方法即为请求处理方法，即当 DispatcherServlet 接收到与该方法匹配的 URI 时将调用该方法。下面的控制器类使用了@RequestMapping 注解类型。

```
package com.boda.controller;

import org.springframework.stereotype.Controller;
import org.springframework.web.bind.annotation.RequestMapping;
  …
@Controller
public class CustomerController{
   @RequestMapping(value = "/input - customer")
   public String inputCustomer() {
      //执行某些操作
      return "customerForm";        //返回 customerForm.jsp 视图页面
   }
}
```

上述代码在 inputCustomer()方法上使用@RequestMapping 注解，通过 value 属性指定了 URI 映射，即将 input-customer 映射到 inputCustomer()方法，当使用下面的请求 URI 时 inputCustomer()方法将被调用。

```
http://domain/context/input - customer
```

由于 value 属性是@RequestMapping 注解的默认属性，如果它是注解中唯一的属性，则属性名可以省略。下面两个注解的含义相同。

```
@RequestMapping(value = "/input - customer")
@RequestMapping("/input - customer")
```

如果在 RequestMapping 注解中指定多个属性，必须给出 value 属性名。请求映射的值可以是一个空字符串，在这种情况下方法被映射到下面的 URL。

```
http://domain/context
```

除 value 属性外，@RequestMapping 注解还有其他属性。例如，使用 method 属性可以指定 HTTP 方法，从而用对应的方法处理对应的 HTTP 请求。下面的 processOrder()方法将在处理 HTTP POST 或 PUT 方法时被调用。

```
@RequestMapping(value = "/process - order",
              method = {RequestMethod.POST,RequestMethod.PUT})
public String processOrder() {
    //执行某些操作
    return "OrderForm";
}
```

若 method 属性仅指定一个 HTTP 方法，则大括号可以省略。例如：

```
@RequestMapping(value = "/process - order",method = RequestMethod.POST)
```

如果没有提供 method 属性，请求处理方法可以处理任何 HTTP 方法。如果要限制方法处理某种具体的请求(如 GET 或 POST)，还可以使用@GetMapping 和@PostMapping 等注解。例如，如果 inputCustomer()方法仅处理 GET 请求，则注解可以使用如下。

```
@GetMapping(value = "/input - customer")
public String inputCustomer() {
   //执行某些操作
   return "customerForm";                //返回 customerForm.jsp 视图页面
}
```

这里，@GetMapping(value＝"/input-customer")与@RequestMapping(value＝"/input-customer",method＝RequestMethod.GET)等价。

2. @RequestMapping 标注类

@RequestMapping 注解还可以标注类，此时该注解定义了这个控制器所处理的 URL 根路径。例如，考虑下面控制器类的 deleteCustomer()方法。

```
import org.springframework.stereotype.Controller;
import org.springframework.web.bind.annotation.RequestMapping;
import org.springframework.web.bind.annotation.RequestMethod;
...
@Controller
@RequestMapping("/customer")             //在类的定义上使用@RequestMapping 注解
public class CustomerController {
   @RequestMapping(value = "/delete - customer",
                method = RequestMethod.POST)
   public String deleteCustomer() {
      //执行某些操作
      return "result";
   }
}
```

由于控制器类被映射到"/customer"，而 deleteCustomer()方法被映射到"/delete-customer"，如果要调用 deleteCustomer()方法，应该使用下面的 URL。

```
http://domain/context/customer/delete - customer
```

在类级别使用了@RequestMapping 注解后，还可以在方法级别使用@GetMapping 等注解对方法的处理进行细化。例如，上述代码中的 deleteCustomer()方法就可以使用@PostMapping 注解。

```
@PostMapping(value = "/delete - customer")
public String deleteCustomer() {
   //执行某些操作
   return "result";
}
```

这样，deleteCustomer()方法就可以用来处理 POST 请求。

显然使用@PostMapping 更加简洁，并且指明了目标的 HTTP 方法。表 10-1 列出了 Spring MVC 的所有可能的请求映射注解。

表 10-1 Spring MVC 的所有可能的请求映射注解

注　解	描　述
@RequestMapping	通用的请求处理
@GetMapping	处理 HTTP GET 请求
@PostMapping	处理 HTTP POST 请求
@PutMapping	处理 HTTP PUT 请求
@DeleteMapping	处理 HTTP DELETE 请求
@PatchMapping	处理 HTTP PATCH 请求

在为控制器方法声明请求映射时越具体越好，这意味着至少要声明路径（也可以从类级别的@RequestMapping 继承一个路径）及它所处理的 HTTP 方法。

一般来说，在类级别上使用@RequestMapping 注解指定一个基本路径，在每个处理器方法上使用更具体的@GetMapping 或@PostMapping 等注解。

10.3.3 编写请求处理方法

请求处理方法可以带多个参数类型并返回一个类型。例如，如果在方法中需要访问 HttpSession 对象，可以添加一个 HttpSession 类型的参数，Spring 会将正确的会话对象传递给方法。

```
@RequestMapping("/shopping-cart")
public String myMethod(HttpSession session) {
    ...
    session.addAttribute(key,value);
    ...
}
```

如果方法需要 Locale 对象和 HttpServletRequest 对象，也可以将它们传递给请求处理方法。

```
@RequestMapping("/uri")
public String myOtherMethod(HttpServletRequest request,
                            Locale locale) {
    ...
    //这里可以访问 Locale 对象和 HttpServletRequest 对象
    ...
}
```

下面是可以出现在请求处理方法中的参数类型。

- jakarta.servlet.http.HttpServletRequest 或 jakarta.servlet.ServletRequest
- jakarta.servlet.http.HttpServletResponse 或 jakarta.servlet.ServletResponse
- jakarta.servlet.http.HttpSession
- org.springframework.web.context.request.WebRequest
- java.util.Locale
- java.io.InputStream 或 java.io.Reader
- java.io.OutputStream 或 java.io.Writer
- java.util.Map

- org. springframework. ui. Model
- org. springframework. ui. ModelMap
- org. springframework. validation. Errors
- org. springframework. web. servlet. mvc. support. RedirectAttributes
- org. springframework. validation. BindingResult
- 带@PathVariable、@MatrixVariable、@RequestParam、@RequestHeader、@RequestBody或@RequestPart注解的对象

在上面列出的参数类型中，最重要的参数类型是 org. springframework. ui. Model，它不是 Servlet API 类型，而是 Spring MVC 类型，包含 Map 对象。当请求处理方法每次被调用时，Spring MVC 创建一个 Model 对象，并将各种对象存储在它的 Map 对象中。

请求处理方法能够返回 Model 对象、ModelAndView 对象、表示逻辑视图名的 String 对象、包含模型属性的 Map 对象、View 对象、void 类型的对象、可以访问 Servlet 的 HTTP 响应头和内容的 HttpEntity 或 ResponseEntity 对象、Callable 对象、DeferredResult 对象、任何其他类型的对象，此时返回类型被看作展示给视图的模型属性。

在这些对象中，常见的对象是 ModelAndView 对象、String 对象和 void 对象。其中，ModelAndView 对象可以添加 Model 数据，并指定视图；String 对象的返回值指定跳转视图，但不能携带数据；void 类型的对象主要用于异步请求，它只返回数据，不会跳转视图。

10.3.4 模型

在 Spring MVC 应用中经常需要存储模型数据，可以使用 Model 对象、ModelMap 对象或 ModelAndView 对象存储模型数据。

用户可以使用 org. springframework. ui 包中的 Model 对象和 ModelMap 对象存储模型数据。Spring MVC 在调用处理方法之前会创建一个隐含的模型对象作为模型数据的存储容器。如果处理方法的参数为 Model 对象或 ModelMap 对象，则 Spring MVC 会将隐含模型的引用传递给这些参数。在处理方法的内部，开发者可以通过这个参数对象访问模型中的所有数据，也可以向模型中添加新的属性数据。

Model 对象和 ModelMap 对象可以使用下面的方法添加模型数据。

- Model addAttribute(String name,Object value)
- ModelMap addAttribute(String name,Object value)

可以使用 org. springframework. web. servlet. ModelAndView 对象表示模型和视图，ModelAndView 类有以下构造方法。

- ModelAndView(String name,)
- ModelAndView(String name,String,Object)

ModelAndView 类定义了 addObject()方法用于添加模型数据，格式为 ModelAndView addObject(String name,Object value)。

清单 10.5 演示了 Model 对象的使用。

清单 10.5 UserController. java

```
@Controller
public class UserController {
    private static final Log logger =
            LogFactory.getLog("UserController.class");
```

```
    @ModelAttribute
    public void userModel(String username,String password,Model model) {
        logger.info("用户模型");
        User user = new User();
        //用 JSP 页面传来的参数设置 user 属性
        user.setUsername(username);
        user.setPassword(password);
        model.addAttribute("user",user);
    }

    @RequestMapping(value = "/input - user",method = RequestMethod.GET)
    public String inputUser() {
        logger.info("输入用户");
        return "userForm";
    }

    @RequestMapping(value = "/login - user",method = RequestMethod.POST)
    public String loginUser(Model model) {
        logger.info("用户登录");
        //从 Model 对象中返回之前存入的 User 对象
        User user = (User)model.asMap().get("user");
        user.setUsername("王小明");
        return "showUser";
    }
}
```

这里使用@ModelAttribute 注解修饰的 userMode()方法在请求处理方法之前调用，用于接收前台 JSP 页面传入的参数。该方法使用参数创建 User 对象并添加到 Model 对象中。

loginUser()方法通过 Model 对象可以获得传递来的模型数据，在方法体中可以从模型中取出数据。最后在 JSP 页面中通过表达式语言访问模型数据。

上述代码中的 Model 对象也可以使用 ModelMap 对象或 ModelAndView 对象代替。

10.3.5 视图解析器

所有 MVC 框架都提供了处理视图的方式。Spring MVC 提供了视图解析器(view resolver)，以实现解析 ModelAndView 模型数据到特定视图上的功能。

如果要使用和配置视图解析器，需要在配置文件中声明一个 viewResolver bean。例如：

```
<bean id = "viewResolver" class = "org.springframework.web.servlet.view.
      InternalResourceViewResolver">
    <property name = "prefix" value = "/WEB - INF/jsp/"/>
    <property name = "suffix" value = ".jsp"/>
</bean>
```

这里为视图解析器 bean 配置 prefix 和 suffix 两个属性，分别指定视图的前缀和后缀，从而可以使视图的路径更短。例如，视图名/WEB-INF/jsp/myPage.jsp 可以简单地写成 myPage，视图解析器会自动添加前缀和后缀。

当应用程序使用 JSP 页面作为视图技术时，可以使用 InternalResourceViewResolver 视图解析器，它可以将视图名解析为 URL，同时将请求传递给 RequestDispatcher 以显示视图。在 Spring MVC 框架中还提供了许多其他视图解析器，主要为不同的视图技术提供支持，如 UrlBasedViewResolver、VelocityViewResolver 等。

10.4 请求参数的接收方法

对客户传递的请求参数需要使用控制器接收，然后控制器对其进行处理。在 Spring MVC 中，控制器有多种方法接收请求参数，有的适合 GET 请求，有的适合 POST 请求，有的二者都适合。

10.4.1 用 HttpServletRequest 接收请求参数

可以通过表单向控制器传递请求参数，也可以通过 URL 向控制器传递请求参数。请求参数在 URL 中是以 & 符号分隔的一组“键-值”对。例如，下面的 URL 带有一个 ID 请求参数，它的值是 103。

```
http://localhost:8080/chapter10/search-customer?id=103
```

请求参数被封装在 HttpServletRequest 请求对象中，因此可以通过它获取客户传递的请求参数。其具体方法是为请求处理方法传递一个 HttpServletRequest 对象，然后在请求处理方法中调用请求对象的 getParameter()方法检索指定的请求参数。例如：

```
String id = request.getParameter("id");
```

使用这种方法传递参数的缺点是 getParameter()方法返回的类型是 String 类型，如果需要的类型是其他类型(如 double 类型)，程序需要开发人员手动进行类型转换。Spring MVC 提供了数据绑定机制，使得开发人员无须进行这种类型转换就可以将参数绑定到不同类型上。

10.4.2 用简单数据类型接收请求参数

这种方法是在请求处理方法中使用与请求参数同名的形参接收请求参数值，要求方法参数名与请求参数名相同。例如下面的 saveCustomer()方法。

```
@RequestMapping(value = "/save-customer")
public String saveCustomer(String id, String name,
                    String address, double balance, Model model){
   logger.info("调用 saveCustomer()方法");
   Customer customer = new Customer();
   customer.setId(id);
   customer.setName(name);
   customer.setAddress(address);
   customer.setBalance(balance);
   //将 Customer 对象存储到模型对象中
   model.addAttribute("customer", customer);
   return "showCustomer";
}
```

saveCustomer()方法的前 4 个参数用来接收请求参数，这里的参数名与请求参数名相同。参数的类型可以不是 String 类型，Spring MVC 会自动将 String 类型转换为目标类型。如果请求参数不能转换成目标类型，将抛出异常。

需要注意的是，有时请求参数名与方法中的形参名不一致，这会导致后台无法正确地绑定并接收前端的请求参数，为此 Spring MVC 提供了@RequestParam 注解来间接绑定数据。

使用 org.springframework.web.bind.annotation.RequestParam 注解标注一个参数，请求参数值将复制到该参数中。例如，下面方法中包含 4 个请求参数，它将请求参数值存储到对应变量中。

```
public String saveCustomer(@RequestParam(value = "id") String c_id,
        @RequestParam(value = "name") String c_name,
        @RequestParam(value = "address") String c_address,
        @RequestParam(value = "balance") double c_balance, Model model)
```

这里,@RequestParam 注解中指定的 value 属性名是请求参数名,对应的参数值将复制到后面指定的参数中,并且其类型不必是 String 类型。例如,这里 c_balance 的类型为 double,传递来的参数值必须能够转换成 double 类型,否则将产生错误。

使用@RequestParam 注解接收请求参数与不使用注解接收请求参数的不同之处是,当请求参数名与接收请求参数名不一致时,使用形参接收请求参数不会报 404 错误,使用@RequestParam 注解接收请求参数会报 404 错误。

10.4.3 用 POJO 对象接收请求参数

在 Spring MVC 中还可以把请求参数自动绑定到 POJO 的属性上,这是将所有关联的请求参数封装到一个 POJO 中,在请求处理方法中直接使用该 POJO 作为形参完成数据绑定。

这种方法适合 GET 请求和 POST 请求。需要注意的是,POJO 对象的属性名必须与请求参数名相同。下面的代码使用 Customer 对象接收请求参数。

```
@RequestMapping(value = "/save-customer")
public String saveCustomer(Customer customer, Model model){
    logger.info("调用 saveCustomer()方法");
    //将 Customer 对象存储到 Model 对象中
    model.addAttribute("customer", customer);
    return "showCustomer";
}
```

当 saveCustomer()方法被调用时,请求参数值将被存放到 Customer 对象的属性中。需要注意的是,如果传递来的参数类型不能转换成对应属性的类型,将发生异常。

10.4.4 用@PathVariable 接收 URL 中的请求参数

在 Spring MVC 中传递请求参数值还有一种方法,即使用路径变量传递。路径变量与请求参数类似,但它不需要参数名,仅需提供一个参数值。例如,前面例子中的 search-customer 动作被映射到下面的 URL。

```
http://localhost:8080/chapter10/search-customer/103
```

这里,103 就是一个路径变量值,在请求 search-customer 动作时将其传递给请求处理方法对应的路径变量中。下面的 searchCustomer()方法指定了路径变量 id。

```
@RequestMapping(value = "/search-customer/{id}")
public String searchCustomer(@PathVariable String id, Model model) {
   Customer customer = customerService.get(id);
   model.addAttribute("customer", customer);
   return "customerView";
}
```

使用路径变量,首先在@RequestMapping 注解的 value 属性值中添加一个变量,该变量必须放在一对大括号中。例如,在上面代码的@RequestMapping 注解中使用了一个名为 id 的路径变量。在方法的声明中使用@PathVariable 注解标注一个参数变量 id。

当该方法被调用时,请求 URL 中的 id 值将被传递给方法的路径变量 id,然后在方法中使用。路径变量的类型不一定是 String。Spring MVC 将进行自动转换。在请求中还可以使用多个路径变量。例如，下面定义了两个路径变量 userId 和 OrderId。

```
@RequestMapping(value = "/product_view/{userId}/{orderId}")
```

10.5 转发、重定向与 Flash 属性

作为 Java Web 程序员，应该熟悉请求转发(forward)和重定向(redirect)的区别。请求转发是服务器端行为，存储在请求作用域(模型)中的数据在转发到的资源中(Servlet 或 JSP 页面)可以访问。

在 Spring MVC 框架中，控制器的请求处理方法的 return 语句默认是请求转发，只不过转发的目标是视图。例如：

```
@RequestMapping(value = "/user - register")
public String userRegister() {
   //注册代码
   return "register";                    //控制转发到 register.jsp 页面
}
```

在请求处理方法中还可以使用下面的语句将请求转发到控制器的另一个请求方法。

```
return "forward:showUser";
```

重定向是客户端行为，请求作用域中的变量在转发到的资源中将不可用，存储在会话作用域中的变量可用。请求转发要比重定向快，因为重定向需要将控制返回到浏览器，而转发直接从服务器请求资源。在有些环境下使用重定向更好，例如将控制重定向到外部资源(如另一个 Web 站点)，这时就不能使用转发。

使用重定向还可以避免用户重新加载页面时再次调用同样的动作。例如，当用户填写完表单提交时，调用 saveCustomer()方法执行相应的动作，将用户信息添加到数据库。如果提交表单后重新加载页面，saveCustomer()方法可能被再次调用，用户信息可能被再次添加到数据库。为了避免这种情况，在表单提交后应该将用户重定向到一个不同的页面，这个页面多次加载不产生副作用。

在前面的例子中，CustomerController 类的 saveCustomer()方法如果使用重定向，return 语句应该如下。

```
return "redirect:/show - customer/" + customer.getId();
```

这里就是将响应重定向到 show-customer，同时传递一个路径变量，可以避免用户重新加载页面而使 saveCustomer()方法被调用两次。

使用重定向的一个缺点是向目标页面传值不太容易。使用请求转发可以简单地把属性添加到 Model 对象上，之后这些属性就可以在视图中被访问。由于重定向要把控制转到浏览器，所以存放在 Model 对象中的数据都会丢失。幸运的是，Spring 通过使用 Flash 属性在重定向时保留数据。

如果要使用 Flash 属性，首先在 Spring MVC 配置文件中配置<annotation-driven>元素，然后在请求处理方法中添加一个 org.springframework.web.servlet.mvc.support.RedirectAttributes 类型的参数。下面的代码演示了 Flash 属性的使用。

```
@RequestMapping(value = "save - customer", method = RequestMethod.POST)
public String saveCustomer(Customer customer,
```

```
                    RedirectAttributes redirectAttributes) {
    logger.info("调用 saveCustomer()方法");
    //保存 Customer 对象
    Customer savedCustomer = customerService.add(customer);
    redirectAttributes.addFlashAttribute("message",
            "The customer was successfully added.");
      return "redirect:/view-customer/" + savedCustomer.getId();
}
```

这里，message 就是一个 Flash 属性，它使用 redirectAttributes.addFlashAttribute()方法添加到 RedirectAttributes 上，该属性在目标视图中可以被检索到。

使用 HttpSession 对象存储有关数据，然后在目标视图中使用 EL 表达式可以检索出来。例如：

```
public String saveCustomer(Customer customer, HttpSession session) {
    logger.info("调用 saveCustomer()方法");
    //保存 Customer 对象
    Customer savedCustomer = customerService.add(customer);
    session.setAttribute("customer",customer);
    return "redirect:/view-customer/" + savedCustomer.getId();
}
```

10.6 用@Autowired 和@Service 进行依赖注入

使用 Spring 框架的一个好处是容易使用依赖注入，毕竟 Spring 从一开始就是一个依赖注入容器。将一个依赖注入 Spring MVC 控制器中最容易的方法是使用@Autowired 注解标注一个字段或一个方法。该注解定义在 org.springframework.beans.factory.annotation 包中。

如果要使一个依赖被找到，它的类必须使用@Service 注解，该注解定义在 org.springframework.stereotype 包中。该注解类型表示类是一个服务类。

此外，在配置文件中需要添加<component-scan>元素扫描依赖类所在的包。

```
<context:component-scan base-package="dependencyPackage"/>
```

作为示例，清单 10.6 中的 CustomerController 控制器类使用了@Autowired 注解注入一个 Service 对象。

清单 10.6 CustomerController.java

```
package com.boda.controller;

import org.apache.commons.logging.Log;
import org.apache.commons.logging.LogFactory;
import org.springframework.beans.factory.annotation.Autowired;
import org.springframework.stereotype.Controller;
import org.springframework.ui.Model;
import org.springframework.web.bind.annotation.PathVariable;
import org.springframework.web.bind.annotation.RequestMapping;
import org.springframework.web.bind.annotation.RequestMethod;
import org.springframework.web.servlet.mvc.support.RedirectAttributes;
import com.boda.domain.Customer;
import com.boda.service.CustomerService;

@Controller
public class CustomerController {
    private static final Log logger = LogFactory
```

```
                .getLog(CustomerController.class);
    @Autowired
    private CustomerService customerService;

    @RequestMapping(value = "/input-customer")
    public String inputCustomer() {
        logger.info("inputCustomer called");
        return "inputCustomer";
    }

    @RequestMapping(value = "/save-customer",method = RequestMethod.POST)
    public String saveCustomer(Customer customer,
                RedirectAttributes redirectAttributes) {
        logger.info("saveCustomer called");
        //保存 Customer 对象
        Customer savedCustomer = customerService.addCustomer(customer);
        redirectAttributes.addFlashAttribute("message",
                "The product was successfully added.");
        return "redirect:/view-customer/" + savedCustomer.getId();
    }

    @RequestMapping(value = "/view-customer/{id}")
    public String viewCustomer(@PathVariable Long id,Model model) {
        Customer customer = customerService.getCustomer(id);
        model.addAttribute("customer",customer);
        return "showCustomer";
    }
}
```

在该类中使用@Autowired 注解注入一个 private 的 CustomerService 实例。这里，CustomerService 是一个接口，它提供了对 Customer 对象的各种操作方法；@Autowired 注解将创建一个 CustomerService 实例 customerService 并注入 CustomerController 控制器中。

清单 10.7 和清单 10.8 分别给出了 CustomerService 接口及实现类的代码。注意，要使实现类被扫描到，它必须使用@Service 注解标注。

清单 10.7 CustomerService.java

```
package com.boda.service;

import com.boda.domain.Customer;

public interface CustomerService {
    Customer addCustomer(Customer customer);
    Customer getCustomer(long id);
}
```

清单 10.8 CustomerServiceImpl.java

```
package com.boda.service;

import java.util.HashMap;
import java.util.Map;
import java.util.concurrent.atomic.AtomicLong;
import org.springframework.stereotype.Service;
import com.boda.domain.Customer;

@Service
public class CustomerServiceImpl implements CustomerService {
    private Map<Long,Customer> customerMap = new HashMap<Long,Customer>();
    public CustomerServiceImpl() {
```

```
    }

    @Override
    public Customer addCustomer(Customer customer) {
        customerMap.put(customer.getId(),customer);
        return customer;
    }

    @Override
    public Customer getCustomer(long id) {
        return customerMap.get(id);
    }
}
```

在 Spring MVC 配置文件中配置两个< component-scan >元素，一个用于扫描控制器类，另一个用于扫描服务类，代码如下。

```
<context:component-scan base-package="com.boda.controller"/>
<context:component-scan base-package="com.boda.service"/>
```

10.7 @ModelAttribute 注解

前面已经讨论，Spring MVC 在每次调用请求处理方法时都创建一个 Model 类型的实例。如果要在方法中使用它，需要为方法添加一个 Model 参数。

1. 标注请求处理方法参数

使用@ModelAttribute 注解可以标注方法参数和方法。如果使用@ModelAttribute 注解标注方法参数，将检索或创建一个参数实例并把它添加到 Model 对象上。例如，下面的代码实现当 submitOrder()方法被调用时 Spring MVC 创建 Order 实例。

```
@RequestMapping(method = RequestMethod.POST)
public String submitOrder(@ModelAttribute("newOrder")Order order,
                          Model model){
    ...
}
```

检索或创建的 Order 实例将使用 newOrder 作为属性键添加到 Model 对象上。如果没有定义键名，键名将由添加到 Model 对象上的类型派生。例如，下面的方法每次执行时将检索或创建 Order 实例，并用属性键名 order 添加到 Model 对象上。

```
public String submitOrder(@ModelAttribute Order order,Model model)
```

2. 标注非请求处理方法

@ModelAttribute 注解的第二种使用方法是标注非请求处理方法。使用@ModelAttribute 注解标注的方法在其所在控制器类的请求处理方法每次被调用时被调用。这意味着，若一个控制器类有两个请求处理方法，还有另一个方法使用@ModelAttribute 注解标注，则该方法可能要比请求处理方法调用的次数多。

用@ModelAttribute 注解标注的方法将在请求处理方法调用之前被调用。这种方法可能返回一个对象或者返回 void。如果返回一个对象，该对象将被自动添加到为请求处理方法创建的 Model 对象上。例如，下面方法的返回值被添加到 Model 对象上。

```
@ModelAttribute
public Product addProduct(@RequestParam String productId) {
    return productService.get(productId);
```

```
}
```

如果被标注的方法返回 void，那么必须添加一个 Model 参数及有关实例。下面是一个例子。

```
@ModelAttribute
public void populateModel(@RequestParam String id,Model model) er);
   model.addAttribute(new Account(id));
}
```

本章小结

本章主要介绍了 Spring MVC 的基本知识，首先通过简单的例子说明 Spring MVC 应用的开发步骤，然后重点介绍了控制器和请求处理方法的编写，最后介绍了 Controller 接收请求参数的方法、请求转发与重定向、使用@Autowired 注解和@Service 注解实现依赖注入的方法。

练习与实践

扫一扫

习题

扫一扫

自测题

第11章 数据绑定与表单标签库

在执行查询时，Spring MVC 会根据客户端请求参数的不同将请求消息中的信息以一定的方式转换并绑定到控制器类的方法参数中，这种将请求消息数据与后台方法参数建立关联的过程就是 Spring MVC 的**数据绑定**。Spring MVC 提供了一个表单标签库实现数据绑定。

本章内容要点

- Spring MVC 数据绑定。
- Spring MVC 表单标签库。

11.1 数据绑定

在数据绑定的过程中，Spring MVC 框架会通过数据绑定组件(DataBinder)将请求参数串的内容进行类型转换，然后将转换后的值赋给控制器类中方法的形参，这样后台方法就可以正确地绑定并获取客户端请求的参数。

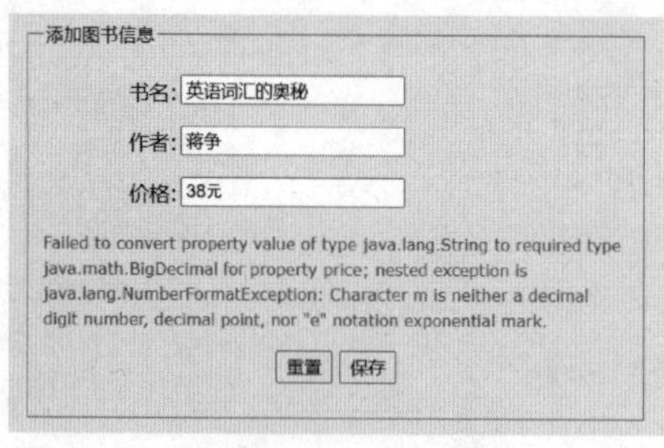

图 11-1 inputBook.jsp 页面的显示结果

例如，可以将表单域绑定到 Book 对象的属性，如果输入的数据合法，输入值将被转换成相应类型的数据保存到 Book 对象中；若输入验证失败，控制转到输入页面，并将模型数据绑定到表单元素上。图 11-1 所示为图书价格绑定失败，控制转到输入页面。

在 Spring MVC 框架中，数据绑定有如下 3 种情况：将请求参数绑定到请求处理方法的简单参数中或域模型属性上；模型数据到表单元素的绑定(如在控制器中初始化下拉列表选项值，然后添加到模型中绑定到表单元素上)；模型数据到视图(表单字段)的绑定。

11.2 表单标签库

Spring MVC 提供了一个表单标签库，用于在 JSP 页面中生成 HTML 表单标签。使用这些标签可以实现数据绑定。通过数据绑定特征，可以将请求参数绑定到模型的各种类型属性上。这种数据绑定的一个好处是，当输入验证失败时会重新生成一个表单，无须重新填写输入

字段。

表单标签库定义在 spring-webmvc-5.3.20.jar 文件中，如果要使用表单标签，在 JSP 页面中使用下面的 taglib 指令。

```
<%@ taglib prefix="form"
        uri="http://www.springframework.org/tags/form" %>
```

表 11-1 给出了表单标签库中的常用标签。

表 11-1　Spring MVC 表单标签库中的常用标签

标签名	说明
<form>	生成 HTML 的表单元素
<input>	生成 HTML 的<input type="text"/>元素
<password>	生成 HTML 的<input type="password"/>元素
<hidden>	生成 HTML 的<input type="hidden"/>元素
<textarea>	生成 HTML 的<textarea>元素
<checkbox>	生成 HTML 的<input type="checkbox"/>元素
<checkboxes>	生成多个<input type="checkbox"/>元素
<radiobutton>	生成 HTML 的<input type="radiobutton"/>元素
<radiobuttons>	生成多个<input type="radiobutton"/>元素
<select>	生成 HTML 的<select>元素
<option>	生成 HTML 的<option>元素
<options>	生成多个<option>元素
<errors>	在<span>元素中生成字段错误

11.2.1　<form>标签

<form>标签用来生成 HTML 的表单标签。如果要创建表单输入域，必须首先创建一个表单标签。<form>标签的属性如表 11-2 所示。

表 11-2　<form>标签的属性

属性名	说明
modelAttribute	指定绑定的模型属性的名称，默认值为 command
acceptCharset	指定服务器接受的字符编码列表
cssClass	指定表单元素的 CSS 样式类名，相当于 HTML 中的 class 属性。示例：<form:input path="userName" cssClass="inputStyle"/>
cssStyle	指定表单元素的 CSS 样式名，相当于 HTML 中的 style 属性。示例：<form:input path="userName" cssStyle="width:100px"/>
htmlEscape	指定输出是否包含 HTML 转义字符，值为 true 或 false

表 11-2 中给出的属性都是可选的。这里不包括 HTML 标准属性，如 method 和 action 等，也不包括 HTML 事件属性，如 onclick 等。modelAttribute 属性指定模型的名称，模型中包含的属性值将用于填充表单字段。如果指定该属性，必须在请求处理方法中添加对应的模型对象，该方法返回包含该表单的视图。例如，下面的代码在<form>标签中指定了 modelAttribute 属性。

```
<form:form modelAttribute="book" action="save-book" method="post">
    ...
</form:form>
```

BookController类的inputBook()方法是请求处理方法,它返回inputBook.jsp视图。下面是inputBook()方法的代码。

```
@RequestMapping(value = "/input - book")
public String inputBook(Model model) {
    ...
    model.addAttribute("book",new Book());
    return "inputBook";
}
```

为了实现数据绑定,要求控制进入页面之前必须有一个模型属性。在方法中创建一个Book对象并通过属性名book添加到Model对象中。如果没有该模型属性,inputBook.jsp页面将抛出异常,因为< form >标签找不到modelAttribute属性指定的表单支持对象。

此外,在< form >标签中仍然需要使用action和method属性,它们是HTML属性。

脚下留神

在Spring 5之前,< form >标签的commandName属性用于指定绑定的表单对象的名称。从Spring 5开始,commandName属性被modelAttribute属性替换。如果在Spring 5中使用commandName属性,则会导致运行异常。

11.2.2 < input >标签

< input >标签用来生成HTML的< input type="text"/>元素,该标签常用的属性如表11-3所示。该标签最重要的属性是path,它将输入字段绑定到表单支持对象的属性上。例如,如果form标签的modelAttribute属性值是book,而< input >标签的path属性值是isbn,那么该< input >标签将被绑定到Book对象的isbn属性上。

表11-3 < input >标签的属性

属 性 名	说 明
path	指定属性绑定的表单对象的属性名
cssClass	指定表单元素的CSS样式名,相当于HTML中的class属性
cssStyle	指定表单元素的CSS样式名,相当于HTML中的style属性
cssErrorClass	指定当表单元素发生错误时对应的样式类
htmlEscape	指定输出是否包含HTML转义字符,值为true或false

下面的< input >标签绑定到表单对象的author属性上。

```
< form:input id = "author" path = "author" cssErrorClass = "errorBox"/>
```

它与下面的< input >标签等价。

```
< input type = "text" id = "author" name = "author"/>
```

这里,cssErrorClass属性只有在author属性发生输入验证错误并且使用相同表单重新显示用户输入时才有效,此时< input >标签转换为如下< input >元素。

```
< input type = "text" id = "author" name = "author" class = "errorBox"/>
```

< input >标签还可以绑定到对象的嵌套属性上。例如,下面的< input >标签绑定到表单对象的category属性的id属性上。

```
< form:input path = "category.id"/>
```

11.2.3　<label>标签

<label>标签用来生成 HTML 的<label>元素。该标签最重要的属性是 path，它将输入字段绑定到表单支持对象的属性上。例如，如果<form>标签的 modelAttribute 属性值是 customer，而<input>标签的 path 属性值是 id，那么该<input>标签将被绑定到 Customer 对象的 id 属性上。

11.2.4　<hidden>标签

<hidden>标签用于生成 HTML 的<input type="hidden"/>元素，该标签与<input>标签类似，但不能显示，没有可视外观，因此不支持 cssClass 和 cssStyle 属性，它有 htmlEscape 和 path 属性。

下面是<hidden>标签的示例。

```
<form:hidden path = "productId"/>
```

11.2.5　<password>标签

<password>标签用于生成<input type="password"/>元素，该标签与<input>标签类似，具有 cssClass、cssStyle、cssErrorClass、htmlEscape 和 path 属性，另外还包含一个 showPassword 属性，该属性指定是否显示密码，默认值为 false。

下面是<password>标签的示例。

```
<form:password id = "pwd" path = "password" cssClass = "normal"/>
```

11.2.6　<textarea>标签

<textarea>标签用于生成 HTML 的<textarea>元素。<textarea>元素也是一个输入元素，它支持多行输入。该标签与<input>标签类似，具有 cssClass、cssStyle、cssErrorClass、htmlEscape 和 path 属性。

可以通过 HTML 的 rows 和 cols 属性指定 textarea 的尺寸，rows 规定了文本区内的可见行数，cols 规定了文本区内的可见列数。下面是<textarea>标签的示例。

```
<form:textarea path = "note" tabindex = "4" rows = "5" cols = "80"/>
```

11.2.7　<checkbox>标签

<checkbox>标签用于生成<input type="checkbox"/>元素，具有 cssClass、cssStyle、cssErrorClass、htmlEscape 和 path 属性，此外它还有一个 label 属性，其值用于显示复选框的标签文本。

下面<checkbox>标签绑定到 outOfStock 属性上。

```
<form:checkbox path = "outOfStock" value = "Out of Stock"/>
```

11.2.8　<checkboxes>标签

<checkboxes>标签用于生成多个<input type="checkbox"/>元素，可以出现在该标签中的属性如表 11-4 所示，这些属性都是可选的且不包含 HTML 属性。

表 11-4 <checkboxes>标签的属性

属性名	说明
cssClass	指定表单元素的 CSS 样式名，相当于 HTML 中的 class 属性
cssStyle	指定表单元素的 CSS 样式名，相当于 HTML 中的 style 属性
cssErrorClass	指定当表单元素发生错误时对应的样式类
htmlEscape	指定输出是否包含 HTML 转义字符，值为 true 或 false
path	指定属性绑定的表单对象的属性名
delimiter	指定两个输入元素之间的分隔符，默认没有分隔符
element	指定一个 HTML 元素包含每个输入元素，默认值是<span>元素
items	指定 Collection、Map 或对象数组用来产生输入元素
itemLabel	items 属性中 Collection、Map 或对象数组的属性，它们为每个输入元素提供文本标记
itemValue	Collection、Map 或对象数组的属性，它们为每个输入元素提供值

下面的<checkboxes>标签产生模型属性 categoryList 的内容作为复选框。<checkboxes>标签允许多选。

```
<form:checkboxes path = "category" items = "${categoryList}"/>
```

11.2.9 <radiobutton>标签

<radiobutton>标签用于生成<input type="radio"/>元素，具有与<checkbox>标签相同的属性，包括 cssClass、cssStyle、cssErrorClass、htmlEscape、label 和 path 属性。

通常把多个<radiobutton>标签绑定到同一个属性上，但它们具有不同的 value 属性值。下面的<radiobutton>标签被绑定到 gender 属性上。

```
性别:<form:radiobutton path = "gender" value = "Male"/> <br/>
     <form:radiobutton path = "gender" value = "Female"/>
```

11.2.10 <radiobuttons>标签

<radiobuttons>标签用来生成多个<input type="radio"/>元素，可以出现在该标签中的属性与<checkboxes>标签的属性相同。

下面的<radiobuttons>标签产生模型属性 categoryList 的内容作为单选按钮组，在一个时刻只能选择一个选项。

```
<form:radiobuttons path = "category" items = "${categoryList}"/>
```

11.2.11 <select>标签

<select>标签用于生成 HTML 的<select>元素，它用来构建一个下拉列表框，列表框中的选项可以通过 items 指定一个集合、Map 或数组，或者来自嵌套的<option>标签、<options>标签。

可以出现在该标签中的属性与<radiobuttons>标签的属性相同。其中，path 属性指定对应表单对象的属性值；items 属性用于构造下拉列表框选项的数据。

items 属性是最有用的属性，它可以被绑定到集合、Map 或对象数组产生<select>元素的选项。例如，下面的<select>标签绑定到表单支持对象的 category 属性的 id 属性上。它的选项来自 categories 模型属性。每个选项值来自 categories 集合中每个对象的 id 属性，它的标签来自 name 属性。

```
<form:select id="category" path="category.id"
            items="${categories}" itemLabel="name" itemValue="id"/>
```

11.2.12 <option>标签

<option>标签用来生成一个 HTML 的<option>元素，它用来定义下拉列表中的一个选项，必须用在<select>标签内。

下面是<option>标签的示例。

```
<form:select id="category" path="category.id"
        items="${categories}" itemLabel="name" itemValue="id">
    <form:option value="0">-- Please select --</form:option>
</form:select>
```

11.2.13 <options>标签

<options>标签用来生成一个 HTML 的<option>元素的列表，下面是该标签的一个示例。

```
<form:select path="country">
    <form:option value="0">-- 请选择 --</form:option>
    <form:options items="${countryList}" itemValue="code" itemLabel="name">
    </form:options>
</form:select>
```

11.2.14 <errors>标签

<errors>标签用来生成一个或多个 HTML 的<span>元素，其中每个元素包含一个字段错误消息。该标签可以用来显示一个特定字段错误或所有字段错误。<errors>标签的属性如表 11-5 所示，所有属性都是可选的，该表中不包含可以出现在<span>元素中的 HTML 属性。

表 11-5　<errors>标签的属性

属　性　名	说　　明
cssClass	指定表单元素的 CSS 样式名，相当于 HTML 中的 class 属性
cssStyle	指定表单元素的 CSS 样式名，相当于 HTML 中的 style 属性
htmlEscape	指定输出是否包含 HTML 转义字符，值为 true 或 false
path	指定属性绑定的表单对象的属性名
delimiter	指定两个输入元素之间的分隔符，默认没有分隔符
element	指定一个 HTML 元素包含每个输入元素，默认值是<span>元素

下面的<errors>标签将显示所有字段的错误消息。

```
<form:errors path="*"/>
```

下面的<errors>标签将显示与表单支持对象的 email 属性相关的字段错误消息。

```
<form:errors path="email"/>
```

11.3 案例学习：表单标签的应用

使用 Spring 表单标签库最大的好处是可以进行数据绑定。下面的例子演示如何使用 Spring MVC 的密码框、文本区、单选按钮和列表框等标签。

11.3.1 设计领域类

设计领域类，代码见清单 11.1。

清单 11.1 User.java

```
package com.boda.domain;

import lombok.AllArgsConstructor;
import lombok.Data;
import lombok.NoArgsConstructor;
import java.io.Serializable;

@Data
@NoArgsConstructor
@AllArgsConstructor
public class User {
    private String username;            //用户名
    private String password;            //密码
    private String gender;              //性别
    private String resume;              //简历
    private String [] hobby;            //业余爱好
    private String language;            //精通的语言
    private String education;           //学历
    private String [] skills;           //技能
    private boolean receiveEmail;       //是否订阅邮件
}
```

11.3.2 控制器类

控制器类 UserController 定义了两个请求处理方法和几个普通方法，代码见清单 11.2。

清单 11.2 UserController.java

```
package com.boda.controller;

import java.util.ArrayList;
import java.util.HashMap;
import java.util.List;
import java.util.Map;
import org.springframework.stereotype.Controller;
import org.springframework.web.bind.annotation.ModelAttribute;
import org.springframework.web.bind.annotation.RequestMapping;
import org.springframework.web.bind.annotation.RequestMethod;
import org.springframework.web.servlet.ModelAndView;
import org.springframework.ui.ModelMap;
import com.boda.domain.User;

@Controller
public class UserController {
    @RequestMapping(value = "/input-user",method = RequestMethod.GET)
    public ModelAndView inputUser() {
        User user = new User();
        user.setHobby((new String []{"游泳","读书","登山"}));
        user.setGender("M");
        ModelAndView modelAndView = new ModelAndView("inputUser","command",user);
        return modelAndView;
    }

    @RequestMapping(value = "/save-user",method = RequestMethod.POST)
```

```
    public String saveUser(@ModelAttribute("user")User user,
                            ModelMap model) {
        model.addAttribute("username",user.getUsername());
        model.addAttribute("password",user.getPassword());
        model.addAttribute("resume",user.getResume());
        model.addAttribute("receiveEmail",user.isReceiveEmail());
        model.addAttribute("hobbyList",user.getHobby());
        model.addAttribute("gender",user.getGender());
        model.addAttribute("languageList",user.getLanguage());
        model.addAttribute("education",user.getEducation());
        model.addAttribute("skills",user.getSkills());
        return "showUser";
    }
    //返回 hobbyList 对象并将其设置为模型属性
    @ModelAttribute("hobbyList")
    public List<String> getHobbyList(){
        List<String> hobbyList = new ArrayList<String>();
        hobbyList.add("读书");
        hobbyList.add("游泳");
        hobbyList.add("登山");
        return hobbyList;
    }
    //返回 languageList 对象并将其设置为模型属性
    @ModelAttribute("languageList")
    public List<String> getLanguageList(){
        List<String> languageList = new ArrayList<String>();
        languageList.add("C");
        languageList.add("C++");
        languageList.add("Java");
        languageList.add("Python");
        return languageList;
    }
    //返回 educationList 对象并将其设置为模型属性
    @ModelAttribute("educationList")
    public Map<String,String> getEducationList(){
        Map<String,String> educationList = new HashMap<String,String>();
        educationList.put("1","学士");
        educationList.put("2","硕士");
        educationList.put("3","博士");
        return educationList;
    }
    //返回 skillsList 对象并将其设置为模型属性
    @ModelAttribute("skillsList")
    public Map<String,String> getSkillsList(){
        Map<String,String> skillList = new HashMap<String,String>();
        skillList.put("Spring","Spring");
        skillList.put("Spring MVC","Spring MVC");
        skillList.put("MyBatis","MyBatis");
        return skillList;
    }
}
```

该控制器类定义了两个请求处理方法，在第一个请求处理方法 inputUser()中使用 command 名向 ModelAndView 中传递了一个 User 对象，因为如果要在 JSP 文件中使用< form >标签，Spring 框架就需要一个名为 command 的对象。当调用 inputUser()方法时返回 user.jsp 视图。

第二个请求处理方法 saveUser()将在使用"/save-user"URL 发出 POST 请求时调用。该方法根据提交的信息准备模型对象。最后返回 showUser 视图，Spring 将显示 showUser.jsp 页面。

11.3.3 视图

本应用包含 inputUser.jsp 和 showUser.jsp 两个视图页面，代码见清单 11.3 和清单 11.4，将它们保存在 WEB-INF\jsp 目录中。

清单 11.3 inputUser.jsp

```
<%@ page contentType="text/html; charset=UTF-8" pageEncoding="UTF-8" %>
<%@ taglib uri="http://www.springframework.org/tags/form" prefix="form" %>
<html>
<head>
    <title>添加用户表单</title>
    <link href="css\main.css" rel="stylesheet" type="text/css"/>
</head>
<body>
<div class="container">
<form:form method="post" action="save-user">
   <fieldset>
   <legend>添加用户信息</legend>
    <table>
        <tr>
            <td><form:label path="username">用户名</form:label></td>
            <td><form:input path="username"/></td>
        </tr>
        <tr>
            <td><form:label path="password">密码</form:label></td>
            <td><form:password path="password"/></td>
        </tr>
        <tr>
            <td><form:label path="gender">性别</form:label></td>
            <td>
                <form:radiobutton path="gender" value="M" label="男"/>
                <form:radiobutton path="gender" value="F" label="女"/>
            </td>
        </tr>
        <tr>
            <td><form:label path="resume">简历</form:label></td>
            <td><form:textarea path="resume" rows="5" cols="30"/></td>
        </tr>
        <tr>
            <td><form:label path="hobby">业余爱好</form:label></td>
            <td><form:checkboxes path="hobby" items="${hobbyList}"/></td>
        </tr>
        <tr>
            <td><form:label path="language">精通的语言</form:label></td>
            <td>
           <form:radiobuttons path="language" items="${languageList}"/>
            </td>
        </tr>
        <tr>
            <td><form:label path="education">学历</form:label></td>
            <td>
                <form:select path="education">
                    <form:option value="NONE" label="Select"/>
                    <form:options items="${educationList}"/>
                </form:select>
            </td>
        </tr>
        <tr>
            <td><form:label path="skills">技能</form:label></td>
            <td>
```

```
            <form:select path="skills" items="${skillsList}"
                multiple="true"/>
        </td>
    </tr>
    <tr>
        <td><form:label path="receiveEmail">是否订阅邮件</form:label></td>
        <td><form:checkbox path="receiveEmail"/></td>
    </tr>
    <tr>
        <td colspan="2">
            <input type="submit" value="提交"/>
        </td>
    </tr>
  </table>
 </fieldset>
</form:form>
</div>
</body>
</html>
```

这里使用<select>标签及其属性 multiple 来呈现 HTML 列表多选框。例如：

```
<form:select path="skills" items="${skillsList}" multiple="true"/>
```

它将呈现以下 HTML 内容。

```
<select id="skills" name="skills" multiple="multiple">
    <option value="Spring">Spring</option>
    <option value="Spring MVC">Spring MVC</option>
    <option value="MyBatis">MyBatis</option>
</select>
<input type="hidden" name="_skills" value="1"/>
```

清单 11.4 showUser.jsp

```
<%@ page contentType="text/html; charset=UTF-8" pageEncoding="UTF-8" %>
<%@ taglib uri="http://www.springframework.org/tags/form" prefix="form" %>
<%@ taglib prefix="c" uri="http://java.sun.com/jsp/jstl/core" %>
<html>
<head>
    <title>显示用户信息</title>
    <link href="css\main.css" rel="stylesheet" type="text/css"/>
</head>
<body>
<div class="container">
    <fieldset>
        <legend>用户信息如下</legend>
    <table>
        <tr><td>用户名</td><td>${username}</td></tr>
        <tr><td>密码</td><td>${password}</td></tr>
        <tr>
            <td>性别</td>
            <td>${(gender=="M"? "男" : "女")}</td>
        </tr>
        <tr><td>简历</td><td>${resume}</td></tr>
        <tr>
            <td>业余爱好</td>
            <td>
             <c:forEach var="hobby" items="${hobbyList}" varStatus="status">
               ${hobby}<c:if test="${!status.last}">,</c:if>
             </c:forEach>
         </td>
        </tr>
        <tr><td>精通的语言</td><td>${languageList}</td></tr>
```

```
        <tr><td>学历</td><td>${education}</td></tr>
        <tr>
        <td>技能</td>
        <td>
         <c:forEach var="skill" items="${skills}" varStatus="status">
           ${skill}<c:if test="${!status.last}">,</c:if>
         </c:forEach>
        </td>
        </tr>
         <tr>
           <td>是否订阅邮件</td><td>${receivePaper}</td>
        </tr>
      </table>
  </fieldset>
   </div>
</body>
</html>
```

11.3.4 测试应用程序

如果要测试该应用程序，打开浏览器，在地址栏中输入下面的URL，将看到如图11-2所示的输入页面。

```
http://localhost:8080/chapter11/input-user
```

在页面中输入或选择信息，单击“提交”按钮，将显示如图11-3所示的页面。

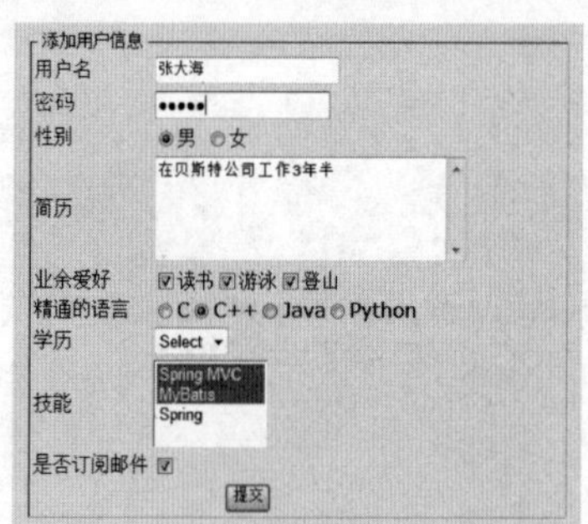

图11-2 inputUser.jsp页面的显示结果

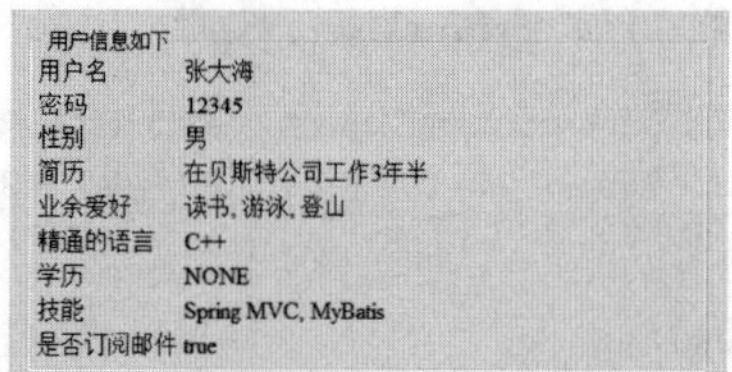

图11-3 showUser.jsp页面的显示结果

本章小结

本章介绍了Spring MVC数据绑定的概念，即将请求消息数据与后台方法参数建立关联；介绍了数据绑定的各种方式；还介绍了Spring MVC的表单标签库，包括各种输入域的标签的属性和使用，这些标签在前后端交换数据非常有用。

练习与实践

习题

自测题

第12章

Spring MVC核心应用

为了实现数据类型转换和格式化，可以使用 Spring MVC 的内置转换器，也可以自定义转换器和格式化器。对于数据验证，可以使用 Spring 提供的数据验证功能，也可以使用 JSR 303 验证机制。通过配置拦截器，可以对请求进行前处理和后处理。

本章内容要点

- 数据类型转换与格式化。
- 数据验证方法。
- Spring MVC 拦截器的应用。
- Spring MVC 国际化。

12.1 类型转换与格式化

在 Spring MVC 应用中需要接收用户的请求参数，将其传递给控制器并使用这些参数构建 POJO 对象。这里有一个问题，即所有请求参数类型都是字符串类型，Java 是强类型的，所以 Spring MVC 框架必须将这些字符串请求参数转换成相应的数据类型。

一般情况下，控制器接收到客户发送来的数据需要进行类型转换和格式化。在 Spring MVC 中通过转换器和格式化器来实现这一操作。

Spring MVC 提供了一些内置转换器，但有些特殊类型的参数无法在后台进行直接转换。例如，日期数据就需要开发者自定义转换器(Converter)和格式化器(Formatter)来进行数据绑定。

12.1.1 类型转换的意义

本节通过一个简单的应用说明类型转换的意义。如图 12-1 所示的添加图书信息页面用于收集用户输入的图书信息，图书信息包括书号、书名、作者、出版日期和价格。

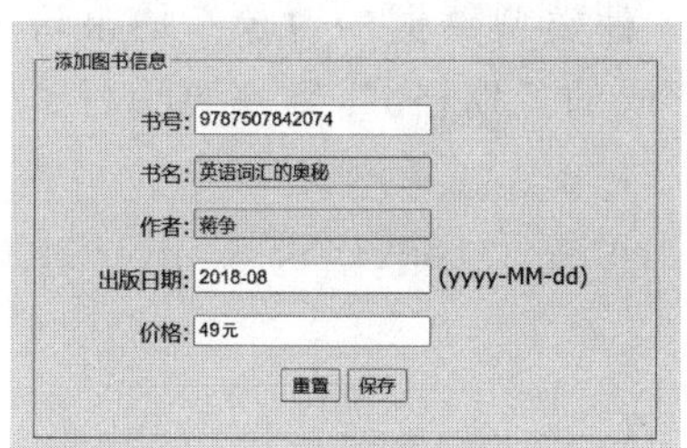

图 12-1 添加图书信息页面

程序需要将表单数据提交给控制器，在控制器中需要解析传递来的数据，并用这些数据构造 Book 对象，然后将其保存到数据库中。对于该应用，需要程序员自己在控制器中进行类型转换，并将其封装成 POJO 对象。这种类型转换操作需要全部手动完成，十分烦琐。

例如，用户输入的日期可能有多种格式，如“2024-10-25”和“10/25/2024”，这些格式都能表示一个日期。在默认情况下，Spring 会期待用户输入的日期格式与当前语言区域的日期格式相同。例如，对于美国用户而言，可能是月/日/年（MM/dd/yyyy）格式。

由于从客户端传递来的字符串形式的日期（如“2024-10-25”）不能自动转换成 LocalDate 日期类型，所以在控制器的请求处理方法中需要手动进行类型转换。下面是 BookController 类的部分代码：

```
@Controller
public class BookController {
    private static final Log logger =
            LogFactory.getLog(BookController.class);

    @RequestMapping(value = "/input - book")
    public String inputBook(Model model){
        logger.info("inputBook called");
        model.addAttribute("book",new Book());
        return "inputBook";
    }

    @RequestMapping(value = "/save - book")
    public String saveBook (String isbn, String name, String author, String pubdate, BigDecimal
            price,Model model){
        logger.info("调用 saveBook()方法");
        try {
            DateTimeFormatter formatter =
                  DateTimeFormatter.ofPattern("yyyy - MM - dd");
            LocalDate newdate = LocalDate.parse(pubdate,formatter);
            Book book = new Book(isbn,name,author,newdate,price);
            model.addAttribute("book",book);
            return "showBook";
        }catch(DateTimeParseException e) {
            System.out.println(e.toString());
            return "inputBook";
        }
    }
}
```

在请求处理方法 saveBook()中，通过 String 参数 pubdate 接收传递来的出版日期字符串参数，然后对该字符串进行解析，转换成 LocalDate 数据类型，之后才能调用 Book 类的构造方法创建 Book 对象。如果应用中多处需要这种转换将比较麻烦，为此 Spring MVC 提供了 Converter 接口允许用户自定义转换器，然后在 Spring MVC 配置文件中注册转换器，这样当程序需要进行类型转换时会自动应用转换器。

12.1.2 转换器 Converter

Spring 的 Converter 是可以将一种类型数据转换成另一种类型数据的对象。如果希望 Spring 将输入的日期字符串绑定到 LocalDate 类型，使用不同的日期格式，则需要编写一个 Converter 将字符串转换成日期。

为了创建转换器，需要实现 org.springframework.core.convert.converter.Converter 接口，该接口声明如下。

```
public interface Converter < S,T >{
    T convert(S source);
}
```

这里，S表示源类型，T表示目标类型。例如，要创建能将Long类型转换成LocalDate类型的转换器，需要像下面这样声明转换器类。

```
public class MyConverter implements Converter<Long,LocalDate> {
}
```

在类体中，需要实现来自Converter接口的convert()方法。清单12.1定义一个转换器，它可以将指定日期模式的字符串转换成LocalDate日期类型。

清单12.1　StringToLocalDateConverter.java

```
package com.boda.converter;

import java.time.LocalDate;
import java.time.format.DateTimeFormatter;
import java.time.format.DateTimeParseException;
import org.springframework.core.convert.converter.Converter;

public class StringToLocalDateConverter implements
            Converter<String,LocalDate> {
   private String datePattern;
   public StringToLocalDateConverter(String datePattern) {
      this.datePattern = datePattern;
   }
   @Override
   public LocalDate convert(String s) {
      try {
         DateTimeFormatter formatter =
               DateTimeFormatter.ofPattern(datePattern);
         return LocalDate.parse(s,formatter);
      } catch (DateTimeParseException e) {
        //错误消息使用<errors>标签显示
        throw new IllegalArgumentException(
         "日期格式非法.请使用下面格式:\"" + datePattern + "\"");
      }
   }
}
```

这里，datePattern属性指定日期格式。convert()方法将传递给构造方法的日期格式字符串转换成一个LocalDate，如果不能正确转换将抛出异常。

如果要在Spring MVC应用中使用定制的转换器，需要在Spring MVC配置文件中声明一个转换器bean，这个bean必须包含一个converters属性，它列出要在应用中使用的所有Converter。例如，下面的代码在bean声明中注册了StringToLocalDateConverter。

```
<bean id = "conversionService" class = "org.springframework.context.
         support.ConversionServiceFactoryBean">
   <property name = "converters">
      <list>
        <bean class = "com.boda.converter.StringToLocalDateConverter">
           <constructor-arg type = "java.lang.String" value = " yyyy-MM-dd "/>
        </bean>
      </list>
   </property>
</bean>
```

最后，还要给<annotation-driven>元素的conversion-service属性指定该bean名称（本例中是conversionService），并且加在<mvc: annotation-driven/>元素的后面，代码如下。

```
<mvc:annotation-driven/>
```

```
<mvc:annotation-driven conversion-service="conversionService"/>
```

Spring MVC 配置文件的代码见清单 12.2。

清单 12.2 springmvc-servlet.xml

```
<?xml version="1.0" encoding="UTF-8"?>
<beans xmlns="http://www.springframework.org/schema/beans"
    xmlns:xsi="http://www.w3.org/2001/XMLSchema-instance"
    xmlns:p="http://www.springframework.org/schema/p"
    xmlns:mvc="http://www.springframework.org/schema/mvc"
    xmlns:context="http://www.springframework.org/schema/context"
    xsi:schemaLocation="
        http://www.springframework.org/schema/beans
        http://www.springframework.org/schema/beans/spring-beans.xsd
        http://www.springframework.org/schema/mvc
        http://www.springframework.org/schema/mvc/spring-mvc.xsd
        http://www.springframework.org/schema/context
        http://www.springframework.org/schema/context/spring-context.xsd">

  <mvc:annotation-driven/>
  <context:component-scan base-package="com.boda.controller"/>
  <mvc:annotation-driven conversion-service="conversionService"/>

  <bean id="conversionService" class="org.springframework.context.
             support.ConversionServiceFactoryBean">
     <property name="converters">
      <list>
        <bean class="com.boda.converter.StringToLocalDateConverter">
          <constructor-arg type="java.lang.String" value="yyyy-MM-dd"/>
        </bean>
      </list>
    </property>
   </bean>
  <bean id="viewResolver" class="org.springframework.web.servlet.
                  view.InternalResourceViewResolver">
     <property name="prefix" value="/WEB-INF/jsp/"/>
     <property name="suffix" value=".jsp"/>
  </bean>
  //定义资源文件
  <bean id="messageSource" class="org.springframework.context.
        support.ReloadableResourceBundleMessageSource">
     <property name="basename" value="/WEB-INF/resource/messages"/>
  </bean>
</beans>
```

下面使用 StringToLocalDateConverter 将 String 转换成 Book 对象的 pubdate 属性。清单 12.3 是 Book 类的定义。

清单 12.3 Book.java

```
package com.boda.domain;

import java.math.BigDecimal;
import java.time.LocalDate;

import lombok.AllArgsConstructor;
import lombok.Data;
import lombok.NoArgsConstructor;
import java.io.Serializable;

@Data
```

```
@NoArgsConstructor
@AllArgsConstructor
public class Book implements Serializable{
    private String isbn;
    private String name;
    private String author;
    private LocalDate pubdate;
    private BigDecimal price;

    @Override
    public StringtoString(){
        return "Book[isbn = " + isbn + ",name = " + name + ",author = "
            + author + ",pubdate = " + pubdate + ",price = " + price + "]";
    }
}
```

清单 12.4 是 BookController 类的代码。

清单 12.4 BookController.java

```
package com.boda.controller;

import java.math.BigDecimal;
import java.time.LocalDate;
import java.time.format.DateTimeFormatter;
import java.time.format.DateTimeParseException;
import org.apache.commons.logging.Log;
import org.apache.commons.logging.LogFactory;
import org.springframework.stereotype.Controller;
import org.springframework.ui.Model;
import org.springframework.web.bind.annotation.RequestMapping;
import com.boda.domain.Book;

@Controller
public class BookController {
   private static final Log logger =
            LogFactory.getLog(BookController.class);
   @RequestMapping(value = "/input - book")
   public String inputBook(Model model){
      logger.info("inputBook called");
      model.addAttribute("book",new Book());
      return "inputBook";
   }

   @RequestMapping(value = "/save - book")
   public String saveBook(@ModelAttribute Book book,
                         BindingResult bindingResult,Model model){
      logger.info("调用 saveBook()方法");
      if(bindingResult.hasErrors()){
         FieldError fieldError = bindingResult.getFieldError();
         return "inputBook";
      }
      //保存图书信息
      model.addAttribute("book",book);
      return "showBook";
   }
}
```

BookController 类定义了 inputBook()和 saveBook()两个方法。inputBook()方法返回 inputBook.jsp 页面。saveBook()方法取出一个在提交 Book 表单时创建的 Book 对象。有了 StringToLocalDateConverter 转换器，就不用在控制器类中将字符串转换成 LocalDate。

在 saveBook()方法的 BindingResult 参数中存放了 Spring 的所有绑定错误。该方法利用 BindingResult 记录所有绑定错误。绑定错误也可以用<errors>标签显示在一个表单中，如 inputBook.jsp 页面，代码见清单 12.5。

清单 12.5 inputBook.jsp

```
<%@ page contentType="text/html;charset=UTF-8" %>
<%@ taglib prefix="form" uri="http://www.springframework.org/tags/form" %>
<!DOCTYPE html>
<html>
<head>
   <title>添加图书信息</title>
   <link href="css\main.css" rel="stylesheet" type="text/css"/>
</head>
<body>
<div class="container">
<form:form modelAttribute="book" action="save-book" method="post">
    <fieldset>
        <legend>添加图书信息</legend>
        <p>
            <label for="isbn">书号: </label>
            <form:input id="isbn" path="isbn" tabindex="1"/>
        </p>
        <p>
            <label for="name">书名: </label>
            <form:input id="name" path="name" tabindex="2"/>
        </p>
        <p>
            <label for="author">作者: </label>
            <form:input id="author" path="author" tabindex="3"/>
        </p>
        <p>
            <form:errors path="pubdate" cssClass="error"/>
        </p>
        <p>
            <label for="pubdate">出版日期: </label>
            <form:input id="pubdate" path="pubdate" tabindex="4"/>
            (yyyy-MM-dd)
        </p>
        <p>
            <label for="price">价格: </label>
            <form:input id="price" path="price" tabindex="5"/>
        </p>
        <p class="buttons">
            <input id="reset" type="reset" tabindex="6" value="重置">
            <input id="submit" type="submit" tabindex="7" value="保存">
        </p>
    </fieldset>
</form:form>
</div>
</body>
</html>
```

showBook.jsp 页面显示添加图书信息，代码见清单 12.6。

清单 12.6 showBook.jsp

```
<%@ page contentType="text/html;charset=UTF-8" %>
<!DOCTYPE html>
<html>
<head>
```

```
    <title>图书信息</title>
    <style type = "text/css">@import url(css/main.css);</style>
</head>
<body>
<div class = "container">
  <h5>已经保存如下图书信息</h5>
  <p>书号: ${book.isbn}</p>
  <p>书名: ${book.name}</p>
  <p>作者: ${book.author}</p>
  <p>出版日期: ${book.pubdate}</p>
  <p>价格: $${book.price}</p>
</div>
</body>
</html>
```

如果要测试这个转换器,在浏览器中打开以下 URL。

```
http://localhost:8080/chapter12/input-book
```

在出版日期域中输入无效日期,控制将返回到 inputBook.jsp,并在表单中显示错误消息,如图 12-2 所示。如果数据格式都正确,控制将转到 showBook.jsp 页面。

图 12-2 转换器应用

12.1.3 格式化器 Formatter

Formatter 和 Converter 一样,也是将一种类型转换成另一种类型,但是 Formatter 的源类型必须是一个 String,而 Converter 适用于任意的源类型;Formatter 更适合 Web 层,而 Converter 可以用在任意层中。为了转换 Spring MVC 应用程序表单中的用户输入,应该选择 Formatter,而不是 Converter。

为了创建 Formatter,要编写一个实现 org.springframework.format.Formatter 接口的 Java 类,下面是该接口的声明。

```
public interface Formatter<T>{
    T parse(String text, java.util.Locale locale)
    String print(T object, java.util.Locale locale)
}
```

这里的 T 表示输入字符串要转换的目标类型。该接口定义了 parse()和 print()两个方法,实现类必须实现这两个方法。parse()方法利用指定的 Locale 将一个 String 解析成目标类型,print()方法与之相反,它是返回目标对象的字符串表示法。

下面用 LocalDateFormatter 将 String 类型转换成 LocalDate 日期类型,代码见清单 12.7。

清单 12.7 LocalDateFormatter.java

```
package com.boda.formatter;

import java.text.ParseException;
import java.time.LocalDate;
import java.time.format.DateTimeFormatter;
import java.time.format.DateTimeParseException;
import java.util.Locale;
import org.springframework.format.Formatter;

public class LocalDateFormatter implements Formatter<LocalDate> {
    private DateTimeFormatter formatter;
    private String datePattern;
```

```
    public LocalDateFormatter(String datePattern) {
        this.datePattern = datePattern;
        formatter = DateTimeFormatter.ofPattern(datePattern);
    }

    @Override
    public LocalDate parse(String s,Locale locale) throws ParseException {
        try {
            return LocalDate.parse(s,formatter);
        } catch (DateTimeParseException e) {
        //错误消息使用<errors>标签显示
        throw new IllegalArgumentException(
            "invalid date format. Please use this pattern\""
            + datePattern + "\"");
        }
    }

    @Override
    public String print(LocalDate date,Locale locale) {
        return date.format(formatter);
    }
}
```

为了在应用中使用 Formatter，需要在 conversionService 中对它进行注册，类名为 org.springframework.format.support.FormattingConversionServiceFactoryBean，它与注册 Converter 的类名不同。这个 bean 可以用一个 formatters 属性注册 Formatter，用一个 converters 属性注册 Converter。

```
<bean id = "conversionService" class = "org.springframework.format.support.
            FormattingConversionServiceFactoryBean">
    <property name = "formatters">
        <set>
            <bean class = "com.formatter.LocalDateFormatter">
    <constructor - arg type = "java.lang.String" value = "yyyy 年 MM 月 dd 日"/>
            </bean>
        </set>
    </property>
</bean>
```

注意：还需要给这个 Formatter 添加一个<component-scan>元素，代码如下。

```
<context:component - scan base - package = "com.boda.formatter"/>
```

Converter 是一种工具，可以将一种类型转换成另一种类型。例如，将 String 类型转换成 LocalDate 类型，或者将 Long 类型转换成 LocalDate 类型。Converter 可以用在 Web 层，也可以用在其他层中。Formatter 只能将 String 类型转换成另一种 Java 类型。例如，将 String 类型转换成 LocalDate 类型。Formatter 适用于 Web 层，因此在 Spring MVC 应用程序中选择 Formatter 比选择 Converter 更合适。

扫一扫

视频讲解

12.2 数据验证

健壮的 Web 应用程序必须确保用户的输入是合法的。在把用户输入的信息存入数据库之前通常需要进行一些检查，以确保用户的密码达到一定的长度(如不少于 6 个字符)、邮箱地址是合法的、出生日期在合理的范围内等。输入验证是 Web 应用处理的重要任务之一。

12.2.1 数据验证概述

数据验证分为客户端验证和服务器端验证。

1. 客户端验证

客户端验证是在数据发送到服务器之前对数据进行验证,主要防止正常用户误操作,可以使用 HTML5 的表单标签验证,也可以使用 JavaScript 验证。使用 JavaScript 验证的步骤如下。

(1) 编写验证函数。

(2) 在提交表单的事件中调用函数。

(3) 根据验证函数判断是否进行表单提交。

客户端验证是防止用户提交错误数据的第一道防线,但仅有客户端验证是不够的。攻击者可能绕过客户端验证直接进行非法输入,这样可能会引起系统的异常。为了确保数据的合法性,防止用户通过非正常手段提交错误信息,还必须进行服务器端验证。

2. 服务器端验证

服务器端验证是在数据传输到服务器时进行验证,它是整个应用阻止非法数据的最后防线,一般通过服务器端编程实现。

Spring MVC 使用 Converter 和 Formatter 对数据进行转换和格式化,是将输入数据转换成领域对象的属性值(一种 Java 类型),一旦转换或格式化成功,就执行服务器端验证。也就是说,在 Spring MVC 框架中先进行数据类型转换,再进行数据验证。

服务器端验证对于系统的安全性、完整性、健壮性起到了至关重要的作用。Spring MVC 框架提供了强大的数据验证功能,有两种方法可以验证输入,一种是利用 JSR 380(Java 验证规范)实现数据验证,即声明式验证;另一种是利用 Spring 自带的验证框架 Validation 验证数据,即编程式验证。

12.2.2 JSR 380 验证

JSR 380 是 Java EE 的一项子规范,叫作 bean Validation,它用于对 JavaBean 类的字段值进行验证。如果要使用 bean Validation,需要在 pom.xml 文件中添加下面的依赖项。

```
<dependency>
    <groupId>org.hibernate.validator</groupId>
    <artifactId>hibernate-validator</artifactId>
    <version>7.0.4.Final</version>
</dependency>
```

使用 JSR 380 不需要编写验证器,只需要用 JSR 380 注解类型标注 JavaBean 类的属性。JSR 380 的常用注解如表 12-1 所示。

表 12-1 JSR 380 的常用注解

注　解	说　明	范　例
@AssertFalse	应用于 boolean 属性,该属性值必须为 false	@AssertFalse boolean hasChildren;
@AssertTrue	应用于 boolean 属性,该属性值必须为 true	@AssertTure boolean isMarried;
@Max	该属性值必须是一个小于或等于指定值的整数	@Max(150) int age;

续表

注　解	说　明	范　例
@Min	该属性值必须是一个大于或等于指定值的整数	@Min(0) int age;
@DecimalMax	该属性值必须是一个小于或等于指定值的小数	@DecimalMax("1.1") BigDecimal price;
@DecimalMin	该属性值必须是一个大于或等于指定值的小数	@DecimalMin("0.04") BigDecimal price;
@Digits	该属性值必须在指定范围内。integer 属性指定该数值的最大整数位，fraction 属性指定该数值的最大小数位	@Digits(integer=5,fraction=2) BigDecimal price;
@Email	验证是否为合法的邮箱地址	@Email String email;
@Future	该属性值必须是一个未来的日期	@Future LocalDate shippingDate;
@Past	该属性值必须是一个过去的日期	@Past LocalDatebirthdate;
@Pattern	该属性值必须与指定的正则表达式相匹配	@pattern(regext="\\d[6]") String zipCode;
@Size	该属性值必须在指定范围内	@Size(nim=2,max=140) String description;
@NotNull	该属性值不能为 null	@NotNull String firstName;
@Null	该属性值必须为 null	@Null String testString;

Hibernate Validator 是 JSR 380 的一个参考实现，除了支持标准的验证注解，它还扩展了如表 12-2 所示的注解。

表 12-2　Hibernate Validator 扩展的注解

注　解	说　明	范　例
@NotBlank	检查约束字符串是否为 NULL	@NotBlank String name;
@URL	验证是否为合法的 URL	@URL String url;
@CreditCardNumber	验证是否为合法的信用卡号码	@ CreditCardNumber String creditCard;
@Length(min. max)	验证字符串的长度必须在指定的范围内	@Length(min=2. max=10) String password;
@NotEmpty	验证元素是否为 NULL 或者 Empty，用于 Array、Collection、Map 或 String	@NotEmpty String name;
@Range(min,max)	验证属性值是否在合理的范围内	@Range(min=20,max=60) int age;

下面的注解指定 salary 字段值必须大于或等于 4000。

```
@DecimalMin(value = "4000")
private double salary;
```

下面的注解指定 phone 字段必须满足一个正则表达式规则。

```
@Pattern(regexp = "13[1089]\\d{8}",message = "{Pattern.customer.phone}")
private String phone;
```

在默认情况下,系统使用默认验证器显示错误消息,也可以在注解中使用 message 属性指定错误消息。例如:

```
@Length(min = 2,max = 20,message = "姓名字段的长度需要在 2 到 20 个字符之间")
@Range(min = 20,max = 60,message = "年龄需要在 20 到 60 之间")
```

12.2.3　案例学习:使用 JSR 380 的验证

本案例学习使用 JSR 380 对客户类 Customer 的字段进行验证。

1. 创建域对象

下面在 Customer 类的属性上通过注解定义有关约束,该类的主要代码见清单 12.8。

清单 12.8　Customer.java

```
package com.boda.domain;

import java.io.Serializable;
import jakarta.validation.constraints.Pattern;
import org.hibernate.validator.constraints.Range;
import org.hibernate.validator.constraints.Length;

import lombok.AllArgsConstructor;
import lombok.Data;
import lombok.NoArgsConstructor;

@Data
@NoArgsConstructor
@AllArgsConstructor
public class Customer implements Serializable {
   @Length(min = 2,max = 20,message = "姓名字段的长度需要在 2 到 20 个字符之间")
   private String name;
   @Range(min = 20,max = 60,message = "年龄需要在 20 到 60 之间")
   private int age;
   @Pattern(regexp = "13[1089]\\d{8}",
          message = "电话格式错误,以 13 开头,第 3 位为 0、1、8、9,长度为 11 位")
   private String phone;
}
```

2. 创建控制器类

在控制器类 CustomerController 的 addCustomer()方法中使用@Valid 注解修饰 Customer 参数,代码见清单 12.9。

清单 12.9　CustomerController.java

```
package com.boda.controller;

import org.apache.commons.logging.Log;
import org.apache.commons.logging.LogFactory;
import org.springframework.stereotype.Controller;
import org.springframework.ui.Model;
import org.springframework.validation.Errors;
import org.springframework.web.bind.annotation.RequestMapping;
import com.boda.domain.Customer;
import jakarta.validation.Valid;
```

```
@Controller
public class CustomerController {
    private static final Log logger =
            LogFactory.getLog(CustomerController.class);
    @RequestMapping(value = "/input-customer")
    public String inputCustomer(Model model) {
        model.addAttribute("customer",new Customer());
        return "inputCustomer";
    }

    @RequestMapping(value = "/add-customer")
    public String addCustomer(@Valid @ModelAttribute Customer customer,
                              BindingResult bindingResult,Model model) {
        if (bindingResult.hasErrors()) {
            FieldError fieldError = bindingResult.getFieldError();
            logger.info("Code:" + fieldError.getCode() + ",field:"
                    + fieldError.getField());
            return "inputCustomer";
        }
        //保存客户信息
        model.addAttribute("customer",customer);
        return "showCustomer";
    }
}
```

3. 创建 JSP 视图页面

下面的 inputCustomer.jsp 页面用于输入客户信息，showCustomer.jsp 页面用于显示客户信息，这里使用<errors>标签显示验证的错误信息。inputCustomer.jsp 页面的代码见清单 12.10，showCustomer.jsp 页面的代码见清单 12.11。

清单 12.10　inputCustomer.jsp

```
<%@ page contentType = "text/html;charset = UTF-8" %>
<%@ taglib prefix = "form" uri = "http://www.springframework.org/tags/form" %>
<!DOCTYPE html>
<html>
<head>
<title>添加客户信息</title>
<link href = "css\main.css" rel = "stylesheet" type = "text/css"/>
</head>
<body>
<div class = "container">
<form:form modelAttribute = "customer" action = "add-customer" method = "post">
    <fieldset>
        <legend>添加客户信息</legend>
        <p>
            <label for = "name">客户姓名: </label>
            <form:input id = "name" path = "name" tabindex = "2"/>
            <form:errors path = "name" cssStyle = "color: red"/>
        </p>
        <p>
            <label for = "age">年龄: </label>
            <form:input id = "age" path = "age" tabindex = "3"/>
            <form:errors path = "age" cssStyle = "color: red"/>
        </p>
        <p>
            <label for = "phone">电话: </label>
            <form:input id = "phone" path = "phone" tabindex = "4"/>
            <form:errors path = "phone" cssStyle = "color: red"/>
```

```
        </p>
        <p class = "buttons">
            <input id = "submit" type = "submit" tabindex = "6" value = "提交">
            <input id = "reset" type = "reset" tabindex = "7" value = "重置">
        </p>
    </fieldset>
</form:form>
</div>
</body>
</html>
```

清单 12.11 showCustomer.jsp

```
<%@ page contentType = "text/html;charset = UTF - 8" %>
<!DOCTYPE html>
<html>
<head>
<title>客户信息</title>
    <link href = "css\main.css" rel = "stylesheet" type = "text/css"/>
</head>
<body>
<div class = "container">
<h4>已经保存如下客户信息</h4>
    <p>客户名: ${customer.name}</p>
    <p>年龄: ${customer.age}</p>
    <p>电话: ${customer.phone}</p>
</div>
</body>
</html>
```

4. 测试验证器

如果要测试该验证器,在浏览器中打开以下 URL。

```
http://localhost:8080/chapter12/input - customer
```

在打开的页面表单中,如果输入的数据违反验证规则,控制器将返回到输入页面,对于不违反验证规则的数据则正常显示。图 12-3 所示为年龄和电话字段违反规则的情况。

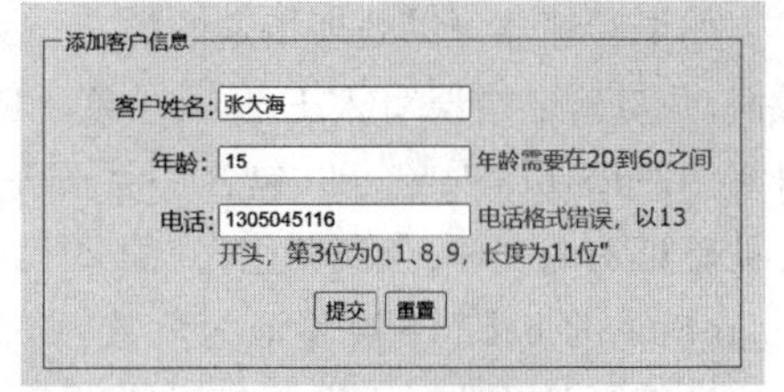

图 12-3 表单数据验证效果

5. 使用资源文件

在上面的例子中,验证的错误消息保存在域对象中,也可以把错误消息的消息码和消息保存到资源文件中。创建 messages.properties 资源文件,代码见清单 12.12,将其保存到 resources 目录中。

清单 12.12 messages.properties

```
Length.customer.name = 姓名字段的长度需要在 2 到 20 个字符之间
Range.customer.age = 年龄需要在 20 到 60 之间
Pattern.customer.phone = 电话格式错误,以 13 开头,第 3 位为 0、1、8、9,长度为 11 位
```

在 Web 项目中,资源文件的错误码和错误消息使用 Unicode 码,对于包含中文的资源文件应该转换为 Unicode 码。在 IDEA 开发环境中仅需要简单设置,不需要转码。选择 File→Settings→Editor→File Encodings,然后选中“Transparent native-to-ascii conversion”即可。

如果使用 Eclipse 开发工具,对于包含非西欧文字的资源文件可以自动转换成系统能够识别的文字。上述文件的内容转换如下。

```
Length.customer.name = \u59D3\u540D\u5B57\u6BB5\u957F\u5EA6\u9700\u57282 - 20\u4E2A\u5B57\
u7B26\u4E4B\u95F4
Range.customer.age = \u5E74\u9F84\u5FC5\u987B\u572820\u523060\u4E4B\u95F4
Pattern.customer.phone = \u7535\u8BDD\u683C\u5F0F\u9519\u8BEF\uFF0C\u7B2C13\u5F00\u5934\
uFF0C\u7B2C3\u4F4D\u4E3A0,1,8,9\uFF0C\u957F\u5EA6\u4E3A11\u4F4D
```

这里不需要显式注册验证器，如果要从资源文件中获取错误消息，需要在 Spring MVC 配置文件中声明一个名为 messageSource 的 bean，告诉 Spring 去哪里找该文件。下面是在配置文件中对 messageSource 的声明。

```
<bean id = "messageSource" class = "org.springframework.context.support.
        ReloadableResourceBundleMessageSource">
    <property name = "basename" value = "classpath:messages"/>
</bean>
```

该 bean 实际上说明了错误码和错误消息可以在 resources 目录下的 messages.properties 文件中找到。注意，如果在域对象和资源文件中同时指定了错误消息，则资源文件优先。

12.2.4 Spring 验证框架

Spring 框架从一开始就支持输入验证，该功能甚至比 JSR 380(Java 验证规范)还早，因此 Spring Validation 框架至今仍普遍使用。对于新项目，一般建议使用 JSR 380 验证器。

为了实现数据验证，首先编写验证器，实现 org.springframework.validation.Validator 接口，该接口定义了 supports()和 validate()两个方法。

```
package org.springframework.validation;

public interface Validator {
    boolean supports(Class<?> clazz);
    void validate(Object target,Errors errors);
}
```

如果验证器可以处理指定的类，supports()方法返回 true。validate()方法将对目标对象进行验证，并将验证错误写入 Errors 对象。Errors 对象是 org.springframework.validation.Errors 接口实例。Errors 对象可以包含一系列 FieldError 对象和 ObjectError 对象。FieldError 表示与被验证对象的一个属性相关的错误。例如，如果客户的余额 balance 不能是负数，并且 Customer 的 balance 被验证为负数，那么就需要创建一个 FieldError 对象。

在编写验证器时不需要直接创建 Errors 对象，因为实例化 FieldError 对象和 ObjectError 对象要花费很大的编程精力。这是由于 ObjectError 类的构造方法有 4 个参数，而 FieldError 类的构造方法有 7 个参数，代码如下。

```
ObjectError(String objectName,String[] codes,
        Object[] arguments,String defaultMessage)

FieldError(String objectName,String field,Object rejectedValue,
        boolean bindingFailure,String[] codes,Object[] arguments,
        String defaultMessage)
```

给 Errors 对象添加错误最容易的方法是在 Errors 对象上调用 reject()或 rejectValue()方法。调用 reject()往 Errors 上添加一个 ObjectError，调用 rejectValue()往 Errors 上添加一个 FieldError。

下面是几个重载的 reject()方法和 rejectValue()方法。

```
void reject(String errorCode)
```

```
void reject(String errorCode,String defaultMessage)
void rejectValue(String field,String errorCode)
void rejectValue(String field,String errorCode,String defaultMessage)
```

在大多数情况下只需要给 reject()或 rejectValue()方法传递一个错误码，Spring 在资源文件中查找错误码获得对应的错误消息。另外，还可以传入一个默认消息，若找不到指定的错误码，就会使用默认消息。

Errors 对象中的错误消息可以利用表单标签库中的< errors >标签显示在 HTML 页面中。错误消息可以通过 Spring 支持的国际化特征本地化。

12.2.5 ValidationUtils 类

org.springframework.validation.ValidationUtils 是一个工具类，其中定义了 rejectIfEmpty()和 rejectIfEmptyOrWhitespace()方法验证字段值为空的情况。例如，在对 price 字段进行验证时不需要像下面这样。

```
if (firstName == null||firstName.isEmpty()) {
   errors.rejectValue("price");
}
```

而是可以使用 ValidationUtils 的 rejectIfEmpty()方法，代码如下。

```
ValidationUtils.rejectIfEmpty("price");
```

下面是 ValidationUtils 中几个重载的 rejectIfEmpty()方法和 rejectIfEmptyOrWhitespace()方法。

```
public static void rejectIfEmpty(Errors errors,String field,
      String errorCode)

public static void rejectIfEmpty(Errors errors,String field,
        String errorCode,String defaultMessage)

public static void rejectIfEmptyOrWhitespace(Errors errors,
       String field,String errorCode)

public static void rejectIfEmptyOrWhitespace(Errors errors,
       String field,String errorCode,String defaultMessage)
```

此外，ValidationUtils 还有一个 invokeValidator()方法，用来调用验证器。

```
public static void invokeValidator(Validator validator,
              Object obj,Errors errors)
```

12.2.6 案例学习：使用 Spring Validator 的验证

本案例开发一个 EmployeeValidator 验证器，用于验证 Employee 对象。

1. 创建 Employee 对象和验证器

创建 Employee 对象的代码见清单 12.13。

清单 12.13 Employee.java

```
package com.boda.domain;

import java.io.Serializable;
import java.math.BigDecimal;
import java.time.LocalDate;
```

```
import lombok.AllArgsConstructor;
import lombok.Data;
import lombok.NoArgsConstructor;

@Data
@NoArgsConstructor
@AllArgsConstructor
public class Employee implements Serializable {
    private static final long serialVersionUID = 1L;
    private String name;
    private String email;
    private LocalDate birthDate;
    private BigDecimal salary;
}
```

清单 12.14 创建的 EmployeeValidator 类是验证器类，实现了 org.springframework.validation.Validator 接口的 supports()和 validate()两个方法。

清单 12.14　EmployeeValidator.java

```
package com.boda.validator;

import java.math.BigDecimal;
import java.time.LocalDate;
import org.springframework.validation.Errors;
import org.springframework.validation.ValidationUtils;
import org.springframework.validation.Validator;
import com.boda.domain.Employee;

public class EmployeeValidator implements Validator {
    @Override
    public boolean supports(Class<?> klass) {
        return Employee.class.isAssignableFrom(klass);
    }

    @Override
    public void validate(Object target, Errors errors) {
        Employee employee = (Employee) target;
        ValidationUtils.rejectIfEmpty(errors, "name",
                    "employeeName.required");
        ValidationUtils.rejectIfEmpty(errors, "salary", "salary.required");
        ValidationUtils.rejectIfEmpty(errors, "birthDate",
                    "birthDate.required");
        BigDecimal salary = employee.getSalary();
        if (salary != null && salary.compareTo(BigDecimal.ZERO) < 0) {
            errors.rejectValue("salary", "salary.negative");
        }
        LocalDate birthDate = employee.getBirthDate();
        if (birthDate != null) {
            if (birthDate.isAfter(LocalDate.now())) {
                errors.rejectValue("birthDate", "birthDate.invalid");
            }
        }
    }
}
```

EmployeeValidator 是一个非常简单的验证器，它的 validate()方法可以检验 Employee 对象的 name、salary 和 birthDate 是否为空，salary 值是否为负值，birthDate 值是否比当前日期晚。

2. 创建资源文件

在资源文件中保存了错误消息的消息码和消息。在 WEB-INF\resource 目录中创建 messageResource_zh_CN. properties 资源文件，代码见清单 12.15。

清单 12.15　messageResource_zh_CN. properties

```
employeeName.required = 请输入员工姓名
salary.required = 请输入工资
birthDate.required = 请输入出生日期
salary.negative = 工资不能为负值
birthDate.invalid = 请输入员工的合法出生日期
typeMismatch.birthDate = 日期格式不匹配
```

3. 创建控制器

清单 12.16 创建了控制器类 EmployeeController，在该类中通过实例化 Validator 类使用 Spring 验证器。EmployeeController 类的 addEmployee()方法创建了一个 EmployeeValidator，并调用其 validate()方法对 Employee 对象进行验证。为了检验该验证器是否生成了错误消息，需要在 BindingResult 中调用 hasErrors()方法。

清单 12.16　EmployeeController. java

```
package com.boda.controller;

import org.apache.commons.logging.Log;
import org.apache.commons.logging.LogFactory;
import org.springframework.stereotype.Controller;
import org.springframework.ui.Model;
import org.springframework.validation.BindingResult;
import org.springframework.validation.FieldError;
import org.springframework.web.bind.annotation.ModelAttribute;
import org.springframework.web.bind.annotation.RequestMapping;
import com.boda.domain.Employee;
import com.boda.validator.EmployeeValidator;

@Controller
public class EmployeeController {
   private static final Log logger = LogFactory
                .getLog(EmployeeController.class);

   @RequestMapping(value = "/input-employee")
   public String inputEmployee(Model model) {
      model.addAttribute("employee",new Employee());
      return "inputEmployee";
   }

   @RequestMapping(value = "/add-employee")
   public String addEmployee(@ModelAttribute Employee employee,
        BindingResult bindingResult,Model model) {
      EmployeeValidator employeeValidator = new EmployeeValidator();
      employeeValidator.validate(employee,bindingResult);
      if (bindingResult.hasErrors()) {
         FieldError fieldError = bindingResult.getFieldError();
         logger.debug("Code:" + fieldError.getCode() + ",field:"
              + fieldError.getField());
         return "inputEmployee";
      }
      //保存员工对象
      model.addAttribute("employee",employee);
      return "showEmployee";
```

```
    }
}
```

使用 Spring 验证器的另一种方法是，在 Controller 中编写 initBinder()方法，并将验证器传到 WebDataBinder，调用其 validate()方法。

4. 创建 JSP 视图页面

清单 12.17 创建的 inputEmployee.jsp 页面用于输入员工信息，在其中使用<errors>标签显示验证的错误信息。

清单 12.17 inputEmployee.jsp

```
<%@ page contentType="text/html;charset=UTF-8" %>
<%@ taglib prefix="form" uri="http://www.springframework.org/tags/form" %>
<!DOCTYPE html>
<html>
<head>
    <title>添加员工信息</title>
    <link href="css\main.css" rel="stylesheet" type="text/css"/>
</head>
<body>
<div class="container">
<form:form modelAttribute="employee" action="add-employee" method="post">
    <fieldset>
        <legend>添加员工信息</legend>
        <p>
            <label for="name">员工姓名: </label>
            <form:input id="name" path="name" tabindex="1"/>
            <form:errors path="name" cssClass="error"/>
        </p>
        <p>
            <label for="email">邮箱地址: </label>
            <form:input id="email" path="email" tabindex="2"/>
            <form:errors path="email" cssClass="error"/>
        </p>
        <p>
            <label for="birthDate">出生日期: </label>
            <form:input id="birthDate" path="birthDate"
                        tabindex="3"/>(yyyy-MM-dd)
            <form:errors path="birthDate" cssClass="error"/>
        </p>
        <p>
            <label for="salary">工资: </label>
            <form:input id="salary" path="salary" tabindex="4"/>
            <form:errors path="salary" cssClass="error"/>
        </p>
        <p class="buttons">
            <input id="submit" type="submit" tabindex="5" value="提交">
            <input id="reset" type="reset" tabindex="6" value="重置">
        </p>
    </fieldset>
</form:form>
</div>
</body>
</html>
```

5. 测试验证器

如果要测试该验证器，在浏览器中打开以下 URL。

```
http://localhost:8080/chapter12/input-employee
```

在打开的页面表单中仅输入出生日期 2005-12-20，工资字段输入-200，单击“提交”按钮，表单数据验证失败，控制返回到 inputEmployee.jsp 页面，如图 12-4 所示。

图 12-4 表单数据验证失败

12.3 Spring MVC 拦截器

Spring MVC 中的拦截器(Interceptor)类似于 Java Servlet 中的过滤器(Filter)，主要用于拦截用户请求并对处理器进行预处理和后处理。当前端控制器接收到请求后，通过映射处理器获取处理流程链，处理流程链包括拦截器和处理器。如果没有配置拦截器，直接由处理器处理请求；如果配置了拦截器，那么按照配置顺序执行拦截器和处理器。

12.3.1 拦截器介绍

使用拦截器可以进行权限验证、记录请求信息的日志、判断用户是否登录等。如果要使用拦截器，需要对拦截器类进行定义和配置。通常，拦截器类可以通过以下两种方式定义。

(1) 实现 HandlerInterceptor 接口，或继承该接口的实现类(如 HandlerInterceptorAdapter)来定义。

(2) 实现 WebRequestInterceptor 接口，或继承该接口的实现类来定义。

下面讨论 HandlerInterceptor 接口的定义，该接口定义了 3 个方法，分别是 preHandle()、postHandle()和 afterCompletion()，代码如下。

```
public interface HandlerInterceptor {
    //预处理方法,实现处理器的预处理
    boolean preHandle(HttpServletRequest request,
                HttpServletResponse response,
                Object handler) throws Exception;
    //后处理方法,在返回视图之前调用
    void postHandle(HttpServletRequest request,
                HttpServletResponse response,Object handler,
                ModelAndView modelAndView) throws Exception;
    //整个请求处理完毕,在返回视图之后调用
    void afterCompletion(HttpServletRequest request,
                HttpServletResponse response,
                Object handler,Exception ex) throws Exception;
}
```

Spring MVC 就是通过这 3 个方法对用户的请求进行拦截处理的。

- preHandle()方法在控制器处理请求之前被调用。该方法的返回值是 boolean 类型，当它返回 false 时，表示请求结束，后续的 Interceptor 和 Controller 都不会再执行；当它返回 true 时会继续调用下一个 Interceptor 的 preHandle()方法，如果已经是最后一个 Interceptor，则会调用当前请求的 Controller 方法。

- postHandle()方法在当前请求处理之后调用，也就是在 Controller 方法调用之后执行，但是它会在 DispatcherServlet 进行视图渲染之前被调用，所以可以在这个方法中对 Controller 处理之后的 ModelAndView 对象进行操作。
- afterCompletion()方法在当前拦截器的 preHandle()方法的返回值为 true 时才会执行。顾名思义，该方法将在整个请求结束之后，也就是在 DispatcherServlet 返回视图之后执行。这个方法的主要作用是进行资源的清理工作。

这 3 个方法都有一个 Object handler 参数，它是被拦截的 Controller 对象，可以直接调用 handler 执行 Controller 中的方法。

12.3.2 拦截器的配置

创建用户定义的拦截器通常实现 HandlerInterceptor 接口。如果要使拦截器生效，需要在 Spring MVC 配置文件中进行配置。下面是配置示例的代码。

```
<mvc:interceptors>
    <bean class = "com.boda.interceptor.CommonInterceptor"/>
    <mvc:interceptor> <!-- 拦截器 1 -->
        <mvc:mapping path = "/**"/> <!-- 配置拦截器的作用路径 -->
        <mvc:exclude-mapping path = "/index"/>
        <!-- 定义应用的拦截器的完整名称 -->
        <bean class = "com.boda.interceptor.Intercptor1"/>
    </mvc:interceptor>

    <mvc:interceptor> <!-- 拦截器 2 -->
        <mvc:mapping path = "/hello"/>
        <bean class = "com.boda.interceptor.Interceptor2"/>
    </mvc:interceptor>
</mvc:interceptors>
```

在示例代码中，使用<mvc:interceptors>元素配置一组拦截器，其子元素<bean>用于定义全局拦截器，它将拦截所有的请求。每个子元素<mvc:interceptor>定义一个拦截器，其中需要指定拦截的路径，它会对指定路径下的请求生效。<mvc:interceptor>元素的子元素<mvc:mapping>用于配置拦截器作用的路径，通过 path 属性指定拦截的路径。在上述代码中 path 属性值“/**”表示拦截所有路径，“/hello”表示拦截所有以“/hello”结尾的路径。如果在请求路径中包含不需要拦截的内容，可以通过<mvc:exclude-mapping>元素进行配置。

注意：<mvc:interceptor>中的子元素必须按照上述代码中的配置顺序进行编写，即按照<mvc:mapping>、<mvc:exclude-mapping>、<bean>的顺序，否则系统会报错。

12.3.3 单个拦截器的执行流程

在配置文件中如果只定义了一个拦截器，程序将首先执行拦截器类的 preHandle()方法，如果该方法的返回值为 true，程序会继续向下执行处理器中处理请求的方法，否则将不再向下执行。如果 preHandle()方法返回 true，并且控制器中处理请求的方法执行后，返回视图前将执行 postHandle()方法，返回视图后才执行 afterCompletion()方法。下面通过一个实例演示拦截器的执行流程。

（1）创建一个测试控制器 HelloController，主要代码如下。

```
@Controller
public class HelloController {
    @RequestMapping("/hello")
```

```
    public String Hello() {
        System.out.println("Hello,执行控制器的请求处理方法!");
        return "success";
    }
}
```

(2) 在 WEB-INF\jsp 目录中创建 success.jsp 页面,代码如下。

```
<%@ page contentType = "text/html;charset = UTF - 8" %>
<!DOCTYPE html>
<html>
  <head>
      <title>视图页面</title>
  </head>
<body>
    视图页面。
    <% System.out.println("视图渲染结束!"); %>
</body>
</html>
```

(3) 创建一个拦截器,实现 HandlerInterceptor 接口,并实现其中的方法。

```
package com.boda.intercetptor;

import jakarta.servlet.http.HttpServletRequest;
import jakarta.servlet.http.HttpServletResponse;
import org.springframework.web.servlet.HandlerInterceptor;
import org.springframework.web.servlet.ModelAndView;

public class MyInterceptor implements HandlerInterceptor {
    @Override
    public boolean preHandle(HttpServletRequest request,
         HttpServletResponse response,Object o) throws Exception {
        System.out.println("MyInterceptor....preHandle");
        //对浏览器的请求进行放行处理
        return true;
    }

    @Override
    public void postHandle(HttpServletRequest request,
                      HttpServletResponse response,Object o,
            ModelAndView modelAndView)throws Exception {
        System.out.println("MyInterceptor....postHandle");
    }

    @Override
    public void afterCompletion(HttpServletRequest request,
              HttpServletResponse response,Object o,Exception e)
          throws Exception {
        System.out.println("MyInterceptor....afterCompletion");
    }
}
```

(4) 在 Spring MVC 配置文件中配置拦截器,代码如下。

```
<mvc:interceptors>
     <mvc:interceptor>
       <mvc:mapping path = "/hello"/>
       <bean class = "com.boda.interceptor.MyInterceptor"/>
     </mvc:interceptor>
</mvc:interceptors>
```

该拦截器拦截对“/hello”资源的请求，若用户请求“/hello”，系统将在执行控制器请求处理方法 Hello()之前执行拦截器的 preHandle()方法。

(5) 测试拦截器。在浏览器中访问“http://localhost:8080/chapter12/hello”，程序正确执行后控制台的输出结果如图 12-5 所示。

```
at Localhost Log    Tomcat Catalina Log
[2022-06-05 05:58:41,048] Artifact chapter13:war: Deploy took 2,516 m
MyInterceptor....preHandle
Hello，执行控制器的请求处理方法!
MyInterceptor....postHandle
视图渲染结束!
MyInterceptor....afterCompletion
05-Jun-2022 17:58:48.258 信息 [Catalina-utility-2] org.apache.catalin
```

图 12-5　单个拦截器的执行

12.3.4　多个拦截器的执行流程

在 Web 项目中通常有多个拦截器同时工作，这时它们的 preHandle()方法将按照配置文件中拦截器的配置顺序执行，而它们的 postHandle()方法和 afterCompletion()方法则按照配置顺序的反序执行。

下面首先创建两个拦截器，分别为 Interceptor1 和 Interceptor2，然后演示它们的执行流程。

第一个拦截器 Interceptor1 的主要代码如下。

```
public class Interceptor1 implements HandlerInterceptor {
    @Override
    public boolean preHandle(HttpServletRequest request,
                             HttpServletResponse response, Object o)
            throws Exception {
        System.out.println("拦截器 1....preHandle");
        return true;
    }

    @Override
    public void postHandle(HttpServletRequest request,
                           HttpServletResponse response, Object o,
                           ModelAndView modelAndView)
            throws Exception {
        System.out.println("拦截器 1....postHandle");
    }

    @Override
    public void afterCompletion(HttpServletRequest request,
            HttpServletResponse response, Object o, Exception e)
          throws Exception {
        System.out.println("拦截器 1....afterCompletion");
    }
}
```

第二个拦截器 Interceptor2 的主要代码如下。

```
public class Interceptor2 implements HandlerInterceptor {
    @Override
    public boolean preHandle(HttpServletRequest request,
                             HttpServletResponse response, Object o)
            throws Exception {
        System.out.println("拦截器 2....preHandle");
        return true;
```

```java
    }

    @Override
    public void postHandle(HttpServletRequest request,
                     HttpServletResponse response,Object o,
                     ModelAndView modelAndView)
            throws Exception {
        System.out.println("拦截器 2....postHandle");
    }

    @Override
    public void afterCompletion(HttpServletRequest request,
                 HttpServletResponse response,Object o,Exception e)
            throws Exception {
        System.out.println("拦截器 2....afterCompletion");
    }
}
```

在 Spring MVC 配置文件中配置这两个拦截器,代码如下。

```xml
<mvc:interceptors>
    <mvc:interceptor>
        <mvc:mapping path="/**" />
        <bean class="com.boda.interceptor.Interceptor1"/>
    </mvc:interceptor>

    <mvc:interceptor>
        <mvc:mapping path="/hello"/>
        <bean class="com.boda.interceptor.Interceptor2"/>
    </mvc:interceptor>
</mvc:interceptors>
```

在浏览器中访问"http://localhost:8080/chapter12/hello",程序正确执行后控制台的输出结果如图 12-6 所示。

```
ocalhost Log    Tomcat Catalina Log
[2022-06-05 06:52:33,210] Artifact chapter13:war: Deploy took 2,572 milliseconds
拦截器1....preHandle
拦截器2....preHandle
Hello, 执行控制器的请求处理方法!
拦截器2....postHandle
拦截器1....postHandle
视图渲染结束!
拦截器2....afterCompletion
拦截器1....afterCompletion
05-Jun-2022 18:52:40.420 信息 [Catalina-utility-1] org.apache.catalina.startup.H
```

图 12-6 多个拦截器的执行

Spring MVC 中的 Interceptor 是链式调用的,在一个请求中可以同时应用多个 Interceptor。每个 Interceptor 的调用会按照它的声明顺序依次执行,而且最先执行的都是 Interceptor 中的 preHandle()方法,所以可以在这个方法中进行一些前置初始化操作或者对当前请求的一个预处理,也可以在这个方法中进行一些判断来决定请求是否要继续进行下去。

postHandle()方法被调用的方向和 preHandle()是相反的,也就是说先声明的 Interceptor 的 postHandle()方法反而会后执行。

12.3.5 案例学习:使用拦截器实现用户登录验证

本节使用拦截器完成验证用户权限的功能,即用户必须登录才能访问网站上的某个资源(如首页),如果没有登录就直接访问,拦截器会拦截请求,并将请求转发到登录页面,同时提示用户需要登录才能访问资源。

下面是用户登录页面 login.jsp 的主要代码。

```
${message}
<form action = "user-login" method = "post">
  <fieldset>
    <legend>用户登录</legend>
  <p><label>用户名：<input type = "text" name = "username"/>
      </label>
    </p>
  <p><label>密  码：<input type = "password" name = "password"/>
    </label>
    </p>
    <p>
      <label><input type = "submit" value = "登录"/>
      <input type = "reset" value = "取消"/></label>
    </p>
</fieldset>
</form>
```

在该应用中需要用到两个 POJO 类，其中，User 类包含 username 和 password 属性，它表示用户信息；Product 类包含 id、name 和 price 属性，它表示一件商品。这两个类定义在 com.boda.domain 包中。

下面在 LoginController 控制器类中定义两个请求处理方法，toIndex()方法用于访问主页面 main.jsp，login()方法用于处理用户的登录，如果用户已经登录，请求重定向到 main.jsp 页面，否则转发到登录页面。

```
@Controller
public class LoginController {
    @RequestMapping(value = "/user-login")
    public String login(User user,Model model,HttpSession session) {
        if("admin".equals(user.getUsername())
                &&"12345".equals(user.getPassword())) {
            //登录成功，将用户信息保存到 session 对象中
            session.setAttribute("user",user);
            return "forward:toIndex";
        }else {
            model.addAttribute("message","登录名或密码错误，请重新输入");
            return "login";
        }
    }

    @RequestMapping(value = "/toIndex")
    public String toIndex(Model model){
        List<Product> productList = new ArrayList<Product>();
        productList.add(new Product(101,"Lenovo 笔记本电脑",
                                    new BigDecimal(4500)));
        productList.add(new Product(102,"华为手机",new BigDecimal(2500)));
        model.addAttribute("productList",productList);
        return "main";
    }
}
```

下面的 main.jsp 是主页面，访问该页面需要用户登录。该页面显示商品信息，主要代码如下。

```
<h3>欢迎[${sessionScope.user.username}]访问.</h3>
<table border = 1>
```

```
  <tr><td>商品号</td><td>商品名</td><td>价格</td></tr>
  <c:forEach items="${requestScope.productList}" var="product">
  <tr><td>${product.id}</td>
      <td>${product.name}</td>
      <td>${product.price}</td></tr>
  </c:forEach>
</table>
```

若系统中没有定义并配置拦截器，可以使用"toIndex"直接访问 main.jsp 页面。下面创建拦截器，要求只有登录用户才能访问该页面。

```
public class LoginInterceptor implements HandlerInterceptor {
    @Override
    public boolean preHandle(HttpServletRequest request,
                HttpServletResponse response,Object o)
                   throws Exception {
        System.out.println("LoginInterceptor....preHandle");
        boolean flag = true;
        //获取请求 URI
        String uri = request.getRequestURI();
        if(uri.indexOf("/toIndex")> 0) {
         User user = (User)request.getSession().getAttribute("user");
         if(user == null) {
             //用户没有登录
             System.out.println("LoginInterceptor拦截请求...");
             request.setAttribute("message","请先登录再访问首页!");
             request.getRequestDispatcher("/WEB-INF/jsp/login.jsp"")
                          .forward(request,response);
          }else {
             System.out.println("LoginInterceptor放行请求...");
             flag = true;
          }
        }
        return flag;
    }

    @Override
    public void postHandle(HttpServletRequest request,
                 HttpServletResponse response,Object o,
                 ModelAndView modelAndView)throws Exception {
       System.out.println("LoginInterceptor....postHandle");
    }

    @Override
    public void afterCompletion(HttpServletRequest request,
              HttpServletResponse response,Object o,Exception e)
          throws Exception {
       System.out.println("LoginInterceptor....afterCompletion");
    }
}
```

在 Spring MVC 配置文件中配置拦截器，代码如下。

```
<mvc:interceptors>
    <mvc:interceptor>
       <mvc:mapping path="/toIndex"/>
       <bean class="com.boda.interceptor.LoginInterceptor"/>
    </mvc:interceptor>
</mvc:interceptors>
```

在浏览器中访问"http://localhost:8080/chapter12/toIndex"，首次访问时用户没有登

录，拦截器将请求转发到登录页面，如图 12-7 所示。

输入用户名“admin”、密码“12345”，单击“登录”按钮。此时由于用户已经登录，拦截器将放行请求，控制将跳转到请求的 main.jsp 页面，显示结果如图 12-8 所示。

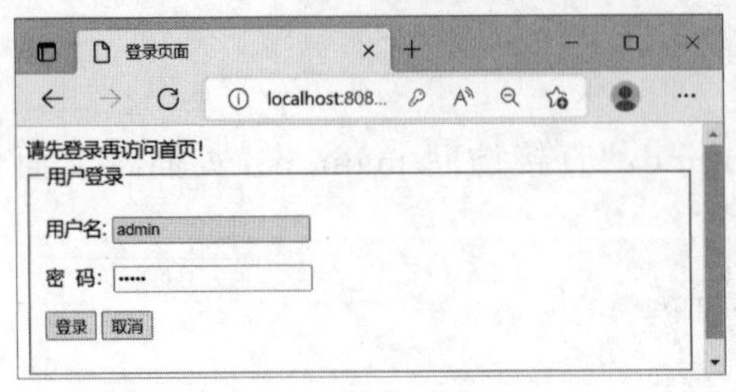

图 12-7　拦截器验证用户登录

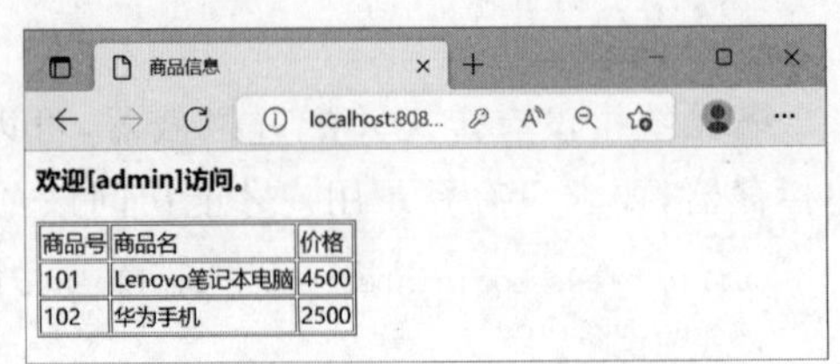

图 12-8　最终请求的首页

12.4　国际化

在程序设计领域，人们把在不改写有关代码的前提下，让开发出来的应用程序能够支持多种语言的技术称为国际化技术。在 Web 开发中实现国际化技术，就是要求在应用程序运行时能够根据客户端请求的国家/地区、语言呈现不同的用户界面。例如，若请求来自一台中文操作系统的客户端计算机，则应用程序响应界面中的各种标签、错误提示和帮助信息均使用中文；如果客户端计算机使用的是英文操作系统，则应用程序也能识别并自动以英文界面响应。

引入国际化机制的目的在于提供更友好、自适应的用户界面，并不改变程序的其他功能和业务逻辑。

12.4.1　国际化概述

人们常用 i18n 这个词作为“国际化”的简称，其来源是英文单词 internationalization 的首字母 i 和尾字母 n，并且它们之间有 18 个字符。

Spring MVC 的国际化建立在 Java 国际化的基础之上，Java 程序的国际化主要通过以下两个类实现。

- java.util.Locale 类：用于提供本地信息，通常称为语言环境。不同的语言，不同的国家和地区采用不同的 Locale 对象表示。
- java.util.ResourceBundle 类：称为资源包，用来选择和读取特定于用户的资源文件。

Spring MVC 框架的底层国际化与 Java 国际化是一致的。在 Spring MVC 中国际化和本地化应用程序时需要具备以下条件：

（1）将文本内容存放到资源文件中。

（2）选择和读取正确的资源文件。

12.4.2　资源文件

国际化的应用程序是将每个语言区域的文本元素都单独保存在一个资源文件中，在每个文件中都包含 key-value 对，key 表示键的名称，value 表示键的值。在通常情况下，key 不应该重复。另外，在资源文件中 value 部分还可以定义一些占位符，用于标识资源信息中的动态部分，这样在运行时确定每个占位符的值，就可以方便地生成支持多语言的动态信息。

资源文件的命名有 baseName.properties、baseName_language.properties、baseName_ language_country. properties 几种形式。

所有资源文件的扩展名都为. properties。baseName 是资源文件的基本名称，由用户自定义。language 和 country 必须为 Java 所支持的语言和国家/地区代码。语言代码由 ISO 639 标准定义，用两个小写字母表示，如 zh 代表汉语、en 代表英语。国家代码由 ISO 3166 标准定义，用两个大写字母表示，如 CN 表示中国、US 表示美国。

下面是两个资源文件名。

```
messageResource_zh_CN.properties
messageResource_en_US.properties
```

第一个文件使用中国汉语的资源文件，第二个文件使用美国英语的资源文件。

12.4.3 加载资源文件

在 Spring MVC 中不直接使用 ResourceBundle 加载资源文件，而是利用 messageSource bean 告诉 Spring MVC 从哪里加载资源文件。例如，下面的 messageSource bean 读取了两个资源文件。

```
<bean id = "messageSource" class = "org.springframework.context.support
.ReloadableResourceBundleMessageSource">
      <property name = "basenames">
         <list>
            <value>classpath:messages</value>
            <value>classpath:labels</value>
         </list>
      </property>
</bean>
```

在上面的 bean 定义中使用 ReloadableResourceBundleMessageSource 类作为实现，使用该实现，如果修改了资源文件中的 key 和 value，要使修改生效，Spring MVC 可以重新加载。另外，还可以使用 ResourceBundleMessageSource 类作为实现，但它是不能重新加载的。也就是说，如果修改了资源文件中的 key 和 value，必须重启服务器。

注意：如果只有一组资源文件，可以用 basename 属性代替 basenames 属性，代码如下。

```
<bean id = "messageSource" class = "org.springframework.context.support
.ReloadableResourceBundleMessageSource">
    <property name = "basename" value = "classpath:messages"/>
</bean>
```

这里配置的国际化资源文件的路径是 classpath：messages，它表示资源文件存放在类路径中，也就是资源文件为 src/main/resources 目录中的 messages_zh_CN. properties 和 messages_en_US. properties。当然，也可以将资源文件存放在其他路径中，如下面的代码。

```
<property name = "basenames" value = "/WEB-INF/resource/messages"/>
```

该配置将资源文件存放在/WEB-INF/resource 目录中。

12.4.4 设置 Spring MVC 的语言区域

为用户选择语言区域时，最简单的方法是读取用户浏览器的 accept-language 请求头的值，该请求头提供了用户浏览器使用哪种语言的信息。选择用户语言区域的方法还有读取某个 session 属性或 cookie。

在 Spring MVC 中选择语言区域，可以使用语言区域解析器 bean，该 bean 有 3 个常用的实现，即 AcceptHeaderLocaleResolver、SessionLocaleResolver、CookieLocaleResolver。

它们都定义在 org. springframework. web. servlet. i18n 包中，其中 AcceptHeaderLocaleResolver 是最常用的。如果使用这个语言区域解析器，Spring MVC 将会读取浏览器的 accept-language 请求头的值来确定浏览器可以接受哪个（些）语言区域，如果浏览器的某个语言区域与 Spring MVC 应用程序支持的某个语言区域匹配，就会使用这个语言区域；如果没有找到匹配的语言区域，则使用默认的语言区域。

下面是使用 AcceptHeaderLocaleResolver 的 localeResolver bean 的定义。

```
<bean id="localeResolver" class="org.springframework.web.servlet.i18n
      .AcceptHeaderLocaleResolver">
</bean>
```

如果采用 SessionLocaleResolver 和 CookieLocaleResolver 国际化实现，还必须配置 LocaleChangeIntercepter 拦截器，代码如下。

```
<mvc:intercepters>
    <bean class="org.springframework.web.servlet.i18n
                 .LocaleChangeIntercepter"/>
</mvc:intercepters>
```

12.4.5 使用<message>标签

在 Spring MVC 中显示本地化消息使用 Spring 的<message>标签。为了使用这个标签，需要在 JSP 页面中使用下面的 taglib 指令。

```
<%@ taglib prefix="spring" uri="http://www.springframework.org/tags" %>
```

<message>标签的属性如表 12-3 所示。

表 12-3 <message>标签的属性

属　性	描　述
arguments	标签的参数，可以是一个字符串、数组或者对象
argumentSeparator	用来分隔该标签参数的字符
code	获取消息的 key
text	code 属性不存在时所显示的默认文本
var	用于保存消息的变量
scope	保存 var 属性中所定义变量的作用范围
message	MessageSourceResolvable 参数
htmlEscape	boolean 值，表示被渲染的值是否应该进行 HTML 转义
javaScriptEscape	boolean 值，表示被渲染的值是否应该进行 JavaScript 转义

例如，下面的<message>标签将输出与键 label. price 相关联的消息。

```
<spring:message code="label.price" text="0.00"></spring:message>
```

下面的代码在<input type="submit">标签的 value 属性值中使用<message>标签。

```
<input id="submit" type="submit" tabindex="5"
      value="<spring:message code="button.submit"/>">
```

12.4.6 案例学习：JSP 页面的国际化

本案例通过使用 localeResolver bean 和<message>标签实现页面的国际化，实现的功能是根据浏览器的语言区域使用不同语言显示页面中的文本。

1. 创建国际化资源文件

本应用将国际化资源文件保存在/WEB-INF/resource目录中，创建两个资源文件，一个用于显示英文消息，另一个用于显示中文消息。

messageResource_en_US.properties文件的内容如下。

```
user.name = Username
user.password = Password
user.login = User Login
submit = Submit
reset = Reset
```

messageResource_zh_CN.properties文件的内容如下。

```
user.name = 用户名
user.password = 密码
user.login = 用户登录
submit = 提交
reset = 重置
```

如果资源文件中包含中文，必须将其转换成系统可以识别的文字。若使用IDEA开发工具，可以进行简单的设置，参见12.2.3节的介绍。

2. 在配置文件中配置解析器

在Spring MVC配置文件中添加messageSource和localeResolver两个bean的配置，代码如下。

```
<bean id = "messageSource" class = "org.springframework.context.support
        .ReloadableResourceBundleMessageSource">
  <property name = "basenames">
     <list>
        <value>/WEB-INF/resource/messageResource</value>
        <value>/WEB-INF/resource/labels</value>
     </list>
   </property>
</bean>

<bean id = "localeResolver" class = "org.springframework.web.servlet.i18n
          .AcceptHeaderLocaleResolver">
</bean>
```

在messageSource的声明中用两个基准名设置了basenames属性，即/WEB-INF/resource/messageResource和/WEB-INF/resource/labels。localeResolver使用AcceptHeaderLocaleResolver类实现消息的本地化。

3. 编写JSP页面

为了在JSP页面中使用国际化的属性值，编写inputUser.jsp页面，在其中首先使用taglib指令导入Spring标签库，然后使用<message>标签实现页面的国际化，代码见清单12.18。

清单12.18　inputUser.jsp

```
<%@ page contentType = "text/html;charset = UTF-8" %>
<%@ taglib prefix = "form" uri = "http://www.springframework.org/tags/form" %>
<%@ taglib prefix = "spring" uri = "http://www.springframework.org/tags" %>
<!DOCTYPE html>
<html>
<head>
    <title><spring:message code = "user.login"/></title>
    <link href = "css\main.css" rel = "stylesheet" type = "text/css"/>
```

```
</head>
<body>
<div class = "container">
    语言区域: ${pageContext.response.locale}<br/>
    accept - language 头值: ${header["accept - language"]}
    <form:form modelAttribute = "user" action = "add_user" method = "post">
        <fieldset>
            <legend><spring:message code = "user.login"/></legend>
            <p>
                <label for = "name">
                    <spring:message code = "user.name"/>:</label>
                <form:input id = "name" path = "name" tabindex = "1"/>
                <form:errors path = "name" cssClass = "error"/>
            </p>
            <p>
                <label for = "password">
                    <spring:message code = "user.password"/>: </label>
                <form:password id = "password" path = "password" tabindex = "2"/>
                <form:errors path = "password" cssClass = "error"/>
            </p>
            <p class = "buttons">
                <input id = "submit" type = "submit" tabindex = "5"
                      value = "<spring:message code = "submit"/>">
                <input id = "reset" type = "reset" tabindex = "6"
                      value = "<spring:message code = "reset"/>">
            </p>
        </fieldset>
    </form:form>
</div>
</body>
</html>
```

该页面还通过表达式语言显示了当前使用的语言区域和 accept-language 请求头的值。该页面使用<message>标签根据当前的语言区域显示不同文本。

4. 测试

假设 Edge 浏览器使用的语言区域是中文环境，使用下面的 URL 访问 input-user，显示结果如图 12-9 所示。

```
http://localhost:8080/chapter12/input - user
```

如果要看到使用英文浏览器访问该应用的效果，需要修改浏览器的 accept-language 请求头。对于 Edge 浏览器，打开“设置”页面，选择“语言”选项，在“首选语言”区域中将“英语（美国）”移至顶部。在修改后访问 input-user，页面的显示结果如图 12-10 所示。

图 12-9　语言区域为 zh_CN 时的页面显示

图 12-10　语言区域为 en_US 时的页面显示

本章小结

本章介绍了 Spring MVC 框架的几个核心应用，包括类型转换与格式化、与数据验证有关的接口和类、Spring MVC 拦截器的开发及如何实现国际化。

练习与实践

扫一扫

习题

扫一扫

自测题

第13章

文件的上传与下载

上传和下载文件是Web开发中经常需要实现的功能。上传文件是指将客户端的一个或多个文件传输并存储到服务器上，下载文件是指从服务器上把文件传输到客户端。

本章首先介绍使用Servlet 3.0 API和Apache的Commons FileUpload组件两种方法实现文件的上传，然后介绍下载文件的各种方法。

本章内容要点

- 使用Part对象实现文件的上传。
- 使用Commons FileUpload实现文件的上传。
- 实现文件的下载。

13.1 用Servlet API上传文件

在Servlet 3.0之前，上传文件通常使用Apache的Commons FileUpload组件，在Servlet 3.0 API中则提供了jakarta.servlet.http.Part对象实现文件的上传。

13.1.1 客户端编程

实现文件的上传首先需要在客户端的HTML或JSP页面中通过一个表单打开一个文件，然后提交给服务器。在上传文件表单的<form>标签中应该指定enctype属性，它的值应该为"multipart/form-data"，<form>标签的method属性应该指定为"post"，同时表单应该提供一个<input type="file">输入域用于指定上传的文件。

上传文件表单的示例代码如下。

```
<form action = "file-upload" enctype = "multipart/form-data"
        method = "post">
   文件名:<input type = "file" name = "filename" size = "30"/>
   <input type = "submit" value = "提交表单"/>
</form>
```

13.1.2 使用Part对象实现文件的上传

有了Servlet 3.0 API，就不需要使用Commons FileUpload和Commons IO组件进行文件的上传。用Servlet API上传文件，主要围绕@MultipartConfig注解类型和Part接口对象

进行。处理已上传文件的 Servlet 需要用@MultipartConfig 注解标注。

在服务器端，可以使用请求对象的 getPart()返回 Part 对象，文件内容就包含在该对象中，其中还包含表单域的名称和值、上传的文件名、内容类型等信息。例如，假设上传一个 Java 源文件，返回的输入流内容可能如下。

```
-----------------------------7d81a5209008a
content-disposition:form-data;name="mnumber"

223344
-----------------------------7d81a5209008a
content-disposition:form-data;name="fileName";filename="HelloWorld.java"
content-type:application/octet-stream

public class HelloWorld{
   public static void main(String ars[]){
      System.out.println("Hello,World!");
   }
}
-----------------------------7d81a5209008a
content-disposition:form-data;name="submit"

提交
-----------------------------7d81a5209008a--
```

在上述代码中“-----------------------------7d81a5209008a”为分隔符，最后一行是结束符。文件名包含在 content-disposition 请求头中，对该值进行解析可以得到文件名。

清单 13.1 创建一个用于上传文件的 JSP 页面。

清单 13.1　fileUpload.jsp

```
<%@ page contentType="text/html;charset=UTF-8" %>
<html>
   <head>
     <title>上传文件</title>
     <link href="css\main.css" rel="stylesheet" type="text/css"/>
   </head>
<body>
<div class="container">
${message}<br>
<form action="file-upload" enctype="multipart/form-data"
        method="post">
   <fieldset>
   <legend>上传文件</legend>
   <p>
   <label for="id">会员号: </label>
   <input type="text" name="mnumber" size="30"/>
   </p>
   <p>
   <label for="filename">文件名: </label>
   <input type="file" name="fileName" size="30"/>
   </p>
   <p id="buttons">
   <input id="submit" type="submit" tabindex="4" value="提交">
   <input id="reset" type="reset" tabindex="5" value="重置">
   </p>
   </fieldset>
</form>
</div>
</body>
</html>
```

图 13-1 fileUpload.jsp 页面

该页面的运行效果如图 13-1 所示。

当提交表单时，浏览器将表单各部分的数据发送到服务器端，每个部分之间使用分隔符隔开。在服务器端使用 Servlet 就可以得到上传来的文件内容并将其存储到服务器的特定位置。通过请求对象的下面两个方法来处理文件的上传。

- public Part getPart(String name)：返回用 name 指定名称的 Part 对象。
- public Collection<Part> getParts()：返回所有 Part 对象的一个集合。

Part 表示表单数据的一部分，它提供了下面几个常用的方法。

- public InputStream getInputStream() throws IOException：返回 Part 对象的输入流对象。
- public String getContentType()：返回 Part 对象的内容的类型。
- public String getName()：返回 Part 对象的名称。
- public long getSize()：返回 Part 对象的大小。
- public String getHeader(String name)：返回 Part 对象指定的 MIME 头的值。
- public Collection<String> getHeaders(String name)：返回 name 指定的头值的集合。
- public Collection<String> getHeaderNames()：返回 Part 对象头名称的集合。
- public void delete() throws IOException：删除临时文件。
- public void write(String fileName) throws IOException：将上传的文件内容写到指定的文件中。

清单 13.2 中的 FileUploadServlet 处理客户上传的文件，并将其写到磁盘上。

清单 13.2　FileUploadServlet.java

```
package com.boda.xy;

import java.io.*;
import jakarta.servlet.*;
import jakarta.servlet.http.*;
import jakarta.servlet.annotation.*;

@WebServlet(name = "FileUploadServlet",value = {"/file-upload"})
@MultipartConfig(location = "D:\\",fileSizeThreshold = 1024)
public class FileUploadServlet extends HttpServlet{
   //返回上传的文件名
   private String getFilename(Part part){
      String fname = null;
      //返回上传的文件部分的 content-disposition 请求头的值
      String header = part.getHeader("content-disposition");
      //返回不带路径的文件名
      fname = header.substring(header.lastIndexOf("=") + 2,
               header.length() - 1);
      return fname;
   }

   public void doPost(HttpServletRequest request,
                  HttpServletResponse response)
            throws ServletException, IOException{
      //返回 Web 应用程序的文档根目录
```

```
        String path = this.getServletContext().getRealPath("/");
        String mnumber = request.getParameter("mnumber");
        Part p = request.getPart("fileName");
        String message = "";
        if(p.getSize()> 1024 * 1024){          //上传文件的大小不能超过 1MB
          p.delete();
          message = "文件太大,不能上传!";
        }else{
          //文件存储在文档根目录下的 member 子目录中
          path = path + "\\member\\" + mnumber;
          File f = new File(path);
          if(!f.exists()){                     //若目录不存在,则创建目录
            f.mkdirs();
        }
        String fname = getFilename(p);         //得到文件名
        p.write(path + "\\" + fname);          //将上传的文件写入磁盘
        message = "文件上传成功!";
      }
      request.setAttribute("message",message);
      RequestDispatcher rd = request.getRequestDispatcher("/fileUpload.jsp");
      rd.forward(request,response);
    }
  }
```

对于实现文件上传的 Servlet 类必须使用@MultipartConfig 注解,使用该注解告诉容器该 Servlet 能够处理 multipart/form-data 的请求。使用该注解,HttpServletRequest 对象才可以得到表单数据的各部分。

使用该注解可以指定容器存储临时文件的位置、文件和请求数据的大小限制及阈值大小。该注解定义了如表 13-1 所示的元素。

表 13-1 @MultipartConfig 注解的常用元素

属性名	类型	说明
location	String	指定容器存储临时文件的位置
maxFileSize	long	指定文件允许上传的最大字节数
maxRequestSize	long	指定请求允许的 multipart/form-data 数据的最大字节数
fileSizeThreshold	int	指定文件写到磁盘后阈值的大小

除了可以在注解中指定文件的限制,还可以在 web.xml 文件中使用< servlet >的子元素< multipart-config >指定这些限制,该元素包括 4 个子元素,分别为< location >、< max-file-size >、< max-request-size >和< file-size-threshold >。

在带有 multipart/form-data 的表单中还可以包含一般的文本域,这些域的值仍然可以使用请求对象的 getParameter()得到。

在一个表单中可以一次上传多个文件,此时可以使用请求对象的 getParts()得到一个包含多个 Part 对象的 Collection 对象,从该集合对象中解析出每个 Part 对象,它们就表示上传的多个文件。

13.2 用 Commons FileUpload 上传文件

Apache Commons FileUpload 是一个免费、开源的项目,使用它可以实现文件的上传。在 Maven 的 pom.xml 文件中添加下面的依赖。

```
<dependency>
    <groupId>commons-fileupload</groupId>
    <artifactId>commons-fileupload</artifactId>
    <version>1.4</version>
</dependency>

<dependency>
    <groupId>com.guicedee.services</groupId>
    <artifactId>commons-io</artifactId>
    <version>62</version>
</dependency>

<dependency>
    <groupId>jakarta.validation</groupId>
    <artifactId>jakarta.validation-api</artifactId>
    <version>3.0.0</version>
    <scope>provided</scope>
</dependency>
```

用户也可以从网上下载 Apache Commons FileUpload,网址如下。

```
http://commons.apache.org/proper/commons-fileupload/
```

为了让 Commons FileUpload 组件成功工作,还需要 Apache Commons IO 组件,该组件可以从以下网页下载。

```
http://commons.apache.org/proper/commons-io/
```

以上下载的都是 ZIP 压缩文件,将它们解压,得到以下 JAR 文件,将它们复制到应用程序的 WEB-INF/lib 目录中。

```
commons-fileupload-1.4.jar
commons-io-2.11.0.jar
```

13.2.1 MultipartFile 接口

在 Spring MVC 中处理已经上传的文件十分容易。上传到服务器的文件被包含在一个 org.springframework.web.multipart.MultipartFile 对象中,因此需要编写一个域类,将 MultipartFile 作为它的一个属性。

MultipartFile 接口的常用方法如下。

- public byte[] getBytes():以字节数组的形式返回文件的内容。
- public String getContentType():返回文件的内容的类型。
- public InputStream getInputStream():返回一个 InputStream,从中读取文件的内容。
- public String getName():以多部分的形式返回文件的名称。
- public String getOriginalFilename():返回客户端本地驱动器中的初始文件名。
- public long getSize():以字节为单位,返回文件的大小。
- public boolean isEmpty():返回上传的文件是否为空。
- public transferTo(File destination):将上传的文件保存到目标目录下。

13.2.2 定义领域类

上传的文件通常和其他信息一起发送到服务器。例如,上传商品的图片通常和商品的信息一起发送到服务器。下面设计领域类 Product,它包含一个 List < MultipartFile >类型的

images 属性，该属性可以包含多个图片文件，代码见清单 13.3。

清单 13.3　Product. java

```
package com.boda.domain;

import java.io.Serializable;
import java.math.BigDecimal;
import java.util.List;
import jakarta.validation.constraints.NotNull;
import jakarta.validation.constraints.Size;
import org.springframework.web.multipart.MultipartFile;

import lombok.AllArgsConstructor;
import lombok.Data;
import lombok.NoArgsConstructor;

@Data
@NoArgsConstructor
@AllArgsConstructor
public class Product implements Serializable{
    @NotNull(message = "id 值不能为空")
    private int id;
    @Size(min = 1,max = 10)
    private String name;
    private BigDecimal price;
    private List<MultipartFile> images;   //商品的图片
}
```

13.2.3　控制器

清单 13.4 创建控制器类 ProductController，该类有 inputProduct()和 saveProduct()两个请求处理方法，前者用于显示上传文件表单，后者用于处理商品信息，并将已上传的图片文件保存到应用程序的 images 目录中。

清单 13.4　ProductController. java

```
package com.boda.controller;
//这里省略 import 语句
@Controller
public class ProductController {
    private static final Log logger =
            LogFactory.getLog(ProductController.class);
    @RequestMapping(value = "/input-product")
    public String inputProduct(Model model){
        model.addAttribute("product",new Product());
        return "inputProduct";
    }
    @RequestMapping(value = "/save-product")
    public String saveProduct(HttpServletRequest request,
                @ModelAttribute Product product,
              BindingResult bindingResult,Model model) {
        List<MultipartFile> files = product.getImages();
        List<String> fileNames = new ArrayList<String>();
        if (null!= files&&files.size()>0) {
            for (MultipartFile multipartFile : files){
                String fileName = multipartFile.getOriginalFilename();
                fileNames.add(fileName);
                FileimageFile = new File(request.getServletContext()
                        .getRealPath("/images"),fileName);
```

```
                try{
                    multipartFile.transferTo(imageFile);
                } catch (IOException e) {
                    e.printStackTrace();
                }
            }
        }
        //若发生验证错误,控制返回 inputProduct.jsp 页面
        if (bindingResult.hasErrors()) {
            return "inputProduct";
        }
        //保存商品信息
        model.addAttribute("product",product);
        return "showProduct";
    }
}
```

该控制器首先从模型属性 product 中检索出上传的文件列表，然后在其上迭代检索出每个文件，最后使用 transferTo()方法将文件写入磁盘。

该控制器还可以处理上传的多个文件，只需要修改 inputProduct.jsp 页面，在页面中使用多个文件域即可。

13.2.4 配置文件

在 Spring MVC 上传文件时需要在配置文件中配置 StandardServletMultipartResolver 解析器，它用于对上传的文件进行解析，该 bean 名为 multipartResolver，还可以带属性，其代码如下。

```
<bean id = "multipartResolver"
    class = "org.springframework.web.multipart
            .support.StandardServletMultipartResolver">
    <property name = "resolveLazily" value = "false"></property>
    <property name = "strictServletCompliance" value = "false"></property>
</bean>
```

此外，还需要在 web.xml 文件中为 DispatcherServlet 配置上传文件的有关属性，包括存储临时文件的目录、上传文件的最大字节数等，代码如下。

```
<multipart-config>
    <!-- 存储临时文件的目录,该目录必须存在 -->
    <location>D:\book</location>
    <!-- 限制文件的大小不超过 2MB -->
    <max-file-size>2097152</max-file-size>
    <!-- 限制整个请求不超过 4MB -->
    <max-request-size>4194304</max-request-size>
</multipart-config>
```

13.2.5 JSP 页面

在 WEB-INF\jsp 目录下编写 inputProduct.jsp 页面和 showProduct.jsp 页面，分别用于上传商品信息和显示商品信息，代码见清单 13.5 和清单 13.6。

清单 13.5 inputProduct.jsp

```
<%@ page contentType = "text/html;charset = UTF-8" %>
<%@ taglib prefix = "form" uri = "http://www.springframework.org/tags/form" %>
<%@ taglib uri = "http://java.sun.com/jsp/jstl/core" prefix = "c" %>
<!DOCTYPE html>
<html>
```

```
    <head>
        <meta charset="UTF-8">
        <title>上传商品信息</title>
        <link href="css\main.css" rel="stylesheet" type="text/css"/>
    </head>
<body>
<div class="container">
<form:form modelAttribute="product" action="save-product" method="post"
           enctype="multipart/form-data">
    <fieldset>
    <legend>添加商品信息</legend>
    <p>
    <label for="id">商品号: </label>
    <form:input id="id" path="id" cssErrorClass="error"/>
    <form:errors path="id" cssClass="error"/>
    </p>
    <p>
    <label for="name">商品名: </label>
    <form:input id="name" path="name" cssErrorClass="error"/>
    <form:errors path="name" cssClass="error"/>
    </p>
    <p>
    <label for="price">价格: </label>
    <form:input id="price" path="price" cssErrorClass="error"/>
    <form:errors path="price" cssClass="error"/>
    </p>
    <p>
    <label for="image">商品图片</label>
    <input type="file" name="images[0]"/>
    </p>
    <p class="buttons">
    <input id="submit" type="submit" tabindex="4" value="提交">
    <input id="reset" type="reset" tabindex="5" value="重置">
    </p>
    </fieldset>
</form:form>
</div>
</body>
</html>
```

在该页面中使用<input type="file" name="images[0]"/>创建文件域，它的 name 属性值是一个数组形式的值，与 Product 类的 images 属性对应。如果需要上传多个文件，可以使用多个文件域。

清单 13.6 showProduct.jsp

```
<%@ page contentType="text/html;charset=UTF-8" %>
<%@ taglib uri="http://java.sun.com/jsp/jstl/core" prefix="c" %>
<!DOCTYPE html>
<html>
<head>
    <title>商品信息</title>
    <link href="css\main.css" rel="stylesheet" type="text/css"/>
</head>
<body>
<div class="container">
<h4>商品已经保存</h4>
<p>
    商品号: ${product.id}<br/>
    商品名: ${product.name}<br/>
```

```
    价格： $ ${product.price}</p>
<p>下面的文件被成功上传</p>
<ol>
    <c:forEach items = "${product.images}" var = "image">
        <li>${image.originalFilename}
         <img width = "100"
            src = "<c:url value = "/images/"/>${image.originalFilename}"/>
        </li>
    </c:forEach>
</ol>
</div>
</body>
</html>
```

该页面用于显示上传到服务器的商品信息，通过对商品的 images 属性进行迭代，输出每个商品图片的文件名和图片。

13.2.6 应用程序的测试

测试这个应用程序，在浏览器中打开以下地址。

http://localhost:8080/chapter13/input-product

在打开的如图 13-2 所示的页面中输入信息并选择要上传的文件，单击“提交”按钮，可以看到如图 13-3 所示的页面。

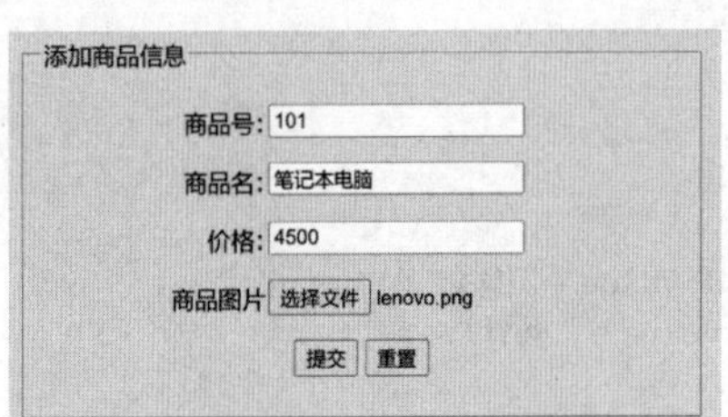

图 13-2 inputProduct.jsp 页面

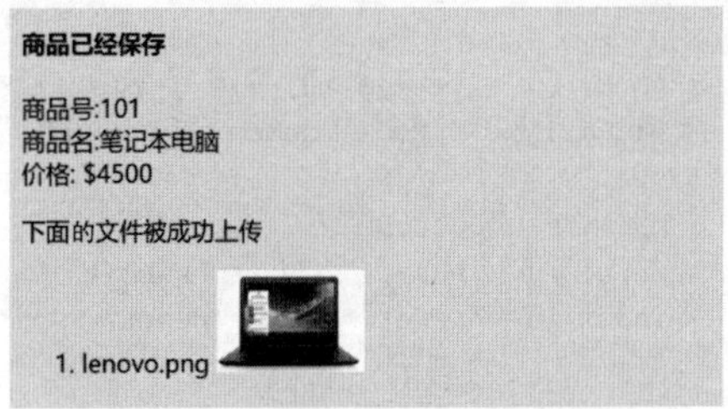

图 13-3 显示已经上传的图片

13.3 文件的下载

下载文件是 Web 应用程序经常需要实现的功能。对于静态资源，如图像或 HTML 文件，可以在页面中使用一个指向该资源的 URL 实现下载，只要资源在 Web 应用程序的目录中即可(但不能在 WEB-INF 目录中)。如果资源存储在应用程序外的目录或数据库中，或者要限制哪些用户可以下载文件，这时需要编写程序为用户提供下载功能。

13.3.1 通过链接下载文件

在 HTML 网页中，通过链接指向要下载文件的地址，用户通过在页面中单击链接下载文件。通过链接下载文件的示例见清单 13.7。

清单 13.7 example.jsp

```
<%@ page contentType = "text/html;charset = UTF-8" pageEncoding = "UTF-8" %>
<!DOCTYPE html>
<html><head><title>下载文件</title></head>
<body>
    <a href = "images/dog2.jpg">下载图片 dog2.jpg</a><br/>
```

```
    <a href = "html/a.html">下载 a.html </a><br/>
    <a href = "images/dance.mp4">下载视频</a><br/>
    <a href = "images/book3.rar">下载压缩文件 book3.rar </a><br/>
    <a href = "download">下载 Java.pdf 文件</a><br/>
</body>
</html>
```

程序运行后，可以通过单击需要下载的文件实现下载，这里会出现一个问题，就是在单击下载压缩包的时候会弹出下载页面，但是在单击下载图片时浏览器直接打开了图片，没有下载。

这是因为通过超链接下载文件，如果浏览器可以识别该文件的格式，浏览器会直接打开，只有在浏览器不识别该文件的格式的时候才会实现下载。因此通常需要通过编程方式实现下载功能。

13.3.2　通过编程方式下载文件

如果要通过编程方式下载文件，在 Controller 中需要完成下面的操作。

（1）使用响应对象的 setContentType()方法设置资源文件的内容的类型。如果不能确定文件的类型，可以将内容设置为 application/octet-stream，这样浏览器总是会打开文件下载对话框。

（2）添加一个名为 content-disposition 的请求头，其值为"attachment;filename="+filename，这里 filename 为在文件下载对话框中显示的默认文件名，该文件名可以和文件的实际名称不同。

下面的应用通过 download.jsp 页面提供文件下载链接，访问该页面需要用户登录，这里通过拦截器拦截对 download.jsp 页面的请求，登录后可以下载任何类型的文件，代码见清单 13.8。

清单 13.8　FileDownloadController.java

```
package com.boda.controller;

import java.io.IOException;
import java.nio.file.Files;
import java.nio.file.Path;
import java.nio.file.Paths;
import jakarta.servlet.http.HttpServletRequest;
import jakarta.servlet.http.HttpServletResponse;
import org.apache.commons.logging.Log;
import jakarta.servlet.http.HttpSession;
import org.springframework.web.bind.annotation.ModelAttribute;
import org.apache.commons.logging.LogFactory;
import org.springframework.stereotype.Controller;
import org.springframework.ui.Model;
import org.springframework.web.bind.annotation.RequestMapping;
import org.springframework.web.bind.annotation.RequestParam;
import com.boda.domain.User;

@Controller
public class FileDownloadController {
    private static final Log logger =
            LogFactory.getLog(FileDownloadController.class);
    @RequestMapping(value = "/toDownload")
    public Stringdown(){
        return "download";
    }

    @RequestMapping(value = "/toLogin")
    public StringtoLogin(Model model){
        model.addAttribute("user",new User());
```

```
        return "login";
    }

    @RequestMapping(value = "/user - login")
    public Stringlogin(@ModelAttribute User user,HttpSession session,
            Model model) {
      model.addAttribute("login",user);
    if("admin".equals(user.getUsername()) &&
                    "12345".equals(user.getPassword())) {
          session.setAttribute("loggedIn",Boolean.TRUE);
          return "download";
      }else {
          return "login";
      }
    }

    @RequestMapping(value = "/file - download")
    public Stringdownload(@RequestParam String filename,
        HttpServletRequest request,HttpServletResponse response,
            Model model) {
        String path =
            request.getServletContext().getRealPath("/WEB - INF/data");
        Path file = Paths.get(path,filename);
        if(Files.exists(file)) {
            //设置文件的 MIME 类型
            response.setContentType(
                request.getServletContext().getMimeType(filename));
            //设置 content - disposition
            response.setHeader(
                  "content - disposition","attachment;filename = " + filename);
            try {
                 //将文件发送到浏览器
                Files.copy(file,response.getOutputStream());
            }catch(IOException ex) {
            }
        }
        return null;
    }
}
```

使用该 Controller 可以下载任何类型的文件，但文件必须在服务器的 WEB-INF\data 目录中。如果文件存在，通过请求参数 filename 传递文件名，并通过该文件名得到文件的 MIME 类型。最后使用 Files 类的 copy()方法将文件发送到浏览器。

下面是 download.jsp 页面的主要代码，它通过链接可以访问文件下载控制器。

```
< a href = "file - download?filename = Java.pdf">下载文件 Java.pdf </a >< br >
< a href = "file - download?filename = dance.mp4">下载文件 dance.mp4 </a >< br >
```

清单 13.9 为拦截器的代码，用于拦截对 toDownload 的请求。

清单 13.9 LoginInterceptor.java

```
package com.boda.interceptor;

import jakarta.servlet.http.HttpServletRequest;
import jakarta.servlet.http.HttpServletResponse;
import org.springframework.web.servlet.HandlerInterceptor;
import org.springframework.web.servlet.ModelAndView;

public class LoginInterceptor implements HandlerInterceptor {
```

```
    @Override
    public boolean preHandle(HttpServletRequest request,
              HttpServletResponse response, Object o)
           throws Exception {
       System.out.println("LoginInterceptor....preHandle");
       boolean flag = true;
       Boolean loggedIn =
             (Boolean)request.getSession().getAttribute("loggedIn");
         if(loggedIn == null || !loggedIn ){
         //用户没有登录
         System.out.println("LoginInterceptor 拦截请求...");
         request.setAttribute("message","先登录再下载文件!");
         request.getRequestDispatcher("toLogin").forward(request, response);
       }else {
         System.out.println("LoginInterceptor 放行请求...");
         flag = true;
       }
       return flag;
    }

    @Override
    public void postHandle(HttpServletRequest request,
          HttpServletResponse response,Object o,ModelAndView modelAndView)
            throws Exception {
       System.out.println("LoginInterceptor....postHandle");
    }

    @Override
    public void afterCompletion(HttpServletRequest request,
             HttpServletResponse response,Object o,Exception e)
           throws Exception {
       System.out.println("LoginInterceptor....afterCompletion");
    }
}
```

拦截器检查用户是否登录，若未登录则将控制转发到 toLogin，否则放行。清单 13.10 是登录页面 login.jsp 的代码。

清单 13.10　login.jsp

```
<%@ page contentType="text/html;charset=UTF-8" pageEncoding="UTF-8" %>
<!DOCTYPE html>
<%@ taglib prefix="form" uri="http://www.springframework.org/tags/form" %>
<html>
  <head>
     <meta charset="UTF-8">
     <title>用户登录</title>
     <link href="css\main.css" rel="stylesheet" type="text/css"/>
  </head>
<body>
<div class="container">
 ${message}
<form:form modelAttribute="user" action="user-login" method="post">
<fieldset>
<legend>用户登录</legend>
    <p>
    <label for="username">用户名: </label>
    <form:input id="username" path="username"/>
    </p>
    <p>
     <label for="password">密码: </label>
     <form:input id="password" path="password"/>
```

```
        </p>
        <p class="buttons">
          <input id="submit" type="submit" value="登录">
          <input id="reset" type="reset" value="重置">
      </p>
    </fieldset>
    </form:form>
    </div>
    </body>
    </html>
```

当用户使用下面的链接访问 download.jsp 页面时，拦截器将拦截请求。

```
http://localhost:8080/chapter13/toDownload
```

如果用户未登录则显示登录页面，如图 13-4 所示。如果用户输入正确的用户名（admin）和密码（12345），控制将转到 download.jsp 页面，这样才可以下载文件。

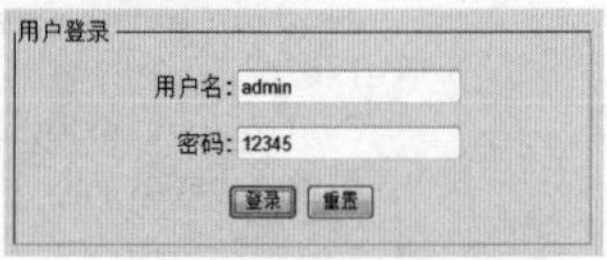

图 13-4　用户登录页面

本章小结

上传和下载文件是 Web 开发中经常需要实现的功能。本章介绍了 Servlet API 提供的文件上传功能，以及如何使用 Servlet 技术实现文件下载。

练习与实践

第14章

MyBatis快速入门

MyBatis 是一款轻量级的、开放源代码的数据持久层框架，支持普通 SQL 查询、存储过程和高级映射，用来实现应用程序的持久化功能。

本章首先介绍 MyBaits 框架及其工作原理、核心组件和运行机制，然后介绍 MyBaits 应用的开发步骤，最后介绍 MyBatis 核心对象与日志管理。

本章内容要点

- MyBatis 概述。
- MyBatis 的开发实例。
- MyBatis 核心对象的使用。
- MyBatis 的日志管理。

14.1 MyBatis 概述

MyBatis 是一个对象-关系映射框架，可以实现 Java 对象与 SQL 数据库表的自动映射。MyBatis 避免了几乎所有的 JDBC 代码和手动设置参数及获取结果集。MyBatis 可以对配置和原生 Map 使用简单的 XML 或注解，将接口和 Java 的 POJO 映射成数据库中的记录。

有些持久层框架使用框架本身提供的查询语言，例如，Hibernate 提供的 HQL(Hibernate Query Language)、JPA 提供的 EJB QL(Enterprise JavaBean Query Language)。MyBatis 与其他持久层框架(如 Hibernate)最大的不同是它强调 SQL 的使用，即使用原生 SQL 操作数据库。

14.1.1 MyBatis 的使用

如果使用 Maven 构建工具创建项目，可以在 pom.xml 文件中添加 MyBatis 的有关依赖，代码如下。

```
<dependency>
    <groupId>org.mybatis</groupId>
    <artifactId>mybatis</artifactId>
    <version>3.5.11</version>
</dependency>
```

另外，也可以将 MyBatis 下载到本地，然后在项目中使用。目前 MyBatis 的较新版本是

3.5.11 版，用户可以到下面的地址下载 MyBatis。

https://github.com/mybatis/mybatis-3/releases

下载后得到一个压缩文件 mybatis-3.5.11.zip，将该文件解压到一个目录中。其中，mybatis-3.5.11.jar 是 MyBatis 的核心类库文件，mybatis-3.5.11.pdf 是 MyBatis 的 PDF 使用手册，lib 目录中包含 MyBatis 的依赖包。使用 MyBatis 非常简单，只需要在应用程序中引入 MyBatis 的核心包和 lib 目录中的依赖包，就能以面向对象的方式操作关系数据库。如果开发 Web 应用程序，应该将这些文件添加到 WEB-INF\lib 目录中。

14.1.2 MyBatis 的工作原理

为了使读者能够更清晰地理解 MyBatis 的运行机制，下面介绍 MyBaits 应用的执行流程，如图 14-1 所示。

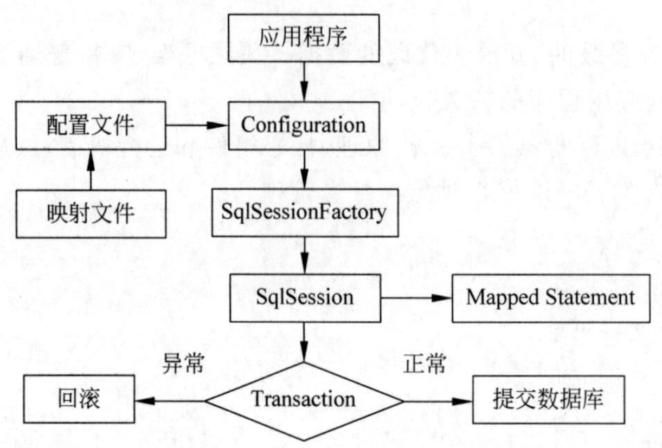

图 14-1　MyBatis 应用的执行流程

(1) 应用程序首先读取 mybatis-config.xml 配置文件。该文件是 MyBatis 的全局配置文件，配置了 MyBatis 的运行环境等信息，其中主要内容是获取数据库连接。

(2) 加载映射文件，即 SQL 映射文件，该文件中配置了操作数据库的 SQL 语句，需要在 mybatis-config.xml 中加载才能执行。mybatis-config.xml 可以加载多个映射文件，每个映射文件对应数据库的一个表。

(3) 构建会话工厂。通过 MyBatis 的环境配置等信息构建会话工厂 SqlSessionFactory。

(4) 创建 SqlSession 会话对象。由会话工厂创建 SqlSession 对象，在该对象中包含了执行 SQL 的所有方法。

(5) MyBatis 根据 SqlSession 传递的参数动态地生成需要执行的 SQL 语句，同时负责查询缓存的维护。

(6) 在 Executor 接口的执行方法中包含一个 MappedStatement 类型的参数，该参数是对映射信息的封装，用于存储要映射的 SQL 语句的 id、参数等。在 Mapper.xml 文件中一个 SQL 对应一个 MappedStatement 对象，SQL 的 id 就是 MappedStatement 的 id。

(7) 输入参数映射。在执行方法时，MappedStatement 对象会对用户执行 SQL 语句的输入参数进行定义(可以定义为 Map、List 类型、基本类型和 POJO 类型)，Executor 执行器会通过 MappedStatement 对象在执行 SQL 前将输入的 Java 对象映射到 SQL 语句中。这里对输入参数的映射过程类似于 JDBC 编程中对 PreparedStatement 对象设置参数的过程。

(8) 输出结果映射。在数据库中执行完 SQL 语句后，MappedStatement 对象会对 SQL 执行输出的结果进行定义(可以定义为 Map、List 类型、基本类型和 POJO 类型)，Executor 执行器会通过 MappedStatement 对象在执行 SQL 语句后将输出结果映射到 Java 对象中。这里将输出结果映射到 Java 对象的过程类似于 JDBC 编程中对结果的解析处理过程。

14.2　案例学习：简单的 MyBatis 应用

本节介绍如何使用 MyBatis 操作数据库，通过一个对 Student 对象保存和读取的例子说明 MyBatis 的基本配置和使用。使用 MyBatis 进行持久化操作，通常操作步骤如下。

(1) 在应用程序中首先获取 SqlSessionFactory 会话工厂对象，这需要加载 MyBatis 的配置文件，在配置文件中配置了有关数据库连接的信息及其他信息。

(2) 使用 SqlSessionFactory 获取 SqlSession 会话对象，调用 SqlSession 会话对象的 getMapper()方法返回 Mapper 代理对象。

(3) 开发 POJO 类和编写映射文件，在其中定义要执行的 SQL 语句。

(4) 编写 Mapper 接口，在其中定义数据库操作方法。

(5) 执行 Mapper 代理对象的方法操作数据库。最后结束事务，关闭 SqlSession。

在 MyBatis 中，程序操作的 Java 对象与数据库中的数据表相对应，因此首先在 MySQL 数据库中创建有关的表。假设已经在 MySQL 中创建了一个名为 elearning 的数据库，然后在数据库中创建数据表 students 用于存储学生信息，并向该表中插入两条记录。创建数据库和数据表的代码详见 5.1.2 节。

14.2.1　创建项目与环境

(1) 在 IntelliJ IDEA 中创建名为 chapter14 的 Jakarta EE 项目，并在 pom.xml 中添加依赖项，代码见清单 14.1。

清单 14.1　pom.xml

```
<dependency>
    <groupId>mysql</groupId>
    <artifactId>mysql-connector-java</artifactId>
    <version>8.0.29</version>
</dependency>

<dependency>
    <groupId>org.mybatis</groupId>
    <artifactId>mybatis</artifactId>
    <version>3.5.11</version>
</dependency>

<dependency>
    <groupId>org.slf4j</groupId>
    <artifactId>slf4j-api</artifactId>
    <version>1.7.5</version>
</dependency>

<dependency>
    <groupId>org.slf4j</groupId>
    <artifactId>slf4j-log4j12</artifactId>
    <version>1.7.5</version>
```

```
        <scope>runtime</scope>
    </dependency>

    <dependency>
        <groupId>com.weicoder</groupId>
        <artifactId>log4j</artifactId>
        <version>3.5.1-jdk11</version>
    </dependency>
```

由于项目使用 Maven 作为构建工具，在默认情况下 Maven 不将 src/main/java 路径中的 XML 文件编译到 target 中，因此运行程序找不到映射文件。需要将下面代码添加到 pom.xml 文件< build >元素内，然后使用 Maven 重新编译项目，就不会发生错误。

```
<resources>
    <resource>
        <directory>src/main/java</directory>
        <includes>
            <include>**/*.properties</include>
            <include>**/*.xml</include>
        </includes>
        <filtering>true</filtering>
    </resource>
</resources>
```

（2）MyBatis 默认使用 Log4J 输出日志信息，所以要查看控制台输出的 SQL 语句，需要配置日志文件。在项目的 src/main/resources 目录下创建 log4j.properties 文件，内容见清单 14.2。

清单 14.2　log4j.properties

```
log4j.rootLogger = ERROR, stdout

log4j.logger.com.boda.mapper = DEBUG

log4j.appender.stdout = org.apache.log4j.ConsoleAppender
log4j.appender.stdout.layout = org.apache.log4j.PatternLayout
log4j.appender.stdout.layout.ConversionPattern = %5p [%t] - %m%n
```

在上述文件中包含了全局的日志配置、MyBatis 的日志配置和控制台输出，其中，MyBatis 的日志配置用于将 com.boda.mapper 包中所有类的日志记录级别设置为 DEBUG。

多学一招

该配置文件和后面的映射文件都包含 XML 声明和文档类型声明，初学者如果自己手动去编写，不仅浪费时间，而且容易出错。实际上，在 MyBatis 的使用手册中可以找到这些文件的框架。打开 MyBatis 的使用手册 PDF 文件，在 Logging 一章可以找到日志配置文件框架，在 Getting Started 一章可以找到配置文件和映射文件框架。

14.2.2　创建配置文件

MyBatis 使用配置文件配置有关环境信息，其中，关于数据库的连接信息就应该配置在配置文件中。假设使用 JDBC 连接 MySQL 数据库 elearning，MySQL 数据库的驱动程序名为 com.mysql.cj.jdbc.Driver，数据库连接的 URL 为 jdbc:mysql://localhost:3306/elearning，用户名为 root，密码为 123456。配置文件存放在类路径中（项目的 src/main/resources 目录）。配置文件 mybatis-config.xml 的具体内容见清单 14.3。

清单 14.3 mybatis-config.xml

```
<?xml version = "1.0" encoding = "UTF - 8"?>
<! DOCTYPE configuration
    PUBLIC " - //mybatis.org//DTD Config 3.0//EN"
   "http://mybatis.org/dtd/mybatis - 3 - config.dtd">
< configuration >
  <!-- 配置日志的实现 -->
  < settings >
      < setting name = "logImpl" value = "LOG4J"/>
  </settings >
   <!-- 配置 MyBatis 的运行环境 -->
  < environments default = "development">
    < environment id = "development">
      <!-- type = "JDBC"代表使用 JDBC 的提交和回滚来管理事务 -->
      < transactionManager type = "JDBC"/>
      <!-- POOLED 表示支持 JDBC 数据源连接池 -->
      < dataSource type = "POOLED">
        < property name = "driver" value = "com.mysql.cj.jdbc.Driver"/>
        < property name = "url" value = "jdbc:mysql://localhost:3306/elearning
                    ?useSSL = false&amp;serverTimezone = UTC"/>
        < property name = "username" value = "root"/>
        < property name = "password" value = "123456"/>
      </dataSource >
    </environment >
  </environments >
  <!-- Mapper 告诉 MyBatis 到哪里去找 POJO 类的映射文件 -->
  < mappers >
     < mapper resource = "com/boda/mapper/StudentMapper.xml"/>
  </mappers >
</configuration >
```

配置文件的默认名为 mybatis-config.xml，在应用程序运行时先加载该文件。配置文件的根元素是< configuration >，在根元素中可以有< properties >、< settings >、< typeAlias >、< environments >及< mappers >等子元素。在该文件中，< settings >子元素用于配置日志的实现；< environments >子元素用来配置 MyBatis 的环境，即连接的数据库；< environment >子元素用来配置一个环境；< transactionManager >子元素用来配置事务管理，JDBC 表示直接使用 JDBC 的提交和回滚设置；< dataSource >子元素用来配置数据源。MyBatis 不推荐使用 DriverManager 来连接数据库，推荐使用数据源来管理数据库连接，这样能保证性能最好。< dataSource >元素有多个< property >子元素，它们用于指定数据库连接的信息，如数据库驱动程序名、数据库 URL、用户名和密码等信息。

根元素中的< mappers >子元素用来指定 MyBatis 映射文件，其中，每个< mapper >子元素用于指定一个映射文件，这里的映射文件是 StudentMapper.xml。

14.2.3 定义 POJO 类

POJO 类用来存储要与数据库交互的数据，它实际上是一个 JavaBean 类。本案例使用 Student 类存储与数据表 students 交互的数据。该类的定义与清单 5.1 中的 Student 类完全相同，这里不再重复定义。

Student 类的定义符合 JavaBean 规范，为每个属性定义了 setter 和 getter 方法，并且属性的访问权限都是 private。所有的 POJO 类都需要一个默认的构造方法，因为 MyBatis 将使用 Java 的反射机制创建对象。如果没有定义默认构造方法，编译器将自动创建一个默认构造方法。

14.2.4 定义映射文件

对于 MyBatis 来说，需要实现 POJO 类 Student 与数据表 students 之间的对应关系，也就是实现 POJO 类的属性与数据表中各个列之间的对应关系。MyBatis 使用映射文件实现这种对应关系。映射文件是 XML 文件，应该存放在指定的包中。例如，为 Student 类定义的映射文件名为 StudentMapper.xml，保存在 com.boda.mapper 包中，内容见清单 14.4。

清单 14.4 StudentMapper.xml

```
<?xml version = "1.0" encoding = "UTF-8"?>
<!DOCTYPE mapper
    PUBLIC "-//mybatis.org//DTD Mapper 3.0//EN"
    "http://mybatis.org/dtd/mybatis-3-mapper.dtd">
<mapper namespace = "com.boda.mapper.StudentMapper">
    <select id = "findAllStudents" resultType = "com.boda.domain.Student" >
        SELECT stud_id AS studId, name, gender, birthday, phone FROM students
    </select>
</mapper>
```

映射文件的根元素是<mapper>，其 namespace 属性用来为该 mapper 指定一个命名空间名，namespace 值应该设置为“包名＋SQL 映射文件名”，这样可以保证 namespace 的值是唯一的。例如，namespace＝"com.boda.mapper.StudentMapper"就是 com.boda.mapper（包名）＋StudentMapper（StudentMapper.xml 文件去掉后缀）。

<select>元素用于定义一条 SQL 的 SELECT 语句，id 属性值 findAllStudents 指定该查询语句的标识，resultType 指定查询返回的结果类型。MyBatis 将执行查询语句的结果行封装到一个 Student 对象中。

14.2.5 Mapper 代理接口

在定义了映射文件之后，如果要对数据库进行操作，还必须为映射文件定义 Mapper 映射器接口，然后通过 SqlSession 的 getMapper()方法得到一个 Mapper 代理对象，通过这个代理对象调用数据库操作方法。

需要为每个映射文件定义一个接口，接口名应该与映射文件中<mapper>元素的 namespace 属性值的名称相同。接口中的方法名和参数名必须要与映射文件中<select>元素的 id 属性和 parameterType 属性一致。

例如，要为 StudentMapper.xml 文件定义一个 Mapper 接口，在 Mapper 接口中通常为映射文件中的每个 SQL 操作定义一个抽象方法。例如，假设在 StudentMapper.xml 文件中定义了一个 SQL 语句，这里就要在 Mapper 接口中定义一个抽象方法，方法名与 SQL 语句中的 id 属性值相同，它映射到 SQL 语句。Mapper 接口必须与映射文件保存在相同的包中。清单 14.5 是 StudentMapper 接口的定义。

清单 14.5 StudentMapper.java

```
package com.boda.mapper;

import java.util.List;
import com.boda.domain.Student;

public interface StudentMapper {
    List<Student> findAllStudents();            //查询所有学生
}
```

这里只需要程序员编写接口（相当于 DAO 接口），然后由 MyBatis 框架根据接口的定义创建接口的动态代理对象，这个代理对象的方法体等同于 DAO 接口的实现类，从而不需要定义实现类。

虽然使用 Mapper 接口的编程方式很简单，但大家在使用时需要遵循以下规范。

(1) Mapper 接口的名称必须与对应的映射文件名一致，如映射文件名为 StudentMapper. xml，则接口名应该为 StudentMapper。

(2) Mapper. xml 文件中的 namespace 与 Mapper 接口的类路径相同（即接口文件与映射文件放在同一个包中）。

(3) Mapper 接口的方法名与 Mapper. xml 中定义的某个执行语句的 id 相同。

(4) Mapper 接口的方法的参数类型和 Mapper. xml 中定义的 SQL 语句的 parameterType 类型相同。

(5) Mapper 接口的方法的返回值类型和 Mapper. xml 中定义的 SQL 语句的 returnType 类型相同。

只要遵循了上述规范，不需要程序员编写实现 Mapper 接口的实现类，MyBatis 会自动创建 Mapper 接口的代理对象，从而简化开发过程。

14.2.6 编写测试类

使用 MyBatis 既可以开发独立的 Java 应用程序，也可以开发 Web 应用程序。本例只编写一个应用程序，在 main()方法中完成启动 MyBatis，创建各种对象，以及持久化操作，代码见清单 14.6。

清单 14.6 MyBatisTest. java

```
package com.boda.test;

import java.io.*;
import java.util.List;
import org.apache.ibatis.io.Resources;
import org.apache.ibatis.session.SqlSession;
import org.apache.ibatis.session.SqlSessionFactory;
import org.apache.ibatis.session.SqlSessionFactoryBuilder;
import com.boda.domain.Student;
import com.boda.mapper.StudentMapper;

public class MyBatisTest {
    public static void main(String[]args) throws IOException{
        String resource = "mybatis-config.xml";
        InputStream inputStream = Resources.getResourceAsStream(resource);
        SqlSessionFactory sqlSessionFactory =
                new SqlSessionFactoryBuilder().build(inputStream);

        SqlSession session = sqlSessionFactory.openSession();
          //返回 Mapper 对象
        StudentMapper mapper = session.getMapper(StudentMapper.class);
        //执行查询,返回 List<Student>对象
        List<Student> lists = mapper.findAllStudents();
        for(Student student:lists) {
             System.out.println(student);
        }
        session.commit();                 //提交事务
        session.close();                  //关闭会话对象
    }
}
```

在main()方法中调用Resources. getResourceAsStream()方法读取配置文件，然后创建一个SQL会话工厂对象SqlSessionFactory，调用SqlSessionFactory对象的openSession()方法建立一个数据库会话对象，通过该对象的getMapper()方法得到映射器对象，最后调用映射器对象的方法完成数据库的CRUD操作，运行结果如图14-2所示。

```
com.boda.xy.MyBatisTest
"C:\Program Files\Java\jdk-17.0.3.1\bin\java.exe" ...
DEBUG [main] - ==>  Preparing: SELECT stud_id AS studId,name,gender,birthday,phone FF
DEBUG [main] - ==> Parameters:
DEBUG [main] - <==      Total: 2
学生 [studId=20220008, name=张大海, gender=男, birthday=1990-12-20, phone=13050461188]
学生 [studId=20220009, name=李清泉, gender=女, birthday=1983-10-01, phone=13504162222]
```

图14-2　程序的运行结果

从上述访问数据库的过程可以看到，使用MyBatis访问数据库只需要在映射文件中编写SQL语句，在应用程序中就可以采用面向对象的方式访问数据库，另外有关JDBC异常处理的内容被封装在MyBatis中，不需要在程序中处理。

需要说明的是，MyBatis还提供了一种不使用映射器，通过映射语句id调用SQL语句的方法。例如：

```
SqlSession session = sqlSessionFactory.openSession();
List<Student> lists = session.selectList(
        "com.boda.mapper.StudentMapper.findAllStudents");
for(Student student:lists) {
      System.out.println(student);
}
```

上面代码的运行结果与清单14.4的运行结果相同。使用这种方法虽然简洁，但是容易出错，因此不建议大家使用，本书后面的例子中也不使用这种方法。

多学一招

在pom.xml文件中添加了MyBatis依赖，但仍然不能导入MyBatis的相关类，这是IDEA的一个bug，可以执行mvn idea:idea命令解决这个问题。

14.2.7　MyBatisUtil工具类

在14.2.6节的例子中，如果要编写多个方法测试数据库操作，需要在每个方法中编写相同的代码读取配置文件，并根据配置文件的信息构建SqlSessionFactory对象，然后创建SqlSession对象，这将导致代码大量重复。为了简化开发，可以将重复的代码封装到一个工具类中，然后通过工具类来创建SqlSession，见清单14.7。

清单14.7　MyBatisUtil.java

```
package com.boda.test;

import java.io.*;
import org.apache.ibatis.io.Resources;
import org.apache.ibatis.session.SqlSession;
import org.apache.ibatis.session.SqlSessionFactory;
import org.apache.ibatis.session.SqlSessionFactoryBuilder;

public class MyBatisUtil {
   public static SqlSessionFactory sqlSessionFactory = null;
```

```
    static{
     try{
         //使用 MyBatis 提供的 Resources 类加载 MyBatis 的配置文件
         InputStream inputStream =
             Resources.getResourceAsStream("mybatis-config.xml");

         sqlSessionFactory =
                 new SqlSessionFactoryBuilder().build(inputStream);
      }catch(Exception e) {
        e.printStackTrace();
      }
    }

    public static SqlSession getSession() {
       return sqlSessionFactory.openSession();
    }
}
```

该类用静态初始化块创建 SqlSessionFactory 对象，有了该对象，在应用程序中就可以通过 getSession()静态方法创建 SqlSession 对象，并且这里创建的 SqlSessionFactory 对象是唯一的，代码如下。

```
SqlSession session = MyBatisUtil.getSession();
```

14.3 MyBatis 核心对象

在使用 MyBatis 框架时主要涉及 SqlSessionFactory 和 SqlSession 两个核心对象，它们在 MyBatis 框架中起着至关重要的作用。本节将对这两个对象进行详细讲解。

14.3.1 SqlSessionFactory

SqlSessionFactory 是 MyBatis 框架中十分重要的对象，它是单个数据库映射关系经过编译后的内存镜像，其主要作用是创建 SqlSession 对象。每个基于 MyBatis 的应用都是以一个 SqlSessionFactory 实例为中心。用户可以通过 SqlSessionFactoryBuilder 获得 SqlSessionFactory 实例，而 SqlSessionFactoryBuilder 可以从 XML 配置文件或一个预先定制的 Configuration 类实例获得。

从配置文件中构建 SqlSessionFactory 实例非常简单，建议用户使用类路径下的配置文件。另外，也可以使用任意的输入流（InputStream）实例，包括字符串形式的文件路径或者 file://的 URL 形式的文件路径。MyBatis 提供了一个 Resources 工具类，它包含一些实用方法，可以从类路径或其他位置加载配置文件。例如：

```
String resource = "mybatis-config.xml";
InputStream inputStream = Resources.getResourceAsStream(resource);
SqlSessionFactory sqlSessionFactory = new
            SqlSessionFactoryBuilder().build(inputStream);
```

上面的代码使用 Resources 类的 getResourceAsStream()方法加载配置文件。在 MyBatis 的配置文件 mybatis-config.xml 中包含了对 MyBatis 系统的核心设置，如获取数据库连接实例的数据源（DataSource）和决定事务范围与控制方式的事务管理器（TransactionManager）。对于配置文件的详细内容将在后面探讨。接下来使用 SqlSessionFactoryBuilder 的 build()方法创建了一个 SqlSessionFactory 对象。

SqlSessionFactory对象是线程安全的，一旦被创建，在整个应用程序执行期间都会存在。如果多次创建同一个数据库的SqlSessionFactory，那么此数据库的资源将会很容易被耗尽。通常每个数据库只对应一个SqlSessionFactory，所以在构建SqlSessionFactory实例时通常使用单例模式。

14.3.2 SqlSession

SqlSession是MyBatis的另一个重要对象，称为SQL会话，它是应用程序与持久存储层之间执行交互操作的一个单线程对象。SqlSession对象提供了数据库中所有执行SQL操作的方法，它的底层封装了JDBC连接，可以直接使用其实例来执行映射的SQL语句。

SqlSession实例不是线程安全的，因此它的实例不能被共享，不能将它的实例作为类的静态成员或实例成员。如果用户正在使用一种Web框架，要考虑将SqlSession放在一个和HTTP请求对象相似的范围中。换句话说，每次收到HTTP请求，就可以打开一个SqlSession，返回一个响应，之后应该关闭它。

创建SqlSession对象很容易，用SqlSessionFactory对象的openSession()方法即可创建一个SqlSession对象。关闭它的操作很重要，应该把这个关闭操作放到finally块中，以确保每次都能执行关闭操作。下面的代码能确保SqlSession在使用后被关闭。

```
SqlSession sqlSession = sqlSessionFactory.openSession();
try {
    //执行某种操作
} finally {
    session.commit();                //提交事务
    session.close();                 //关闭会话对象
}
```

通过执行SqlSession对象的方法可以实现各种对象的持久化操作，常用的方法如下。

- int insert(String statement)：插入方法，参数statement是在映射文件中定义的<insert>元素的id，返回执行SQL语句所影响的行数。
- int insert(String statement, Object parameter)：插入方法，参数statement是在映射文件中定义的<insert>元素的id，parameter是插入所需的参数，通常是对象或者Map，返回执行SQL语句所影响的行数。
- int delete(String statement)：删除方法，参数statement是在映射文件中定义的<delete>元素的id，返回执行SQL语句所影响的行数。
- int delete(String statement, Object parameter)：删除方法，参数statement是在映射文件中定义的<delete>元素的id，parameter是删除所需的参数，通常是对象或者Map，返回执行SQL语句所影响的行数。
- int update(String statement)：更新方法，参数statement是在映射文件中定义的<update>元素的id，返回执行SQL语句所影响的行数。
- int update(String statement, Object parameter)：更新方法，参数statement是在映射文件中定义的<update>元素的id，parameter是更新所需的参数，通常是对象或者Map，返回执行SQL语句所影响的行数。
- <T> T selectOne(String statement)：查询方法，参数statement是在映射文件中定义的<select>元素的id，返回执行SQL查询结果的泛型对象，通常在查询结果只有一条数据时才使用。

- <E> List<E> selectList(String statement)：查询方法，参数 statement 是在映射文件中定义的<select>元素的 id，返回执行 SQL 查询结果的泛型对象的集合。
- <K,V> Map<K,V> selectMap(String statement,Object parameter,String mapKey)：查询方法，参数 statement 是在映射文件中定义的<select>元素的 id；parameter 是查询所需的参数，通常是对象或 Map；mapKey 是返回数据中的一个列名，执行 SQL 语句查询结果将被封装成一个 Map 集合返回，key 就是参数 mapKey 传入的列名，value 是封装的对象。
- public void commit()：提交事务。
- public void rollback()：回滚事务。
- public void close()：关闭 SqlSession 对象。
- <T> T getMapper(Class<T> type)：返回 Mapper 接口的代理对象，参数 type 是 Mapper 的接口类型，该对象关联了 SqlSession 对象，直接调用它的方法操作数据库。

在定义了 Mapper 接口之后，在应用程序中就可以使用 SqlSession 的 getMapper()方法得到一个代理对象。例如：

```
SqlSession session = MyBatisUtil.getSession();
StudentMapper mapper = session.getMapper(StudentMapper.class);
```

在得到映射器代理对象之后，就可以调用 Mapper 接口中定义的方法操作数据库。下面的代码执行 selectAllStudent()方法查询所有学生。

```
List<Student> lists = mapper.selectAllStudent();
```

下面的代码执行 insertStudent()方法插入一行记录。

```
Student student = new Student(103,"张明宇","女",
        LocalDate.of(1998,5,2),"55555555");
mapper.insertStudent(student);
```

从技术层面上讲，映射器实例的作用域和 SqlSession 是相同的，因为它们都是从 SqlSession 中被请求的。尽管如此，映射器实例的最佳作用域是方法。也就是说，映射器实例应该在调用它们的方法中被创建，使用后即可销毁。通常不需要显式地关闭映射器实例，尽管在整个请求作用域(request scope)保持映射器实例也不会有什么问题，要保持简单，最好把映射器放在方法的作用域内。下面的实例就展现了这一点。

```
SqlSession session = MyBatisUtil.getSession();
try {
     StudentMapper mapper = session.getMapper(StudentMapper.class);
     //执行操作方法
     int row = mapper.insertStudent(student);
} finally {
   session.close();
}
```

使用 Mapper 代理有许多好处。首先，在执行数据库操作时不需要指定一个字符串常量，因此这种方法更安全。其次，如果 IDE 具有代码完成功能，可以很容易地导航到所映射的 SQL 语句。

使用 Mapper 还有一个好处，就是可以在 Mapper 接口的方法上使用 Java 注解实现 SQL 语句映射，从而不需要在 XML 映射文件中编写 SQL 映射语句。例如，对 StudentMapper 接口中的 findStudentById()方法，可以如下为其添加注解。

```
@Select("SELECT * FROM students WHERE stud_id = #{id}")
```

```
Student findStudentById(int id);
```

对简单语句使用注解比较简洁和简单，但对较复杂的语句，使用 Java 注解就显得受限和较混乱。因此，如果进行复杂映射，最好使用 XML 映射文件。关于映射器注解，将在第 16 章讨论。

14.4 日志管理

MyBatis 内置的日志工厂提供了日志功能，具体的日志实现工具有 SLF4J、Apache Commons Logging、Log4J2、Log4J 和 JDK Logging 等。

具体选择哪个日志实现工具由 MyBatis 内置的日志工厂决定，它会使用最先找到的（按上文列举的顺序查找）。如果一个都没找到，日志功能就会被禁用。

很多应用服务器（如 Tomcat）的类路径中已经包含 Commons Logging，所以 MyBatis 会把它作为具体的日志实现。这意味着用户的 Log4J 配置将被忽略。如果想用其他的日志框架，可以在 MyBatis 的配置文件 mybatis-config. xml 中添加一项配置来指定一个不同的日志实现。

```
<configuration>
  <settings>
      <setting name="logImpl" value="LOG4J"/>
  </settings>
</configuration>
```

logImpl 可选的值有 SLF4J、LOG4J、LOG4J2、JDK_LOGGING、COMMONS_LOGGING、STDOUT_LOGGING、NO_LOGGING，或者是实现了 org. apache. ibatis. logging. Log 接口的类的完全限定名。

MyBatis 可以对包、类、命名空间和完全限定的语句记录日志，具体怎么做，视使用的日志框架而定。如果使用 Log4J，配置日志功能非常简单，在类路径中添加有关日志包，如 log4j-1.2-api-2. 17. 2. jar 等，然后创建一个配置文件，如 log4j. properties，具体步骤如下。

(1) 添加 Log4J 的 JAR 包。

如果使用 Maven 管理项目，需要在 pom. xml 文件中添加下面的依赖项。

```
<dependency>
     <groupId>org.slf4j</groupId>
     <artifactId>slf4j-api</artifactId>
     <version>1.7.5</version>
</dependency>

<dependency>
     <groupId>org.slf4j</groupId>
     <artifactId>slf4j-log4j12</artifactId>
     <version>1.7.5</version>
     <scope>runtime</scope>
</dependency>

<dependency>
     <groupId>org.apache.logging.log4j</groupId>
     <artifactId>log4j</artifactId>
     <version>2.17.2</version>
     <type>pom</type>
</dependency>
```

如果不使用 Maven，要确保将 JAR 包添加到应用的类路径中。若是 Web 应用，需要将

JAR 包添加到 WEB-INF/lib 目录。

(2) 配置 Log4J。

配置 Log4J 比较简单,只要在应用的类路径中创建一个名称为 log4j.properties 的文件,文件的具体内容见 14.2 节中的清单 14.2。

在添加上述配置文件后,Log4J 就会把 com.boda.mapper.StudentMapper 的详细执行日志记录下来,对于应用中的其他类则仅记录错误信息。

另外,也可以将日志从整个 Mapper 接口级别调整到语句级别,从而实现更细粒度的控制。例如,以下配置只记录 selectStudent 语句的日志。

```
log4j.logger.com.boda.mapper.StudentMapper.selectStudent = TRACE
```

与此相对,可以对一组 Mapper 接口记录日志,只要对 Mapper 接口所在的包开启日志功能即可。例如:

```
log4j.logger.com.boda.mapper = TRACE
```

某些查询可能会返回大量的数据,若只想记录其执行的 SQL 语句应该怎么办?为此,MyBatis 中 SQL 语句的日志级别被设置为 DEBUG(JDK Logging 中为 FINE),结果日志的级别为 TRACE(JDK Logging 中为 FINER),所以只要将日志级别调整为 DEBUG 即可达到目的。

```
log4j.logger.com.boda.mapper = DEBUG
```

如果要为映射文件的某个命名空间增加日志功能,可以像下面这样设置。

```
log4j.logger.com.boda.mapper.StudentMapper = TRACE
```

进一步,要记录具体语句的日志可以这样做。

```
log4j.logger.com.boda.mapper.StudentMapper.selectStudent = TRACE
```

配置文件 log4j.properties 的余下内容是针对日志格式的,这一内容已经超出本书范围,这里不再讨论。关于 Log4J 的更多内容,读者可以参考 Log4J 的官方网站。

本章小结

本章首先介绍了 MyBatis 的基本工作原理,接下来通过一个简单的实例演示了 MyBatis 框架的使用,最后介绍了 MyBatis 的核心对象、Mapper 代理接口和日志的管理。

练习与实践

扫一扫

习题

扫一扫

自测题

第15章

配置文件和映射文件

MyBatis 应用程序开始运行时要读取配置文件,配置文件用来配置 MyBatis 运行的各种信息。MyBatis 通过映射文件描述持久化类和数据库表之间的映射关系。

本章首先介绍 MyBatis 配置文件中各种元素的含义及配置,然后学习映射文件中各种元素的使用,之后介绍 MyBaits 关联映射,最后介绍动态 SQL 语句的定义和使用。

本章内容要点

- MyBatis 的配置文件。
- MyBatis 的映射文件。
- MyBatis 的关联映射。
- 构建动态 SQL 语句。

15.1 配置文件

MyBatis 配置文件中的一些设置对 MyBatis 的特性有巨大影响。配置文件的名称默认为 mybatis-config. xml。配置文件的根元素是<configuration>,其子元素如下。

- <properties>: 配置有关属性。
- <settings>: 设置运行时全局参数。
- <typeAliases>: 为 Java 类型设置短的别名。
- <typeHandlers>: 创建类型处理器。
- <objectFactory>: 设置自定义对象工厂。
- <plugins>: 配置使用的插件。
- <environments>: 配置运行环境,如事务管理器、数据源等。
- <databaseIdProvider>: 配置数据库支持多厂商特性。
- <mappers>: 配置映射器。

注意: <configuration>的子元素必须按上面列出的顺序配置,否则 MyBatis 在解析配置文件时会报错。

构建 SqlSessionFactory 最常用的方法是基于 XML 的配置。清单 15.1 展示了一个典型的 MyBatis 配置文件。

清单 15.1 mybatis-config.xml

```
<?xml version="1.0" encoding="UTF-8" ?>
<!DOCTYPE configuration PUBLIC "-//mybatis.org//DTD Config 3.0//EN"
        "http://mybatis.org/dtd/mybatis-3-config.dtd">
<configuration>
    <properties resource="application.properties">
        <property name="username" value="db_user"/>
        <property name="password" value="verysecurepwd"/>
    </properties>
    <settings>
        <setting name="cacheEnabled" value="true"/>
    </settings>
    <typeAliases>
        <typeAlias alias="Tutor" type="com.boda.domain.Tutor"/>
        <package name="com.boda.domain"/>
    </typeAliases>
    <typeHandlers>
        <typeHandler handler=
                "com.boda.typehandlers.PhoneTypeHandler"/>
        <package name="com.boda.typehandlers"/>
    </typeHandlers>
  <environments default="development">
      <environment id="development">
      <transactionManager type="JDBC"/>
      <dataSource type="POOLED">
          <property name="driver" value="${jdbc.driverClassName}"/>
          <property name="url" value="${jdbc.url}"/>
          <property name="username" value="${jdbc.username}"/>
          <property name="password" value="${jdbc.password}"/>
      </dataSource>
      </environment>
      <environment id="production">
          <transactionManager type="MANAGED"/>
          <dataSource type="JNDI">
              <property name="data_source"
                      value="java:comp/jdbc/MyBatisDemoDS"/>
          </dataSource>
      </environment>
    </environments>
    <mappers>
      <mapper resource="com/boda/mapper/StudentMapper.xml"/>
      <mapper url="file:///D:/mybatisdemo/mapper/TutorMapper.xml"/>
      <mapper class="com.boda.mapper.TutorMapper"/>
    </mappers>
</configuration>
```

下面讨论配置文件的每个部分，首先从最重要的部分开始，即<environments>元素。

15.1.1 <environments>元素

MyBatis 可以配置成适应多种环境，这种机制有助于将 SQL 映射应用到多种数据库中。例如，开发、测试和生产环境需要有不同的配置。

注意：尽管可以配置多个环境，但是每个 SqlSessionFactory 实例只能选择一个环境。所以，如果想连接两个数据库，需要创建两个 SqlSessionFactory 实例，每个数据库对应一个环境。

为了指定创建哪种环境，只要将它作为可选的参数传递给 SqlSessionFactoryBuilder 即可。可以接受环境配置的两个方法签名如下。

```
SqlSessionFactory factory = sqlSessionFactoryBuilder.build(reader, environment);
SqlSessionFactory factory = sqlSessionFactoryBuilder.build(reader, environment,properties);
```

如果忽略了环境参数，将会加载默认环境，代码如下。

```
SqlSessionFactory factory = sqlSessionFactoryBuilder.build(reader);
SqlSessionFactory factory =
                    sqlSessionFactoryBuilder.build(reader,properties);
```

清单15.1中的<environments>元素定义了如何配置环境。

```
<environments default = "development">
   <environment id = "development">
      <transactionManager type = "JDBC">
         <property name = "closeConnection" value = "false"/>
      </transactionManager>
      <dataSource type = "POOLED">
         <property name = "driver" value = "${driver}"/>
         <property name = "url" value = "${url}"/>
         <property name = "username" value = "${username}"/>
         <property name = "password" value = "${password}"/>
      </dataSource>
   </environment>
</environments>
```

注意：这里的关键点如下。

- 默认的环境id(例如，default="development")。
- 每个<environment>元素定义的环境id(例如，id="development")。
- 事务管理器的配置(例如，type="JDBC")。
- 数据源的配置(例如，type="POOLED")。

默认的环境和环境id是一目了然的，可以随便命名，只要保证默认环境匹配其中一个环境id即可。

1. 事务管理器(transactionManager)

在MyBatis中有以下两种类型事务管理器。

- JDBC：该配置直接使用JDBC的提交和回滚设置，它依赖于从数据源得到的连接来管理事务范围。
- MANAGED：该配置几乎没做什么。它从来不提交或回滚一个连接，而是让容器来管理事务的整个生命周期(如JEE应用服务器的上下文)。在默认情况下它会关闭连接，然而一些容器并不希望这样，因此需要将closeConnection属性设置为false来阻止它的默认关闭行为。例如：

```
<transactionManager type = "MANAGED">
   <property name = "closeConnection" value = "false"/>
</transactionManager>
```

提示：如果准备将MyBatis和Spring集成，没有必要配置事务管理器，因为Spring会使用自带的管理器覆盖前面的设置。

2. 数据源(dataSource)

<dataSource>元素使用标准的JDBC数据源接口来配置JDBC连接对象的资源，有3种内建的数据源类型，使用type属性指定，它们是UNPOOLED、POOLED和JNDI。

(1) UNPOOLED数据源的实现是每次被请求时打开和关闭连接。这种数据源对于没有

性能要求的简单应用是一个很好的选择。这种类型的数据源仅需要配置以下 5 个属性。

- driver：这是 JDBC 驱动的 Java 类的完全限定名。
- url：这是数据库的 JDBC URL 地址。
- username：登录数据库的用户名。
- password：登录数据库的密码。
- defaultTransactionIsolationLevel：默认的连接事务隔离级别。

(2) POOLED 数据源的实现利用"连接池"概念将 JDBC 连接对象组织起来，避免了创建新的连接实例时所需的初始化和验证时间。这是一种使并发 Web 应用快速响应请求的流行处理方式。除上面提到的 UNPOOLED 的属性外，还可以指定有关数据源的属性。

(3) JNDI 数据源的实现是为了能在 EJB 或应用服务器这类容器中使用，容器可以集中或在外部配置数据源，然后放置一个 JNDI 上下文的引用。

15.1.2 <properties>元素

<properties>元素用于配置 MyBatis 的有关属性，如数据库的连接信息。这些属性都是可以外部配置且可以动态替换的，既可以在典型的 Java 资源文件中配置，也可以通过子元素<property>配置。例如：

```
<properties resource = "com/boda/example/config.properties">
    <property name = "username" value = "dev_user"/>
    <property name = "password" value = "123456a"/>
</properties>
```

资源文件 config.properties 中的属性可以在整个配置文件中使用，用来替换需要动态配置的属性值。例如，下面在数据源配置元素<dataSource>中配置数据库连接属性。

```
<dataSource type = "POOLED">
    <property name = "driver" value = "${driver}"/>
    <property name = "url" value = "${url}"/>
    <property name = "username" value = "${username}"/>
    <property name = "password" value = "${password}"/>
</dataSource>
```

这个例子中的 username 和 password 属性值将由<properties>元素中设置的相应值来替换，driver 和 url 属性值将由 config.properties 文件中对应的属性值来替换，这样就为配置提供了多种灵活选择。

属性也可以被传递到 sqlSessionFactoryBuilder.build()方法中。例如：

```
SqlSessionFactory factory = sqlSessionFactoryBuilder.build(reader,props);
SqlSessionFactory factory = sqlSessionFactoryBuilder.build(reader,
                                    environment,props);
```

如果属性不止在一个地方进行了配置，那么 MyBatis 将按照下面的顺序来加载。

(1) 在<properties>元素体内指定的属性首先被读取。

(2) 根据<properties>元素中的 resource 属性读取类路径下的资源文件或根据 url 属性指定的路径读取资源文件，并覆盖已读取的同名属性。

(3) 读取作为方法参数传递的属性，并覆盖已读取的同名属性。

因此，通过方法参数传递的属性具有最高优先级，resource/url 属性中指定的配置文件次之，优先级最低的是<properties>属性中指定的属性。

15.1.3 <settings>元素

<settings>元素用于设置MyBatis运行时的全局参数，如开启二级缓存、开启延迟加载等。虽然不配置<settings>元素，MyBatis也可以正常运行，但是熟悉<settings>的配置内容及它们的作用十分必要。下面是几个常用参数的配置。

```
<settings>
    <setting name = "cacheEnabled" value = "true"/>
    <setting name = "lazyLoadingEnabled" value = "true"/>
    <setting name = "multipleResultSetsEnabled" value = "true"/>
    <setting name = "useColumnLabel" value = "true"/>
    <setting name = "useGeneratedKeys" value = "false"/>
    <setting name = "logImpl" value = "LOG4J2"/>
</settings>
```

这几个配置参数及其描述如表15-1所示。

表15-1 MyBatis常用的全局参数

参数名称	说明	有效值	默认值
cacheEnabled	使全局的映射器启用或禁用缓存	true | false	true
lazyLoadingEnabled	全局启用或禁用延迟加载。当启用时，所有的关系将延迟加载	true | false	false
multipleResultSetsEnabled	是否允许单一语句返回多结果集（需要兼容驱动）	true | false	true
useColumnLabel	使用列标签代替列名。不同的驱动在这方面会有不同的表现，具体可参考相关驱动文档	true | false	true
useGeneratedKeys	允许JDBC支持自动生成主键，需要驱动兼容。如果设置为true，则这个设置强制使用自动生成主键，尽管一些驱动不能兼容但仍可以正常工作（如Derby）	true|false	false
logImpl	指定MyBatis所用日志的具体实现，未指定时将自动查找	SLF4J、LOG4J、LOG4J2、JDK_LOGGING、COMMONS_LOGGING、STDOUT_LOGGING、NO_LOGGING	未设置

15.1.4 <typeAliases>元素

<typeAliases>元素用来为Java类型设置一个短的别名。它的主要作用是减少类完全限定名的冗余。使用<typeAliases>元素配置别名的方法如下。

```
<typeAliases>
    <typeAlias alias = "Student" type = "com.boda.domain.Student"/>
    <typeAlias alias = "Tutor" type = "com.boda.domain.Tutor"/>
    <typeAlias alias = "Course" type = "com.boda.domain.Course"/>
</typeAliases>
```

上述配置为几个类设置了简短的别名，例如为com.boda.domain.Student指定的别名是Student，这样在任何使用com.boda.domain.Student的地方都可以用Student代替。

使用<typeAliases>元素也可以指定一个包名，MyBatis会在包名下搜索需要的JavaBean。

例如：

```
<typeAliases>
    <package name = "com.boda.domain"/>
</typeAliases>
```

com.boda.domain 包中的每个 JavaBean，在没有注解的情况下，会使用 bean 的首字母小写的非限定类名来作为它的别名，如 com.boda.domain.Product 的别名为 product，若有 @Alias 注解，则类的别名为其注解值。看下面的例子：

```
@Alias("product")
public class Product{
    ...
}
```

MyBatis 为许多常见的 Java 类型内建了相应的类型别名，如表 15-2 所示。它们都是大小写不敏感的，需要注意由基本类型名称重复导致的特殊处理。

表 15-2　常用的别名及映射类型

别　　名	映射的类型	别　　名	映射的类型
_byte	byte	float	Float
_short	short	double	Double
_int	int	boolean	Boolean
_integer	int	date	Date
_long	long	decimal	BigDecimal
_float	float	bigdecimal	BigDecimal
_double	double	object	Object
_boolean	boolean	map	Map
string	String	hashmap	HashMap
byte	Byte	list	List
short	Short	arraylist	ArrayList
int	Integer	collection	Collection
integer	Integer	iterator	Iterator
long	Long		

表 15-2 中所列出的别名可以在 MyBatis 中直接使用，但由于别名不区分大小写，所以大家在使用时要注意重复定义的覆盖问题。

15.1.5　<typeHandlers>元素

在 MyBatis 中为 PreparedStatement 设置参数或从 ResultSet 检索一个值时，都会用类型处理器(TypeHandler)将获取的值以合适的方式转换为 Java 类型。表 15-3 列出了 MyBatis 常用的类型处理器。注意，目前 MyBatis 已经支持 JSR-310(日期-时间 API)。

表 15-3　MyBatis 常用的类型处理器

类型处理器	Java 类型	JDBC 类型
BooleanTypeHandler	java.lang.Boolean、boolean	任何兼容的 BOOLEAN
ByteTypeHandler	java.lang.Byte、byte	任何兼容的 NUMERIC 或 BYTE
ShortTypeHandler	java.lang.Short、short	任何兼容的 NUMERIC 或 SHORT INTEGER
IntegerTypeHandler	java.lang.Integer、int	任何兼容的 NUMERIC 或 INTEGER

续表

类型处理器	Java 类型	JDBC 类型
LongTypeHandler	java. lang. Long、long	任何兼容的 NUMERIC 或 LONG INTEGER
FloatTypeHandler	java. lang. Float、float	任何兼容的 NUMERIC 或 FLOAT
DoubleTypeHandler	java. lang. Double、double	任何兼容的 NUMERIC 或 DOUBLE
BigDecimalTypeHandler	java. math. BigDecimal	任何兼容的 NUMERIC 或 DECIMAL
StringTypeHandler	java. lang. String	CHAR、VARCHAR
ClobTypeHandler	java. lang. String	CLOB、LONGVARCHAR
ByteArrayTypeHandler	byte[]	任何兼容的字节流类型
DateTypeHandler	java. util. Date	TIMESTAMP
LocalDateTypeHandler	java. time. LocalDate	DATE
LocalTimeTypeHandler	java. time. LocalTime	TIME
LocalDateTimeTypeHandler	java. time. LocalDateTime	TIMESTAMP

实现 TypeHandler 接口或继承 BaseTypeHandler 类创建自己的类型处理器处理非标准的类型。

15.1.6 <objectFactory>元素

MyBatis 每次创建结果对象的新实例时，都会使用一个对象工厂（ObjectFactory）实例来完成。默认的对象工厂需要做的仅是实例化目标类，要么通过默认构造方法，要么在参数映射存在的时候通过参数构造方法来实例化。如果想覆盖对象工厂的默认行为，可以通过创建自己的对象工厂来实现。例如：

```
//ExampleObjectFactory.java
public class ExampleObjectFactory extends DefaultObjectFactory {
   public Object create(Class type) {
      return super.create(type);
   }
   public Object create(Class type, List<Class> constructorArgTypes,
                         List<Object> constructorArgs) {
      return super.create(type,constructorArgTypes,constructorArgs);
   }
   public void setProperties(Properties properties) {
      super.setProperties(properties);
   }
   public <T> boolean isCollection(Class<T> type) {
      return Collection.class.isAssignableFrom(type);
   }
}
```

ObjectFactory 接口很简单，它包含两个创建时用的方法，一个是处理默认构造方法的，另一个是处理带参数的构造方法的。最后，setProperties 方法可以被用来配置 ObjectFactory，在初始化 ObjectFactory 实例后，objectFactory 元素体中定义的属性会被传递给 setProperties 方法。

在 MyBatis 的配置文件 mybatis-config. xml 中使用<objectFactory>配置自定义对象工厂。

```
<objectFactory type="org.mybatis.example.ExampleObjectFactory">
    <property name="someProperty" value="100"/>
</objectFactory>
```

15.1.7 <databaseIdProvider>元素

MyBatis 可以根据不同的数据库厂商执行不同的语句，这种多厂商的支持基于映射语句中的 databaseId 属性。MyBatis 会加载不带 databaseId 属性和带有匹配当前数据库 databaseId 属性的所有语句。如果同时找到带有 databaseId 和不带 databaseId 的相同语句，则后者会被舍弃。为支持多厂商特性，只要像下面这样在 mybatis-config. xml 文件中加入 databaseIdProvider 即可。

```
<databaseIdProvider type = "DB_VENDOR"/>
```

这里的 DB_VENDOR 会通过 DatabaseMetaData#getDatabaseProductName()返回的字符串进行设置。由于通常情况下这个字符串都非常长，而且相同产品的不同版本会返回不同的值，所以最好通过设置属性别名来使其变短。例如：

```
<databaseIdProvider type = "DB_VENDOR">
    <property name = "SQL Server" value = "sqlserver"/>
    <property name = "DB2" value = "db2"/>
    <property name = "Oracle" value = "oracle"/>
</databaseIdProvider>
```

在有 properties 时，DB_VENDOR databaseIdProvider 将被设置为第一个能匹配数据库产品名称的属性键对应的值，如果没有匹配的属性将会设置为"null"。在这个例子中，如果 getDatabaseProductName()返回"Oracle(DataDirect)"，databaseId 将被设置为"oracle"。

可以实现 org. apache. ibatis. mapping. DatabaseIdProvider 接口并通过在 mybatis-config. xml 中注册来构建自己的 DatabaseIdProvider：

```
public interface DatabaseIdProvider {
    void setProperties(Properties p);
    String getDatabaseId(DataSource dataSource) throws SQLException;
}
```

15.1.8 <mappers>元素

<mappers>元素用来配置映射器，它告诉 MyBatis 到哪里去找映射文件，可以使用相对于类路径的资源引用，或完全限定资源定位符(包括 file:///的 URL)，或类名和包名等。例如：

```
<!-- 使用相对于类路径的资源引用 -->
<mappers>
    <mapper resource = "com/boda/mapper/AuthorMapper.xml"/>
    <mapper resource = "com/boda/mapper/BlogMapper.xml"/>
    <mapper resource = "com/boda/mapper/PostMapper.xml"/>
</mappers>
<! -- 使用 URL 完全限定路径 -->
<mappers>
    <mapper url = "file:///var/mappers/AuthorMapper.xml"/>
    <mapper url = "file:///var/mappers/BlogMapper.xml"/>
</mappers>
<!-- 使用映射器接口类 -->
<mappers>
    <mapper class = "com.boda.mapper.TutorMapper"/>
    <mapper class = "com.boda.mapper.AddressMapper"/>
    <mapper class = "com.boda.mapper.StudentMapper"/>
</mappers>
<!-- 注册一个包中的所有接口作为映射器 -->
<mappers>
```

```
    <package name = "com.boda.mapper"/>
</mappers>
```

这些配置会告诉 MyBatis 去哪里找映射文件，剩下的细节就是每个 SQL 映射文件，也就是 15.2 节要讨论的内容。

提示：用户还可以使用 Java API 以编程方式创建 MyBatis 的 SqlSessionFactory 接口，而不是使用基于 XML 的配置。在基于 XML 的配置中使用的每个配置元素都可以用编程方式创建。限于篇幅，本书不讨论这种方法。

15.2 映射文件

MyBatis 使用映射文件描述持久化类和数据库表之间的映射关系。映射文件的根元素是<mapper>，其 namespace 属性用来指定一个命名空间名，namespace 的值习惯上设置为"包名+映射文件名"，这样可以保证 namespace 的值是唯一的。映射文件中<mapper>元素包含的子元素如下。

- <select>：映射 SQL 查询语句。
- <insert>：映射 SQL 插入语句。
- <delete>：映射 SQL 删除语句。
- <update>：映射 SQL 更新语句。
- <cache>：给定命名空间的缓存配置。
- <cache-ref>：其他命名空间缓存配置的引用。
- <sql>：可以被其他语句引用的可重用语句块。
- <resultMap>：最复杂、最强大的元素，描述如何从数据库结果集中加载对象。

15.2.1 <select>元素

<select>元素用于定义一个 SQL 查询语句，该查询语句供 SqlSession 对象的查询方法执行数据库查询。下面的<select>元素根据学生的 stud_id 查询学生信息。

```
<select id = "findStudentById" parameterType = "Integer"
        resultType = "com.boda.domain.Student" >
    SELECT stud_id AS studId, name, gender, birthday, phone
    FROM students WHERE stud_id = #{studId}
</select>
```

该映射使用 id 属性值 findStudentById 来标识查询语句，语句接受一个 int(或 Integer)类型的参数，resultType 属性设置为 com.boda.domain.Student，它是一个 POJO 对象。

注意：#{studId}用于指定一个名为 studId 的参数。这将使 MyBatis 创建一个预处理语句，语句中的参数用一个"?"来标识，并将参数值传递到预处理语句中。以上语句执行时会生成如下 JDBC 代码。

```
String sql = "SELECT stud_id AS studId, name, gender, birthday, phone
           FROM students WHERE stud_id = ?";
PreparedStatement ps = conn.prepareStatement(sql);
ps.setInt(1, studId);
```

接下来，MyBatis 将执行查询语句并将查询结果映射到结果对象中，这就是 MyBatis 节省时间的地方。下面的代码为该 SQL 语句创建 Mapper 接口。

```
package com.boda.mapper;
public interface StudentMapper{
    Student findStudentById(Integer studId);
}
```

在 StudentMapper 接口中定义了 findStudentById()方法。注意,该方法名必须与< select >元素映射的 id 属性值相同。在测试类 MyBatisTest 中编写 findStudentByIdTest()方法,查询 stud_id 值为 20220009 的学生信息,代码如下。

```
@Test
public void findStudentByIdTest(){
    SqlSession session = MyBatisUtil.getSession();
    StudentMapper mapper = session.getMapper(StudentMapper.class);
    try{
       Student student = mapper.findStudentById(20220009);
       if(student!= null)
           System.out.println(student);
       else
         System.out.println("查无此记录");
    }catch(Exception e) {
          System.out.println(e);
    }finally {
       session.commit();
       session.close();
    }
}
```

由于该查询只返回一条记录,所以需要调用 StudentMapper 接口对象的 findStudentById()方法,并为该方法传递 id 参数。在使用 JUnit 执行 findStudentByIdTest()方法后,控制台的输出结果如图 15-1 所示。

```
✔ Tests passed: 1 of 1 test – 314 ms
"C:\Program Files\Java\jdk-17.0.3.1\bin\java.exe" ...
DEBUG [main] - ==>  Preparing: SELECT stud_id AS studId,name,gender,birthday,phone FR
DEBUG [main] - ==> Parameters: 20220009(Integer)
DEBUG [main] - <==      Total: 1
学生 [studId=20220009, name=李清泉, gender=女, birthday=1990-12-31, phone=1305045168]
```

图 15-1　查询记录的运行结果

提示: 当测试类中包含多个方法时,单击方法名左侧的三角按钮即可执行测试方法,结果在控制台窗口中显示。

有时查询结果并不能(或不需要)映射到一个 POJO 对象,这时可以将 resultType 属性设置为 map 或 hashmap,使得查询结果返回一个 HashMap 对象,查询结果字段名作为 Map 的键名,字段值作为 Map 的值,在程序中对结果 Map 对象进行迭代即可。

```
<select id = "selectSumSalary" resultType = "hashmap">
    SELECT id, name, salary * 12 AS sumsalary FROM employees
</select>
```

假设在 EmployeeMapper 接口中定义了 selectSumSalary()方法。在测试类 MyBatisTest 中编写 selectSumSalaryTest()方法,查询所有员工的 id、name 和 sumsalary,它是 salary * 12 的结果,代码如下。

```
@Test
public void selectSumSalaryTest(){
    SqlSession session = MyBatisUtil.getSession();
```

```
    EmployeeMapper mapper = session.getMapper(EmployeeMapper.class);
    try{
        List<Map<String,Object>> result = mapper.selectSumSalary();
        if(result!= null){
            for(Map<String,Object> hm : result) {
                System.out.println(hm);
            }
        }else
            System.out.println("查无此记录");
        }catch(Exception e) {
          System.out.println(e);
        }finally {
          session.commit();
          session.close();
    }
}
```

由于该查询的 resultType 属性设置为 hashmap，所以查询的返回结果是 HashMap 对象列表，每个 Map 中的 key 为字段名，value 是字段值。

在使用 JUnit 执行 selectSumSalaryTest()方法后，控制台的输出结果如图 15-2 所示。

```
✔ Tests passed: 1 of 1 test – 643 ms
"C:\Program Files\Java\jdk-17.0.3\bin\java.exe" ...
DEBUG [main] - ==>  Preparing: SELECT id, name, salary*12 as sumsalary FROM
DEBUG [main] - ==> Parameters:
DEBUG [main] - <==      Total: 2
{sumsalary=60000.00, name=张大海, id=101}
{sumsalary=84000.00, name=李清泉, id=102}
```

图 15-2　查询记录的运行结果

<select>元素有很多属性可以配置，它们用来决定每条语句的细节。表 15-4 给出了<select>元素的常用属性。

表 15-4　<select>元素的常用属性

属　性	说　明
id	命名空间中唯一的标识符，可以被用来引用这条语句
parameterType	传入这条语句的参数类的完全限定名或别名。这个属性是可选的，因为 MyBatis 可以通过 TypeHandler 推断出具体传入语句的参数，默认值为 unset
resultType	从这条语句中返回的期望类型的类的完全限定名或别名。注意，如果是集合，那么应该是集合可以包含的类型，而不能是集合本身。resultType 不能与 resultMap 同时使用
resultMap	外部 resultMap 的命名引用。结果集的映射是 MyBatis 最强大的特性，使用它可以实现许多复杂映射。resultMap 不能与 resultType 同时使用
flushCache	若将其设置为 true，在任何时候只要语句被调用，都会导致本地缓存和二级缓存被清空，其默认值为 false
useCache	将其设置为 true，将会导致本条语句的结果被二级缓存
timeout	这个设置是在抛出异常之前，驱动程序等待数据库返回请求结果的秒数，其默认值为 unset(依赖驱动)
fetchSize	这是一个给驱动的建议值，尝试让驱动程序每次批量返回的结果行数等于这个设置值，其默认值为 unset(依赖驱动)
statementType	指定语句类型，它的值可以为 STATEMENT、PREPARED 或 CALLABLE，分别对应 JDBC 的 Statement、PreparedStatement 或 CallableStatement，其默认值为 PREPARED
resultSetType	指定结果集类型，它的值可以为 FORWARD_ONLY、SCROLL_SENSITIVE 或 SCROLL_INSENSITIVE，其默认值为 unset(依赖驱动)

15.2.2 参数的传递

在有些 SQL 语句(包括 SELECT、INSERT、UPDATE 和 DELETE)中可以使用参数,参数可以是简单的类型(如 int、double),也可以是复杂的类型(如 JavaBean 或 Map 等)。语句的参数类型使用 parameterType 属性指定。下面的映射语句带一个 int 型的简单参数。

```
<select id = "selectUser" parameterType = "int"
                                    resultType = "com.boda.domain.User">
    SELECT user_id,user_name,user_password
    FROM users WHERE user_id = #{id}
</select>
```

该映射语句带一个简单的命名参数 id,参数类型被设置为 int,这样这个参数就可以被设置成简单类型(如整型)或字符串。参数是 MyBatis 中非常强大的元素,也可以为 SQL 语句传递一个复杂的对象。例如:

```
<insert id = "insertUser" parameterType = "com.boda.domain.User">
    INSERT INTO users(user_id,user_name,user_password)
    VALUES(#{id}, #{username}, #{password})
</insert>
```

这里为 INSERT 语句传递一个 User 类型的参数,MyBatis 会查找 User 对象的 id、username 和 password 属性,然后将它们的值传入 PreparedStatement 语句的对应参数中。

在传递参数时还可以指定参数的具体类型。例如:

```
#{amount,javaType = int,jdbcType = NUMERIC}
```

这里,javaType 指定 Java 类型,jdbcType 指定数据库类型。类型通常可以由参数对象来确定,前提是对象不是一个 HashMap。javaType 应该被确定来保证使用正确的 TypeHandler。

对于数值类型,还可以使用 numericScale 设置小数点后保留的位数。例如:

```
#{height,javaType = double,jdbcType = NUMERIC,numericScale = 2}
```

15.2.3 <insert>元素

<insert>元素用于定义 SQL 插入语句,在执行完定义的 SQL 语句之后会返回一个表示插入记录数的整数。下面的<insert>元素配置在 students 表中插入一行。

```
<insert id = "insertStudent" parameterType = "com.boda.domain.Student">
    INSERT INTO students(stud_id,name,gender,birthday,phone)
    VALUES(#{studId},#{name},#{gender},#{birthday},#{phone})
</insert>
```

这里,语句 id 值为 insertStudent,它唯一标识 INSERT 语句。parameterType 属性值应该是完全限定的类名或类型别名。

假设在 StudentMapper 接口中定义了如下 insertStudent()方法:

```
public interface StudentMapper{
   int insertStudent(Student student);
}
```

那么就可以像下面这样调用 insertStudent 映射语句:

```
StudentMapper mapper = sqlSession.getMapper(StudentMapper.class);
int count = mapper.insertStudent(student);
```

这里语句的返回值是语句执行所影响的行数。

<insert>元素还包含其他属性，其中大部分属性与<select>元素的属性相同，但还包含了3个特有属性，如表15-5所示。

表15-5 <insert>元素的特有属性

属 性	说 明
keyProperty	(仅对insert和update有用)唯一标记一个属性，MyBatis会通过getGeneratedKeys的返回值或者INSERT语句的selectKey子元素设置它的键值，默认值为unset。如果希望得到多个生成的列，也可以是以逗号分隔的属性名称列表
keyColumn	(仅对insert和update有用)通过生成的键值设置表中的列名，这个设置仅在某些数据库(如PostgreSQL)中是必需的，当主键列不是表中第一列的时候需要设置。如果希望得到多个生成的列，也可以是以逗号分隔的属性名称列表
useGeneratedKeys	(仅对insert和update有用)这会令MyBatis使用JDBC的getGeneratedKeys方法来取出由数据库内部生成的主键(如MySQL关系数据库就支持自动递增字段)，其默认值为false

在执行插入操作后，很多时候需要返回插入成功的数据生成的主键值，此时就可以通过上面3个属性来实现。

如果使用的数据库支持主键自动增长(如MySQL)，并且在创建表时指定了主键是自动增长的，那么可以通过keyProperty属性指定POJO类的那个属性接收返回的主键值(通常是id属性)，然后将useGeneratedKeys属性值设置为true，其使用示例如下。

```
<insert id="insertStudent" parameterType="com.boda.domain.Student"
        keyProperty="id" useGeneratedKeys="true">
    INSERT INTO students(name,gender,birthday,phone)
        VALUES(#{name},#{gender},#{birthday},#{phone})
</insert>
```

这里的参数名是传递来的持久对象的属性名，它们可以与表的字段名不同。在使用上述配置执行插入后，会返回插入成功的行数及插入行的主键值。为了验证此配置，可以通过以下代码测试。

```
@Test
public void insertStudentTest(){
    SqlSession session = MyBatisUtil.getSession();
    StudentMapper mapper = session.getMapper(StudentMapper.class);
    Student student = new Student(20221020,"王小明","男",
            LocalDate.of(1990,10,20),"159456789");
    try{
        int rows = mapper.insertStudent(student);          //执行插入语句
        //输出插入数据的主键id值
        System.out.println(student.getStudId());
        if(rows == 1)
            System.out.println("插入记录成功!");
        else
            System.out.println("插入记录失败!");
    }finally{
        session.commit();
        session.close();
    }
}
```

调用StudentMapper的insertStudent()方法可以执行插入操作，MyBatis通过传递给该方法一个Student对象，其属性值作为INSERT语句的参数值向表中插入一条记录。

在使用JUnit执行insertStudentTest()方法后，控制台的输出结果如图15-3所示。

如果数据库不支持主键自动增长(如Oracle)，或者支持增长的数据库没有指定主键自增

```
✔ Tests passed: 1 of 1 test – 275 ms
DEBUG [main] - ==>  Preparing: INSERT INTO students(stud_id,name,gender,birthday,ph
DEBUG [main] - ==> Parameters: 20221020(Integer), 王小明(String), 男(String), 1990-10
DEBUG [main] - <==    Updates: 1
20221020
插入记录成功!
```

图 15-3　插入记录的运行结果

规则,也可以使用 MyBatis 提供的另一种方式来自定义生成主键,配置如下。

```
<insert id = "insertStudent" parameterType = "com.boda.mapper.Student">
      useGeneratedKeys = "true">
   <selectKey keyProperty = "id" resultType = "Integer" order = "BEFORE">
      select if(max(id) is null,1,max(id) + 1) as newId from students;
   </selectKey>
   INSERT INTO products(id,name,gender,birthday,phone)
         VALUES(#{id},#{name},#{gender},#{birthday},#{phone})
</insert>
```

这里,< selectKey >子元素用于生成新插入行的主键值。在执行插入语句时,< selectKey >元素定义的 SELECT 语句会首先执行,它通过查询 students 表中 id 列的值,然后在其上加 1 得到新主键值,如果表中没有记录,则将 id 设置为 1,之后才执行插入语句。

< selectKey >元素在使用时可以设置以下几种属性。

```
<selectKey keyProperty = "id"
   resultType = "int"
   order = "BEFORE"
   statementType = "PREPARED">
```

其中,keyProperty、resultType 和 parameterType 的含义与前面讲解的相同,这里不重复介绍。order 属性可以设置为 BEFORE 或 AFTER。如果设置为 BEFORE,会首先执行< selectKey >中的配置来设置主键,然后执行插入语句;如果设置为 AFTER,会首先执行插入语句,然后执行< selectKey >元素中的配置内容。

15.2.4　< update >元素

< update >元素用于定义 SQL 更新语句,使用比较简单,它的属性与< select >元素的属性基本相同。

下面的更新语句根据 studId 值更新 students 表中 name、gender、birthday 和 phone 字段的值,新值通过一个 Student 对象提供。

```
<update id = "updateStudent" parameterType = "com.boda.domain.Student">
    UPDATE students
    SET name = #{name},gender = #{gender},birthday = #{birthday},
        phone = #{phone}
    WHERE stud_id = #{studId}
</update>
```

这里的参数名是传递来的持久对象的属性名,它们可以与表中的字段名不同,可以只更新部分字段值。与< insert >元素一样,< update >元素定义的更新语句在执行后也会返回一个表示所影响记录行数的整数值。

假设在 StudentMapper 接口中定义了如下 updateStudent(Student student)方法:

```
public interface StudentMapper{
   int updateStudent(Student student);
}
```

在测试类 MyBatisTest 中编写 updateStudentTest()方法，更新 studId 值为 20221020 的学生的 name 值为“张明宇”、gender 值为“女”、birthday 值为“2000-05-10”、phone 值为“987654321”，代码如下。

```
@Test
public void updateStudentTest(){
    SqlSession session = MyBatisUtil.getSession();
    StudentMapper mapper = session.getMapper(StudentMapper.class);
    try{
        Student student = new Student(20221020,"张明宇","女",
            LocalDate.of(2000,05,10),"987654321");
        int rows = mapper.updateStudent(student);
        if(rows == 1)
            System.out.println("记录更新成功");
        else
            System.out.println("记录更新失败");
    }finally {
        session.commit();
        session.close();
    }
}
```

实现更新需要调用 SqlSession 的 update()方法，MyBatis 通过传递给该方法的第二个参数对象的属性值作为参数值调用 UPDATE 语句更新表中指定的记录。

注意：*在执行更新操作后调用 SqlSession 对象的 commit()方法提交事务，更新的结果才能反映到数据库中。*

在使用 JUnit 执行 updateStudentTest()方法后，控制台的输出结果如图 15-4 所示。

```
✔ Tests passed: 1 of 1 test – 622 ms
"C:\Program Files\Java\jdk-17.0.3\bin\java.exe" ...
DEBUG [main] - ==>  Preparing: UPDATE students SET name= ?, gender = ?,birthday = ?, phone
DEBUG [main] - ==> Parameters: 张明宇(String), 女(String), 2000-05-10(LocalDate), 987654321(
DEBUG [main] - <==    Updates: 1
记录更新成功
```

图 15-4　更新记录的运行结果

从图 15-4 中可以看到，MyBatis 执行了一条 UPDATE 语句，并使用参数对象 student 的属性值作为参数更新表中的数据。查询 students 表可以看到被更新的数据。

15.2.5　<delete>元素

< delete >元素用于定义 SQL 删除语句，使用也比较简单，它的属性与< select >元素的属性基本相同。下面的删除语句根据 studId 值删除 students 表中的记录。

```
<delete id = "deleteStudent" parameterType = "map">
    DELETE FROM students WHERE stud_id = #{studId}
</delete>
```

这里的参数 studId 可以通过 Student 对象传递，也可以通过 Map 对象传递。

假设在 StudentMapper 接口中定义了如下 deleteStudent(Map < String,Integer > param)方法：

```
public interface StudentMapper{
    int deleteStudent(Map < String, Integer > param);
}
```

在测试类 MyBatisTest 中编写 deleteStudentTest()方法，删除 studId 值为 20221020 的学生，代码如下。

```
@Test
public void deleteStudentTest(){
    SqlSession session = MyBatisUtil.getSession();
    StudentMapper mapper = session.getMapper(StudentMapper.class);
    try{
        Map<String,Integer> params = new HashMap<>();
        params.put("studId",20221020);
        int rows = mapper.deleteStudent(params);
        if(rows == 1)
            System.out.println("成功删除" + rows + "条记录");
        else
            System.out.println("删除记录失败");
    }finally {
        session.commit();
        session.close();
    }
}
```

实现删除需要调用映射器的 deleteStudent()方法，通过传递给该方法的参数对象 params 为 DELETE 语句传递参数值。

在使用 JUnit 执行 deleteStudentTest()方法后，控制台的输出结果如图 15-5 所示。

```
✔ Tests passed: 1 of 1 test – 655 ms
DEBUG [main] - ==>  Preparing: DELETE FROM students WHERE stud_id = ?
DEBUG [main] - ==> Parameters: 20221020(Integer)
DEBUG [main] - <==    Updates: 1
成功删除1条记录
```

图 15-5　删除记录的运行结果

从图 15-5 中可以看到，MyBatis 执行了一条 DELETE 语句，并使用参数对象 params 的属性值作为参数删除表中的数据。查询 students 表可以看到记录被删除。

15.2.6　<resultMap>元素

<resultMap>元素用于定义一个结果集映射，它的作用是将 SELECT 语句的结果映射到 JavaBean 的属性。定义 ResultMap，之后就可以在其他的 SELECT 语句中引用该<resultMap>。该元素功能强大，使用它可以映射简单的 SELECT 语句，也可以映射带一对一关联和一对多关联的复杂 SELECT 语句。

1. 简单的 ResultMap

下面是一个简单的 ResultMap，它将一个简单查询的结果映射到 Student 这个 JavaBean 上。

```
<resultMap id = "studentResult" type = "com.boda.domain.Student">
    <id property = "studId" column = "stud_id"/>
    <result property = "name" column = "name"/>
    <result property = "gender" column = "gender"/>
    <result property = "birthday" column = "birthday"/>
    <result property = "phone" column = "phone"/>
</resultMap>
```

这里，id 属性指定这个 resultMap 的唯一标识，type 属性指定这个 resultMap 实际返回的类型，它可以是完整的类名，也可以是别名。property 属性指定结果 JavaBean 类的属性名，column 属性指定数据库表的字段名。

有了这个 ResultMap，就可以在< select >元素中使用 resultMap 属性而不是 resultType 来引用这个 studentResult 映射。当为< select >元素配置 resultMap 属性时，MyBatis 使用属性映射的列来填充 JavaBean 属性。

注意：对于 SELECT 映射语句，可以使用 resultType 或 resultMap 指定结果类型，但不能同时使用两者。

下面两个< select >元素中使用了 studentResult 映射。

```
<select id="findAllStudents" resultMap="studentResult">
    SELECT * FROM students
</select>

<select id="findStudentById" parameterType="int"
         resultMap="studentResult">
    SELECT * FROM students WHERE stud_id = #{studId}
</select>
```

2. 扩展的 ResultMap

可以从另一个< resultMap >查询扩展一个< resultMap >查询，从而继承该列，从被扩展的列进行属性映射。

假设已经定义了 id 为 studentResult 的映射，如果需要查询学生及地址信息，就可以扩展 studentResult 映射实现，这需要使用 extends 属性，代码如下。

```
<resultMap id="studentWithAddressResult" type="com.boda.domain.Student"
        extends="studentResult">
    <result property="address.addrId" column="addr_id"/>
    <result property="address.city" column="city"/>
    <result property="address.street" column="street"/>
    <result property="address.zipcode" column="zipcode"/>
</resultMap>
```

现在如果要将查询 Student 结果与查询 Address 结果映射到一起，就可以将 resultMap 与 studentWithAddressResult 一起使用，代码如下。

```
<select id="selectStudentWithAddress" parameterType="int"
          resultMap="studentWithAddressResult">
    SELECT stud_id, name, gender, birthday, phone,
         a.addr_id, city, street, zipcode
    FROM students s LEFT OUTER JOIN address a ON s.addr_id = a.addr_id
    WHERE stud_id = #{studId}
</select>
```

这里要执行的查询语句是从 students 和 address 两个表中查询数据，使用的是连接查询，查询结果正好与 studentWithAddressResult 这个 resultMap 一致，因此将该< select >元素的 resultMap 属性指定为 studentWithAddressResult。

在测试类 MyBatisTest 中编写 selectStudentWithAddressTest()方法，查询 stud_id 值为 20220002 的学生的信息，代码如下。

```
@Test
public void selectStudentWithAddressTest(){
    SqlSession session = MyBatisUtil.getSession();
    StudentMapper mapper = session.getMapper(StudentMapper.class);
    try{
        Student student = mapper.selectStudentWithAddress(20220002);
        if(student!= null)
            System.out.println(student);
```

```
        else
          System.out.println("查无此记录");
    }catch(Exception e) {
          System.out.println(e);
    }finally {
        session.commit();
        session.close();
    }
}
```

在使用 JUnit 执行 selectStudentWithAddressTest()方法后，控制台的输出结果如图 15-6 所示。

```
✔ Tests passed: 1 of 1 test – 681 ms
"C:\Program Files\Java\jdk-17.0.3\bin\java.exe" ...
DEBUG [main] - ==>  Preparing: SELECT stud_id, name, gender, birthday, phone, a.addr
DEBUG [main] - ==> Parameters: 20220002(Integer)
DEBUG [main] - <==      Total: 1
学生 [studId=20220002, name=张小萌, gender=女, birthday=1991-12-10, phone=8899123]
地址：辽宁沈阳太原街28号
```

图 15-6　测试方法的运行结果

<resultMap>元素还包含一些子元素，其基本结构如下。

```
< resultMap id = "productResult" type = "Product" >
    < constructor >                              <!-- 类在实例化时将结果注入构造方法 -->
      < idArg column = "id" javaType = "int"/>            <!-- 作为 id 的结果列 -->
      < arg column = "pname" javaType = "String"/>        <!-- 其他普通结果列 -->
    </constructor >
    < id property = "id" column = "product_id"/>          <!-- 指定主键列 -->
    < result property = "pname" column = "product_name">  <!-- 指定普通列 -->
    < association property = "address"/>                 <!-- 定义一对一关联 -->
    < collection property = "employees"/>                 <!-- 定义一对多关联 -->
    < discriminator javaType = "">               <!-- 根据结果值确定使用哪个结果映射 -->
      < case value = "">                         <!-- 指定结果值和结果映射 -->
    </discriminator >
</resultMap >
```

可见，<resultMap>元素的结构比较复杂。在定义该映射时不应该一次性构建复杂的<resultMap>元素，而应该采用渐进的方式，从简单到复杂，并测试每次的结果，从而一步步完成复杂的映射。

<resultMap>元素的常用属性如下。

- id：resultMap 的唯一标识符。
- type：resultMap 实际返回的类型，它可以是完整的类名，也可以是别名。

下面讨论常用的子元素的使用。

3. <id>和<result>元素

<id>和<result>是<resultMap>元素的两个常用子元素，它们的含义如下。

- id：用于映射主键列，它的 property 属性值表示数据库表列映射到返回类型的属性，column 属性指定表的列名。
- result：用于映射普通列，它的 property 属性值表示数据库表列映射到返回类型的属性，column 属性指定表的列名。

这两个元素除 property 属性和 column 属性外，还可以包含 javaType 属性、jdbcType 属性和 typeHandler 属性。<id>元素和<result>元素的常用属性如表 15-6 所示。

表 15-6 <id>元素和<result>元素的常用属性

属　　性	说　　明
property	JavaBean 中需要映射到数据库表列的字段或属性。如果 JavaBean 中的属性与给定名称匹配，就会使用匹配的名字，否则 MyBatis 将搜索给定名称的字段。在这两种情况下都可以使用点号加属性的形式访问。例如，可以映射到"username"，也可以映射到"address.street.number"
column	表的列名或表的列标签名，与传递给 resultSet.getString(columnName)的参数名称相同
javaType	完整的 Java 类名或别名。如果映射到一个 JavaBean，MyBatis 通常会自行检测到；如果映射到一个 HashMap，那么应该指定 javaType 来限定其类型
jdbcType	指定 JDBC 类型，这个属性只在 INSERT、UPDATE 和 DELETE 的时候对允许为 NULL 的列有用。JDBC 需要这个选项，MyBatis 不需要。如果直接编写 JDBC 代码，在允许为空值的情况下需要指定这个类型
typeHandler	使用这个属性可以覆盖默认类型处理器，它的值可以是一个 typeHandler 实现的完整的类名，也可以是一个类型别名

MyBatis 在映射字段时会自动调整 JDBC 类型和 Java 类型之间的关系，MyBatis 支持的 JDBC 类型如下，它们是 JdbcType 枚举常量。

BIT	FLOAT	CHAR	TIMESTAMP	OTHER	UNDEFINED
TINYINT	REAL	VARCHAR	BINARY	BLOB	NVARCHAR
SMALLINT	DOUBLE	LONGVARCHAR	VARBINARY	CLOB	NCHAR
INTEGER	NUMERIC	DATE	LONGVARBINARY	BOOLEAN	NCLOB
BIGINT	DECIMAL	TIME	NULL	CURSOR	ARRAY

下面通过例子说明这两个元素的使用。在默认情况下，MyBatis 会将查询到的数据的列和需要返回的对象（如 User）的属性逐一匹配赋值，但如果查询到的数据的列和需要返回的对象的属性名不一致，MyBatis 不会自动赋值，这时有两种解决方法。

如果表的列名与映射的类型属性名不精确匹配，可以在 SQL 查询语句的列名上使用别名来匹配属性名。假设 users 表的字段名分别为 user_id、user_name 和 user_password，而对应 POJO 类 User 的属性名分别为 id、username 和 password，则可以使用如下 SQL 语句映射。

```
<select id = "selectUserById" parameterType = "int"
                              resultType = "com.boda.domain.User">
    SELECT   user_id          as "id",
             user_name        as "username",
             user_password    as "password"
    FROM users WHERE user_id = #{id}
</select>
```

第二种方法是使用<resultMap>元素定义一个 ResultMap，然后在<select>元素中使用 resultMap 属性引用该 ResultMap。

```
<resultMap id = "userResultMap" type = "com.boda.domain.User">
    <id property = "id" column = "user_id"/>
    <result property = "username" column = "user_name"/>
    <result property = "password" column = "user_password"/>
</resultMap>
```

下面的<select>元素使用 resultMap 属性引用了上面的 resultMap，注意这里去掉了 resultType 属性而使用 resultMap 属性。

```
<select id = "selectUserById" resultMap = "userResultMap">
    SELECT user_id, user_name, user_password
```

```
    FROM users WHERE user_id = #{id}
</select>
```

使用< resultMap >元素还可以定义关联映射的查询结果。

4. < constructor >元素

< constructor >元素用于将查询结果注入构造方法来创建对象，而不使用 setter 方法设置属性值。在有些情况下可能需要使用不变的类。如果从表中查找的数据很少或不需要修改，应该使用不变的类。这样在实例化类时就可以使用构造方法注入而不使用 public 方法。使用< constructor >元素可以实现这一点，该元素有以下两个子元素。

- < idArg >元素：指定作为 ID 的结果列。
- < arg >元素：指定其他普通的列。

考虑下面 User 类的定义，它定义了一个带参数的构造方法。

```
public class User{
    private Integer id;
    private String username;
    private LocalDate birthdate;
    public User(Integer id, Stirng username, LocalDate birthdate){
        this.id = id;
        this.username = username;
        this.birthdate = birthdate;
    }
}
```

如果要将查询结果注入构造方法，需要使用< constructor >元素定义 ResultMap，MyBatis 将查找带 3 个参数的构造方法，并且参数的类型依次是 Integer、String 和 LocalDate。

```
<constructor>
    <idArg column = "id" javaType = "int"/>
    <arg column = "username" javaType = "String"/>
    <arg column = "birthdate" javaType = "java.time.LocalDate"/>
</constructor>
```

当使用多个参数调用构造方法时很容易弄错参数的顺序，因此从 MyBatis 3.4.3 版本开始，通过给每个参数指定一个 name 属性指定参数名，这样就可以按顺序指定参数。

```
<constructor>
    <idArg column = "id" javaType = "int" name = "id"/>
    <arg column = "birthdate" javaType = "java.time.LocalDate"
                              name = "birthdate"/>
    <arg column = "username" javaType = "String" name = "username"/>
</constructo>
```

15.2.7 < sql >元素

< sql >元素用于定义一个可复用的 SQL 片段，它可以包含在其他语句中。下面的代码定义一个名为 empColumns 的 SQL 片段，然后在< select >元素中引用。

```
<sql id = "empColumns"> id, name, title, salary </sql>

<select id = "selectEmployee" resultType = "com.boda.domain.Employee">
    SELECT <include refid = "empColumns"/> FROM employees
</select>
```

在其他元素中使用< include >元素引用 SQL 片段，用 refid 属性指定所引用 SQL 片段的 id。

另外，还可以定义参数化 SQL 片段，通过 ${param_name}指定参数，在<include>元素中使用<property>元素指定参数值。例如：

```
<sql id="userColumns"> ${alias}.id, ${alias}.username, ${alias}.password
</sql>
```

这样该 SQL 片段就可以被包含在另一个语句中。例如：

```
<select id="selectUsers" resultType="map">
    SELECT
    <include refid="userColumns">
        <property name="alias" value="t1"/></include>,
    <include refid="userColumns">
        <property name="alias" value="t2"/></include>
    FROM some_table t1 CROSS JOIN some_table t2
</select>
```

15.2.8 <cache>元素

MyBatis 提供了缓存机制来缓存查询数据，以提高查询的性能。MyBatis 中的缓存分为一级缓存和二级缓存。

1. 一级缓存

一级缓存是 SqlSession 级别的缓存，是基于 HashMap 的本地缓存。不同 SqlSession 之间的缓存数据区域互不影响。

一级缓存的作用域是会话范围，当同一个 SqlSession 执行两次相同的 SQL 语句时，第一次执行完后会将查询的数据写到缓存，第二次查询时直接从缓存获取，不用去数据库查询。当 SqlSession 执行 INSERT、UPDATE、DELETE 操作并提交到数据库时会清空缓存，保证缓存中的信息是最新的。

2. 二级缓存

二级缓存是 Mapper 级别的缓存，同样是基于 HashMap 进行存储，多个 SqlSession 可以共用二级缓存，其作用域是 Mapper 的同一个 namespace。不同的 SqlSession 两次执行相同的 namespace 下的 SQL 语句，会执行相同的 SQL，第二次查询只会查询第一次查询时读取数据库后写到缓存的数据，不会再去数据库查询。

MyBatis 默认开启一级缓存，如果要开启二级缓存，只需要在 SQL 映射文件中写入以下代码。

```
<cache />
```

这个简单语句的作用如下。

(1) 映射文件中的所有 SELECT 语句会被缓存。

(2) 映射文件中的所有 INSERT、UPDATE 和 DELETE 语句会刷新缓存。

(3) 缓存会使用最少最近使用(Least Recently Used，LRU)算法来回收。

(4) 缓存不会以任何时间顺序来刷新。

(5) 缓存会存储列表集合或对象(无论查询方法返回什么)的 1024 个引用。

(6) 缓存会被视为 read/write(可读/可写)的缓存，这意味着对象检索不是共享的，而且可以安全地被调用者修改，不干扰其他调用者或线程所做的潜在修改。

所有这些特性都可以通过<cache>元素的属性来修改。下面是一个复杂的配置。

```
<cache
```

```
    eviction = "FIFO" flushInterval = "60000"
    size = "512" readOnly = "true"/>
```

该配置为采用 FIFO 缓存，每隔 60 秒刷新，存储结果对象或列表的 512 个引用，而且返回的对象被认为是只读的，因此在不同线程中的调用者之间修改它们会导致冲突。

15.3 MyBatis 关联映射

在 MyBatis 中，当操作映射到存在关联关系的数据库表的对象时，需要将对象的关联关系与数据库表的外键关联进行映射。本节将对 MyBatis 的关联关系进行详细的讲解。

在 SQL 的查询语句中，如果查询结果来自多个表的数据，需要使用连接查询。这种关联在 Java 程序中需要通过对象的关联实现。在 MyBatis 中，这种关联通过< association >和< collection >元素实现，前者实现一对一关联，后者实现一对多关联。

15.3.1 一对一关联映射

一对一关联在实际应用中比较常见，例如学生(Student)与学生的地址(Address)之间就具有一对一的关联关系，如图 15-7 所示。

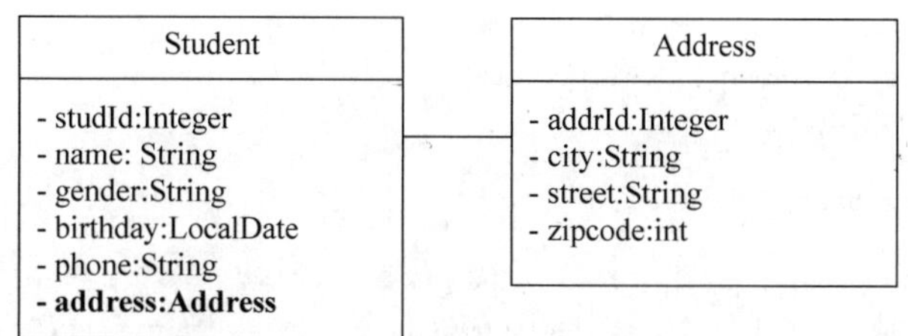

图 15-7 Student 与 Address 之间的关联

下面通过实例说明如何实现这种关联映射。

(1) 创建数据表。在数据库中创建 address 表和 students 表，并且插入两条数据，执行的 SQL 语句见清单 15.2。

清单 15.2 创建 address 表和 students 表及插入数据

```
CREATE TABLE address(
    addr_id INT PRIMARY KEY AUTO_INCREMENT,          -- ID
    city VARCHAR(20),                                -- 城市
    street VARCHAR(20),                              -- 街道
    zipcode VARCHAR(6)                               -- 邮编
);

#插入两条数据
INSERT INTO address VALUES(1,'广州','黄埔区 5 号','510700');
INSERT INTO address VALUES(2,'北京','海淀区 28 号','100089');

#创建 students 表,其中 addr_id 引用 address 表的 addr_id 列,是外键
CREATE TABLE students (
   stud_id INTEGER AUTO_INCREMENT PRIMARY KEY,       -- ID
   name VARCHAR(20) NOT NULL,                        -- 姓名
   gender VARCHAR(4),                                -- 性别
   birthday DATE,                                    -- 出生日期
   phone VARCHAR(14),                                -- 电话
   addr_id INT,                                      -- 外键,引用 address 表的 addr_id
```

```
    FOREIGN KEY(addr_id) REFERENCES address(addr_id)
);

#插入两条数据
INSERT INTO students VALUES(
      20220008,'张大海','男','1993-10-20','1350416222',1);
INSERT INTO students VALUES(
      20220009,'李清泉','女','1990-12-31','1305045168',2);
```

(2) 在项目的 com. boda. domain 包中创建 Address 和 Student 实体类，为了建立 Student 和 Address 之间的一对一关联，在 Student 类中定义了引用 Address 类的属性(address)及 setter 和 getter 方法，代码见清单 15.3 和清单 15.4。

清单 15.3　Address. java

```
package com.boda.domain;

import lombok.AllArgsConstructor;
import lombok.Data;
import lombok.NoArgsConstructor;
import java.io.Serializable;

@Data
@NoArgsConstructor
@AllArgsConstructor
public class Address implements Serializable{
   private Integer addrId;
   private String city;
   private String street;
   @Override
   public StringtoString() {
       return "地址:" + city + street + zipcode;
   }
}
```

下面为 Student 类添加 address 属性以及它的访问方法和修改方法。

清单 15.4　修改 Student. java，添加 address 属性及方法

```
package com.boda.domain;

import java.io.Serializable;
public class Student implements Serializable{
  ...
  private Address address;

  public Address getAddress() {
      return address;
  }
  public void setAddress (Address address) {
      this.address = address;
  }

  @Override
  public String toString() {
      return "学生 [studId = " + studId + ",name = " + name + ",gender = " + gender
            + ",birthday = " + birthday + ",phone = " + phone + "]"
            + "\n" + address;
  }
}
```

在 Address 类和 Student 类中分别定义了各自的属性以及对应的 getter/setter 方法，同时为了方便查询输出还重写了 toString()方法。

(3) 在 com. boda. mapper 包中创建 Address 类的映射文件 AddressMapper. xml 和 Student 类的映射文件 StudentMapper. xml,并在两个映射文件中编写一对一关联映射查询的配置信息,代码见清单 15.5 和清单 15.6。

清单 15.5 AddressMapper. xml

```
<?xml version = "1.0" encoding = "UTF - 8"?>
<!DOCTYPE mapper
    PUBLIC " - //mybatis.org//DTD Mapper 3.0//EN"
    "http://mybatis.org/dtd/mybatis - 3 - mapper.dtd">
<mapper namespace = "com.boda.mapper.AddressMapper">
    <!-- 定义 addressResult 结果映射 -->
    <resultMap id = "addressResult" type = "com.boda.domain.Address">
        <id property = "addrId" column = "addr_id"/>
        <result property = "city" column = "city"/>
        <result property = "street" column = "street"/>
        <result property = "zipcode" column = "zipcode"/>
    </resultMap>
     <!-- 根据 addrId 查询地址信息 -->
    <select id = "selectAddressById" parameterType = "Integer"
            resultMap = "addressResult">
      SELECT * FROM address WHERE addr_id = #{addrId}
    </select>
</mapper>
```

清单 15.6 StudentMapper. xml

```
<?xml version = "1.0" encoding = "UTF - 8"?>
<!DOCTYPE mapper
    PUBLIC " - //mybatis.org//DTD Mapper 3.0//EN"
    "http://mybatis.org/dtd/mybatis - 3 - mapper.dtd">
<mapper namespace = "com.boda.mapper.StudentMapper">
    <!-- 定义一个 resultMap 进行关联查询 -->
    <resultMap id = "studentResultWithAddress"
                         type = "com.boda.domain.Student">
        <id property = "studId" column = "stud_id"/>
        <result property = "name" column = "name"/>
        <result property = "gender" column = "gender"/>
        <result property = "birthday" column = "birthday"/>
        <result property = "phone" column = "phone"/>
        <association property = "address" column = "addr_id"
                         javaType = "com.boda.domain.Address"
            select = "com.boda.mapper.AddressMapper.selectAddressById"/>
    </resultMap>
    <!-- 定义一个 SELECT 语句,根据指定 studId 查询表数据 -->
    <select id = "selectStudentById" parameterType = "Integer"
                             resultMap = "studentResultWithAddress">
      SELECT * FROM students WHERE stud_id = #{studId}
    </select>
</mapper>
```

在上面两个映射文件中使用了 MyBatis 的嵌套查询方式。<association>元素处理"一对一"类型的关系。例如,每个学生有一个地址。关联映射与其他结果映射一样,需要指定目标属性以及 javaType、jdbcType 和 typeHandler 等属性,不同的是还需要告诉 MyBatis 如何加载关联对象。

- 嵌套查询(Nested Select):通过执行另一个映射 SQL 语句返回复杂类型的查询结果。
- 嵌套结果(Nested Results):通过嵌套的结果映射处理连接结果的重复子集。

（4）在核心配置文件 mybatis-config.xml 中引入 Mapper 映射文件并定义别名。例如：

```
<mappers>
    <mapper resource="com/boda/mapper/AddressMapper.xml"/>
    <mapper resource="com/boda/mapper/StudentMapper.xml"/>
</mappers>
```

（5）在 com.boda.mapper 包中创建 Address 类和 Student 类的 Mapper 映射器接口，代码见清单 15.7 和清单 15.8。

清单 15.7 AddressMapper.java

```java
package com.boda.mapper;

import com.boda.domain.Address;
public interface AddressMapper{
    //根据 addrId 查询 Address 方法
    Address selectAddressById(int addrId);
}
```

清单 15.8 StudentMapper.java

```java
package com.boda.mapper;

import com.boda.doamin.Student;
public interface StudentMapper{
    //根据 studId 查询 Student 方法
    Student selectStudentById(int studId);
}
```

（6）在 com.boda.test 包的 MyBatisTest 类中编写测试方法 selectStudentByIdTest()，代码如下。

```java
@Test
public void selectStudentByIdTest(){
    SqlSession session = MyBatisUtil.getSession();
    try{
        StudentMapper mapper = session.getMapper(StudentMapper.class);
        Student student = mapper.selectStudentById(20220009);
        System.out.println(student);                //输出查询到的学生信息
    }finally{
        session.commit();
        session.close();
    }
}
```

使用 JUnit 执行 selectStudentByIdTest()方法，控制台的输出结果如图 15-8 所示。

```
✔ Tests passed: 1 of 1 test – 692 ms
"C:\Program Files\Java\jdk-17.0.3\bin\java.exe" ...
DEBUG [main] - ==>  Preparing: SELECT * FROM students WHERE stud_id = ?
DEBUG [main] - ==> Parameters: 20220002(Integer)
DEBUG [main] - ====>  Preparing: SELECT * FROM address WHERE addr_id = ?
DEBUG [main] - ====> Parameters: 2(Integer)
DEBUG [main] - <====      Total: 1
DEBUG [main] - <==      Total: 1
学生 [studId=20220009, name=李清泉, gender=女, birthday=1990-12-31, phone=1305045168]
地址：北京海淀区28号100089
```

图 15-8 一对一运行结果

从图 15-8 可以看出，使用 MyBatis 嵌套查询的方式查询出了学生及其关联的地址信息，这就是 MyBatis 的一对一关联查询。

虽然使用嵌套查询比较简单，但是这种方法对于大的数据集或列表，性能不是很好。执行一个简单查询返回一组记录，对返回的每一条记录再执行一个查询语句，将导致成百上千条关联的 SQL 语句被执行，这并不是开发人员所期待的，为此 MyBatis 提供了嵌套结果方式来进行关联查询。

如果要使用 MyBatis 嵌套结果方式进行关联查询，可以修改 studentResultWithAddress 查询。例如：

```
<!-- 嵌套结果:使用嵌套结果映射来处理重复的连接结果的子集 -->
<resultMap id = "studentResultWithAddress" type = "com.boda.domain.Student">
        <id property = "studId" column = "stud_id"/>
        <result property = "name" column = "name"/>
        <result property = "gender" column = "gender"/>
        <result property = "birthday" column = "birthday"/>
        <result property = "phone" column = "phone"/>

    <association property = "address" javaType = "com.boda.domain.Address">
          <id property = "addrId" column = "addr_id"/>
          <result property = "city" column = "city"/>
          <result property = "street" column = "street"/>
          <result property = "zipcode" column = "zipcode"/>
    </association>
</resultMap>

<!-- 定义一个 SELECT 语句,根据指定 studId 参数查询表数据 -->
<select id = "selectStudentById" parameterType = "Integer"
        resultMap = "studentResultWithAddress">
    SELECT s. * ,a.addr_id,a.city,a.street a.zipcode,
    FROM students s,address a
    WHERE s.addr_id = a.addr_id AND s.stud_id = #{studId}
</select>
```

从上面的代码可以看到，MyBatis 嵌套结果方式只需编写一条多表连接的 SQL 语句，并且在<association>元素中继续使用相关子元素进行数据库表字段与持久类属性的一一映射。

使用 JUnit 再次执行 selectStudentByIdTest()方法，从控制台的输出结果可以看到查询出了指定的学生和地址信息，但使用 MyBatis 嵌套结果方式只执行了一条 SQL 语句。

表 15-7 给出了<association>元素的常用属性。

表 15-7 <association>元素的常用属性

属 性	说 明
property	映射到数据库列的属性。如果类的属性与给定名称匹配，就会使用匹配的名称，否则 MyBatis 将搜索给定名称的字段。在这两种情况下都可以使用点号加属性的形式访问。例如，可以映射到“username”，也可以映射到“address.street.number”
column	表的列名或表的列标签名，与传递给 resultSet.getString(columnName)的参数名称相同
javaType	完整的 Java 类名或别名。如果映射到一个 JavaBean，MyBatis 通常会自行检测到；如果要映射到一个 HashMap，应该指定 javaType 来限定其类型
jdbcType	指定 JDBC 类型，这个属性只在 INSERT、UPDATE 和 DELETE 的时候对允许为 NULL 的列有用。JDBC 需要这个选项，MyBatis 不需要。如果直接编写 JDBC 代码，在允许为空值的情况下需要指定这个类型
typeHandler	使用这个属性可以覆盖默认类型处理器，它的值可以是一个 typeHandler 实现的完整的类名，也可以是一个类型别名

续表

属　性	说　明
select	指定另一个映射语句的 ID，它将加载该属性映射所需的复杂类型。从指定列属性中返回的值将作为参数设置给目标 SELECT 语句。 注意，在处理组合键时需要指定多个列名传递给嵌套的 SELECT 语句。例如，column="{prop1=col1，prop2=col2}"，这会把 prop1 和 prop2 设置到目标嵌套语句的参数对象中
resultMap	指定一个 ResultMap 的 ID，它将关联的嵌套的结果映射到一个适当的对象。这是调用另一个查询语句的替代方式，允许用户将多个表连接成一个 ResultSet，该 ResultSet 将包含冗余的、重复的数据组，它们需要分解和正确映射到一个嵌套对象视图。简而言之，MyBatis 把结果映射连接到一起，用来处理嵌套

15.3.2　一对多关联映射

一对多关联最常见，例如一名教师（Tutor）可讲授多门课程（Course）就是典型的一对多关联，如图 15-9 所示。下面以教师和课程为例说明如何进行一对多关联的映射。

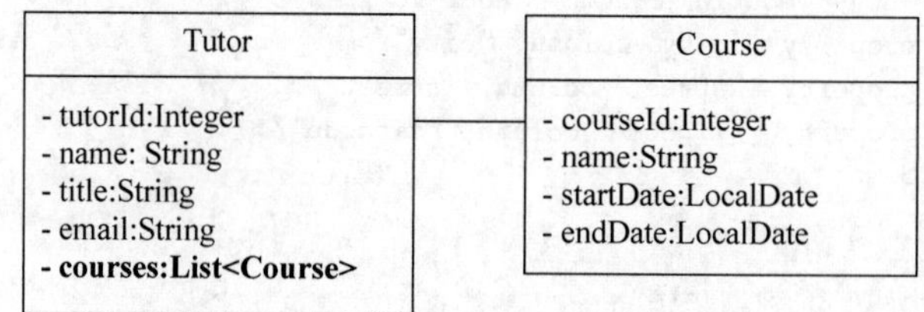

图 15-9　Tutor 与 Course 之间的关联

MyBatis 在处理一对多关联时使用<resultMap>的<collection>子元素。<collection>子元素的大部分属性与<association>元素的属性相同，但其还包含一个名为 ofType 的特殊属性。ofType 属性与 javaType 属性对应，用于指定持久化对象中集合类属性所包含的元素类型。

<collection>元素的使用非常简单，可以参考以下两个示例进行配置。

```
<!-- 方式一:嵌套查询 -->
<collection property = "courses" ofType = "com.boda.domain.Course"
    select = "com.boda.mapper.TutorMapper.selectTutorById">

<!-- 方式二:嵌套结果 -->
<collection property = "courses" ofType = "com.boda.domain.Course">
    <id property = "tutorId" column = "tutor_id"/>
    <result property = "name" column = "name"/>
    <result property = "title" column = "title"/>
    <result property = "email" column = "email"/>
</collection>
```

在了解了 MyBatis 处理一对多关联关系的元素和方式后，接下来通过实例学习 MyBatis 如何处理一对多关联关系，具体步骤如下。

(1) 在数据库中创建两个表，分别为 tutors 和 courses，用于存储教师和课程数据，同时在表中插入几条数据，执行的 SQL 语句见清单 15.9。

清单 15.9　创建 tutors 表和 courses 表及插入数据

```
CREATE TABLE tutors(
   tutor_id INT PRIMARY KEY AUTO_INCREMENT,
   name VARCHAR(10),
   title VARCHAR(10),
   email VARCHAR(20)
```

```
);

#插入两条数据
INSERT INTO tutors VALUES(1,'张三','教授','zhangsan@163.com');
INSERT INTO tutors VALUES(2,'李四','副教授','lisi@163.com');

#创建 courses 表
CREATE TABLE courses(
  course_id INT PRIMARY KEY AUTO_INCREMENT,
  name VARCHAR(20),
  start_date DATE,
  end_date DATE,
  tutor_id INT REFERENCES tutors(tutor_id)
);

#插入 3 条数据
INSERT INTO courses VALUES(1,'高等数学','2022-03-01','2022-07-01',1);
INSERT INTO courses VALUES(2,'大数据技术','2022-03-01','2022-07-01',2);
INSERT INTO courses VALUES(3,'英语','2022-03-01','2022-07-01',2);
```

（2）在 com.boda.domain 包中创建 Course 类和 Tutor 类，代码见清单 15.10 和清单 15.11。

清单 15.10 Course.java

```java
package com.boda.domain;
import java.time.LocalDate;

import lombok.AllArgsConstructor;
import lombok.Data;
import lombok.NoArgsConstructor;
import java.io.Serializable;

@Data
@NoArgsConstructor
@AllArgsConstructor

public class Course {
   private Integer courseId;
   private String name;
   private LocalDate startDate;
   private LocalDate endDate;

   @Override
public StringtoString() {
       return "Course[courseId = " + courseId + ",name = " + name
           + ",startDate = " + startDate + ",endDate = " + endDate + "]";
   }
}
```

清单 15.11 Tutor.java

```java
package com.boda.domain;

import lombok.AllArgsConstructor;
import lombok.Data;
import lombok.NoArgsConstructor;
import java.io.Serializable;

@Data
@NoArgsConstructor
@AllArgsConstructor
```

```
public class Tutor {
    private Integer tutorId;
    private String name;
    private String title;
    private String email;
    private List < Course > courses;                    //教师讲授的课程列表

    @Override
    public String toString() {
      return "教师 [id = " + tutorId + ",name = " + name + "]";
    }
}
```

在上面的 Tutor 类中定义了引用 Course 实例的集合属性（courses）及对应的 getter/setter 方法，同时为了方便查询输出还覆盖了 toString()方法。

（3）在 com.boda.mapper 包中创建 Tutor 类的映射文件 TutorMapper.xml，并在该文件中编写一对多关联映射查询的配置，代码见清单 15.12。本例采用嵌套结果的方式进行映射。

清单 15.12　TutorMapper.xml

```
<?xml version = "1.0" encoding = "UTF - 8"?>
<! DOCTYPE mapper
    PUBLIC " - //mybatis.org//DTD Mapper 3.0//EN"
    "http://mybatis.org/dtd/mybatis - 3 - mapper.dtd">
< mapper namespace = "com.boda.mapper.TutorMapper">
    <!-- 嵌套结果:使用嵌套结果映射来处理重复的连接结果 -->
    < resultMap id = "tutorResult" type = "com.boda.domain.Tutor">
          < id property = "tutorId" column = "tutor_id"/>
          < result property = "name" column = "tutor_name" />
          < result property = "title" column = "title"/>
          < result property = "email" column = "email"/>
          < collection property = "courses" ofType = "com.boda.domain.Course">
              < id property = "courseId" column = "course_id"/>
              < result property = "name" column = "name"/>
              < result property = "startDate" column = "start_date"/>
              < result property = "endDate" column = "end_date"/>
          </collection>
     </resultMap>

    <!-- 定义一个 SELECT 语句,根据指定 tutorId 查询表数据 -->
    <!-- 注意:当关联查询结果有相同列名时(如 tutors.name 和 courses.name),必须使用别名区分 -->
    < select id = "selectTutorById" parameterType = "Integer"
              resultMap = "tutorResult">
        SELECT t.tutor_id, t.name AS tutor_name, title, email,
              c.course_id course_id, c.name, start_date, end_date
        FROM tutors t, courses c
        WHERE t.tutor_id = c.tutor_id AND t.tutor_id = #{tutorId}
    </select>
</mapper>
```

（4）将映射文件 TutorMapper.xml 添加到核心配置文件 mybatis-config.xml 中，其代码如下。

```
< mapper resource = "com/boda/mapper/TutorMapper.xml"/>
```

（5）在 com.boda.mapper 包中创建 Tutor 类的 Mapper 映射器接口，代码见清单 15.13。

清单 15.13　TutorMapper.java

```
package com.boda.mapper;
import com.boda.domain.Tutor;
```

```
public interface TutorMapper{
    //根据 tutorId 查询 Tutor 对象
    Tutor selectTutorById(int tutorId);
}
```

(6) 在测试类 com.boda.test.MyBatisTest 中编写测试方法 selectTutorByIdTest(),代码如下。

```
@Test
public void selectTutorByIdTest(){
    SqlSession session = MyBatisUtil.getSession();
    TutorMapper mapper = session.getMapper(TutorMapper.class);
    try{
        Tutor tutor = mapper.selectTutorById(2);
        //输出指定教师的任课信息
        System.out.println(tutor);
        System.out.println(tutor.getCourses());
    } finally {
        session.commit();
        session.close();
    }
}
```

使用 JUnit 执行 selectTutorByIdTest()方法,控制台的输出结果如图 15-10 所示。

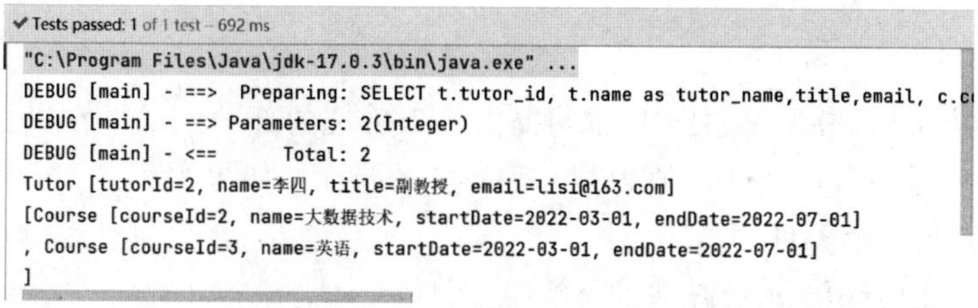

```
✔ Tests passed: 1 of 1 test – 692 ms
"C:\Program Files\Java\jdk-17.0.3\bin\java.exe" ...
DEBUG [main] - ==>  Preparing: SELECT t.tutor_id, t.name as tutor_name,title,email, c.c
DEBUG [main] - ==> Parameters: 2(Integer)
DEBUG [main] - <==      Total: 2
Tutor [tutorId=2, name=李四, title=副教授, email=lisi@163.com]
[Course [courseId=2, name=大数据技术, startDate=2022-03-01, endDate=2022-07-01]
, Course [courseId=3, name=英语, startDate=2022-03-01, endDate=2022-07-01]
]
```

图 15-10　测试方法的运行结果

从图 15-10 中可以看出,使用 MyBatis 嵌套结果的方式查询出了指定教师号(2)的教师信息及该教师关联的任课信息(有两条课程记录信息)。

需要注意的是,上述示例从教师角度出发,教师和课程之间是一对多的关联关系,但如果从课程的角度出发,一门课程只有一个教师,它们之间是一对一的关联关系,在编写映射 ResultMap 时就需要使用一对一关联关系。限于篇幅,这里对此不进行讨论。

提示:MyBatis 支持多对多映射,但多对多映射的实现较为复杂,这里不进行讨论。如果读者在开发中需要用到多对多映射,也可以将查询定义为视图,在 MyBatis 中将多对多映射转换为对视图的查询更为方便。

15.4　动态 SQL

如果开发人员使用 JDBC 或其他框架开发过数据库程序,会感到根据条件构建 SQL 很麻烦。使用 MyBatis 的动态 SQL 功能组装语句能很好地解决这一问题。

MyBatis 允许在映射 SQL 语句中使用动态功能,它是通过标签元素实现的。如果用户使用过 JSTL,对这些动态 SQL 语句标签很容易理解。MyBatis 的动态 SQL 元素如表 15-8 所示。

表 15-8　MyBatis 的动态 SQL 元素

元素	说明
<if>	判断语句，用于单条件分支判断
<choose>、<when>和<otherwise>	用于多条件分支判断，相当于 Java 中的 switch…case 结构
<where>、<set>和<trim>	用于指定 SQL 的条件、UPDATE 语句的 SET 及特殊字符问题
<foreach>	循环语句，常用于 IN 语句等列举条件中
<bind>	从 OGNL 表达式中创建一个变量，并将其绑定到上下文，常用于模糊查询的语句中

下面介绍这些动态 SQL 语句标签的使用。

15.4.1　<if>元素

在动态 SQL 中最常见的情况就是在 SQL 的 WHERE 子句中有条件地包含一部分内容。例如：

```
<select id = "findActiveEmployee" resultType = "Employee">
   SELECT * FROM employee WHERE status = 'ACTIVE'
   <if test = "title!= null">
      AND title LIKE #{title}
   </if>
</select>
```

该语句通过<if>元素为 WHERE 子句提供一个可选的部分。如果在执行该语句时没有传递 title 字段值，返回所有 status 值为“ACTIVE”的员工；如果提供了 title 值，还需要判断 title 条件，返回满足两个条件的员工。

另外，也可以使用<if>元素提供多个条件。例如：

```
<select id = "findActiveEmployee" resultType = "Employee">
   SELECT * FROM employee
   WHERE status = 'ACTIVE'
   <if test = "title!= null">
      AND title LIKE #{title}
   </if>
   <if test = "salary!= null">
      AND salary > #{salary}
   </if>
</select>
```

下面通过实例说明动态 SQL 语句的使用。

(1) 在数据库中创建 employees 表，并向该表中插入若干记录，代码如下。

```
CREATE TABLE employees(
   id INT PRIMARY KEY AUTO_INCREMENT,      -- 员工 ID
   name VARCHAR(10),                       -- 姓名
   title VARCHAR(10),                      -- 职务
   age INT,                                -- 年龄
   salary DECIMAL(8,2),                    -- 工资
   status VARCHAR(10)                      -- 状态
);
```

使用下面的语句向员工表中插入记录。

```
INSERT INTO employees VALUES(101,'张大海','经理',35,5000.00,'ACTIVE');
INSERT INTO employees VALUES(102,'李清泉','职员',28,7000.00,'ACTIVE');
```

(2) 在 com. boda. domain 包中创建 Employee 实体类，代码见清单 15.14。

清单 15.14　Employee. java

```
package com.boda.domain;

import lombok.AllArgsConstructor;
import lombok.Data;
import lombok.NoArgsConstructor;
import java.io.Serializable;

@Data
@NoArgsConstructor
@AllArgsConstructor
public class Employee{
   private Integer id;
   private String name;
   private String title;
   private int age;
   private double salary;
   private String status;
}
```

该实体类包含的属性与 employees 表中的各个字段对应，以便将来实现对象关系的映射。类的属性名和表的字段名也可以不一致，但数据类型应该匹配。

(3) 在 com. boda. mapper 包中创建 EmployeeMapper. xml 映射文件，使用< if >元素定义一个 SQL 查询语句，代码如下。

```
<?xml version = "1.0" encoding = "UTF - 8"?>
<!DOCTYPE mapper PUBLIC " - //mybatis.org//DTD Mapper 3.0//EN"
   "http://mybatis.org/dtd/mybatis - 3 - mapper.dtd">
< mapper namespace = "com.boda.mapper.EmployeeMapper">
  < select id = "findActiveEmployee" resultType = "com.boda.domain.Employee">
      SELECT * FROM employees WHERE status = 'ACTIVE'
    < if test = "title!= null">
       AND title LIKE #{title}
    </if >
    < if test = "salary!= null">
       AND salary > #{salary}
    </if >
  </select >
</mapper >
```

在上述代码中使用< if >元素定义了条件，只要条件满足，将查询满足条件的记录，否则将查询出所有 status 字段值为“ACTIVE”的记录。

(4) 将映射文件 EmployeeMapper. xml 的路径添加到配置文件 mybatis-config. xml 中。

```
< mapper resource = "com/boda/mapper/EmployeeMapper.xml" />
```

(5) 在 com. boda. mapper 包中创建 EmployeeMapper 映射器接口，在其中定义 findActiveEmployee()方法，代码见清单 15.15。

清单 15.15　EmployeeMapper. java

```
package com.boda.mapper;

import com.boda.domain.Employee;
public interface EmployeeMapper {
    //根据条件查询员工信息
    public List < Employee > findActiveEmployee(Object param);
}
```

这里的 findActiveEmployee()方法带一个参数。如果提供了参数，将执行带参数的 SQL 语句。

(6) 在测试类 MyBatisTest 中编写测试方法 findActiveEmployeeTest()，代码如下。

```
@Test
public void findActiveEmployeeTest(){
    SqlSession session = MyBatisUtil.getSession();
    Map < String, String > param = new HashMap <>();
    param.put("status", "ACTIVE");
    try{
        EmployeeMapper mapper = session.getMapper(EmployeeMapper.class);
        List < Employee > employees = mapper.findActiveEmployee(param);
        //输出查询到的员工信息
        for(Employee emp:employees) {
            System.out.println(emp);
        }
    }catch(Exception e) {
        System.out.println(e);
    }finally {
        session.commit();
        session.close();
    }
}
```

使用 JUnit 执行 findActiveEmployeeTest()方法，控制台的输出结果如图 15-11 所示。这里输出了满足条件的员工信息。

```
✔ Tests passed: 1 of 1 test – 718 ms
"C:\Program Files\Java\jdk-17.0.3\bin\java.exe" ...
DEBUG [main] - ==>  Preparing: SELECT * FROM employees WHERE status = 'ACTIVE'
DEBUG [main] - ==> Parameters: 
DEBUG [main] - <==      Total: 2
Employee [id=101, name=张大海, title=经理, age=35, salary=5000.0, status=ACTIVE]
Employee [id=102, name=李清泉, title=职员, age=28, salary=7000.0, status=ACTIVE]
```

图 15-11　程序的执行结果

15.4.2　<choose>、<when>和<otherwise>元素

在使用<if>元素时，只要 test 属性中的表达式为 true，就会执行<if>中的语句，但是在实际应用中有时只需要从多个选项中选择一个去执行。为此，类似于 Java 语言中的 switch 结构，MyBatis 提供了<choose>元素。

例如，对于上面的例子，这次要求按条件查询员工信息，如果某个条件满足，则只查询满足该条件的记录。下面使用<choose>、<when>和<otherwise>元素实现上述功能。

```
< select id = "selectEmployeeOnCondition"
          type = "com.boda.domain.Employee">
  SELECT * FROM employees WHERE 1 = 1
  < choose >
     < when test = "status!= null">
        AND status = #{status}
     </when >
     < when test = "title != null">
        AND title LIKE #{title}
     </when >
     < otherwise >
        AND salary > 5000
     </otherwise
```

```
    </choose>
</select>
```

在上述代码中，查询语句的 WHERE 子句的"1=1"条件为 true，在下面使用<choose>元素的<when>子元素和<otherwise>子元素指定了 3 个条件，只要有一个条件满足，将查询满足条件的记录，否则将查询出所有记录。

15.4.3　<where>和<trim>元素

考虑下面的动态 SQL 查询语句。

```
<select id = "findEmployee" resultType = "Employee">
   SELECT * FROM employees
   WHERE
    <if test = "status!= null">
      status = #{status}
    </if>
     <if test = "title!= null">
      AND title LIKE #{title}
    </if>
    <if test = "salary!= null">
      AND salary > #{salary}
    </if>
</select>
```

该语句在 WHERE 子句中使用<if>元素指定条件。这里，如果所有的条件都不满足，最终会得到如下的 SQL 语句。

```
SELECT * FROM employees WHERE
```

该语句显然不正确。同样，如果只是第二个条件满足，则会得到如下的 SQL 语句。

```
SELECT * FROM employee
WHERE AND title LIKE 'SomeTitle'
```

该语句也不正确。这个问题使用条件标签不好实现。MyBatis 提供的<where>元素可以解决这个问题，将<if>元素的条件嵌套在<where>元素中即可。

```
<select id = "findEmployee" resultType = "Employee">
   SELECT * FROM employee
   <where>
      <if test = "status!= null">
        status = #{status}
      </if>
      <if test = "title!= null">
        AND title LIKE #{title}
      </if>
      <if test = "salary!= null">
        AND salary > #{salary}
      </if>
    </where>
</select>
```

这样配置后，如果<where>元素包含的<if>元素有返回内容，<where>元素将在 SQL 语句中插入 WHERE 子句，如果内容前有 AND 或 OR 关键字，也会自动将其去掉。

另外，用户还可以指定<where>元素的行为，可以定义<trim>元素，例如下面的<trim>元素与<where>元素的行为相同。

```
<trim prefix = "WHERE" prefixOverrides = "AND|OR">
    ...
</trim>
```

该元素将在标签体内容的前面加上 WHERE 子句，如果内容的开头是“AND”或“OR”，则自动将其去掉。

15.4.4 <set>元素

在执行更新（UPDATE）语句时，可能只需要更新部分字段的值，这时可以使用<set>元素，在其中使用<if>子元素指定需要更新的字段。例如：

```
<!--<set>元素的使用-->
<update id="updateEmployeeIfNecessary">
    UPDATE employees
    <set>
        <if test="name!=null">name=#{name},</if>
        <if test="title!=null">title=#{title},</if>
        <if test="age!=null">age=#{age},</if>
        <if test="salary!=0">salary=#{salary}</if>
    </set>
    WHERE id=#{id}
</update>
```

如上的<set>元素将动态添加 SET 子句，如果某个<if>条件为 true，将添加修改子句，<set>元素还将自动去掉后面多余的逗号。

当在映射文件中使用<set>和<if>元素组合进行 UPDATE 语句动态 SQL 组装时，如果<set>元素内包含的内容都为空，则会出现 SQL 语法错误，所以在使用<set>元素进行字段信息更新时要确保传入的更新字段不能都为空。

为了验证上述配置的更新语句，在 EmployeeMapper 接口中添加如下的方法。

```
public int updateEmployeeIfNecessary(Employee param);
```

在测试类 MyBatisTest 中编写测试方法 updateEmployeeIfNecessaryTest()，内容如下。

```
@Test
public void updateEmployeeIfNecessaryTest(){
    SqlSession session = MyBatisUtil.getSession();
    Employee employee = new Employee();
    employee.setId(102);
    employee.setName("王小明");
    employee.setAge(30);
    try{
        EmployeeMapper mapper = session.getMapper(EmployeeMapper.class);
        int n = mapper.updateEmployeeIfNecessary(employee);
        if(n>0) {
            System.out.println("成功修改了" + n + "条记录");
        }else {
            System.out.println("修改操作失败!");
        }
    }catch(Exception e) {
        System.out.println(e);
    }finally {
        session.commit();
        session.close();
    }
}
```

在 updateEmployeeIfNecessaryTest()方法中首先创建一个 Employee 对象，设置几个属性值，然后将其作为 updateEmployeeIfNecessary()方法的参数，执行该方法将返回一个整数。

使用 JUnit 执行 updateEmployeeIfNecessaryTest()方法，控制台的输出结果如图 15-12 所示。

```
✔ Tests passed: 1 of 1 test – 612 ms
"C:\Program Files\Java\jdk-17.0.3\bin\java.exe" ...
DEBUG [main] - ==>  Preparing: UPDATE employees SET name=?, age=? WHERE id=?
DEBUG [main] - ==> Parameters: 王小明(String), 30(Integer), 102(Integer)
DEBUG [main] - <==      Updates: 1
成功修改了1条记录
```

图 15-12　程序的执行结果

从图 15-12 中可以看出，控制台提示已经成功修改了一条记录。为了验证是否真的执行成功，查询 employees 表。

15.4.5　<foreach>元素

有些 SQL 语句的 WHERE 子句需要在一个集合的元素上迭代，这通常使用 IN 运算符实现。在 MyBatis 中可以使用<foreach>元素实现这个功能。例如，下面的查询语句将返回指定集合中的员工信息。

```
<select id = "selectEmployeeIn"
        resultType = "com.boda.domain.Employee">
    SELECT * FROM employees e
    WHERE id IN
    <foreach item = "id" index = "index" collection = "list"
            open = "(" separator = "," close = ")">
        #{id}
    </foreach>
</select>
```

在上述代码中，使用<foreach>元素对传入的集合进行遍历并进行动态 SQL 组装。<foreach>元素包含以下几个属性。

- item 属性：指定循环中当前的元素。
- index 属性：指定当前元素在集合中的索引。
- collection 属性：指定传递来的集合类型，它的值可以为 List、Array 等。
- open 和 close 属性：指定包含元素的开始和结束符号。
- separator 属性：指定元素的分隔符。

可以传递任何 Iterable（可迭代）对象（例如 List、Set 等），也可以传递 Map 对象或数组对象。当使用可迭代对象或数组时，index 是当前迭代的次数，item 值是本次迭代检索到的元素；当使用 Map 时，index 是键对象，item 是值对象。

为了验证上述配置，在 EmployeeMapper 接口中声明 selectEmployeeIn()方法，该方法带一个 List 类型的参数，代码如下。

```
public List<Employee> selectEmployeeIn(List<Integer> params);
```

在测试类 MyBatisTest 中编写测试方法 selectEmployeeInTest()，内容如下。

```
@Test
public void selectEmployeeInTest(){
    SqlSession session = MyBatisUtil.getSession();
    List<Integer> ids = new ArrayList<>();
    ids.add(101);
    ids.add(102);
    try{
        EmployeeMapper mapper =
                session.getMapper(EmployeeMapper.class);
        List<Employee> employees = mapper.selectEmployeeIn(ids);
```

```
        employees.forEach(
            employee -> System.out.println(employee));
    }catch(Exception e) {
        System.out.println(e);
    }finally {
        session.commit();
        session.close();
    }
}
```

在上述代码中，执行查询操作时传入了一个员工编号的 List 对象。使用 JUnit 执行 selectEmployeeInTest()方法，控制台的输出结果如图 15-13 所示。

```
✔ Tests passed: 1 of 1 test – 753 ms
"C:\Program Files\Java\jdk-17.0.3\bin\java.exe" ...
DEBUG [main] - ==>  Preparing: SELECT * FROM employees e WHERE id IN ( ? , ? )
DEBUG [main] - ==> Parameters: 101(Integer), 102(Integer)
DEBUG [main] - <==      Total: 2
Employee [id=101, name=张大海, title=经理, age=35, salary=5000.0, status=ACTIVE]
Employee [id=102, name=王小明, title=职员, age=30, salary=7000.0, status=ACTIVE]
```

图 15-13　程序的执行结果

从图 15-13 可以看出，使用<foreach>元素为查询语句传入了两个参数。

15.4.6　<bind>元素

<bind>元素可以通过 OGNL 表达式创建一个变量，然后将它绑定到上下文。下面是一个简单的例子。

```
<select id = "selectEmployeeLike"
        resultType = "com.boda.domain.Employee">
 <bind name = "pattern" value = "'%' + _parameter.getTitle() + '%'"/>
    SELECT * FROM employees
    WHERE title LIKE #{pattern}
</select>
```

在上述配置代码中，使用<bind>元素定义了一个名为 pattern 的变量，value 属性值是使用子串和参数拼接的字符串，它将用在 SQL 的 WHERE 子句中，其中，_parameter.getTitle()表示调用传递来的参数对象的 getTitle()方法返回的值。在 SQL 语句中，直接引用<bind>元素定义的 name 属性值进行动态 SQL 组装。

为了验证上述配置，在 EmployeeMapper 接口中声明 selectEmployeeLike()方法，该方法带一个 Employee 类型的参数，代码如下。

```
public List<Employee> selectEmployeeLike(Employee employee);
```

在测试类 MyBatisTest 中编写测试方法 selectEmployeeLikeTest()，内容如下。

```
@Test
public void selectEmployeeLike(){
    SqlSession session = MyBatisUtil.getSession();
    Employee emp = new Employee();
    emp.setTitle("经理");
    try{
        EmployeeMapper mapper = session.getMapper(EmployeeMapper.class);
        List<Employee> employees = mapper.selectEmployeeLike(emp);
        employees.forEach(
            employee -> System.out.println(employee));
    }catch(Exception e) {
        System.out.println(e);
```

```
    }finally {
      session.commit();
      session.close();
    }
  }
```

在上述代码中,执行查询操作时传入了一个员工对象,MyBatis 将调用 getTitle()方法返回的值作为参数传递给< bind >元素指定的参数。使用 JUnit 执行 selectEmployeeLikeTest()方法,控制台的输出结果如图 15-14 所示。

```
✔ Tests passed: 1 of 1 test – 697 ms
"C:\Program Files\Java\jdk-17.0.3\bin\java.exe" ...
DEBUG [main] - ==>  Preparing: SELECT * FROM employees WHERE title LIKE ?
DEBUG [main] - ==> Parameters: %经理%(String)
DEBUG [main] - <==      Total: 1
Employee [id=101, name=张大海, title=经理, age=35, salary=5000.0, status=ACTIVE]
```

图 15-14　程序的执行结果

本章小结

本章首先介绍 MyBatis 的配置文件及常用元素的使用,然后重点介绍了 MyBatis 的映射文件及各种 SQL 语句的映射,最后介绍了关联映射的实现。

练习与实践

第16章

映射器注解

在 MyBatis 映射文件中不仅可以构建固定的 SQL 语句，还可以使用动态 SQL 语句，它通过一些子元素实现。在 MyBatis 映射器接口中如果使用注解定义 SQL 语句，则不需要映射文件。

本章介绍常用的映射器注解，其中包括@Insert、@Update、@Delete、@Select，还介绍了@SelectProvider、@InsertProvider、@UpdateProvider、@DeleteProvider 等提供器注解。

本章内容要点

- MyBatis 映射器注解。
- MyBatis 常用映射器注解的使用。
- SQL 语句构建器的使用。

16.1 在 Mapper 接口上使用注解

从前面的例子可以看到，在映射文件中定义 SQL 语句，在 Mapper 接口中定义数据库操作方法，然后在应用程序中使用 SqlSession 对象的 getMapper()得到映射器对象，再调用它的方法执行数据库操作。这种方法不仅代码简洁，并且是类型安全的，也方便在 IDE 中进行单元测试。

从 MyBatis 3 开始增加了 Java 注解配置映射 SQL 语句，也就是在 Mapper 接口中为操作方法添加注解来实现语句映射，因此不需要在映射文件中配置 SQL 语句。

提示：在 Mapper 接口中使用注解有一定的局限，其表达能力及灵活性较差，有些复杂的映射不能用注解实现，还必须用映射文件定义。

MyBatis 注解定义在 org. apache. ibatis. annotations 包中，常用的映射器注解如表 16-1 所示。

表 16-1　MyBatis 常用的映射器注解

注　解	说　明
@Insert @Delete @Update @Select	映射 SQL 的 INSERT、DELETE、UPDATE 和 SELECT 语句，它们带一个 value 属性，用于指定一个字符串或数组，表示需要执行的 SQL 语句

续表

注　　解	说　　明
@Results @Result	@Results 注解指定查询结果映射，主要完成映射文件中< resultMap >的功能。@Result 注解用于指定单个属性和字段的映射，它的属性包括 id、column、property、javaType、jdbcType、one 和 many 等
@Options	提供配置选项的附加值，它们通常在映射语句上作为附加功能配置出现
@SelectKey	使用@SelectKey 注解为任意 SQL 语句指定主键值，作为主键列的值
@One @Many	@One 指定单属性值映射，必须指定 select 属性，表示已映射的 SQL 语句的完全限定名。@Many 指定集合属性值映射，必须指定 select 属性，表示已映射的 SQL 语句的完全限定名
@Param	当映射器方法有多个参数时，可以使用该注解为映射器方法的每个参数取一个名字，否则多个参数将以它们的位置顺序命名，如#{param1}、{param2}等。如果使用@Param("person")，参数被命名为#{person}
@InsertProvider @DeleteProvider @UpdateProvider @SelectProvider	这些注解用于创建动态 SQL。使用这些注解需要指定一个类名和一个返回 SQL 对象的方法。在运行时，MyBatis 将实例化类，然后执行方法指定的 SQL 语句
@ConstructorArgs @Arg	@ConstructorArgs 注解收集一组结果传递给结果对象的构造方法，其 value 属性的值是 Arg 注解数组。@Arg 注解指定构造方法的一个参数

下面通过实例介绍这些注解的使用。

MyBatis 对于大部分基于 XML 的映射器元素（包括< select >、< update >）提供了对应的基于注解的配置项，然而在某些情况下，基于注解配置还不能支持基于 XML 的一些元素。

16.1.1 @Insert 插入语句

使用@Insert 注解定义一个 INSERT 映射语句。例如：

```
package com.boda.mapper;

public interface StudentMapper{
    @Insert("INSERT INTO students(stud_id,name,gender,birthday,phone)
            VALUES(#{studId},#{name},#{gender},#{birthday},#{phone})")
    int insertStudent(Student student);
}
```

使用@Insert 注解的 insertStudent()方法将会返回 INSERT 语句执行后影响的行数。主键列的值可以自动生成，可以使用@Options 注解的 userGeneratedKeys 和 keyProperty 属性让数据库产生 auto_increment(自增长)列的值，然后将生成的值设置到输入参数对象的属性中。

```
@Insert("INSERT INTO students(name,gender,birthday,phone)
        VALUES(#{name},#{gender},#{birthday},#{phone})")
@Options(useGeneratedKeys = true,keyProperty = "studId")
int insertStudent(Student student);
```

这里 stud_id 列的值将会通过 MySQL 数据库自动生成，并且生成的值将会被设置到 student 对象的 studId 属性中。

有些数据库，例如 Oracle，并不支持自动增长的列，它使用序列(sequence)产生主键值。此时可以使用@SelectKey 注解为任意 SQL 语句指定主键值，作为主键列的值。

假设有一个名为 STUD_ID_SEQ 的序列生成 stud_id 主键值。

```
@Insert("INSERT INTO students(stud_id,name,gender,birthday,phone)
```

```
            VALUES(#{studId},#{name},#{gender},#{birthday},#{phone})")
    @SelectKey(statement = "SELECT STUD_ID_SEQ.NEXTVAL FROM DUAL",
               keyProperty = "studId",resultType = int.class,before = true)
int insertStudent(Student student);
```

这里使用@SelectKey生成主键值，并且存储到student对象的studId属性上。由于设置了before=true，该语句将会在执行INSERT语句之前执行。

如果使用序列作为触发器来设置主键值，可以在INSERT语句执行后从sequence_name.currval获取数据库产生的主键值。

注意：使用注解的Mapper映射器接口不需要使用映射文件，但需要在配置文件中使用<mappers>元素注册映射器类，代码如下。

```
<mappers>
    <mapper class = "com.boda.mapper.StudentMapper"/>
</mappers>
```

16.1.2 @Update更新语句

使用@Update注解定义一个UPDATE映射语句。例如：

```
@Update("UPDATE students SET name = #{name},gender = #{gender},
    birthday = #{birthday},phone = #{phone} WHERE stud_id = #{studId}")
int updateStudent(Student student);
```

使用@Update注解的updateStudent()方法将会返回执行UPDATE语句后影响的行数。

```
StudentMapper mapper = sqlSession.getMapper(StudentMapper.class);
int noOfRowsUpdated = mapper.updateStudent(student);
```

16.1.3 @Delete删除语句

使用@Delete注解定义一个DELETE映射语句。例如：

```
@Delete("DELETE FROM students WHERE stud_id = #{studId}")
int deleteStudent(int studId);
```

使用@Delete注解的deleteStudent()方法将会返回执行DELETE语句后影响的行数。

16.1.4 @Select查询语句

使用@Select注解定义一个SELECT映射语句。下面的代码使用@Select注解配置一个简单的SELECT查询。

```
public interface StudentMapper{
   @Select("SELECT stud_id AS studId,name,gender,birthday,phone
            FROM students WHERE stud_id = #{studId}")
   Student findStudentById(Integer studId);
}
```

为了将列名与Student类的属性名匹配，这里为stud_id提供了一个别名studId。如果查询返回多行，将抛出TooManyResultsException异常。

16.2 结果与关联映射

使用@Results注解将指定列映射到JavaBean属性，用@One注解实现一对一映射，用@Many注解实现一对多映射。

16.2.1 @ResultMap 结果映射

在@Select 注解的 SELECT 语句中可以使用别名将查询结果列名映射到 JavaBean 属性名，也可以使用@Results 注解直接将列名映射到 JavaBean 属性名。清单 16.1 给出了两个语句的映射。

清单 16.1 StudentMapper.java

```
public interface StudentMapper{
    @Select("SELECT * FROM students")
    @Results({
        @Result(id = true,column = "stud_id",property = "studId"),
        @Result(column = "name",property = "name"),
        @Result(column = "gender",property = "gender"),
        @Result(column = "birthday",property = "birthday"),
        @Result(column = "phone",property = "phone"),
        @Result(column = "addr_id",property = "address.addrId")
    })
    List<Student> findAllStudents();

    @Select("SELECT * FROM students WHERE stud_id = #{studId}")
    @Results({
        @Result(id = true,column = "stud_id",property = "studId"),
        @Result(column = "name",property = "name"),
        @Result(column = "gender",property = "gender"),
        @Result(column = "birthday",property = "birthday"),
        @Result(column = "phone",property = "phone"),
        @Result(column = "addr_id",property = "address.addrId")
    })
    Student findStudentById(int studId);
}
```

@Results 注解与映射文件中的<resultMap>元素对应，但是在@Results 注解中不提供 id 值，因此与<resultMap>元素不同的是，用户不能在其他的映射语句之间复用@Results 注解。

如果要复用内容相同的@Results 注解，可以在映射文件中配置一个<resultMap>元素，然后使用@ResultMap 注解引用这个 resultMap。

例如，在 StudentMapper.xml 中定义一个 id 为 studentResult 的<resultMap>。

```
<resultMap id = "studentResult" type = "com.boda.domain.Student">
    <id property = "studId" column = "stud_id"/>
    <result property = "name" column = "name"/>
    <result property = "gender" column = "gender"/>
    <result property = "birthday" column = "birthday"/>
    <result property = "phone" column = "phone"/>
</resultMap>
```

然后在 StudentMapper.java 中使用@ResultMap 注解引用 resultMap 属性 studentResult。例如：

```
public interface StudentMapper{
    @Select("SELECT * FROM students")
    @ResultMap("com.boda.mapper.StudentMapper.studentResult")
    List<Student> findAllStudents();

    @Select("SELECT * FROM students WHERE stud_id = #{studId}")
    @ResultMap("com.boda.mapper.StudentMapper.studentResult")
```

```
    Student findStudentById(int studId);
}
```

脚下留神

尽管使用注解配置 SQL 语句不需要编写映射文件，但仍然需要在 MyBatis 配置文件中定义映射器接口，例如：

```
<mappers>
    <mapper class = "com.boda.mapper.StudentMapper"/>
</mappers>
```

16.2.2 @One 一对一映射

MyBatis 提供了@One 注解使用嵌套 SELECT(Nested-Select)语句加载一对一关联查询数据。下面介绍如何使用@One 注解获取学生及其地址信息，代码见清单 16.2。

清单 16.2 StudentMapper.java

```
public interface StudentMapper {
    @Select("SELECT * FROM address WHERE addr_id = #{addrId}")
    @Results( {
      @Result(id = true, column = "addr_id", property = "addrId"),
      @Result(column = "city", property = "city"),
        @Result(column = "street", property = "street"),
        @Result(column = "zipcode", property = "zipcode")
      })
    public Address selectAddressById(int addrId);

    @Select("SELECT * FROM students WHERE stud_id = #{studId} ")
    @Results(
    {
        @Result(id = true, column = "stud_id", property = "studId"),
        @Result(column = "name", property = "name"),
        @Result(column = "gender", property = "gender"),
        @Result(column = "birthday", property = "birthday"),
        @Result(column = "phone", property = "phone"),
        @Result(property = "address", column = "addr_id",
        one = @One(select =
               "com.boda.mapper.StudentMapper.selectAddressById"))
    })
    public Student selectStudentById(int studId);
}
```

这里使用@One 注解的 select 属性来指定一个使用了完全限定名的方法，该方法会返回一个 Address 对象。使用 column="addr_id"，则 students 表中 addr_id 列的值将会作为输入参数传递给 selectAddressById()方法。如果@One 注解的 SELECT 查询返回了多行结果，则会抛出 TooManyResultsException 异常。

下面的代码可以查询学生及其地址信息。

```
SqlSession session = MyBatisUtil.getSession();
StudentMapper mapper = session.getMapper(StudentMapper.class);
Student student = mapper.selectStudentById(101);
System.out.println(student);
```

除了可以使用嵌套 SELECT 语句的方式，还可以使用嵌套 ResultMap 的方式基于 XML 的映射器配置加载一对一关联。在 MyBatis 中没有基于注解的对应映射，可以在映射文件中定义< resultMap >,并使用@ResultMap 注解引用它。在 StudentMapper. xml 中配置< resultMap >如下。

```
<mapper namespace="com.boda.mapper.StudentMapper">
<resultMap id="addressResult" type="Address">
    <id property="addrId" column="addr_id"/>
    <result property="city" column="city"/>
    <result property="street" column="street"/>
    <result property="zipcode" column="zipcode"/>
</resultMap>
<resultMap type="Student" id="StudentWithAddressResult">
<id property="studId" column="stud_id"/>
<result property="name" column="name"/>
<result property="gender" column="gender"/>
<association property="address" resultMap="AddressResult"/>
</resultMap>
</mapper>
```

有了< resultMap >定义,就可以在 StudentMapper 接口中使用@ResultMap 注解方式引用,代码如下。

```
public interface StudentMapper{
   @Select("SELECT stud_id, name, gender, a.addr_id, street, city, zipcode" + " FROM students s
LEFT OUTER JOIN addresses a ON s.addr_id = a.addr_id" + " WHERE stud_id = #{studId}")
   @ResultMap("com.boda.mapper.StudentMapper.studentWithAddressResult")
   Student selectStudentWithAddress(int studId);
}
```

16.2.3　@Many 一对多映射

MyBatis 提供了@Many 注解,用来使用嵌套 SELECT 语句加载一对多关联查询。下面来看如何使用@Many 注解获取一名教师及其讲授课程的信息,代码见清单 16.3。

清单 16.3　TutorMapper.java

```
public interface TutorMapper{
   @Select("SELECT * FROM courses WHERE tutor_id = #{tutorId}")
   @Results({
      @Result(id = true, column = "course_id", property = "courseId"),
      @Result(column = "name", property = "name"),
      @Result(column = "start_date", property = "startDate"),
      @Result(column = "end_date", property = "endDate")
    })
   List<Course> findCoursesByTutorId(int tutorId);

   @Select("SELECT tutor_id, name AS tutor_name, title, email
            FROM tutors WHERE tutor_id = #{tutorId}")
   @Results({
      @Result(id = true, column = "tutor_id", property = "tutorId"),
      @Result(column = "tutor_name", property = "name"),
      @Result(column = "title", property = "title"),
      @Result(column = "email", property = "email"),
      @Result(property = "courses", column = "tutor_id",
      many = @Many(select = "com.boda.mapper.TutorMapper.findCoursesByTutorId"))
    })
   Tutor findTutorById(int tutorId);
}
```

这里使用@Many 注解的 select 属性指向一个完全限定的方法名,该方法返回 List < Course >

对象。使用 column="tutor_id"属性，可以将 tutors 表中 tutor_id 列的值作为输入参数传递给 findCoursesByTutorId()方法。下面是测试代码。

```
SqlSession session = MyBatisUtil.getSession();
TutorMapper mapper = session.getMapper(TutorMapper.class);
Tutor tutor = mapper.findTutorById(2);
System.out.println(tutor);
System.out.println(tutor.getCourses());
```

执行上述代码，输出结果如图 16-1 所示。

```
MyBatisTest
DEBUG [main] - ====> Parameters: 2(Integer)
DEBUG [main] - <====      Total: 2
DEBUG [main] - <==      Total: 1
Tutor [tutorId=2, name=李四, title=副教授, email=lisi@163.com]
[Course [courseId=2, name=大数据技术, startDate=2022-03-01, endDate=2022-07-01]
, Course [courseId=3, name=英语, startDate=2022-03-01, endDate=2022-07-01]
]
```

图 16-1 测试代码的执行结果

使用基于 XML 的映射器配置，还可以使用嵌套的 ResultMap 加载一对多关联。在 MyBatis 中，这种映射没有基于注解的对应项，但是可以在 XML 映射文件中定义< resultMap >，并使用@ResultMap 注解引用它。在 TutorMapper.xml 中配置< resultMap >，代码如下。

```
<resultMap id = "courseResult" type = "com.boda.domain.Course">
    <id column = "course_id" property = "courseId"/>
    <result column = "name" property = "name"/>
    <result column = "start_date" property = "startDate"/>
    <result column = "end_date" property = "endDate"/>
</resultMap>

<resultMap id = "tutorResult" type = "com.boda.domain.Tutor">
    <id column = "tutor_id" property = "tutorId"/>
    <result column = "tutor_name" property = "name"/>
    <result column = "email" property = "email"/>
    <collection property = "courses" resultMap = "courseResult"/>
</resultMap>
```

有了< resultMap >定义，就可以在 TutorMapper 接口中使用@ResultMap 注解方式引用，代码如下。

```
public interface TutorMapper{
   @Select("SELECT t.tutor_id, t.name AS tutor_name, title, email,
            course_id, c.name, start_date, end_date
            FROM tutors t LEFT OUTER JOIN courses c
            ON t.tutor_id = c.tutor_id
            WHERE t.tutor_id = #{tutorId}")
   @ResultMap("com.com.mapper.TutorMapper.tutorResult")
   Tutor selectTutorById(int tutorId);
}
```

16.3 动态构建 SQL

有时候需要根据输入条件动态地构建 SQL 语句。使用字符串拼接的方法构建 SQL 语句非常困难，并且容易出错。MyBatis 提供了@SelectProvider、@InsertProvider、@UpdateProvider 和@DeleteProvider 几个注解来动态地构建 SQL 语句，然后让 MyBatis 执行这些 SQL 语句。

以上 4 个注解都包含 type 属性和 method 属性。type 属性指定一个类名，method 属性指定该类的一个方法，该方法用来提供需要执行的 SQL 语句。这里的 SQL 语句需要通过 SQL 类的有关方法构建，SQL 类属于 org. apache. ibatis. jdbc 包。SQL 类的常用方法如表 16-2 所示。

表 16-2　SQL 类的常用方法

方 法 名	说 明
T SELECT(String) T SELECT(String...)	开始或追加到一个 SELECT 语句，参数是以逗号分隔的列名或列别名。该方法可以多次调用
T FROM(String) T FROM(String...)	开始或追加一个 FROM 子句，参数将被追加到 FROM 子句上，通常是表名或表别名。该方法可以多次调用
T JOIN(String) T INNER_JOIN(String) T LEFT_OUTER_JOIN(String) T RIGHT_OUTER_JOIN(String)	添加一个适当类型的 JOIN 子句，参数可以指定连接的表名和条件
T WHERE(String) T WHERE(String...)	添加一个 WHERE 条件子句，条件通过 AND 连接。如果是或运算，使用 OR()方法连接
T OR() T AND()	分离当前的 WHERE 子句，OR()方法表示或运算，AND()方法表示与运算
T GROUP BY(String)	追加一个新的 GROUP BY 子句元素
T HAVING(String conditions)	追加一个 HAVING 子句条件
T ORDER BY(String)	追加一个新的 ORDER BY 子句元素
T INSERT_INTO(String)	开始一个 INSERT 语句并指定要插入的表，后跟一个或多个 VALUES()、INTO_COLUMNS()、INTO_VALUES()调用
T VALUES(String,String)	追加到 INSERT 语句，第一个参数是插入的列，第二个参数是插入的值
T DELETE_FROM(String)	开始一个 DELETE 语句，需要指定删除记录的表。它通常后跟一个 WHERE 语句
T UPDATE(String)	开始一个 UPDATE 语句，需要指定要更新的表。它通常后跟一个或多个 SET()调用，有时还有一个 WHERE()调用
T SET(String)	向 UPDATE 语句追加一个 SET 子句列表
T INTO_COLUMNS(String...)	向 INSERT 语句中添加列短语。它通常与 INTO_VALUES()一起调用
T INTO_VALUES(String...)	向 INSERT 语句添加 VALUES 短语。它通常与 INTO_COLUMNS()一起调用

下面介绍这几个注解的使用。

16.3.1　@SelectProvider 动态查询

@SelectProvider 注解用来创建动态的 SELECT 语句。下面的 StudentSqlProvider. java 类是一个动态 SQL 提供器类，其中的 findStudentById()方法返回 SQL 语句，代码见清单 16.4。

清单 16.4　StudentSqlProvider. java

```
package com.boda.provider;

import org.apache.ibatis.jdbc.SQL;

public class StudentSqlProvider{
    public String findStudentById(){
        return new SQL(){{
            SELECT("stud_id AS studId,name,gender,birthday,phone");
            FROM("students");
```

```
                WHERE("stud_id = #{studId}");
            }}.toString();
        }
}
```

动态 SQL Provider 类的方法可以接收以下一种参数。

- 无参数
- 和 Mapper 映射器接口的方法同类型的参数
- java. util. Map

如果 Mapper 映射器接口有多个输入参数,可以使用参数类型为 java. util. Map 的方法作为 SQL Provider 方法,然后 Mapper 映射器接口的方法的所有输入参数将会被放到 Map 中,以 param1、param2 等作为 key,将输入参数按顺序作为 value。当然,也可以使用 0、1、2 等作为 key 值取得输入参数。

在 StudentMapper 接口中创建一个映射语句,代码见清单 16.5。

清单 16.5　StudentMapper. java

```
package com.boda.mapper;

import org.apache.ibatis.annotations.SelectProvider;
import com.boda.domain.Student;
import com.boda.provider.StudentSqlProvider;

public interface StudentMapper{
    @SelectProvider(type = StudentSqlProvider.class,
                    method = "findStudentById")
    Student findStudentById(int id);
}
```

这里使用@SelectProvider 的 type 属性指定了一个 Provider 类,用 method 属性指定它的一个方法,用来提供需要执行的 SQL 语句。

使用下面的代码测试使用注解的 Mapper 对象。

```
SqlSession session = MyBatisUtil.getSession();
StudentMapper mapper = session.getMapper(StudentMapper.class);
Student Student = mapper.findStudentById(20221002);
if(student!= null) {
    System.out.println(student);
}
```

由 StudentSqlProvider 提供的动态 SQL 语句也可以带多个参数,参数通常使用 Map 对象提供。例如,下面的方法带一个 Map 参数。

```
public String findWithParam(Map < String,Object > param){
     return new SQL(){{
         SELECT(" * ");
         FROM("students");
         if(param.get("studId")!= null){
             WHERE("stud_id = #{studId}");
         }
         if(param.get("name")!= null){
             WHERE("name = #{name}");
         }
         if(param.get("gender")!= null){
             WHERE("gender = #{gender}");
         }
         if(param.get("birthday")!= null){
```

```
            WHERE("birthday = #{birthday}");
        }
        if(param.get("phone")!= null){
            WHERE("phone = #{phone}");
        }
    }}.toString();
}
```

在 Mapper 映射器接口中定义下面的 findWithParam()方法使用该 SQL 语句。

```
@SelectProvider(type = StudentDynaSqlProvider.class,
                method = "findWithParam")
Student findWithParam(Map<String,Object> param);
```

16.3.2 @InsertProvider 动态插入

使用@InsertProvider 注解创建动态的 INSERT 语句,代码如下。

```
@InsertProvider(type = StudentSqlProvider.class,
                method = "insertStudent")
@Options(useGeneratedKeys = true,keyProperty = "stud_id")
public int insertStudent(Student student);
```

在 StudentSqlProvider 类中定义 insertStudent()方法,代码如下。

```
public String insertStudent(final Student student){
    return new SQL(){{
        INSERT_INTO("students");
        if (student.getStudId()!= 0){
            VALUES("stud_id","#{studId}");
        }
        if (student.getName()!= null){
            VALUES("name","#{name}");
        }
        if (student.getGender()!= null){
            VALUES("gender","#{gender}");
        }
        if (student.getBirthday()!= null){
            VALUES("birthday","#{birthday}");
        }
        if (student.getPhone()!= "" ){
            VALUES("phone","#{phone}");
        }
    }}.toString();
}
```

insertStudent()方法会根据参数 student 的属性动态地构建 INSERT 语句。使用下面的代码测试向 students 表中插入一条记录。

```
SqlSession session = MyBatisUtil.getSession();
StudentMapper mapper = session.getMapper(StudentMapper.class);
Student student = new Student();
student.setStudId(20240001);
student.setName("王小波");
student.setGender("男");
student.setBirthday(LocalDate.of(2022,Month.OCTOBER,20));
student.setPhone("1354168899");
int n = mapper.insertStudent(student);
System.out.println("成功插入" + n + "行,id 值为:" + student.getStudId());
```

16.3.3 @DeleteProvider 动态删除

使用@DeleteProvider 注解创建动态的 DELETE 语句，在 StudentMapper 接口中定义下面的方法。

```
@DeleteProvider(type = StudentSqlProvider.class,method = "deleteStudent")
public int deleteStudent(Map<String,Object> param);
```

在 StudentSqlProvider 类中定义 deleteStudent()方法，代码如下。

```
public String deleteStudent(final Map<String,Object> param) {
    return new SQL() {{
      DELETE_FROM("students");
      if (param.get("name")!= null) {
          WHERE("name = #{name}");
      }
      WHERE("stud_id = #{studId}");
    }}.toString();
}
```

该方法将根据参数 Map 中的内容动态地构建 DELETE 语句。

使用下面的代码测试从 students 表中删除一条记录。

```
SqlSession session = MyBatisUtil.getSession();
StudentMapper mapper = session.getMapper(StudentMapper.class);
Map<String,Object> param = new HashMap<>();
param.put("studId",102);
//param.put("name","王小波");
int n = mapper.deleteStudent(param);
    System.out.println("成功删除" + n + "行记录。");
```

16.3.4 @UpdateProvider 动态更新

使用@UpdateProvider 注解创建动态的 UPDATE 语句，在 StudentMapper 接口中定义下面的方法。

```
@UpdateProvider(type = StudentSqlProvider.class,method = "updateStudent")
public int updateStudent(Student student);
```

在 StudentSqlProvider 类中定义 updateStudent()方法，代码如下。

```
public String updateStudent(final Student student){
    return new SQL(){{
       UPDATE("students");
       if (student.getName()!= null){
           SET("name = #{name}");
       }
       if (student.getGender()!= null){
           SET("gender = #{gender}");
       }
       if (student.getPhone()!= ""){
           SET("phone = #{phone}");
       }
       WHERE("stud_id = #{studId}");
    }}.toString();
}
```

该方法将根据参数 student 中的内容动态地构建 UPDATE 语句。

使用下面的代码测试更新 students 表中的一条记录。

```
SqlSession session = MyBatisUtil.getSession();
StudentMapper mapper = session.getMapper(StudentMapper.class);
Student student = mapper.findStudentById(102);
student.setName("李双全");
student.setGender("男");
int n = mapper.updateStudent(student);
System.out.println("成功更新" + n + "行记录。");
System.out.println(student.toString());
```

本章小结

本章介绍在 MyBatis 映射器接口中使用注解定义 SQL 语句，从而不需要映射文件，常用的映射器注解包括@Insert、@Update、@Delete、@Select 等，另外还介绍了@SelectProvider、@InsertProvider、@UpdateProvider、@DeleteProvider 等提供器注解。

练习与实践

扫一扫

习题

扫一扫

自测题

第17章

SSM框架的整合与应用实例

前面的章节分别讲解了 Spring、Spring MVC 和 MyBatis 的相关知识，然而在实际的项目开发中 Spring、Spring MVC 和 MyBatis 需要整合在一起使用。

本章介绍 Spring、Spring MVC 如何与 MyBatis 整合，并在整合后开发基于 SSM 的应用程序。

本章内容要点

- MyBatis 与 Spring 的整合。
- MyBatis 与 Spring MVC 的整合。
- 基于 SSM 的会员管理。

17.1 SSM 框架的分层结构

SSM(Spring＋Spring MVC＋MyBatis)是目前最流行的开源框架。SSM 框架是一个分层式开发架构，它在 Java EE 多层模型的基础上对每一层又进行了细分，划分出 4 层结构，分别是表示层(JSP)、业务控制层(Controller)、业务逻辑层(Service)、数据持久层(Mapper 接口)，如图 17-1 所示。

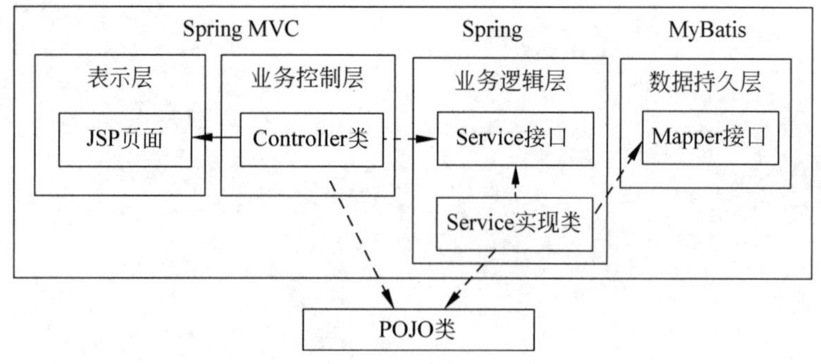

图 17-1 SSM 分层结构图

1. 表示层

表示层是系统与用户的交互层，是系统面向用户的唯一接口。表示层的基本组件通常是 JSP 页面或者 HTML 页面，用于收集用户数据和向用户展示结果信息，完成用户与系统之间的交互。表示层在 MVC 模式中对应视图(View)。

2. 业务控制层

业务控制层是 Spring MVC 框架的核心所在，在 MVC 模式中对应控制器。它负责处理所有来自表示层的请求，并在得到业务逻辑组件处理结果之后为视图层返回响应结果。业务控制层的核心组件由控制器(Controller)和拦截器(Interceptor)组成。

3. 业务逻辑层

业务逻辑层由业务逻辑组件组成，是系统的核心，处于中心位置，在 MVC 模式中对应模型(Model)。业务逻辑层组件提供了系统的所有业务逻辑所需的方法。业务逻辑组件向上由控制层的 Controller 类调用；向下业务逻辑组件调用数据持久层接口，将数据交由数据持久层进行持久化操作。业务逻辑组件的管理完全交由 Spring 容器，即业务逻辑组件的实例化、注入及生命周期管理都不需要开发人员干涉，这样极大地解耦了控制层对于业务逻辑层的依赖。

4. 数据持久层

数据持久层由 POJO 类、Mapper 对象和映射配置文件组成。映射配置文件是 POJO 类与数据库关系表之间的桥梁，也是 MyBatis 底层实现持久化的基础，配置文件实现了 POJO 类的属性到关系表字段的映射，以及 POJO 类之间引用关系到表间关系的映射，使得开发人员能够直接通过访问 POJO 对象访问数据表。数据访问对象提供对 POJO 对象的基本创建、查询、修改和删除等操作。MyBatis 实现数据持久层，为业务逻辑层提供数据存取方法，实现对数据库中数据的增、删、改、查操作。

17.2 整合环境的搭建

由于 Spring MVC 是 Spring 框架的一个模块，Spring MVC 与 Spring 之间不存在整合的问题，只要引入相应的 JAR 包即可。因此，SSM 框架的整合只涉及 MyBatis 与 Spring 的整合，以及 MyBatis 与 Spring MVC 的整合。

17.2.1 在 pom.xml 中添加依赖项

如果要实现 SSM 框架的整合，首先需要准备 Spring 和 MyBatis 框架整合所需的 JAR 包。本书使用 Maven 作为项目管理工具，因此需要在 pom.xml 中添加依赖项。

1. Spring 框架所需的包

Spring 框架所需的包使用下面的依赖项，目前的版本是 6.0.2。

```
<dependency>
    <groupId>org.springframework</groupId>
    <artifactId>spring-context</artifactId>
    <version>${spring.version}</version>
</dependency>

<dependency>
    <groupId>org.springframework</groupId>
    <artifactId>spring-web</artifactId>
    <version>${spring.version}</version>
</dependency>

<dependency>
    <groupId>org.springframework</groupId>
```

```
    <artifactId>spring-webmvc</artifactId>
    <version>${spring.version}</version>
</dependency>

<dependency>
    <groupId>org.springframework</groupId>
    <artifactId>spring-tx</artifactId>
    <version>${spring.version}</version>
</dependency>
```

2. 数据库驱动程序包

本书使用 MySQL 8 数据库，它的数据库驱动程序包使用下面的依赖项。

```
<dependency>
    <groupId>mysql</groupId>
    <artifactId>mysql-connector-java</artifactId>
    <version>8.0.29</version>
</dependency>
```

3. MyBatis 框架所需的 JAR 包

使用 MyBatis 框架需要添加下面的依赖项。

```
<dependency>
    <groupId>org.mybatis</groupId>
    <artifactId>mybatis</artifactId>
    <version>3.5.11</version>
</dependency>
```

4. 数据源 C3P0 和 Lombok 所需的包

C3P0 是一个开源的 JDBC 连接池，它实现了数据源和 JNDI 的绑定，支持 JDBC 规范标准的扩展。目前使用它的开源项目有 Hibernate、Spring 等。本书使用 C3P0 数据源，需要添加下面的依赖项。

```
<dependency>
    <groupId>com.mchange</groupId>
    <artifactId>c3p0</artifactId>
    <version>0.9.5.5</version>
</dependency>

<dependency>
    <groupId>org.projectlombok</groupId>
    <artifactId>lombok</artifactId>
    <version>1.18.24</version>
</dependency>
```

5. JSP 标准标签库 JSTL 包

若使用 Tomcat 11 或以上版本（支持 Jakarta EE 10），添加下面的依赖项。

```
<dependency>
    <groupId>org.glassfish.web</groupId>
    <artifactId>jakarta.servlet.jsp.jstl</artifactId>
    <version>2.0.0</version>
</dependency>
```

6. MyBatis 与 Spring 整合的中间件

为了满足 MyBatis 用户对 Spring 框架的需求，MyBatis 社区开发了一个用于整合这两个框架的中间件——MyBatis-Spring。用户可以从 http://mvnrepository.com/artifact/org.mybatis/mybatis-spring 地址下载该中间件。目前该中间件的最新版本是 2.0.7，使用下面的依赖项。

```
<dependency>
    <groupId>org.mybatis</groupId>
    <artifactId>mybatis-spring</artifactId>
    <version>3.0.1</version>
</dependency>
```

17.2.2　基于 MapperScannerConfigurer 的整合

使用 MyBatis Spring 中间件可以采用 MapperScannerConfigurer 类通过自动扫描的形式来配置 MyBatis 的映射器。MapperScannerConfigurer 的使用非常简单，只需要在 Spring 的配置文件 applicationContext.xml 中添加如下代码。

```
<bean class="org.mybatis.spring.mapper.MapperScannerConfigurer">
    <!-- 指定会话工厂,如果在当前上下文中只定义了一个会话工厂则该属性可以省略 -->
    <property name="sqlSessionFactoryBeanName"
            value="sqlSessionFactory"></property>
    <!-- 指定要自动扫描的 Mapper 接口所在的基础包 -->
    <property name="basePackage" value="com.boda.mapper"></property>
</bean>
```

MapperScannerConfigurer 类在 Spring 配置文件中可以配置的属性如下。

- basePackage：指定映射接口文件所在的包路径，当需要扫描多个包时可以使用分号或逗号作为分隔符。在指定包路径后会扫描该包及其子包的所有文件。
- sqlSessionFactoryBeanName：指定在 Spring 配置文件中定义的 SqlSessionFactory 的 bean 名称。
- annotationClass：指定了要扫描的注解名称，只有被注解标识的类才会被配置为映射器。
- sqlSessionTemplateBeanName：指定在 Spring 中定义的 SqlSessionTemplate 的 bean 名称。如果定义此属性，则 sqlSessionFactoryBeanName 将不起作用。
- markerInterface：指定创建映射器的接口。

通常情况下，在使用 MapperScannerConfigurer 时只需通过 basePackage 属性指定需要扫描的包即可，Spring 会自动通过包中的接口生成映射器，这使得开发人员可以在编写很少的代码的情况下完成对映射器的配置，从而提高开发效率。

17.2.3　编写配置文件

在基于 SSM 框架的应用程序中需要编写以下配置文件。

- applicationContext.xml：它是 Spring 的配置文件，主要配置数据源、会话工厂，以及 MyBatis 与 Spring 整合的中间件等。
- mybatis-config.xml：MyBatis 的配置文件，主要配置 MyBatis 日志、映射文件等。
- springmvc-config.xml：它是 Spring MVC 的配置文件，主要配置静态资源、视图解析器等。
- web.xml：它是项目的部署描述文件，主要配置 Spring MVC 的前端控制器等。

下面在 IDEA 中创建一个名为 chapter17 的 Jakarta EE 项目，在 pom.xml 中添加依赖项，按下列步骤创建有关配置文件。

(1) 在项目的 src/main/resources 目录中分别创建属性文件 database.properties、Spring 的配置文件 applicationContext.xml 及 MyBatis 的配置文件 mybatis-config.xml，代码见清单 17.1～

清单 17.3。

清单 17.1　database. properties

```
jdbc.driver = com.mysql.cj.jdbc.Driver
jdbc.dburl = jdbc:mysql://127.0.0.1:3306/webstore?useSSL = false&serverTimezone = UTC
jdbc.username = root
jdbc.password = 123456
#当连接池中的连接耗尽时 C3P0 一次获取的连接数
jdbc.acquireIncrement = 5
#初始连接池大小
jdbc.initialPoolSize = 10
#连接池中最小连接个数
jdbc.minPoolSize = 5
#连接池中最大连接个数
jdbc.maxPoolSize = 20
```

在该文件中指定了创建数据源所需的参数。本书使用 MySQL 8，它的 JDBC 驱动程序名为 com. mysql. cj. jdbc. Driver，在数据 URL 中需要指定 useSSL 参数和 serverTimezone 参数。

清单 17.2　applicationContext. xml

```
<?xml version = "1.0" encoding = "UTF - 8"?>
<beans xmlns = "http://www.springframework.org/schema/beans"
    xmlns:xsi = "http://www.w3.org/2001/XMLSchema - instance"
    xmlns:p = "http://www.springframework.org/schema/p"
    xmlns:aop = "http://www.springframework.org/schema/aop"
    xmlns:context = "http://www.springframework.org/schema/context"
    xmlns:tx = "http://www.springframework.org/schema/tx"
    xsi:schemaLocation = "http://www.springframework.org/schema/beans
        http://www.springframework.org/schema/beans/spring - beans - 4.3.xsd
        http://www.springframework.org/schema/context
        http://www.springframework.org/schema/context/spring - context - 4.3.xsd
        http://www.springframework.org/schema/aop
        http://www.springframework.org/schema/aop/spring - aop - 4.3.xsd
        http://www.springframework.org/schema/tx
        http://www.springframework.org/schema/tx/spring - tx - 4.3.xsd">

    <!-- 1 读取数据库属性文件 database.properties -->
    <context:property - placeholder location = "classpath:database.properties"/>

    <!-- 2 配置 C3P0 数据源 -->
    <bean id = "datasource"
          class = "com.mchange.v2.c3p0.ComboPooledDataSource"
          destroy - method = "close">
        <property name = "driverClass" value = "${jdbc.driver}"/>
        <property name = "jdbcUrl" value = "${jdbc.dburl}"/>
        <property name = "user" value = "${jdbc.username}"/>
        <property name = "password" value = "${jdbc.password}"/>
        <property name = "acquireIncrement" value = "${jdbc.acquireIncrement}">
        </property>
        <property name = "initialPoolSize" value = "${jdbc.initialPoolSize}">
        </property>
        <property name = "minPoolSize" value = "${jdbc.minPoolSize}">
        </property>
        <property name = "maxPoolSize" value = "${jdbc.maxPoolSize}">
        </property>
    </bean>

    <!-- 3 配置 SqlSessionFactoryBean 会话工厂 bean -->
    <bean id = "sqlSessionFactory"
```

```
        class = "org.mybatis.spring.SqlSessionFactoryBean">
    <!-- MyBatis 配置文件的路径 -->
    <property name = "configLocation"
            value = "classpath:mybatis-config.xml"></property>
    <!-- 数据源 -->
    <property name = "dataSource" ref = "datasource"></property>
    <!-- Mapper 映射文件的路径 -->
    <!-- <property name = "mapperLocations"
         value = "classpath:com/boda/mapper/*Mapper.xml"></property> -->
</bean>

<!-- 4 自动扫描对象关系映射 -->
<bean class = "org.mybatis.spring.mapper.MapperScannerConfigurer">
    <property name = "sqlSessionFactoryBeanName"
            value = "sqlSessionFactory"></property>
    <property name = "basePackage" value = "com.boda.mapper"></property>
</bean>

<!-- 5 声明式事务管理 -->
<!-- 定义事务管理器,由 Spring 管理事务 -->
<bean id = "transactionManager"
      class = "org.springframework.jdbc.
           datasource.DataSourceTransactionManager">
    <property name = "dataSource" ref = "datasource"></property>
</bean>
<!-- 支持注解驱动的事务管理,指定事务管理器 -->
<tx:annotation-driven transaction-manager = "transactionManager"/>

<!-- 6 容器自动扫描 IoC 组件 -->
<context:component-scan base-package = "com.boda">
</context:component-scan>
</beans>
```

该文件首先读取数据库连接参数文件 database.properties，配置 C3P0 数据源；然后配置一个会话工厂 SqlSessionFactoryBean；接下来 MapperScannerConfigurer 配置了映射器自动扫描的基本包名；最后配置了事务管理及容器自动扫描的基本包。

清单 17.3 mybatis-config.xml

```
<?xml version = "1.0" encoding = "UTF-8"?>
<!DOCTYPE configuration
     PUBLIC "-//mybatis.org//DTD Config 3.0//EN"
    "http://mybatis.org/dtd/mybatis-3-config.dtd">
<configuration>
   <settings>
        <setting name = "logImpl" value = "LOG4J2"/>
   </settings>
   <typeAliases>
        <package name = "com.boda.domain"/>
   </typeAliases>
   <mappers>
        <mapper resource = "com/boda/mapper/ProductMapper.xml"/>
   </mappers>
</configuration>
```

由于在 Spring 配置文件中已经配置了数据源信息，所以在 MyBatis 的配置文件中不再需要配置数据源信息。这里只需要使用<typeAliases>和<mappers>元素来配置文件别名及指定 Mapper 文件的位置。

此外，为了记录日志需要在项目的 src/main/java 目录中创建 log4j.properties 文件，对于该文件的编写参见14.2节的内容。

（2）上面完成了MyBatis与Spring的整合，下面与Spring MVC整合。在项目的WEB-INF\config目录中创建Spring MVC配置文件springmvc-config.xml，代码见清单17.4。

清单17.4 springmvc-config.xml

```
<?xml version="1.0" encoding="UTF-8"?>
<beans xmlns="http://www.springframework.org/schema/beans"
   xmlns:xsi="http://www.w3.org/2001/XMLSchema-instance"
   xmlns:context="http://www.springframework.org/schema/context"
   xmlns:mvc="http://www.springframework.org/schema/mvc"
   xsi:schemaLocation="http://www.springframework.org/schema/beans
      http://www.springframework.org/schema/beans/spring-beans.xsd
      http://www.springframework.org/schema/context
      http://www.springframework.org/schema/context/spring-context-4.3.xsd
      http://www.springframework.org/schema/mvc
      http://www.springframework.org/schema/mvc/spring-mvc-4.3.xsd">

   <!-- 加载注解驱动 -->
   <mvc:annotation-driven/>

   <!-- 配置包扫描路径 -->
   <context:component-scan base-package="com.boda.controller"/>
   <context:component-scan base-package="com.boda.service"/>

   <!-- 配置静态资源 -->
   <mvc:resources mapping="/css/**" location="/css/"/>
   <mvc:resources mapping="/*.html" location="/"/>

   <!-- 配置视图解析器 -->
   <bean id="viewResolver" class="org.springframework.web.servlet
                 .view.InternalResourceViewResolver">
      <property name="prefix" value="/WEB-INF/jsp/"/>
      <property name="suffix" value=".jsp"/>
   </bean>
</beans>
```

（3）在部署描述文件web.xml中配置Spring的容器自动启动监听器、字符编码过滤器及Spring MVC的前端控制器等信息，代码见清单17.5。

清单17.5 web.xml

```
<?xml version="1.0" encoding="UTF-8"?>
<web-app xmlns:xsi="http://www.w3.org/2001/XMLSchema-instance"
      xmlns="http://java.sun.com/xml/ns/javaee"
      xsi:schemaLocation="http://java.sun.com/xml/ns/javaee
      http://java.sun.com/xml/ns/javaee/web-app_5_0.xsd"
       id="WebApp_ID" version="5.0">
  <display-name>chapter18</display-name>
  <welcome-file-list>
     <welcome-file>index.jsp</welcome-file>
  </welcome-file-list>
  <!-- 配置监听器加载 Spring 配置文件 -->
  <context-param>
     <param-name>contextConfigLocation</param-name>
     <param-value>classpath:applicationContext.xml</param-value>
  </context-param>
  <!-- 使用 ContextLoaderListener 初始化 Spring 容器 -->
  <listener>
    <listener-class>
```

```
        org.springframework.web.context.ContextLoaderListener
    </listener-class>
  </listener>

  <!-- 配置 Spring MVC 前端控制器 -->
  <servlet>
      <servlet-name>springmvc</servlet-name>
      <servlet-class>org.springframework.web.servlet.DispatcherServlet
      </servlet-class>
      <init-param>
        <param-name>contextConfigLocation</param-name>
        <param-value>/WEB-INF/config/springmvc-config.xml</param-value>
      </init-param>
      <load-on-startup>1</load-on-startup>
  </servlet>
  <servlet-mapping>
      <servlet-name>springmvc</servlet-name>
      <url-pattern>/</url-pattern>
  </servlet-mapping>

  <!-- 配置字符编码过滤器 -->
  <filter>
    <filter-name>characterEncodingFilter</filter-name>
    <filter-class>org.springframework.web.filter.CharacterEncodingFilter
    </filter-class>
    <init-param>
      <param-name>encoding</param-name>
      <param-value>UTF-8</param-value>
    </init-param>
    <init-param>
      <param-name>forceEncoding</param-name>
      <param-value>true</param-value>
    </init-param>
  </filter>
  <filter-mapping>
     <filter-name>characterEncodingFilter</filter-name>
     <url-pattern>/*</url-pattern>
  </filter-mapping>
</web-app>
```

17.2.4 开发测试应用程序

在完成了 SSM 框架的整合环境的搭建之后，就可以开发测试应用程序。本例使用第 5 章中清单 5.8 创建的 products 表。下面是创建测试应用程序的具体步骤。

(1) 在项目的 src/main/java 目录中创建 com.boda.domain 包，并在其中创建 Product 实体类，代码见清单 17.6。

清单 17.6 Product.java

```java
package com.boda.domain;

import lombok.AllArgsConstructor;
import lombok.Data;
import lombok.NoArgsConstructor;
import java.io.Serializable;

@Data
@NoArgsConstructor
```

```
@AllArgsConstructor
public class Product{
    private Integer id;
    private String pname;
    private String brand;
    private double price;
}
```

(2) 在项目的 src/main/java 目录中创建 com.boda.mapper 包，并在该包中创建持久化类接口 ProductMapper，代码见清单 17.7。

清单 17.7 ProductMapper.java

```
package com.boda.mapper;
import com.boda.domain.Product;

public interface ProductMapper {
    @Select("SELECT * FROM products WHERE id = #{id}")
    public Product findProductById(Integer id);
}
```

(3) 在项目的 src/main/java 目录中创建 com.boda.service 包，并在该包中创建服务接口 ProductService 和 ProductServiceImpl 实现类，代码见清单 17.8 和清单 17.9。

清单 17.8 ProductService.java

```
package com.boda.service;
import com.boda.domain.Product;

public interface ProductService {
   public Product findProductById(Integer id);
}
```

清单 17.9 ProductServiceImpl.java

```
package com.boda.service;

import org.springframework.beans.factory.annotation.Autowired;
import org.springframework.stereotype.Service;
import org.springframework.transaction.annotation.Transactional;
import com.boda.domain.Product;
import com.boda.mapper.ProductMapper;

@Service
@Transactional
public class ProductServiceImpl implements ProductService{
   @Autowired
   private ProductMapper productMapper;

   @Override
   public Product findProductById(Integer id) {
      return this.productMapper.findProductById(id);
   }
}
```

ProductServiceImpl 实现类通过@Autowired 注入 ProductMapper 对象，调用该对象的 findProductById()方法返回查询的商品对象。

(4) 在项目的 src/main/java 目录中创建 com.boda.controller 包，并在该包中创建用于处理页面请求的 ProductController 控制器，代码见清单 17.10。

清单 17.10　ProductController.java

```
package com.boda.controller;

import org.apache.commons.logging.Log;
import org.apache.commons.logging.LogFactory;
import org.springframework.beans.factory.annotation.Autowired;
import org.springframework.stereotype.Controller;
import org.springframework.ui.Model;
import org.springframework.web.bind.annotation.RequestMapping;
import com.boda.domain.Product;
import com.boda.service.ProductService;

@Controller
public class ProductController {
    private static final Log logger =
                LogFactory.getLog(ProductController.class);
    @Autowired
    private ProductService productService;
    @RequestMapping(value = "/find-product")
    public String findProductById(Integer id,Model model){
        logger.info("findProduct called");
        Product product = productService.findProductById(id);
        model.addAttribute("product",product);
        return "product";
    }
}
```

(5) 在 WEB-INF 目录中创建 jsp 文件夹，并在其中创建一个用于显示商品信息的 JSP 页面 product.jsp，代码见清单 17.11。

清单 17.11　product.jsp

```
<%@ page contentType = "text/html;charset = UTF-8" %>
<!DOCTYPE html>
<html>
<head>
  <title>商品信息</title>
  <link rel = "stylesheet" href = "css/bootstrap.min.css">
  <script src = "js/bootstrap.min.js"></script>
</head>
<body>
<div class = "container">
<table class = "table table-striped table-sm">
      <tr>
        <th>商品号</th><th>商品名</th><th>品牌</th><th>价格</th>
      </tr>
      <tr>
         <td>${product.id}</td>
         <td>${product.pname}</td>
         <td>${product.brand}</td>
         <td>$ ${product.price}</td>
     </tr>
</table>
</div>
</body>
</html>
```

在该页面中使用 EL 访问查询出的商品信息，在该页面中还使用了 BootStrap 框架。

（6）在浏览器的地址栏中输入下面的地址访问商品号为 222 的商品信息，显示结果如图 17-2 所示。

```
http://localhost:8080/chapter17/find-product?id=222
```

图 17-2　product.jsp 页面的运行结果

17.3　基于 SSM 的会员管理

本节在上一节将 Spring、Spring MVC 与 MyBatis 成功整合的基础上开发一个简单的会员管理系统，该系统实现会员的注册、登录、查询、删除和修改等功能。

该系统的架构可以分为以下几层。

- 表示层：由多个 JSP 页面组成。
- 业务控制层：使用 MemberController 控制器类。
- 业务逻辑层：通过业务逻辑组件构成。
- 数据持久层：使用 MySQL 数据库存储系统数据，使用 MyBatis 框架操作数据。

17.3.1　数据库与数据表

该会员管理系统负责维护会员信息，只需要一个会员表。使用 MySQL 的 webstore 数据库存储会员表 members，该表的结构如表 17-1 所示。

表 17-1　members 表的结构

字 段 名	数 据 类 型	宽　度	是否为主键	含　义
id	INT	10	是	会员号
username	VARCHAR	30	否	会员名
password	VARCHAR	10	否	密码
email	VARCHAR	30	否	邮箱
telephone	VARCHAR	11	否	电话

创建 members 表的 SQL 代码如下。

```
CREATE TABLE members(
   id INT PRIMARY KEY,
   username VARCHAR(30) NOT NULL,
   password VARCHAR(10),
   email VARCHAR(30),
   telephone VARCHAR(11)
);
```

17.3.2　POJO 类的设计

本应用只使用一个 POJO 类，即 Member 类，包括 id、username、password、email 和 telephone 属性，对应于 members 表中的字段，代码见清单 17.12。

清单 17.12　Member.java

```
package com.boda.domain;

import lombok.AllArgsConstructor;
import lombok.Data;
import lombok.NoArgsConstructor;
import java.io.Serializable;

@Data
@NoArgsConstructor
@AllArgsConstructor
public class Member{
    private int id;                          //会员号
    private String username;                 //会员名
    private String password;                 //密码
    private String email;                    //邮箱
    private String telephone;                //电话
}
```

17.3.3　数据访问层的设计

数据访问层主要创建 MemberMapper 接口，在该接口中定义 6 个方法，实现添加会员、删除会员、更新会员、按会员号查找会员、按会员名查找会员及查找所有会员的功能，代码见清单 17.13。

清单 17.13　MemberMapper.java

```
package com.boda.mapper;

import java.util.List;
import com.boda.domain.Member;

public interface MemberMapper{
    @Insert("INSERT INTO members VALUES(#{id},#{username},#{password}," +
        "#{email},#{telephone})")
    public int save(Member member);              //添加会员

    @Delete("DELETE FROM members WHERE id = #{id}")
    public int delete(int id);                   //删除会员

    @Update("UPDATE members SET username = #{username}," +
        "password = #{password},email = #{email},telephone = #{telephone}" +
          "WHERE id = #{id}")
    public int update(Member member);            //更新会员

    @Select("SELECT * FROM members WHERE id = #{id}")
    public Member findById(int id);              //按会员号查找会员

    @Select("SELECT * FROM members WHERE username = #{username}")
    public Member findByName(String username);   //按会员名查找会员

    @Select("SELECT * FROM members")
    public List<Member> findAll();               //查找所有会员
}
```

由于在 Mapper 接口中通过注解映射了 SQL 语句，所以不再需要创建映射文件。

17.3.4　业务逻辑层的设计

业务逻辑层的设计包含两部分，一是创建业务逻辑组件接口 MemberService；二是创建业务逻辑组件实现类 MemberServiceImpl。

1. 创建业务逻辑组件接口

创建 MemberService 接口，定义添加会员、更新会员、删除会员、按会员号查找会员、查找所有会员及按会员名和密码查找会员的方法，代码见清单 17.14。

清单 17.14 MemberService.java

```
package com.boda.service;

import java.util.List;
import com.boda.domain.Member;

public interface MemberService{
    public int save(Member member);                                  //添加会员
    public int update(Member member);                                //更新会员
    public int delete(int id);                                       //删除会员
    public Member findById(int id);                                  //按会员号查找会员
    public List<Member> findAll();                                   //查找所有会员
    public Member findByName(String username, String password);     //按会员名和密码查找会员
}
```

2. 创建业务逻辑组件实现类

创建 MemberServiceImpl 类，实现 MemberService 接口，在 MemberServiceImpl 类中通过调用数据访问组件实现业务逻辑操作，代码见清单 17.15。

清单 17.15 MemberServiceImpl.java

```
package com.boda.service;

import java.util.List;
import org.springframework.beans.factory.annotation.Autowired;
import org.springframework.stereotype.Service;
import org.springframework.transaction.annotation.Transactional;
import com.boda.domain.Member;
import com.boda.mapper.MemberMapper;

@Service
@Transactional
public class MemberServiceImpl implements MemberService{
    @Autowired
    private MemberMapper memberMapper;

    @Override
    public int save(Member member){                              //添加会员
     //如果表中不存在该会员,则添加该会员
      if(memberMapper.findById(member.getId()) == null)
         return memberMapper.save(member);
      else
      return 0;
    }

    @Override
    public int update(Member member){                            //更新会员
       //如果表中存在该会员,则更新该会员
       if(memberMapper.findById(member.getId())!= null)
          return memberMapper.update(member);
       else
          return 0;
    }
```

```
    @Override
    public int delete(int id){                                    //删除会员
       //如果表中存在该会员,则删除该会员
       if(memberMapper.findById(id)!= null)
          return memberMapper.delete(id);
       else
          return 0;
    }

    @Override
    public Member findById(int id){                               //按会员号查找会员
       return memberMapper.findById(id);
    }

    public List<Member> findAll(){                                //查找所有会员
       return memberMapper.findAll();
    }
    //按会员名和密码查找会员
    public Member findByName(String username,String password) {
        Member member = memberMapper.findByName(username);
        if(member!= null&&member.getPassword().equals(password)){
           return member;
        }
        return null;
    }
}
```

17.3.5　控制器的开发

在项目的 src 目录中创建 com.boda.controller 包,并在该包中创建控制器 MemberController,用于处理页面请求,代码见清单 17.16。

清单 17.16　MemberController.java

```
package com.boda.controller;

import java.util.List;
import org.apache.commons.logging.Log;
import org.apache.commons.logging.LogFactory;
import org.springframework.beans.factory.annotation.Autowired;
import org.springframework.stereotype.Controller;
import org.springframework.ui.Model;
import org.springframework.ui.ModelMap;
import org.springframework.web.bind.annotation.ModelAttribute;
import org.springframework.web.bind.annotation.PathVariable;
import org.springframework.web.bind.annotation.RequestMapping;
import org.springframework.web.bind.annotation.RequestMethod;
import org.springframework.web.servlet.ModelAndView;
import com.boda.domain.Member;
import com.boda.service.MemberService;

@Controller
public class MemberController {
    private static final Log logger =
              LogFactory.getLog(MemberController.class);

    @Autowired
    private MemberService memberService;
```

```
//显示注册表单
@RequestMapping(value = "/member-register",method = RequestMethod.GET)
public ModelAndView register(Model model){
    logger.info("register called");
    return new ModelAndView("memberForm","command",new Member());
}

//添加会员
@RequestMapping(value = "/save-member")
public String saveMember(@ModelAttribute Member member,Model model){
    logger.info("save member called");
    int n = memberService.save(member);
    if(n == 1){
        List<Member> members = memberService.findAll();
        model.addAttribute("memberList",members);
        return "memberList";
    }else {
        return "error";
    }
}

//显示登录表单
@RequestMapping(value = "/login",method = RequestMethod.GET)
public ModelAndView login(Model model){
    logger.info("login called");
    return new ModelAndView("memberLogin","command",new Member());
}

//实现会员登录
@RequestMapping(value = "/member-login",method = RequestMethod.POST)
public String memberLogin(String username,String password,Model model)
{
    logger.info("login member called");
    Member member = memberService.findByName(username,password);
    if(member!= null){
        model.addAttribute("member",member);
        return "welcome";
    }else {
        return "error";
    }
}

//查找所有会员
@RequestMapping(value = "/find-all-member")
public String findAllMember(Model model){
    logger.info("find all member called");
    List<Member> members = memberService.findAll();
    model.addAttribute("memberList",members);
    return "memberList";
}

//按会员号查找会员
@RequestMapping(value = "/find-member")
public String findMemberById(Integer id,Model model){
    logger.info("findMember called");
    Member member = memberService.findById(id);
    model.addAttribute("member",member);
    return "member";
}
```

```
    //删除会员
    @RequestMapping(value = "/delete - member/{id}")
    public StringdeleteMember(@PathVariable Integer id,Model model){
        logger.info("delete member called");
        int n = memberService.delete(id);
        List < Member > members = memberService.findAll();
        model.addAttribute("memberList",members);
        return "memberList";
    }

    //修改会员
    @RequestMapping(value = "/edit - member/{id}")
    public StringeditMember(@PathVariable Integer id,Model model){
        logger.info("edit member called");
        Member member = memberService.findById(id);
        model.addAttribute("member",member);
        return "memberEditForm";
    }

    //更新会员
    @RequestMapping(value = "/update - member")
    public StringupdateMember(@ModelAttribute Member member,Model model){
        logger.info("update member called");
        int n = memberService.update(member);
        List < Member > members = memberService.findAll();
        model.addAttribute("memberList",members);
        return "memberList";
    }
}
```

17.3.6 视图的实现

本应用的视图主要包括会员注册页面、会员登录页面、显示所有会员页面、修改会员信息页面。

1. 会员注册页面

会员注册页面 memberForm.jsp 包含一个表单,用来输入会员信息,代码见清单 17.17。

清单 17.17 memberForm.jsp

```
< % @ page contentType = "text/html;charset = UTF - 8" % >
< % @ taglib uri = "http://www.springframework.org/tags/form" prefix = "form" % >
<! DOCTYPE html >
< html >
< head >
  < title >会员注册</title >
  < link href = "css\main.css" rel = "stylesheet" type = "text/css"/>
</head >
< body >
< div class = "container">
< form:form method = "POST" action = "save - member">
  < fieldset >
      < legend >新会员注册</legend >
      < p >
          < label for = "id">会员号:</label >
          < form:input id = "id" path = "id"/>
      </p >
    < p >
      < form:label path = "username">会员名:</form:label >
```

```
            <form:input path="username"/>
        </p>
        <p>
            <form:label path="password">密码:</form:label>
            <form:password path="password"/>
        </p>
        <p>
            <form:label path="email">邮箱:</form:label>
            <form:input path="email"/>
        </p>
        <p>
          <form:label path="telephone">电话:</form:label>
            <form:input path="telephone"/>
        </p>
        <p class="buttons">
                <input id="submit" type="submit" value="提交">
                <input id="reset" type="reset" value="重置">
        </p>
    </fieldset>
</form:form>
</div>
</body>
</html>
```

图 17-3　会员注册页面

在浏览器的地址栏中输入 http://localhost:8080/chapter17/member-register，控制首先转到控制器类的 register()方法，之后转到 memberForm.jsp 注册页面，在其中输入会员注册信息，如图 17-3 所示，单击"提交"按钮，若注册成功控制最终转到 memberList.jsp 页面。

2. 会员登录页面

会员登录页面 memberLogin.jsp 包含一个表单，用来接收输入的会员名和密码，代码见清单 17.18。

清单 17.18　memberLogin.jsp

```
<%@ page contentType="text/html;charset=UTF-8" %>
<%@ taglib uri="http://www.springframework.org/tags/form" prefix="form" %>
<!DOCTYPE html>
<html>
<head>
  <title>会员登录</title>
  <link href="css\main.css" rel="stylesheet" type="text/css"/>
</head>
<body>
<div class="container">
<form:form method="POST" action="member-login">
    <fieldset>
        <legend>会员登录</legend>
        <p>
         <form:label path="username">会员名</form:label>
         <form:input path="username" name="username"/>
        </p>
        <p>
         <form:label path="password">密码</form:label>
         <form:password path="password" name="password"/>
       </p>
       <p class="buttons">
```

```
                <input id="submit" type="submit" value="登录">
                <input id="reset" type="reset" value="重置">
            </p>
        </fieldset>
    </form:form>
    </div>
    </body>
    </html>
```

访问会员登录页面，输入正确的用户名和密码，如图 17-4 所示，将显示 welcome.jsp 页面，否则显示 error.jsp 页面。

图 17-4　会员登录页面

3. 显示所有会员页面

在会员注册成功后，或删除、更新会员信息后，控制转向 memberList.jsp 页面，显示所有会员信息。在该页面中还提供了"删除"和"修改"链接，单击链接将执行相应的动作删除和修改会员。memberList.jsp 页面的代码见清单 17.19。

清单 17.19　memberList.jsp

```
<%@ page contentType="text/html;charset=UTF-8" %>
<%@ taglib uri="http://java.sun.com/jsp/jstl/core" prefix="c" %>
<!DOCTYPE html>
<html>
<head>
  <title>会员信息</title>
  <link rel="stylesheet" href="css/bootstrap.min.css">
</head>
<body>
<div class="container">
<table class="table table-bordered table-sm">
      <tr>
        <th>会员号</th><th>会员名</th><th>密码</th>
        <th>邮箱</th><th>电话</th><th>修改</th><th>删除</th>
      </tr>
   <c:forEach var="member" items="${memberList}">
       <tr>
        <td>${member.id}</td>
        <td>${member.username}</td>
        <td>${member.password}</td>
        <td>${member.email}</td>
        <td>${member.telephone}</td>
        <td><a href="edit-member/${member.id}">修改</a></td>
        <td><a href="delete-member/${member.id}">删除</a></td>
     </tr>
  </c:forEach>
</table>
</div>
</body>
</html>
```

显示所有会员页面如图 17-5 所示。

在图 17-5 中单击"删除"链接将调用控制器类的 deleteMember()方法根据会员号删除会员，之后仍返回到显示所有会员页面。

4. 修改会员信息页面

在显示所有会员页面中，单击"修改"链接将进入修改会员信息页面，调用控制器类的 editMember()方法，通过传递的路径变量 id 值查询会员信息，并将其添加到模型中，然后将控制转到 memberEditForm. jsp 页面，显示结果如图 17-6 所示。memberEditForm. jsp 页面的代码见清单 17.20。

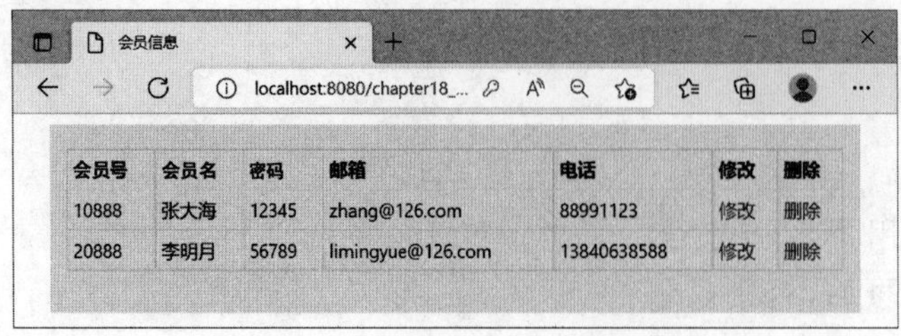

图 17-5　显示所有会员页面

图 17-6　修改会员信息页面

清单 17.20　memberEditForm. jsp

```
<%@ page contentType = "text/html;charset = UTF - 8" %>
<%@ taglib uri = "http://www.springframework.org/tags/form" prefix = "form" %>
<!DOCTYPE html>
<html>
<head>
  <title>会员修改</title>
  <link href = "../css/main.css" rel = "stylesheet" type = "text/css"/>
</head>
<body>
<div class = "container">
<form:form modelAttribute = "member"
          action = "../update - member" method = "POST">
   <fieldset>
      <legend>修改会员信息</legend>
        <p>
         <form:label path = "username">会员名:</form:label>
          <form:input path = "username"/>
      </p>
      <p>
          <form:label path = "password">密码:</form:label>
          <form:password path = "password"/>
      </p>
      <p>
          <form:label path = "email">邮箱:</form:label>
          <form:input path = "email"/>
      </p>
       <p>
          <form:label path = "telephone">电话:</form:label>
          <form:input path = "telephone"/>
      </p>
      <form:hidden path = "id"/>
      <p class = "buttons">
          <input id = "submit" type = "submit" value = "提交">
          <input id = "reset" type = "reset" value = "重置">
      </p>
  </fieldset>
</form:form>
</div>
</body>
</html>
```

这里不能修改会员的 id，id 值将以隐含表单域的形式传递到控制器类的 updateMember()方法。另外，注意在该页面中表单的 action 属性值应该为“../update-member”，当单击“提交”

按钮时，请求发送 update-member 动作。

本章小结

本章首先介绍了 SSM 框架的整合及各种配置文件的编写，然后通过一个简单的例子测试框架的整合是否成功。接下来开发一个简单的会员管理系统，该系统的主要功能包括会员的注册、登录、删除和修改等。

本章的重点是 SSM 框架的整合及各种配置文件的编写。

练习与实践

扫一扫

习题

扫一扫

自测题

附录A

JUnit框架

软件测试(software testing)是软件开发中的一个重要环节,尤其是对于大型软件,在发布之前都必须经过测试。软件测试有多种类型,通常需要使用测试工具完成。

本附录简单介绍使用 JUnit 进行单元测试的方法。JUnit 是一个非常流行的 Java 程序的单元测试框架,它广泛应用在软件测试中。

本附录内容要点

- 测试类型概述。
- 在项目中添加 JUnit 框架。
- 开发一个简单的测试。
- 测试 JDBC 应用程序。

A.1 测试类型概述

测试的主要目的是尽早地发现程序错误。通常认为,错误发现得越早,修复的成本越低。当软件发布后,如果客户发现了错误,那么软件的修复成本就会很大。

在软件开发中有许多不同的测试,根据目的不同,测试可以分为不同的类型,具体如下。

- **单元测试**:单元测试是测试的根基,它在软件开发过程中进行的是最底层的测试。它的重点是方法或类(单个单元)的测试,分别测试每个方法或类,以确定它们是否按预期工作。
- **集成测试**:单独的、经过验证的组件被组合在一个更大的组合中一起测试。
- **系统测试**:在一个完整的系统上进行测试,以评估其是否符合规范。系统测试不需要了解设计或代码,仅关注整个系统的功能即可。
- **验收测试**:用某种场景和测试用例来检验应用程序是否满足最终用户的要求。

单元测试是最重要的测试。在测试中可以使用软件编写测试用例。在 Java 领域,最著名的单元测试软件是 JUnit。JUnit 是一种单元测试框架,是 Kent Beck 和 Erich Gamma 在 1995 年年底开发的。从那时起,该框架的受欢迎程度一直长盛不衰。如今,JUnit 实际上已经成为 Java 应用程序单元测试的标准。JUnit 作为一个开源软件托管在 GitHub 上,拥有 Eclipse 公共许可证。

JUnit 目前的版本是 JUnit 5(http://junit.org/junit5)。与 JUnit 之前的版本不同,JUnit

5 由多个不同的模块组成，它们被分成 JUnit Platform、JUnit Jupiter 和 JUnit Vintage 几个子项目。

- JUnit Platform：是 JUnit 在 Java 虚拟机(JVM)上启动测试框架的基础。此模块还提供了从控制台、IDE 或构建工具启动测试的 API。
- JUnit Jupiter：结合了新的编程和扩展模型，在 JUnit 5 中用于编写测试和扩展。
- JUnit Vintage：在平台上运行基于 JUnit 3 和 JUnit 4 测试的引擎，确保向后兼容性。

A.2　在项目中添加 JUnit 框架

如果要在项目中使用 JUnit 5，需要在 pom.xml 文件中配置依赖项。在 IntelliJ IDEA 中，如果要创建由 Maven 管理的项目(如 Jakarta EE 项目)，在 pom.xml 文件中添加 JUnit 的依赖项，见清单 A.1，其中包含 junit-jupiter-api 和 junit-jupiter-engine 两个依赖项。

清单 A.1　pom.xml 中添加的 JUnit 5 依赖项

```
<dependency>
    <groupId>org.junit.jupiter</groupId>
    <artifactId>junit-jupiter-api</artifactId>
    <version>5.9.2</version>
    <scope>test</scope>
</dependency>

<dependency>
    <groupId>org.junit.jupiter</groupId>
    <artifactId>junit-jupiter-engine</artifactId>
    <version>5.9.2</version>
    <scope>test</scope>
</dependency>
```

JUnit 5 的体系结构与 JUnit 4 不同。从 JUnit 5 开始，体系结构就不再是单体结构，测试框架是模块化的。

A.3　一个简单的例子

下面通过一个简单的例子说明如何使用 JUnit 进行单元测试。Calculator 是一个简单的类，它定义了 add()和 subtract()两个方法分别实现两个整数的加运算和减运算，代码见清单 A.2。

清单 A.2　Calculator.java

```
package com.boda.util;

public class Calculator {
   public int add(int a, int b) {
      return a * b;                    //这里将运算符写错(+号写成了*号),测试将失败
   }
   public int subtract(int a, int b) {
      return a - b;
   }
}
```

为了对 Calculator 类的两个方法进行单元测试，需要定义一个测试类。一般来说，测试类的名称是被测试类名加 Test，例如为 Calculator 类编写的测试类名应该为 CalculatorTest。另外，测试类与被测试类应该放在同一个包中。

在测试类中应该为被测试类的每个方法编写一个测试方法，测试方法没有返回值。在测试方法中应该初始化被测试的类，然后调用被测试的方法并验证结果。

测试方法需要使用 org.junit.jupiter.api 包的 Test 注解标注。此外，还可以通过 BeforeEach 注解创建一个初始化方法，初始化方法在被测试方法调用之前调用；还可以使用 AfterEach 注解创建一个清理方法，清理方法在被测试方法调用之后调用，在清理方法中可以释放在测试期间使用的资源。

清单 A.3 创建的 CalculatorTest 类是 Calculator 类的测试类。

清单 A.3 CalculatorTest.java

```
package com.boda.test;

import static org.junit.jupiter.api.Assertions.assertEquals;
import org.junit.jupiter.api.AfterEach;
import org.junit.jupiter.api.BeforeEach;
import org.junit.jupiter.api.Test;

public class CalculatorTest {
    Calculator calculator = null;

    @BeforeEach
    public void setUp() {
        calculator = new Calculator();
    }

    @AfterEach
    public void cleanUp() {
        calculator = null;
    }

    @Test
    public void testAdd() {
        int result = calculator.add(5,8);
        assertEquals(13, result);        //第 1 个参数是期望值,第 2 个参数是结果
    }

    @Test
    public void testSubtract() {
        int result = calculator.subtract(5,8);
        assertEquals(-3,result);
    }
}
```

这里，CalculatorTest 类是测试类。测试类可以是顶级类、静态成员类或使用@Nested 注解的包含一个或多个测试方法的内部类。测试类不能是抽象的，必须有单一的构造方法。测试类允许是包私有的。

测试方法是用@Test、@RepeatedTest、@ParameterizedTest 等注解标注的实例方法。测试方法不能是抽象的，也不能有返回值，即返回值的类型应该是 void。该测试类定义了两个测试方法 testAdd()和 testSubtract()。

生命周期方法是用@BeforeAll、@AfterAll、@BeforeEach 或@AfterEach 注解的方法。该测试类定义了一个初始化方法(使用@BeforeEach 注解)和一个清理方法(使用@AfterEach 注解)。

Assertions 类提供有关静态方法进行断言判断，例如，提供 assertEquals()方法判断两个值是否相等。Assertions 类还可以定义 assertAll()、assertArrayEquals()、assertTrue()、 assertFalse()等方法。

如果要运行测试类的某个测试方法，在 IDEA 的编辑窗口中方法名的左侧单击小三角符号(与执行 main 方法相同)，然后选择测试方法。如果测试没有通过，在控制台将显示有关信息。例如，执行 add()测试方法，输出结果如图 A-1 所示。

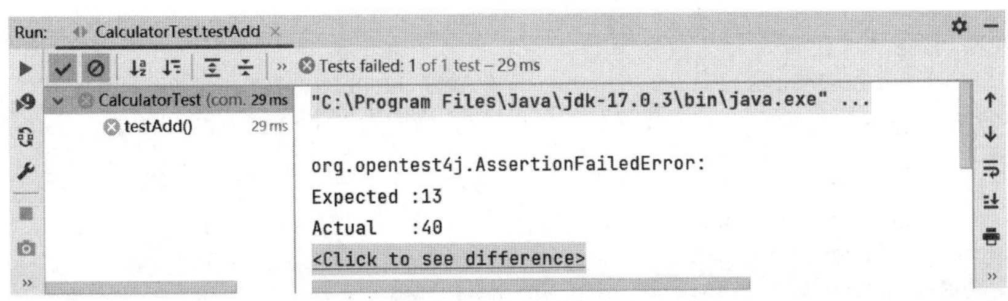

图 A-1 单元测试失败界面

图 A-1 的结果表明，执行测试方法 testAdd()失败，抛出一个断言失败错误。其中，"Expected:13"表示期望得到结果 13，"Actual:40"表示实际值是 40。这表明 Calculator 的 add()方法存在错误。如果测试没有错误，则输出"Process finished with exit code 0"信息。

用户可以使用 Maven 的 mvn test 命令一次执行测试类中的所有方法。测试结果在测试输出窗口中显示。

A.4 测试 JDBC 应用程序

JDBC 是一种 Java API，定义了如何访问数据库，提供了 Java 程序访问关系数据库的方法。用户可以编写测试类对数据库操作方法进行测试。

在本书的 5.5 节使用 DAO 设计模式开发了 ProductDaoImpl 类对数据库进行操作(见清单 5.12)，其中包含 3 个方法，下面编写一个测试类对这几个方法进行测试，代码见清单 A.4。

清单 A.4 ProductDaoTest.java

```
package com.boda.test;

import com.boda.dao.ProductDao;
import com.boda.dao.ProductDaoImpl;
import com.boda.domain.Product;
import org.junit.jupiter.api.DisplayName;
import org.junit.jupiter.api.Test;
import java.sql.Connection;
import java.sql.SQLException;
import java.util.List;
import static org.junit.jupiter.api.Assertions.assertEquals;
import static org.junit.jupiter.api.Assertions.assertNotNull;

@DisplayName("这是一个测试类")
public class ProductDaoTest {
    private ProductDao productDao = new ProductDaoImpl();

    @Test
    @DisplayName("测试能否连接数据库")
    public void testConnection(){                //测试是否能建立连接对象
        Connection connection = null;
        try{
            connection = productDao.getConnection();
```

```
        }catch (SQLException sqle){
            System.out.println(sqle);
        }
        assertNotNull(connection);
    }

    @Test
    @DisplayName("测试插入一条记录")
    public void testAddProduct(){                    //测试 addProduct()方法
        Product product = new Product(222,"智能手机","华为 Mate Pro",2500.00);
        int n = 0;
        try{
            n = productDao.addProduct(product);
        }catch (SQLException sqle){
            System.out.println(sqle);
        }
        assertEquals(1,n);
    }

    @Test
    @DisplayName("测试按商品号查询商品")
    public void testFindProductById(){              //测试 findProductById()方法
        Product product = new Product();
        try{
            product = productDao.findProductById(101);
        }catch (SQLException sqle){
            System.out.println(sqle);
        }
        assertNotNull(product);
    }

    @Test
    @DisplayName("测试查询所有商品")
    public void testFindAllProduct(){               //测试 findAllProduct()方法
        List<Product> productList = null;
        try{
            productList = productDao.findAllProduct();
        }catch (SQLException sqle){
            System.out.println(sqle);
        }
        assertNotNull(productList);
        assertEquals(2,productList.size());
        for(int i = 0;i < productList.size();i++){
            assertNotNull(productList.get(i).getName());
            System.out.println(productList.get(i).getName());
        }
    }
}
```

在该测试类中共包含 4 个测试方法，它们使用@Test 注解标注，其中，testConnection()方法用于测试是否能够建立到数据库的连接，这里使用 assertNotNull()方法断言连接对象不为空；testAddProduct()方法用于测试能否插入一行记录，它使用 assertEquals()方法断言真正插入一条记录；testFindProductById()方法用于测试能否根据商品号查到一件商品，它使用 assertNotNull(product)方法断言商品非空；testFindAllProduct()方法用于测试查询所有商品，它使用 assertEquals()方法断言查询商品的数量。

JUnit 5 还有许多强大的功能，如可以测试 REST 应用程序、Spring Boot 程序及进行测试驱动开发等，感兴趣的读者可以参考相关资料。

参 考 文 献

[1] 沈泽刚. Java Web 编程技术[M]. 3 版. 北京：清华大学出版社，2019.

[2] Craig Walls. Spring 实战[M]. 6 版. 张卫滨，译. 北京：人民邮电出版社，2022.

[3] Cătălin Tudose. JUnit 实战[M]. 3 版. 沈泽刚，王永胜，译. 北京：人民邮电出版社，2023.

[4] Paul Deck. Spring MVC 学习指南[M]. 林仪明，译. 北京：人民邮电出版社，2017.

[5] Robert W. Sebesta. Web 程序设计[M]. 8 版. 陶永才，译. 北京：清华大学出版社，2015.

[6] 疯狂软件. Spring+MyBatis 企业应用实战[M]. 北京：电子工业出版社，2017.

[7] 李刚. 轻量级 Java EE 企业应用实战-Struts 2+Spring 5+Hibernate 5/JPA 2 整合开发[M]. 5 版. 北京：电子工业出版社，2018.

[8] 陈恒. SSM+Spring Boot+Vue. js 3 全栈开发从入门到实战[M]. 北京：清华大学出版社，2022.

[9] Marty Hall，Larry Brown. Servlet 与 JSP 核心编程[M]. 2 版. 赵学良，译. 北京：清华大学出版社，2004.

图书资源支持

感谢您一直以来对清华版图书的支持和爱护。为了配合本书的使用，本书提供配套的资源，有需求的读者请扫描下方的“书圈”微信公众号二维码，在图书专区下载，也可以拨打电话或发送电子邮件咨询。

如果您在使用本书的过程中遇到了什么问题，或者有相关图书出版计划，也请您发邮件告诉我们，以便我们更好地为您服务。

我们的联系方式：

清华大学出版社计算机与信息分社网站：https://www.shuimushuhui.com/

地　　址：北京市海淀区双清路学研大厦 A 座 714

邮　　编：100084

电　　话：010-83470236　010-83470237

客服邮箱：2301891038@qq.com

QQ：2301891038（请写明您的单位和姓名）

资源下载：关注公众号“书圈”下载配套资源。

资源下载、样书申请

书圈

图书案例

清华计算机学堂

观看课程直播